Geopsyche

Die Menschenseele unter dem Einfluß von Wetter und Klima, Boden und Landschaft

Willy Hellpach

8., unveränderte Auflage

Ferdinand Enke Verlag Stuttgart

CIP-Kurztitelaufnahme der Deutschen Bibliothek

Hellpach, Willy

Geopsyche: d. Menschenseele unter d. Einfluß von Wetter u. Klima, Boden u. Landschaft. – 8., unveränd. Aufl. – Stuttgart: Enke, 1977.

ISBN 3-432-82298-7

BERNHARD DE RUDDER

dem wesentlichen Bahnbrecher der Meteorobiologie
und führenden Förderer der Bioklimatik
widme ich diese sechste Auflage der „Geopsyche,“
die ihm seit unserer Begegnung
so viel Wohlwollen und Bereicherung verdankt,
als Forscher und Menschen
in geistiger und herzlicher
Verbundenheit!

W. H.

Geleitwort zur sechsten Auflage

Ein volles Jahrzehnt war die „Geopsyche" vom Büchermarkt verschwunden. Nicht etwa, weil ihre fünfte Auflage von 1939 keinen Absatz mehr gefunden hätte! Im Gegenteil, sie war schon nach kaum zwei Jahren vergriffen, das Manuskript für ihre Nachfolgerin lag anno 1941 satzbereit. Da ließ die Kommission der damaligen Reichsschrifttumskammer, welche die Papierzuteilung an sich gerissen hatte, das Fallbeil herniedersausen: angeblich müßten Werke, die schon fünf Auflagen erlebt hätten, nunmehr ein Weilchen sich gedulden, damit für aufsteigenden „Nachwuchs" gesorgt werden könne. Das war die offizielle Begründung. Vertraulich aber erfuhr mein Freund Dr. Lüdtke, Verlagsdirektor bei de Gruyter, den seither der Tod hinweggerafft hat, daß e i n Angehöriger der Kommission die Papierzuteilung zu Fall gebracht habe, indem er sie für unerwünscht hielt angesichts eines wissenschaftlichen Werkes, das auch in seiner letzten Auflage wieder Autoren wie Franz Boas, Nathan Zuntz, Adolf Loewy, Angelo Mosso und Cesare Lombroso ohne jegliche Kennzeichnung als „Juden" und nicht nur ausgiebig sondern sogar rühmend behandelt habe. Schon vor dem Druck der fünften Auflage war mir von maßgeblicher Stelle ein brieflicher „Wink mit dem Zaunpfahl" erteilt worden, dem „sonst vortrefflichen" Buch doch nicht auf solche Weise Schwierigkeiten zu bereiten; er war selbstverständlich unbeachtet in den Papierkorb gewandert. Alle Bemühungen des Verlegers Herrn Wilhelm Engelmann in Leipzig, der das Werk seit seinem ersten Erscheinen i. J. 1911 aufs angelegentlichste betreut hat, zwischen 1942 und 1945, doch noch die Papierzubilligung zu erhalten, blieben erfolglos. Aber auch die Erwartung, nach 1945 rasch das Versäumte nachholen zu können, erfüllte sich nicht. Die technischen Schwierigkeiten am bisherigen Verlagsorte erwiesen sich als so groß und vorläufig nicht aus dem Wege zu räumen, daß Verfasser und Verleger sich entschliessen mußten, den Neudruck an einen Stuttgarter Buchverlag zu übertragen. Ich weiß Herrn Dr. Alfred Enke ganz besonderen Dank dafür, daß er auf diese Anregung sofort positiv eingegangen ist und die sechste Auflage der „Geopsyche" in seinen Verlag übernommen hat, in welchem seit 1938 bereits fünf wissenschaftliche Werke aus meiner Feder erschienen waren, nämlich die „Einführung in die Völkerpsychologie", die „Sozialpsychologie", „Mensch und Volk der Großstadt", „Sinne und Seele" und die Abhandlungensammlung „Universitas litterarum", welche Fachgenossen und Freunde als Festgabe zu meinem 70. Geburtstag zusammengestellt und kommentiert haben.

Es hat mich über die lange Fermate von 1939 bis 1949 ein wenig hinweggetröstet, daß die „Geopsyche" immer wieder von wissenschaftlicher Seite vermißt worden ist und die Anfragen nach ihr im Laufe der Jahre sich mehrten. Wenn sie nun nach so langer unfreiwilliger Pause wieder in die Welt hinausgeht, so muß ich ihr eine Bitte um Nachsicht mit auf den Weg geben — um jene Nachsicht, die heute jedes Buch aus deutscher Verfasserschaft für sich beanspruchen darf, weil wir nicht bloß während der unheilvollen Kriegsjahre von der Wissenschaft der übrigen Welt und ihrem Schrifttum abgeschnitten waren, sondern weil auch nach der Kapitulation und nunmehr im fünften Jahre fremdmilitärischer Besetzung die geistige Absperrung Deutschlands von der Welt, zumal in Ansehung der wissenschaftlichen Literatur, nicht beseitigt, kaum gemildert ist und es noch immer von persönlichen Gefälligkeiten und dinglichen Zufälligkeiten abhängt, ob man in den Besitz eines ausländischen Werkes, ja auch nur zur Kenntnis seines Erschienenseins gelangt. Die Schlagbäume des Bücher- und Zeitschriftenmarktes haben sich kaum merklich gehoben; seit dem Januar 1947, also fast zwei Jahren, da ich bei meinem ersten unvergeßlichen Gastaufenthalt in der Schweiz die Spalten der Neuen Züricher Zeitung mir geöffnet fand, eine ausführliche Beleuchtung dieser Misere in einem Aufsatz „Überfällige Schlagbäume" (Sonntag 26. Jan. 1947) vorzunehmen, hat sich in dieser Hinsicht so gut wie nichts gebessert. Die Berücksichtigung der ausländischen Literatur kann also heutzutage in einem deutschen wissenschaftlichen Buch keine zulängliche, geschweige denn erschöpfende sein. Und es ist nur ein schwacher Trost, daß wir uns damit gleichsam ein wenig für das ehedem Umgekehrte unfreiwillig revanchieren: in namentlich französischen Publikationen war lange vor den beiden Weltkriegen die Beachtung des deutschen wissenschaftlichen Schrifttums meist höchst dürftig, aber auch in den kleineren Ländern West- und Nordeuropas machte sich seit etwa 1914 eine wachsende Tendenz bemerkbar, einseitig die literarischen Erscheinungen der „westlichen" Nationen, Frankreichs, Englands und Amerikas aufzuführen und die deutschen in eine Mauerblümchensituation zu drängen.

Tröstlicher war die Tatsache, daß mitten im Kriege und während der Nachkriegsbesetzungszeit die „Geopsyche" drei fremdsprachliche Ausgaben erleben durfte: eine spanische im Madrider Verlag Espasa-Calpe 1940, eine holländische im Leopolds Uitgeversmaatschappij (den Haag) 1949 und dazwischen eine französische mitten während unserer Besetzung Frankreichs (1944) im Verlag Payot zu Paris, möglich nur unter den Fittichen des unvergesslichen Generals Karl Heinrich v. Stülpnagel, der kurz danach eines der Opfer des antihitlerischen Widerstandes dank seiner höchst aktiven Teilnahme an der Verschwörung des 20. Juli geworden ist. Für eine Übertragung ins Englische, deren Fehlen schon 1937 das britische „Journal of nervous and mental disease" als „strange" ankreidete, waren die Vertragsverhandlungen bis dicht an den Abschluß heran gediehen, als der Kriegseintritt der Vereinigten Staaten (es handelte sich um eine Verlagsfirma in New York) die Verwirklichung vereitelte. Bei dem großen Eifer, mit dem besonders die angloamerikanische Wissenschaft diese Problematik pflegt, wäre eine englische Ausgabe besonders erwünscht.

So sende ich denn dieses Buch, mir zuallermeist ans Herz gewachsen, weil es vor fast vier Jahrzehnten (1911) bei seinem ersten Erscheinen dem wissenschaftlichen Namen seines jugendlichen Verfassers zum ersten Male einen Weltwiderhall verschaffte, in seiner sechsten Bearbeitung hinaus in eine gründlich veränderte Welt. Es mag sein, daß es zum letzten Mal geschieht; steuert man auf das 74. Lebensjahr zu, so ist, allem Weiterschaffen nur noch eine Gnadenfrist gegönnt. Umso dringlicher war mir persönlich das Anliegen, diese Auflage dem Forscher zu widmen, der wie kein Zweiter die Erkenntniszweige der Meteorobiologie und der Bioklimatik auf- und ausgebaut hat und mit dem mir das seltene Gelehrtenglück zuteil ward, vom Boden der gemeinsamen wissenschaftlichen Belange her durch eine menschliche Freundschaft verbunden zu werden, welche auch unsere beiden Lebensgefährtinnen bis zum Hinscheiden der meinen herzlich mitumspannte.

Meinem treuen Mitarbeiter am Psychologischen Institut der Universität Heidelberg, Herrn Dozent Dr. Wilhelm Witte, weiß ich für nie sich versagende Literatur- und Korrekturunterstützung warmempfundenen Dank.

Muß man nicht im Goethe-Jahre sozusagen pflichtmäßig mit einem Goethe-Wort schliessen? Ich möchte der Wissenschaft von den geopsychischen Erscheinungen, die ich zu meinem bescheidenen Teil habe fördern dürfen, das Sätzchen auf den weiteren Weg mitgeben, mit dem der Weise von Weimar so gern seine Altersbriefe schloß: Und so fortan!

Heidelberg, Ende 1949.

Willy Hellpach

Inhaltsverzeichnis

Einführung

1. Wissenschaftliche Menschenkunde. Was der Mensch an Körperlichkeit und Beseeltheit auf die Welt mitbringt und was die Welt an seinen Körper und seine Seele heranbringt: dies zusammen, wie es sich eines mit dem andern auseinandersetzt und was dabei herauskommt, macht einen Gegenstand wissenschaftlicher Erfassung, den Inhalt der forschenden Menschenkunde aus. Erbgut samt Eigengut, Außenwelt oder Umgebung („Milieu") — das prallt aufeinander, und aus diesem Zusammenstoß gestaltet sich die leib-seelische, die „psychophysische" Daseinswirklichkeit, soweit sie dem wissenschaftlichen Fragen und Finden zugänglich ist. Ob und mit welcher bestimmenden Kraft jenseits von Erbgut und Umwelt etwa eine von beiden unabhängige, frei schaltende Seele, ein nur nach den Maßstäben von Gut und Böse richtendes und ausrichtendes Gewissen, ein ausschließlich sittlicher Wille, eine ihn nach ihren eigenen Gesetzen lenkende Vernunft vorhanden, wirksam, ja für zeitliches und überzeitliches Schicksal ausschlaggebend sei: dies ist eine ebenso „metaphysische" wie „metapsychische" Angelegenheit, deren Lösung abseits der wissenschaftlichen Zugänglichkeit liegt. So oft Wissenschaft sich vermessen hat, d i e s e Frage zu entscheiden, hat sie nur sich selber übernommen und mißleitet. Aber auch wer ein unsterbliches, gotterschaffenes Teil im Menschen, eine zu Ewigem bestimmte Seele, ausgerüstet mit sittlich frei wählender und wirkender Vernunft bejaht, der muß zugeben, daß dieses „Ich" während seines Erdenwandels weitgehend in den Fesseln körperlicher und körperseelischer Bedingtheit gefangen ist, die vom „Befinden", den Trieben, der sinnlichen Wahrnehmung, den vegetativen Lebensschwankungen her oft auch die sittlich freie Entscheidung einengt und umbiegt. Die Kenntnis aller dieser Einflüsse verliert für ein solches Bekenntnis nichts an Wichtigkeit. Es ist heute wohl kaum mehr eine Meinungsverschiedenheit darüber, daß nicht nur der Arzt, sondern auch der Erzieher, der Richter, ja der Seelsorger um das wissen müssen, was uns Menschenkinder unfrei macht — um dessen Stärke und Häufigkeit, um seine Angriffspunkte am Organismus und um die Gesetzmäßigkeiten, die es in sich selber trägt, mögen es physikalische oder chemische, biologische oder psychologische, ethnologische oder soziologische sein. Keiner jener Berufe kann seinen Anforderungen noch ohne eine wissenschaftliche Menschenkunde gerecht werden, auch ihr von Haus aus noch so sehr mit Menschenkenntnis begnadeter Angehöriger nicht, auch nicht der „geborene" Seelsorger, Richter, Erzieher, Arzt, Betriebsleiter. Und es sollte jeder ein wenig menschenkundig an sich selber, an seiner mitmenschlichen Umgebung, an seinen Kindern sein! Auch dafür ist es nützlich, daß er etwas von den Einflüssen wisse, die vom Erbteil oder der Umwelt her immer wieder sich unser bemächtigen und wie oft gegen alle sittlichen Vorsätze siegreich bleiben. Denn das Schädliche und Häßliche läßt sich nur beseitigen, verhüten oder in Schranken halten, wenn man es kennt; es läßt sich vor allem durch öffentliche Maßnahmen desto eher eindämmen, je besser man es kennt.

2. Erbgut und Umwelt. Vor hundert Jahren bestand die wissenschaftliche Neigung, alles der Umwelt auf Rechnung zu setzen und die Rolle dessen gering zu achten, was wir mit zur Welt bringen. Vor fünfzig Jahren schlug das Pendel nach der entgegengesetzten Seite aus. Beides ist einseitig. Der praktische Mensch ist so wenig ein bloßes Milieuprodukt, wie ein reines Vorfahrenerzeugnis. Gerade die moderne Erbwissenschaft lehrt uns etwas ganz anderes. Sie hat durchschaut, daß die Lebewesen als Erbe nur Möglichkeiten mitbringen, und was an Wirklichkeit daraus wird, das entscheidet die Umwelt, die wir uns teilweise selber erschaffen. Man begreift, daß die selbsterschaffene Umwelt für uns Menschen eine ganz besonders hohe Bedeutung hat, sind wir doch das „technische" Lebewesen der Erde, „Homo Faber". Und wie die in den allermeisten Erbwissenschaftslehrbüchern abgehandelte Chinaprimel rot blüht, wenn sie bei 15°, aber weiß blüht, sobald sie bei 35° Wärme gehalten wird, genau so entscheidet aufs vielfältigste und wesentlichste die „Atmosphäre", in der wir aufwachsen und uns bewegen, über die wirklichen Eigenschaften, zu denen die in uns erblich gelegten Veranlagungen sich ausfalten. Beides also muß man kennen — die Möglichkeiten und die Wirklichkeiten. Die Wirklichkeiten, welche die Umwelt aus unsern Möglichkeiten entfaltet, sind ja das im Zusammenleben praktisch Ausschlaggebende. Die Möglichkeiten, welche hinter den Wirklichkeiten als Erbanlagen stecken, lassen manchmal eine Änderung der Umweltbedingungen als wünschenswert, ja als notwendig erscheinen; sie offenbaren uns auch, über welche Grenze hinaus keine solche Umweltabänderung etwas bewirken kann. Denn gegen seine Erbstücke kommt keiner auf, so wenig wie einer über seinen eigenen Schatten springen kann, und nur in den Grenzen ihrer Möglichkeiten sind verschiedene Lebenswirklichkeiten für ihn gestaltbar.

3. Drei Umwelten. Alle Einwirkungen, die der Mensch von seinesgleichen erfährt, werden als mitseelische zusammengefaßt und bilden den Inhalt der Sozialpsychologie, des Wissenschaftszweiges vom Seelenleben in der geschöpflichen Gemeinschaft. Aus dieser Gemeinschaft in steter Wechselwirkung mit dem Einzelnen entfaltet sich eine Fülle von überdauernden Schöpfungen, die wir in einem engeren Sinne als Zivilisation, in einem weiteren als Kultur bezeichnen. Diese Unterscheidung wird nicht überall so scharf und grundsätzlich gemacht, wie in Deutschland, sie hat aber (neben manchen Gefahren) ihren Nutzen: wir verstehen unter der Zivilisation wesentlich die Herrschaft über Naturschätze und Naturkräfte, deren planvolle Ausbeutung und Verwertung, unter Kultur dagegen die geistigen Wertordnungen (und ihre äußerlichen Niederschläge, wie Bauten, Gesetze, Druckwerke), in denen sich Menschengemeinschaften zusammenfinden und fortentwickeln. Beide,

Zivilisation und Kultur, setzen eine weitgehende und immer weiter ausgreifende Unterwerfung und Umwandlung der urtümlichen Natur voraus, derjenigen um uns wie derjenigen in uns. Trotzdem ist diese Natur in ungeheurer Ausdehnung unangreifbar, in uns wie um uns. Sie fordert, von innen oder von außen her, immer wieder ihr Recht, namentlich solchen Ausmaßen ihrer Bändigung gegenüber, die wir als Überzivilisation und Überkultur zu bezeichnen pflegen. Die Natur um uns bildet also den dritten Umweltkreis, in den wir eingeschlossen bleiben und der, insonderheit auf die Natur in uns, seine Einwirkungen geltend macht. Körper und Seele in ihrer natürlichen Gegebenheit, als Erbgut also wie in ihrer Gemeinschaftsbedingtheit, Zivilisiertheit und Kultiviertheit, stehen jeden Augenblick unter solchen Natureinwirkungen, bewußt und (noch viel mehr) unbewußt.

4. **Erscheinungsformen der Naturumwelt.** Die umgebende Natur tritt in vier Haupterscheinungsweisen an Leib und Seele heran. Sie heißen Wetter, Klima, Boden, Landschaft. Sie beeinflussen unser Dasein mittelbar, indem sie uns diese oder jene Ernährung darbieten oder nahelegen, zu bestimmter Kleidung nötigen, eine Lebensführung vorwiegend im Freien oder mehr in geschlossenen Räumen mit sich bringen, Maß und Art unserer Bewegung bedingen, endlich Krankheiten sehr verschiedenen Charakters, sehr verschiedener Gefährlichkeit beherbergen oder nicht. Die Vielfalt dieser indirekten Einflußnahmen, welche die Naturumwelt aufs Dasein nimmt, fällt nicht in den Kreis unserer Darstellung. Sie gehört den verschiedensten Wissenschaftszweigen an: der Hygiene, der Ernährungsphysiologie, der Völker- und Kulturkunde, der medizinischen Geographie, der Siedelkunde. Wetter und Klima, Boden und Landschaft treten aber außerdem noch unmittelbar an unsern Organismus heran, der sich ja keinen Augenblick dieser vierfältigen Umwelt zu entwinden vermag. Er bleibt ihr im wahrsten Sinne des Wortes verhaftet, in wie gewaltige Höhen ihn auch die jüngste der Fortbewegungstechniken, der Flug, emportragen möge. Selbst Boden und Landschaft, die er anscheinend tief unter sich läßt, bewahren für den Menschen im Ballon oder Aeroplan ein Stück ihrer alten und gewinnen manch Stück neuer Bedeutung. Wir halten es sozusagen für „kein Leben mehr", wenn Menschen mit der Landschaft alle Berührung verlieren, aber in jedem Gärtchen, in jeder Allee ist sie ja selbst mitten in der Weltstadt noch und wieder da, und Boden, Wetter, Klima bleiben unweigerlich, wo immer wir hausen mögen.

5. **Eindruck und Einfluß.** Auf zwei verschiedenen Wegen nun treten jene vier Erscheinungsformen der Naturumwelt an den Menschen heran. Wir nehmen sie in weitem Umfange wahr, sie sind sinnfällig: wir merken, daß es regnet, stürmt, heiß ist, friert, kurzum, was für Wetter herrscht; ob das Wetter rasch und oft wechselt, ob es überwiegend milde oder unwirtlich sei, sonnig oder trübe, also in was für einem Klima wir leben; wir sehen Berge und Flachland, Strom und Strand, aber wir spüren es auch, ob wir steigen müssen, fühlen harten und elastischen Boden, Sand und Moor; wir gewahren Frühling und Winter an ihrem Bilde, das sie unserm Auge darbieten. Kurzum, die Natur ist uns immerfort in Eindrücken gegeben, die wir durch unsere Sinne von ihr haben, in starken und schwachen, groben und

zarten Eindrücken, und die schwachen und zarten sind für unser Erlebnis der Naturumwelt, für ihre sinnenhafte Wirkung auf uns nicht minder bedeutsam, als die starken und groben. Aber nicht alles an der Natur vermögen die Sinne zu erfassen. Wir wissen nichts vom Luftdruck, bis wir aus der Wissenschaft davon erfahren, die Luftelektrizität wird uns nur manchmal in den Erscheinungen von Blitz und Donner bewußt, weder für die ultraviolette noch für die durchdringende Strahlung (s. Abs. 33) besitzt unser Organismus Wahrnehmungsorgane. Nicht einmal die durchschnittlichen Schwankungen der Luftfeuchtigkeit sind uns sinnlich erfaßbar. Dennoch übt ein Teil dieser Eigenschaften der Naturumwelt Wirkungen auf uns aus — Einflüsse, die von ganz erheblicher, ja wesentlicher Bedeutung für unser Befinden und für unsere Leistungen sein können. Ist doch eben unser Körper selber ein Stück Natur, das mit der Umnatur in ununterbrochener Wechselwirkung steht. Seine Lebensspannung, wie die Physiologie sagt: sein Tonus, das vitale Verhalten seiner Gewebe und Organe, seine Funktionsbereitschaft, seine Frische oder Schlaffheit, dies wird durch die jeweilige Lage in der Naturumwelt, es wird aber auch durch den Dauercharakter dieser Naturumwelt mitbestimmt, ohne daß es uns als Sinnenwahrnehmung gegeben ist. Der Luftdruck hat (s. Abs. 34 und 63f.) Einwirkungen, über die unser „Gefühl" von Schwere oder Unschwere der „Luft" uns völlig, bis zum Anschein des Gegenteils, täuschen kann. Und überhaupt kreuzen und stören sich wie oft Eindruck und Einfluß: wir erleben das besonders im Frühling, der Auge und Haut an manchem Tage durch das Bild von Ergrüntsein und Blühen, von linder und weicher Luft entzückt, während er unsere Glieder ermüdet, unsere Stimmung vielleicht trübe oder reizbar macht, unsere Leistung lähmt (s. Abs. 82 u. 86). Viele wissen um einen ähnlichen Widerstreit in südländischen Gegenden, der den von der Schönheit der Eindrücke berauschten Fremdling so oft nach kurzem durch die ermattende Kraft der Einflüsse ernüchtert.

Diese beiden Wirkungswege von Natur zu Mensch müssen wir sorgfältig unterscheiden. Wir tun es auch in der Benennung, indem wir die eindrucksmäßigen sinnliche (sensuelle), die einflußmäßigen tonische Wirkungen heißen. Mit der seelischen Seite beider hat unsere Darstellung es zu tun. Sie berücksichtigt die körperlichen Wirkungsanteile nur, soweit es für die Erklärung der seelischen unerläßlich ist. Nun ist die Natur für uns letzten Endes Erde: zwar reicht unser Blick in den Weltraum hinaus, das Himmelsblau und die Sonne sind tagsüber, das Dunkel und die Sterne samt dem Monde sind nachts dessen Zeugnisse. Jedoch, schon der Himmel ist blau, weil wir ihn durch die irdische Lufthülle, die Atmosphäre, hindurch sehen, auch die Gestirne werden uns nur durch dieses Medium dargeboten, alles, was vom Weltraum zu uns herdringt, beeindruckt und beeinflußt uns erst in seiner irdischen Umwandlung, die Erdhülle oder Erdkörper mit ihm vornehmen. So bietet sich der wissenschaftliche Name der Erde als eine durchaus natürliche Bezeichnungsweise der Tatsachen dar, die hier besprochen werden sollen: wir nennen sie die geo-psychischen, und sagen für unser Seelenleben, sofern es von Wetter oder Klima, von Boden oder Landschaft her Einwirkungen empfängt und dadurch verändert wird, gelegentlich kurzweg Geo-Psyche. Das ist auch darum zweckmäßig, weil für Veränderungen und Bestimmungen, welche unser Inneres von dem Zusammenleben in der Gemeinschaft und den überdauernden Schöpfungen dieses Zusammenlebens (wie Stand, Familie, Staat, Kultur), her empfängt, das Wörtchen „sozialpsychisch" gang und gäbe ist. Und vielleicht wird auch einmal die Zeit erfüllet sein, um wissenschaftlich diejenigen Wirkungen zu erfassen, die vom technisch geschaffenen Lebensraum auf Erden ausgehen, von Stube und Möbel, Haus und Halle, Gasse und Platz, Fahrbahn und Fahrzeug — sie ließen sich dann als die „tektopsychischen" den sozial- und geopsychischen anreihen und würden mit ihnen den Kreis der unser Dasein aus der bildsamen Erbmasse prägenden Umweltmächte schließen.

Es wird natürlich immer Zusammenhänge geben, die sich in dieses dreiteilige Schema der geopsychischen, sozialpsychischen und tektopsychischen Phänomene nicht „ohne Rest" aufteilen lassen, wie ja denn die Wirklichkeit an irgendeiner Stelle die schönste Klassifikation sprengt — gerade darin angelt übrigens ein wesentlicher Antrieb zum wissenschaftlichen Erkenntnisfortschritt. So üben z. B. ohne Frage die Inhalte von Büchern, Zeitschriften, Zeitungen, Flugschriften u. dgl., also die literarischen Erzeugnisse aller Art, als „gelesene Umwelt" zeitweilig einen ganz entscheidenden Einfluß auf die lesenden Menschen aus, sind sie es doch, welche großenteils die sogenannte „öffentliche Meinung" formen. Sie zählen offensichtlich zu den sozialpsychischen Tatbeständen, sprechen doch in ihnen Mitmenschen zu Mitmenschen, diese beeindruckend und beeinflussend, genau wie einst, vor der Erfindung der Buchdruckerkunst, Briefe, Nieder- und Abschriften („Handschriften") solchen Eindruck und Einfluß hervorbrachten. Es handelt sich dabei gleichsam um die in Schrift oder Druck „gefrorene" mitmenschliche Rede, die ja (als Predigt, Ansprache, Vortrag, Unterricht usw.) auch jetzt noch an jenem Eindruck und Einfluß wesentlich teilhat. Aber manches davon reicht ins „tektopsychische" Gebiet hinüber, da die „Aufmachung" des Lesestoffes (man denke nur an die Bibelausstattungen, Bilderbibeln, sowie an die ganze typographische und buchbinderische, die illustrative Technik) sehr oft einen Antrieb zur Lektüre erweckt und im Exterieur „kostbare" Bücher geradezu zu einem Bestandteil des Wohnens einer gewissen Eliteschicht oder bestimmter Berufsschichten (Gelehrte, Geistliche, Schriftsteller) gehören können. Der Verfasser der „Geopsyche" hat den heutigen Stand der sozialpsychologischen Erkenntnis in seiner „Sozialpsychologie" (2. Aufl. 1947, bei Ferd. Enke, Stuttgart) zur Darstellung gebracht und in seinem Buch „Mensch und Volk der Großstadt", (ebenda 1938) wenigstens einen wichtigen Teil der tektopsychologischen Miteinwirkungen zu würdigen versucht; die gesamte „Psychologie der Umwelt" hat er in Abderhaldens „Handbuch der biologischen Arbeitsmethoden" (Bd. 1 VI, Teil C[1], Heft 3, 1924) übersichtlich bearbeitet.

Was die Methodik der Untersuchung geopsychischer Phänomene und Zusammenhänge angeht, so bedient sie sich aller Verfahrensweisen, die der Menschenseelenkunde (und Tierseelenkunde) überhaupt zu Gebote stehen. Wir haben daher eine Darstellung dieser Methoden seit der Neufassung unseres Werkes von der vierten Auflage ab nicht mehr unternommen, weil dieser Versuch in den drei ersten Auflagen nicht befriedigen konnte: er mußte einerseits zu knapp bleiben (wenn er nicht den Rahmen des ganzen Buches sprengen sollte), um eine wirkliche Anleitung für die ergebnisvolle Benutzung der Erkenntnisverfahren zu geben, und er stellte andererseits Dinge dar, die in die methodischen Lehrbücher und Leitfäden der allgemeinen Psychologie, der angewandten Psychologie und der verschiedenen Spezialgebiete beider gehören. Selbstbeobachtung und Selbstbericht — klinische und pädagogische Erfahrung — statistische Erfassung nach dem Gesetz der großen, aber auch nach dem Gesetz der kleinen Zahl — endlich völkerpsychologisches Ermittlungsverfahren: sie müssen sich alle im stetigen Hin und Her die Hand reichen und ergänzen, um geopsychologische Resultate sicherzustellen. Laien und Aerzte, Erzieher und Kriminalisten, Kolonisatoren und Wasser- wie Hochlandssportler, Alpinisten wie Seefahrer, Forstfachmänner wie Tierzüchter und Tierhalter, Missionare wie Militärs, nicht zuletzt aber die „Laboratoriums"-Psychologen sind alle mitberufen, der geopsychologischen Erkenntnisförderung weiterzuhelfen. Unsere Darstellung selber wird zeigen, daß die weitaus am besten gesicherten Ergebnisse der experimentalpsychologischen Arbeit zu verdanken sind — wie auf dem gesamten Gebiet der wissenschaftlichen Seelenkunde ihr der unbestreitbare methodische Vorrang gebührt, den sie sich seit Fechner's Grundlegung der „Psychophysik" (und einer empirischen Aesthetik) redlich verdient hat. Aber es sind ihr Grenzen gezogen; sie wird im Bereich von Massenphänomenen und bestimmter „Erlebnis"tatsachen (wie etwa der landschaftlichen) zwar nicht unanwendbar, aber doch nur sehr beschränkt anwendbar bleiben. Einen Methodenstreit wollen wir um des Himmels willen bei uns nicht aufkommen lassen. Jedes Verfahren vermag die Einsichten zu fördern, solange es lauter und sauber gehandhabt wird. Gegenüber allen dogmatischen Methodenansprüchen behält Jakob Burckhardt Recht, wenn er in seinen „Weltgeschichtlichen Betrachtungen" schreibt: „Übrigens ist jede Methode bestreitbar und keine allgültig". Ersteres nämlich, wenn sie (von Unlauterkeit — Mißbrauch zum Nachweis vorgefaßter Meinungen, oft „Schulmeinungen" — und Unsauberkeit — des Gebrauches — ganz zu schweigen) am untauglichen Phänomen oder Problem sich abmüht oder aufdrängt. Wir möchten hoffen, der Leser der „Geopsyche" werde aus der Darstellung der Ergebnisse spüren, wie viel unser Erkenntniszweig allen Verfahrensweisen zu danken hat.

Erster Hauptteil

Wetter und Seele

6. Bezeichnung und Begriff. Wetter nennt die Witterungswissenschaft oder Meteorologie den Gesamtzustand der Lufthülle unserer Erde — der Atmosphäre — an einem Orte und zu einem Zeitpunkt. Das Wetter ist also eine örtliche und vorübergehende Erscheinung von verwickelter Beschaffenheit. So meint es auch die Alltagsauffassung; Sonnenschein, Wolken, Wind, Wärme, Regen, Schnee, Gewitter, Hagel, Frost, Nebel bedeuten für sie in den mannigfaltigen Kombinationen, in denen sie miteinander vorkommen, das Wetter; ein Ausdruck wie „wetterwendisch" deutet auf die rasche Wandelbarkeit des Wetters hin.

Es ist wahrscheinlich, daß dieser atmosphärische Gesamtzustand in kausal-erheblicher Weise zusammenhängt mit der Beschaffenheit (den dauernden Eigenschaften und dem augenblicklichen Zustande) des darunter liegenden Erdbodenbezirkes. Dafür spricht nicht nur die je nach der „Landschaft" so außerordentlich verschiedene Art und Weise, wie ein Wetterphänomen vom Range des Gewitters sich jeweils und jeorts „auswettert" (über größeren Wasserspiegeln, in Engtälern, über ausgedehnten Hochwaldungen usw.), sondern auch die gesicherte Erfahrung, wie entscheidend die Witterungsverhältnisse einer Gegend durch Entwaldung oder Aufforstung, Verkarstung oder Versumpfung geändert werden. Auch zeigt ja die luftelektrische Situation engste Verkettungen zwischen Erdkörper und Luftkörper (s. u. S. 49 u. S. 162f.). Es läßt sich aber darüber streiten, ob eine solche ursächliche Faktorengruppe, wie möglicherweise der Boden sie für die Wettergestaltung bedeutet, in die definitorische Erfassung des gewirkten Erscheinungskomplexes, eben des Wetters, einzubeziehen sei. Der Bergbau kennt zwar das „Erdwetter" seit jeher in Gestalt der „schlagenden Wetter", deren Eintritt wesentlich mit heftigen Luftveränderungen (jähem Barometerfall) zusammenhängt. Die zünftige Meteorologie jedoch hat sich bis heute nicht bewogen gefunden, die Bodenbeschaffenheit als einen Teil des Wetters in dessen Begriffsbestimmung einzubeziehen, und es wäre anmaßend, wenn eine außerhalb ihrer stehende Wissenschaftssparte, Géopsychologie oder Meteorobiologie, Bioklimatik oder „Geomedizin", ihr dieses Alleinrecht der logischen Entscheidung vorwegnehmen wollte. Wir bescheiden uns darum bei der exklusiv atmosphärologischen herkömmlichen Wetterdefinition, wie sie in der Wetterkunde üblich ist.

Jene mannigfaltigen Kombinationen weisen gewisse Grundtypen auf (etwa Schönwetter, Regenwetter, Frostwetter, Gewitter u. dergl.), die wir als Wetterformen bezeichnen. Jede von ihnen, und alles Wetter überhaupt, entsteht durch das

Zusammenwirken einer ganzen Reihe von Einzeleigenschaften der Atmosphäre, den Wetterelementen. Die Besprechung der seelischen Wetterwirkungen wählt zweckmäßig den Weg vom besser zum weniger Bekannten, das heißt von den aus der Erfahrung geschöpften Tatbeständen zu den Möglichkeiten und Versuchen ihrer wissenschaftlichen Erklärung — von der Gegebenheit der Erscheinungen zu den Wirkungszusammenhängen ihrer Bestandteile.

A. Erfahrung der Wetterwirkung

7. Grundformen. Es gibt Wetter, das uns matt, und Wetter, das uns frisch macht: diese Erfahrung dürfte auch dem einfachsten Menschen geläufig sein, der sonst nicht viel über seine eigenen Zustände nachdenkt. Ob uns das Wetter gefällt oder mißfällt, deckt sich damit nicht ganz, denn das kann mit ganz andern Dingen zusammenhängen, etwa mit praktischen Interessen (der Regen, der dem Städter seine Landpartie zunichte macht, kann dem Bauern höchst erwünscht sein), oder mit der Empfänglichkeit für Eindrücke, die aus der vom Wetter mitbestimmten Landschaft stammen. Häufig fällt freilich das Wohlgefallen oder Mißfallen am Wetter mit der leibseelischen Wirkung, die vom Wetter auf unsern Organismus, auf sein Befinden ausgeht, zusammen.

I. Ermattendes Wetter

8. Gewitterluft. Gewitter sind nach der Definition der Meteorologie „die mit sichtbaren und hörbaren elektrischen Entladungen verbundenen Kondensationsvorgänge des atmosphärischen Wasserdampfes". Gerade diese Wetterform gibt uns Gelegenheit, ohne verwickelte Überlegungen zwischen dem Wettereindruck und dem Wettereinfluß sehr sicher zu unterscheiden. Das „Schauspiel" eines heftigen Gewitters verursacht dem Menschen (und auch vielen Tieren) sehr elementare Gemütsbewegungen, z. B. unheimliche, ängstliche, Schrecken, Beklommenheit, es gibt aber auch Gemüter, die ein Gewitter fesselt, packt, erhebt, die ihm interessiert zuschauen, während andere sich davor verkriechen. Die Gewitterfurcht gehört wohl zu den verbreitetsten und elementarsten Furchterscheinungen, die durch natürliche Begebnisse hervorgerufen werden können. Die tonische Wirkung des Gewitters auf unser Befinden und unsere Leistung geht aber von atmosphärischen Zu- und Umständen aus, die vor der Gewitterentladung zu liegen pflegen, und zwar öfters noch in diese hineindauern, ja sie überdauern können, jedoch ebensooft bereits mit der einsetzenden Entladung nachlassen und schwinden. Es ist die „Gewitterluft", der atmosphärische Zustand vor Gewittern, der das sozusagen klassische Beispiel einer ermattenden Wetterform darstellt. Häufig genug spüren wir, sowie die Entladung in Blitz, Donner und Regengüssen oder Hagelschlägen einsetzt, die beginnende Erquickung.

Unter Ermattung versteht die Seelenkunde oder Psychologie einen subjektiv sehr deutlich empfundenen Befindenszustand, in dem unsere Leistungslust oder unsere Leistungsfähigkeit oder beides miteinander stark vermindert ist. Ob wir in einer solchen Verfassung von Mattigkeit wirklich weniger leisten als sonst, das kann nur die objektive Nachprüfung zeigen, die Messung dessen, was geleistet worden ist; aber auch wo dank der energischen Willensanspannung die tatsächliche Leistung nicht hinter der sonst üblichen zurückbleibt, geschieht sie im ermatteten Zustande nur mit höherem Willensaufgebot (wir müssen uns zur Arbeit, zum Aufpassen, zum Tätigsein „zwingen") u n d unter deutlichen Widerstrebensanzeichen mit ausgesprochener Unlust. In vielen Fällen bleibt aber auch die Leistung objektiv hinter dem gewohnten Maß zurück, t r o t z gegenteiliger Anstrengung. Bei Gewitterschwüle geht uns die Arbeit schwerer von der Hand, insbesondere kann uns auch geistige Anstrengung besonders sauer werden. Die Leistung selber leidet: feine Handarbeit wird unsicher, wir marschieren schleppenden Schrittes, das Augenmaß täuscht, wir verrechnen und verschreiben uns, die Gedanken sind nicht bei der Sache. Die Mattigkeit kann so übermannend über uns hereinbrechen, daß wir uns am liebsten einer untätigen hindämmernden Lethargie überlassen möchten. Wir müssen alle Anstrengungen machen, um nicht bei der Handarbeit, als Hörer einer Vorlesung, im mühsamen Gespräch einzuschlafen.

W o l l e n wir aber schlafen, so mißlingt uns das wiederum — und hier offenbart sich die andere Seite der tonischen Gewitterluftwirkung: die Ermattung ist meist mit einer Art U n r u h e verbunden, das heißt psychologisch gesprochen, mit einer E r r e g u n g, die sich an Leib und Seele, physisch wie psychisch kundtut. Die müden Glieder zittern leise, aber es ist auch eine innere Unrast spürbar, wir werfen uns auf dem Lager herum, zupfen mit den Fingern, möchten am liebsten hin- und hergehen, haben nirgends und zu nichts rechte Ruhe. Die Psychophysiologie (Leibseelkunde) nennt solche Zustände B e w e g u n g s u n r u h e oder m o t o r i s c h e E r r e g u n g. Wir kennen sie aus Lebenslagen der gespannten Erwartung, der Ungewißheit, der Ungeduld, der Gereiztheit, aber auch der Übermüdung, beginnender Erkrankungen, des Fiebers, nach manchen Genußgiften wie Kaffee oder Wein. Im Widerstreit mit gleichzeitiger Mattigkeit wird solch eine Bewegungsunruhe besonders peinlich. Diese Mischung von Mattigkeit mit Unruhe ist es, welche bei den weitaus meisten Menschen durch die Gewitterschwüle hervorgerufen wird.

Dabei ist auch die G e m ü t s s t i m m u n g verschlechtert. Sie kann bedrückt, bange oder ängstlich, aber auch gereizt, ja „geladen" sein; bei sehr wetterfühligen Naturellen (s. Abs. 36) kommt es zu ausgesprochener Beklommenheit oder Aufregung. Alle möglichen Erregungsanzeichen am Körper gesellen sich hinzu, nicht nur von der motorischen, auch von der sensorischen, sekretorischen und „vegetativen" (s. S. 70) Seite her: des Zitterns und der Muskelunruhe wurde schon gedacht, ausfahrende und unsichere Bewegungen treten auf, die zarten Muskelbündel besonders an den Handballen, den Lippen und Augenlidern geraten ins Zucken oder Wogen („fibrilläre" Muskelzuckungen), dazu treten rieselnde oder taube Empfindungen in den Gliedern und auf der Haut, Ameisenlaufen und Eingeschlafensein, Jucken, Ziehen, Reißen, Stechen, bohrender oder spannender Schmerz, auch Ohrensausen, Augenflimmern, undeutliches Sehen, Funkentanzen, „mouches volantes" (flatternde Punkte und Punktketten im Sehfelde), Schwindelgefühle, bleierne Schwere, Kopfdruck bis zum „Zerspringen", überhaupt alle Sorten von Kopfweh, Herzklopfen, Herzflirren, Erröten und Erblassen, „Wallungen" und Pulsationsempfindungen, bei Hämorrhoiden die lästigen Symptome des Rieselns, Drängens, Vorfallens, Schmerzens, selbst Blutens, weiter Schwitzen oder Trockenheit, Speichelfluß oder -mangel, vermehrter Urindrang, Durchfälle, Sodbrennen, Appetitmangel, Widerwillen gegen sonst indifferente Speisen, im Bereiche des Sexuellen gesteigerte geschlechtliche Begierde mit verminderter Potenz, mit verfrühter oder verzögerter Samenentleerung bei vermehrten Erektionen — dies und alles nur Erdenkbare, was bei „reizbarer Schwäche" des Nervensystems vorkommen kann, begegnet uns auch als Bestandteil der Gewitterschwülewirkung. Sehr allgemein machen sich Beeinträchtigungen des Schlafes geltend: der Schlaf, überhaupt in der sommerlichen Jahreszeit flacher und minder erquickend (s. S. 138), ist bei Gewitterschwüle fast immer unruhig, oberflächlich, von erregten Träumen durchsetzt, durch öfteres Erwachen gestört; Aufschrecken und Aufschreien kommen vereinzelt selbst bei Leuten vor, die normalerweise davon nicht heimgesucht sind, steigern und häufen sich, ebenso wie Bettnässen, Zähneknirschen, Nachtreden und Nachtwandeln, bei den eigentlichen, namentlich auch den kindlichen „Nyktopathen".

Ein weiteres Anzeichen der Gewitterlage, das vielen Wetterempfindlichen vertraut wird, ist die Veränderung der Wirkung täglicher Genußmittel wie Tee, Kaffee, Tabak, vor allem Alkohol. Tee und Kaffee entfalten dann schon in kleineren als den gewöhnlichen Mengen eine abnorm erregende Wirkung, das sonst von ihnen erzeugte Behagen bleibt aus, fliegende Hitze, Herzklopfen, Unruhe, vollständiger Schlafmangel stellen sich ein; die Zigarre will nicht schmecken, ihre Behaglichkeitswirkung wird vermißt; Alkoholdosen, die sonst „animieren", die Stimmung verbessern und die Unternehmungslust erhöhen, erweisen sich nun nicht als anregend, sondern als aufregend, oder umgekehrt als ermattend, ja lähmend, machen jähmütig und streitsüchtig, nörglerisch oder mißmutig, und wenn sie den Schlaf normalerweise begünstigen, so stören sie ihn nun, er wird unruhig oder bleiern, unerquickend, oberflächlich. Namentlich von Haus aus „nervöse", sensitive, „vegetative" (s. Abs. 44) Naturelle reagieren unterm Einfluß von Gewitterschwüle auf alle Genußgiftwirkungen überstark und andersartig, als zu durchschnittlichen Zeiten.

Die Angst vor Gewittern, unter der zahlreiche Menschen leiden, begünstigt natürlich solche Zustände, sie darf aber an sich mit der unmittelbaren Schwülewirkung nicht verwechselt werden. Zwar kann es recht schwierig sein zu unterscheiden, was auf die Furcht vor den Gefahren des Gewitters und was auf den Einfluß der schwülen Luft zurückzuführen sei. Oft wird wohl jene durch diesen verstärkt. Im großen ganzen liegt es aber so, daß die eigentliche Gewitterangst ihren Höhepunkt nach dem Ausbruch der Gewitterentladung erreicht, denn es ist ja das Zucken der (wegen der Einschlagsgefahr gefürchteten) Blitze und das Rollen und Schmettern der Donnerschläge, was die Angst entfesselt; die Schwülewirkung dagegen hat ihren höchsten Grad parallel mit dem höchsten Grad der Schwüle selber, also meist bis zum Gewitterausbruch, der selber dann oft schon als die beginnende Erleichterung und „Lösung" begrüßt wird. Dennoch vermengt sich beides gern dadurch, daß die Angst der Gewitterängstlinge oft schon dem bloßen Aufziehen von Gewitterwolken gilt, einem ersten fernen Donnergrollen, bei Nacht einem leisen Wetterleuchten. Die Schwülewirkung freilich geht auch dem oft lange Stunden voraus, sie kann bei noch heiterem Himmel schon sehr ausgeprägt sein. Übrigens finden sich bei den von Gewitterangst Heimgesuchten meist noch andere Angst- und Ängstlichkeitsformen vor, wenn man dem nachgeht — etwa Dunkelfurcht, Ansteckungsfurcht, Tierangst (vor Mäusen, Kröten, Fledermäusen usw.), Eisenbahnangst, Fremdenscheu u. dergl. Übersehen sollte man immerhin nicht, daß die Entladung eines heftigen Unwetters das naive Gemüt erschrecken *muß*; die Gewitterfurcht *während* des Sichauswetterns ist etwas Natürliches, auch vielen Tieren offenkundig Eigenes, und ihre Beherrschung stellt ein Erziehungsprodukt der Zivilisation dar, gefördert durch die tatsächliche Beherrschung der Einschlagsgefahr, welche der Blitzableiter gebracht, und durch das Wissen um die Gefahrlosigkeit des (noch so heftigen) Donners.

Bei den *Tieren* wird die Unterscheidung zwischen tonischer und sensueller Gewitterwirkung begreiflicherweise am allerschwierigsten. Tatsache ist, daß zahlreiche Tiere schreckhaft sind und schon durch recht unbedeutende, plötzliche, ungewöhnte Sinneseindrücke aus der Fassung geraten können, namentlich die „flüchtenden Arten", wie Pferde, viele Vögel, Echsen und Lurche. Sicher erschreckt Blitz und Donner solche Wesen, oft verkriechen sie sich davor. Dennoch reagieren auch tonisch manche Tiere unverkennbar auf die Gewitterschwüle schon beträchtliche Zeit *vor* dem Aufziehen des Unwetters, die einen wenig, andere sehr ausgeprägt. Eine große Anzahl von tatsächlichen und vermeintlichen Feststellungen liegt darüber vor, jedem sind einige geläufig. Wir wissen alle, daß Gewitterschwüle namentlich gewisse stechende und saugende Insekten in ihrem Gebaren äußerst lästig für den Menschen und die Säugetiere (Pferde!) macht: Stechfliegen und Stechmücken sind von gesteigerter Zudringlichkeit und Blutgier, auch Stuben- und Stallfliegen behelligen Mensch und Tier besonders hartnäckig. Überhaupt scheinen alle diese Zweiflügler in größeren Massen aufzutreten, sie meiden den Höhenflug und halten sich mehr als sonst dicht überm Erdboden auf; ihr Gebaren zeigt zugleich alle Merkmale der Erregtheit. Schon wegen dieses Aufenthaltswechsels der Beutestücke fliegen auch viele Vögel niedriger, aber diese mittelbare Einwirkung der Gewitterluft auf ihr Tun ist nicht die einzige; vielmehr zeigt die Aufgeregtheit ihres Streichens, ihres Gezwitschers (nicht selten derjenigen beim Nahen eines Raubvogels ähnlich), die Tonverschiebung ihrer Singmelodik, manchmal bis ins Mißtönige, daß eine durchaus unlusthafte Veränderung ihres Befindens vorliegt, die sich in einer Art hilfloser Unstete kundtut. Vogelkenner wollen vielfach besondere „Weisen" unterscheiden, die vor Gewittern (und überhaupt als Anzeichen ungünstigeren Wetters) gesungen werden. Unmittelbar vor dem Gewitterausbruch verstummen fraglos viele gefiederten Sänger; die bleierne Stille des Waldes gehört geradezu unter die Merkmale der lastenden *Gewitterstimmung* in der Natur. Auch Fische scheinen eine Art Vorgewitterunruhe zu bezeugen, doch sind die Beobachtungen darüber unbestimmt und vieldeutig; das häufigere „Springen" (übers Wasser) könnte hier wohl in der Hauptsache mit der größeren Fülle von Insekten dicht überm Wasser zusammenhängen. Dem Schlammbeißer, einem sonst recht trägen Fisch, wird seit jeher besondere Aufgeregtheit vor Gewittern nachgesagt: er soll dann mehr als sonst Schlamm in seinem Gewässer aufwühlen und auch viel „springen".

Er ist eine Art Laubfrosch des Wassers; aber von diesem beliebten Lurch, den sich ja die Menschen geradezu als Wetteransager halten, wissen wir über seine wirkliche Befindensreaktion auf meteorische Lagen wissenschaftlich recht wenig Verläßliches.

Es wäre der Mühe wert, die Gewitterreaktion im gesamten Tierreich viel planmäßiger zu studieren, als es bisher geschehen ist. Unser Wissen davon besteht noch immer in einem Wirrwarr ziemlich unzusammenhängender Fetzen großenteils volksüberlieferter Behauptungen, in denen gewiß zahlreiche jahrhundertelange Erfahrungen, oft aber doch auch Scheinerfahrungen stecken. Man wird trotzdem summarisch feststellen können, daß das tierische Verhalten bei Gewitterschwüle, zumal bei vielen Insekten, Vögeln und Säugern, dem menschlichen im großen ganzen (vielleicht unter Vorwiegen der unruhigen, motorisch erregten Note) entspricht und daher den Schluß auf ein ähnliches gestörtes Wohlbefinden nahelegt.

9. Gewitteräquivalente und Rauhschwüle. Manche atmosphärischen Erscheinungen erinnern bruchstückhaft ans Gewitter, ohne doch echtes, sich auswetterndes Gewitter zu sein. Dahin gehören solche Kondensationsvorgänge des in der Luft enthaltenen Wasserdampfes, wie Platzregen, plötzliche Nebelbildungen (besonders im Gebirge), Graupelschauer, manche Schneefälle, endlich das Wetterleuchten und die Elmsfeuer. Wintergewitter, manchmal mit nur einem Blitz und Donner ein Schneetreiben oder eine Graupelbö einleitend, bieten besonders gern dieses gewitteräquivalente Bild. Da ihre sinnliche Beunruhigungskraft gering ist, so lassen sie die tonische Wirkung der ihnen voraufgehenden atmosphärischen Situation desto reiner hervortreten. Sie gleicht in ihrer Art der Gewitterluftwirkung, wenn sie ihr auch oft an Stärke nachsteht. Eine eigentümlich unruhige, gedrückte Stimmung, also wiederum das Gemisch seelischer Erregung und Ermattung, bildet den Mittelpunkt, um den sich die andern beschriebenen Symptome mehr oder minder zahlreich, deutlich oder bloß angedeutet, gruppieren.

Die Mehrzahl dieser „gewitteräquivalenten" Wetterformen spielt sich in der gewitterarmen Jahreszeit ab, und die atmosphärische Situation vor ihrem Einbruch erscheint schon durch die n i e d r i g e Temperatur von der Gewittersituation deutlich unterschieden. Trotzdem kann die Luft vor Gewitteräquivalenten einen eigentümlich drückenden Charakter haben, der sich nicht allein in seiner tonischen Wirkung, sondern auch sinnlich schon, ähnlich der echten Schwüle bei hoher Lufttemperatur, in bezeichnender Weise fühlbar macht und zu der niedrigen Temperatur einen schwer zu beschreibenden eigentümlichen Kontrast bildet. Wir bezeichnen diesen Luftcharakter als R a u h s c h w ü l e. Sie ist für böiges (s. S. 15) Äquinoktialwetter, zumal im Frühling, besonders charakteristisch.

Nicht als Gewitteräquivalent, sondern als Lichtreflex eines wirklichen, entfernten Gewitters betrachtet die Wetterwissenschaft das W e t t e r l e u c h t e n. Es bleibe dahingestellt, ob das für alle Fälle zutrifft; sicherlich bestehen Verwechslungen mit und Übergänge zu den echten „F l ä c h e n b l i t z e n", in denen die elektrostatische Entladung von Gewitterwolkenmassen sich ohne Donner vollziehen kann. In Ansehung der Luftsituation sind beides Gewitteräquivalente, indem die Gewitterschwüle eines Ortes sich danach lösen kann (das Volk sagt, wenn es wetterleuchten sieht: „Es kühlt sich ab"). Wie weit gewitterartige Wirkungen aufs psychische Befinden davon ausgehen, hängt von der Luftbeschaffenheit vor- und nachher ab. Ein echtes Gewitteräquivalent sind wohl meteorologisch die atmosphärischen Büschel- und Spitzenentladungen, unter dem Namen der St. Elmsfeuer bekannt; sie gehen besonders gern Schneeböen vorauf. Über verspürte Wirkungen ist kaum etwas Verläßliches bekannt.

10. Schwüle und Schwülwinde. Nicht bloß Gewitterluft wird als „schwül" verspürt, sondern jede Mischung von hoher Lufttemperatur mit starker Luftfeuchtigkeit und vorzugsweise auch geringer Luftbewegtheit nennen wir „Schwüle". Ihre Wirkung gleicht in der Hauptsache der Wirkung der Gewitterschwüle, vielleicht mit einer Verschiebung des Schwerpunkts nach der matt-apathischen Seite zu. Immerhin pflegt der erregende Einfluß selten ganz zu fehlen, fast stets macht er sich in der Schlafunruhe bemerklich. Im Vordergrunde steht aber das Gefühl der verminderten (körperlichen und geistigen) Leistungsfähigkeit, das sich bis zur lethargischen Ermattung steigern kann. Die höchsten Grade solcher Zustände beobachtet man vor dem Eintritt derjenigen Krankheitserscheinung, der wir das genaueste Studium des schwülen Wetters in seinen Wirkungen auf den Menschen verdanken: des „Hitzschlages", der besonders gern als Folge physischer Überanstrengung bei Schwüle vorkommt (S. 39).

Allerdings wirkt schwüles Wetter nicht auf alle Menschen im geschilderten Sinne. Vielmehr zeigen manche Naturelle bei ausgesprochen schwülem Wettercharakter ein gesteigertes Wohlbefinden. Dieses „Paradox" der Schwülewirkung scheint bei zwei Gruppen von Menschen vorzukommen: erstens bei an schwüles Klima seit Kindheit Gewöhnten, die also gegenüber allen relativ rauheren Wetterformen „Verwöhnte" sind — bei ihnen spricht wohl auch die sinnliche Unbehaglichkeit, die ihnen Kühle, Wind usw. verursachen, einigermaßen mit; zweitens bei solchen Nervösen, die gegen alle Reize überempfindlich und zugleich meist „blutarm", überhaupt „asthenisch" sind, fast immer Ruhe und möglichst gleichmäßige Lebensbedingungen brauchen und auf jede Veränderung sehr heftig reagieren. Sie vertragen erfahrungsgemäß keine Art von rascher Wärmeentziehung sowie von stärkeren Zumutungen an Haut und Stoffwechsel. Immerhin bilden diese Menschen mit paradoxer Schwülereaktion gegenüber den andern eine sehr kleine Minderheit.

Obwohl sich im Durchschnitt die Schwüle durch Luftstille auszuzeichnen pflegt, gibt es doch Luftbewegungen, die mit hoher Wärme und Feuchtigkeit verbunden den Schwülecharakter erst recht unterstreichen. Es sind die schwülen Winde, in Europa meist südliche oder südwestliche Winde, deren typischer Repräsentant der in den Mittelmeerländern besonders häufige Schirokko ist. Seine Wirkung kommt derjenigen einer starken Gewitterschwüle völlig gleich, ja übertrifft sie nicht selten an Heftigkeit. Namentlich Menschen, die an ihn gewöhnt sind, verspüren den Effekt starken und langdauernden Schirokkos in der Mischung von Abgeschlagenheit und Unruhe als oft geradezu peinigend, und sensitive Naturen können dabei in eine ganz verzweifelte Seelenverfassung geraten, die sich erst mit dem Windwechsel löst.

Der Schirokko ist durch diese seine Wirkung nicht bloß der größte Feind mittelmeerländischer Erholungskuren — namentlich sehr „Nervöse" mit Depressionstendenz muß man sich seinetwegen überlegen, südwärts zu schicken —, sondern sozialpsychologisch auch ein Vorwand für allerlei Pflichtvernachlässigungen und Ausschreitungen in den von ihm heimgesuchten Ländern. Der Handwerker entschuldigt sich dort ebensogern mit „Schirokko", wenn er eine Bestellung verbummelt, wie der Affektverbrecher dies Moment vor dem Laienrichter (Geschworenen) gern und nicht immer erfolglos zu seinen Gunsten geltend zu machen sucht. Namentlich sexuelle Ausschreitungen, eifersüchtige Gewalttaten u. dergl. werden häufig milder gerichtet oder gar freigesprochen, wenn zur Zeit der Tat nachweislich schwere Schirokkolage herrschte.

Wie der Schirokko wirken in andern Erdgegenden die (Sommer-) Monsune, bei uns wenigstens andeutungsweise die meisten Südwest- und Westwinde. Die absoluten Temperaturen brauchen dabei nicht sehr hoch zu liegen, auch der relative Temperaturanstieg ist zwar manchmal, aber keineswegs immer beträchtlich; stets aber ist die relative Feuchtigkeit (s. Abs. 28) sehr groß.

Der Höhepunkt der Schirokkowirkung pflegt mit dem stärksten Wehen des Windes zusammenzufallen (solange dieser nicht etwa die Richtung ändert). Die ersten Vorboten, oftmals namentlich ein Umschlag der Stimmung ins Verdrossene, Unruhige oder Bange, machen sich nicht selten schon bei noch völliger Windstille bemerklich. Sie künden den kommenden Schirokko an.

Schwüle und Schwülwind herrschen meist bei bedecktem Himmel. Erscheint zwischendurch aber die Sonne, so macht sie sich oft für die sinnliche Empfindung auf der Haut in der Weise unangenehm bemerklich, daß sie „sticht" (s. a. u. S. 16).

11. Föhn. Mit dem Schirokko wird, auch im alpinen Sprachgebrauch, oft der Föhn durcheinander geworfen, begreiflicherweise, weil Föhn im Gebirge für die Täler und die Gebirgsvorlande oft Wetter von schirokkalem Charakter mit sich bringt. Innerhalb seiner ursprünglichen Wirkungssphäre ist aber der Föhn ein relativ warmer und dabei — im strikten Gegensatz zum feuchten Schirokko — sehr trockener, wasserdampfarmer Wind, dessen grandiose Wirkungen im Haushalt der Alpennatur (Schneeschmelze, Erntereifung!) gerade auf dieser Eigenschaft beruhen. Indem er in der Nachbarschaft oder in seinem Ausklingen häufig Regen erzeugt, wird er, dort oder dann, schirokkal. Als echter Föhn ist er aber warm, trocken und heftig, ein klassischer Bergwind, der von Kamm zu Tal stürzt und an keine Himmelsrichtung gebunden ist, wie er denn gelegentlich als Nordwind auftritt.

Der echte Föhn hat von allen Wetterformen die stärkste Wirkung auf das psychophysische Befinden der Organismen, er ist darin selbst der Gewitterluft und dem Schirokko noch überlegen. Unter seinem Einfluß leiden auch Naturen, die sonst so gut wie wetterindifferent sind. Die höchste Intensität der Föhnwirkung liegt unmittelbar vor dem Aufkommen und in den ersten Stunden der Herrschaft des Windes. Sie kann eine ausgesprochen dumpfe Verzagtheit, eine tiefe, qualvolle Bangigkeit wie vor einem großen Unglück, oder eine aufs stärkste „geladene" Gereiztheit sein. Damit geht Hand in Hand ein Aufhören jeglicher Leistungsfähigkeit, namentlich der intellektuellen, verkettet mit einer Unruhe, welche „die Brust zu sprengen" droht. Die Glieder sind bleischwer, der Kopf wie eingepreßt, die Speisen haben keinen Geschmack und Geruch; der Schlaf ähnelt dem eines Fiebernden. Von da gibt es alle Nuancen bis zu den leisesten Wirkungsspuren — die milderen Wirkungsformen decken sich im wesentlichen mit der allgemeinen

Schwülewirkung. Bei manchen Menschen ist die Aufpeitschung des Geschlechtstriebes durch den Föhn besonders heftig; es steigert sich dann eine sonst durchaus maßvolle Sexualität bis zu peinigender Begierde, die in Verbindung mit der allgemeinen Unruhe über alle gewohnten Hemmungen hinweg zu Entladungen drängt.

Von exotischen Windformen dürfte der nächste Verwandte des Alpenföhn wohl der „Cape-Doktor" des Kaplandes, ein trockener, milder Südost sein. Die eigentlichen „Glutwinde", etwa der Wüsten, wie der Samum und Chamsin Nordafrikas, teilen mit dem Föhn die extreme Trockenheit, übertreffen ihn aber an Wärme; der mitteleuropäische Föhn dagegen braucht gar nicht von hoher absoluter Temperatur zu sein, es gibt gewiß Föhne von mehr als 20°C, aber die psychophysische Föhnwirkung kann bei bloß 5 oder 10° über Null ebenso ausgeprägt sein. Immer freilich sind auch so niedrige Föhntemperaturen wesentlich höher als die voraufgegangenen, aller Föhn bringt erheblichen und jähen Temperaturanstieg, nicht selten um 10 Grade binnen weniger Stunden, öfters um 20 und mehr Grade während eines Tages oder zweier.

In jüngster Zeit wird in der Wetterwissenschaft der Begriff „Föhn" auf alle Sorten von Fallwinden, also auch auf rasch abstürzende Luftströmungen überm Tieflande, ausgedehnt; wir begegnen dafür der Bezeichnung „freier Föhn". Ob sich das meteorologisch und klimatologisch auf die Dauer als sachdienlich bewähren wird, mag die Erfahrung lehren; über psychophysiologische Einwirkungen freier Föhne liegen bisher keine verwertbaren Beobachtungen vor — es wäre höchst erwünscht, daß solche gesammelt würden; verwertbar sind sie freilich nur, wenn der exakte Nachweis erbracht wird, daß echter Fallwind die Wettersituation kennzeichnete.

12. **Wettersturz.** Daß „rheumatisch" veranlagte Menschen, sowie die Narbenträger auf Änderungen der Wetterlage mit Zunahme oder Nachlassen ihrer Schmerzen stark reagieren, ist allbekannt. Für den normalen Menschen spielt bloßer Wetterwechsel entweder nur indirekt (wer keinen Regenschirm hat oder eine Ernte einbringen muß, wird sich über Aufheiterung des Wetters freuen) oder durch den sinnlichen Eindruck eine Rolle. Bei den „Wettermenschen" pflegt entweder dieser sinnliche Eindruck sehr stark zu sein, so daß etwa selbst ganz vorübergehendes Verschwinden der Sonne sofort Mißstimmung erzeugen kann, oder, und das interessiert uns ja in diesem Kapitel allein, sie sind auch tonisch für Wetterwechsel sehr empfänglich. Allerdings bereitet die Unterscheidung der sinnlichen und der tonischen Wirkung beim einfachen Wetterwechsel oft viel größere Schwierigkeiten, als bei den bisher besprochenen Wetterformen.

Die Verschlechterung schönen Wetters macht sich wetterempfindlichen Naturen oft schon, ehe sie in sinnliche Erscheinung tritt, durch eine Änderung des Befindens bemerklich, die im wesentlichen als schwächere, blassere Form der bisher besprochenen Wetterwirkungen erscheint. Die Stimmung ist weniger „aufgeräumt", eine Art Unlust oder Unentschlossenheit, ein etwas mißmutiges Gesamtgefühl, ein Nichtrechtwissen, was man tun soll, auch eine gewisse Unruhe treten auf. Damit kann eine sehr wechselnde Fülle von leichten körperlichen Mißbehagensanzeichen verbunden sein.

Eine besondere Form jähen Wetterwechsels ist das böige Wetter, wie es in unsern Zonen als „Aprilwetter" am besten bekannt zu sein pflegt. Dabei wechseln von Stunde zu Stunde, ja noch rascher, heiterer Himmel samt frischer Luft und verdüsterter Himmel samt Wind mit Regen-, Graupel-, Schneeschauern. Die heraufziehende neue Bö ist oft schon bei der Aufheiterung als dickgraue Wolkenwand am Horizont sichtbar. Vor der Entladung der Schauer tritt häufig die ausgesprochene tonische Wirkung der Gewitterluft ein; übrigens verraten manche durch elektrische Entladungen sich als Gewitteräquivalente. Die heitere Wetterphase zerfällt gewöhnlich in zwei Hälften: eine „frische", mit sehr „reiner Luft" (und entsprechender Wirkung auf den Organismus), und eine „schwüle", oft deutlich „rauhschwüle", die das Kommen der neuen Bö vorbereitet und in der oft auf charakteristische Weise „die Sonne sticht". Hier ist eine besonders gute Gelegenheit, tonische und landschaftliche Wirkung der Wetterlage zu unterscheiden. Denn die Stimmungssenkung fällt gewöhnlich in die zweite Hälfte der heiteren Phase, während die böige Entladung, in der Regel mit dick verdüstertem Himmel einhergehend (es „wird Nacht"), schon die „Lösung" bringt, so daß der Entladungsvorgang, trotz seines trostlosen Bildes, von manchen Menschen mit einer wunderlichen Vergnügtheit genossen wird.

Auch für den einfachen Wetterwechsel wird bei zahlreichen Geschöpfen der Tierwelt über eine starke, die des Menschen erheblich übertreffende Vorempfindlichkeit berichtet. Zum Teil mögen indirekte Wirkungen im Spiele sein, indem z. B. wachsende Luftfeuchtigkeit die Geruchseindrücke oder den Geschmack der vegetabilischen Nahrung verändert. Es ist natürlich nicht leicht, das bekannte Einsaugen der Luft mit geblähten Nüstern, das Belecken der Schnauze und ähnliche bei Rinder-, Schweine- und Schafhirten beliebten Wetterwechselzeichen tierpsychologisch zu deuten. Immerhin würden diese Formen des Gebarens ebenso wie das Schreien des Pfaues und das schreiende Herumlaufen, das häufige Tauchen mancher andern domestizierten Vögel (Enten, Gänse), falls alles das als wirklich zuverlässig beobachtet gewertet werden dürfte, wohl ungezwungen als Symptome der Unruhe, der Mißstimmung und ähnlich auszulegen sein. Das verschiedenartige und viel studierte Benehmen der Schwalbe weist auf die Wetterempfindlichkeit der Insekten hin, von denen in der Tat viele sich recht lange vor Eintritt des Wetterumschwungs, z. B. des Regens, in die Nähe von Schutzgelegenheiten (Erde, Wände, Verstecke) flüchten. Im Gegensatz dazu gilt das hohe „Spielen" der Mücken weithin als Vorbote besseren Wetters. Manche Erklärer wollen dies Verhalten auf die rein mechanische Änderung der Körperschwere schieben, welche bei den kleinen Fliegern durch die hygroskopische Austrocknung oder Anfeuchtung der feinsten Behaarung hervorgerufen werde. Gewiß können bei so winzigen Massen schon geringfügige Gewichtsschwankungen für die zu bewältigende Fluglast und damit auch für die Fluglust von Belang werden. Ob dies aber die wesentliche Ursache der Aufenthaltsverlegung ist, darf bezweifelt werden. Es wäre erst zu ermitteln, ob das Maß solcher hygroskopischen Gewichtssteigerung z. B. dasjenige bei Pollentracht oder Nektarbeute der blumenbesuchenden Kleinflieger übertrifft, welches erfahrungsgemäß weder die Beweglichkeit noch die Flughöhe der Beladenen beeinträchtigt. Hebt man nicht auf die Schwere ab, sondern bescheidet sich bei Unlustempfindungen, die durch die hygroskopische Änderung im Haarkleid an sich gesetzt werden, so müßte man nachweisen, daß solche Schwankungen auch sonst Unlustzeichen auslösen, also auch innerhalb derselben Höhenlage. Vielleicht ist die Gebarensänderung bei insektenfressenden Fischen, Lurchen, Vögeln doch nicht allein auf die Gebarensänderung der Insekten zurückzuführen. Wir müssen ja da folgendes unterscheiden: ein Fisch springt über Wasser, ein Vogel fliegt sehr tief, weil die Insekten sich dort jetzt aufhalten; ein

Vogel kreischt oder verstummt, weil auch er selber den nahen Witterungswechsel unliebsam in sich verspürt. Wer will beim heutigen Stande der Tierpsychologie das im einzelnen Falle auseinanderhalten?

Man muß sich vor Leichtgläubigkeit gegenüber den vulgären Glaubenssätzen da ebenso hüten wie vor rationalistischem Dünkel. Vulgär galt und gilt noch das Grasfressen der Hunde vielfach als untrügliches Zeichen der nahen Wetterverschlechterung. Die Wissenschaft erklärt es heute lediglich als Ausdruck einer fast immer durch Darmwürmer erzeugten Dyspepsie. Aber wäre es nicht denkbar, daß b e i d e Deutungen im Recht sind? Indem eben die Dyspepsie bei nahem Wetterwechsel sich verstärkt geltend macht und in ihren Äußerungen somit zu einem Vorboten der Wetterverschlechterung wird? In der Kriegszeit waren auch in Deutschland Darmparasiten, besonders Spulwürmer, eine Art Volkskrankheit mit manchmal überaus lästigen, ja ängstigenden nervösen Beschwerden geworden. Dabei ließ sich gar nicht selten eine hochgesteigerte Wetterempfindlichkeit, und insbesondere Steigerung der spezifisch parasitären Beschwerden bei Gewitterluft, Gewitteräquivalenten und Wetterwechsel feststellen. Bei dem triebhaften Grasfressen der Hunde könnte Ähnliches vorliegen.

Feine Beobachtungen über das Verhalten von I n s e k t e n vor und bei Wetterwechsel finden wir bei dem großen französischen Kenner des Kerflebens, F a b r e. Es verließen z. B. Raupen des Kiefernprozessionsspinners 10 Tage lang während der Herrschaft eines Luftdrucktiefs ihr Nest nicht, obwohl während mehrerer Tage dabei kein Regen niederging. Auch Mistkäfer sollen sich versteckt halten, wenn sich ein Wettersturz vorbereitet, und umgekehrt ans Licht kommen bei noch regnerischem Wetter, das vor der Aufheiterung steht. Die vorhin erwähnten hygroskopischen Gewichtszunahmen sind für derlei Kriechunlust schwerlich als Erklärung heranzuziehen. Im Volke ist seit alters den Weisen, Tonlagen und Klangfarben des Singvögelgesanges als Wettervorbote eine liebevolle Beachtung geschenkt worden. Planmäßigere Beobachtungen haben manches davon zu bestätigen vermocht. Ziemlich sicher scheint, daß bei den Vögeln eine Art paradoxer Schwülereaktion (s. o. S. 13) besteht, indem mäßige Feuchtwärme ihnen angenehmer ist, als vielen Säugern. Die Singvögel sind an milden Morgen aufgelegter als an frischen, auch mäßige Wolkenbedeckung des Himmels erhöht ihre Sangesfreudigkeit. Wind ist ihnen durchgehends unerwünscht. Neben einem vorherrschenden Einfluß der Lichtstrahlung, der die andern meteorologischen Faktoren zu überwiegen scheint, sind eigenperiodische Schwankungen der Singlust und Singweise ausgeprägt. Es wäre notwendig, phonographische Aufnahmen herzustellen, namentlich auch um die eigenartig mißtönigen, schreiartigen Äußerungen genauer zu erfassen, die wir bei Finken, Schwalben und anderen heimischen Vögeln vor Gewittern, vor Föhnausbruch, bei Goldammern auch vor winterlichem Schneetreiben zu hören bekommen. Bei Insekten, aber auch bei Fischen und Lurchen wohl, kommen Farbwechsel der Oberhaut als Anzeichen von Witterungswechsel vor. Es bleibt gerade für eine Tierpsychologie, die allen Spekulationen aus dem Wege geht und exakt nur das Verhalten (behavior) der Lebewesen registrieren will, auf diesem tiergeopsychologischen Felde noch außerordentliche Arbeitsgelegenheit. Zwischen dem „behavior" im Freileben, im Halbfreileben (Hütung: Schutz, Fütterung. Nisthilfe — z. B. für Parkwild, Stadtsingvögel wie Amseln, Dorfvögel wie Störche, Gartentiere wie Igel u. dergl.) und in der Gefangenschaft wird dabei vielerlei Unterschied zu bemerken sein.

13. Nebel. Es ist eine schlichte Erfahrung, daß nebliges Wetter auf die Menschen bedrückend wirkt. Wir sehen dabei natürlich von Situationen ab, in denen (auf See, im Hochgebirge) Nebelbildung zum Verlust der Orientierung und in Lebensgefahr führt. Auch dabei mag das elementar Beklemmende des Nebels manchmal verschärfend für die entstehende Sorge sich geltend machen. Langanhaltender Nebel ruft ausgesprochene Niederstimmung hervor, macht gedrückt oder reizbar. In nebelreichen Gegenden wird oft sogar der Eintritt von Regen mit richtiger Wolkendecke hoch am Himmel als eine Erleichterung nach Nebeltagen empfunden. Ganze Nebelwochen sind für Ungewöhnte „zum Verzweifeln". Selbst Kinder, die sich anfangs manchmal über das Elementarphänomen als solches freuen (es ist eine Staunensvergnügtheit, ähnlich wie bei Hagel oder böiger Verfinsterung), bekommen längeren Nebel bald satt. Nebelklima hat etwas „Melancholisches", seit alters galt den sonnenverwöhnten Völkern des Mittelmeeres der Nebel als das Wahrzeichen unwirtlicher Nordlandgegenden mit unfroheren Bewohnern, und Nebelheim (Niflheim) hieß den nordischen Völkern selber das von der Todesgöttin Hel regierte Reich der Trostlosigkeit, ihre „Hölle" (nicht etwa Eisheim oder Frostheim).

Dennoch ist es sehr wichtig, die rechte Zurechnung dieser Wirkung zu finden. Der Nebel ist meteorologisch eine höchst feintröpfelige Verdichtungsform des atmosphärischen Wasserdampfes. Hat diese als solche eine besondere Einwirkung auf die Organismen, etwa auf die Hautfläche? Wir wissen es nicht. Bei allen Temperaturen (die meisten Nebeltemperaturen liegen ja nur wenig über Null, manchmal auch etwas darunter) empfinden wir den Nebel als in uns „hineinkriechend". Er verursacht ein höchst lästiges, ja peinliches Fröstelgefühl, eine Art ungreifbarer und doch tatsächlicher Durchnässung. Häufig geht echte Rauhschwüle mit ihm einher, keineswegs immer. Möglicherweise hängt alles dies mit „kolloiden" Eigenschaften des Nebels zusammen (s. Aerosol, Abs. 43). Aber wie schwer ist von alledem die landschaftliche, die Eindruckswirkung zu sondern! Sie spielt sicher sehr wesentlich mit: der Verlust jeder Sicht, die völlige Einschleierung der Wirklichkeit in ein graues Einerlei legt sich tiefbedrückend aufs Gemüt. In dieser Hinsicht ist der Nebel der nächste Verwandte der Finsternis. Etwas Unheimliches haftet ihm an. Bei kaum einer andern Wetterform ist tonischer Einfluß und sinnlicher Eindruck in der Gesamtauswirkung so schwierig zu trennen.

14. Schneeluft. Unter den Gewitteräquivalenten (Abs. 9) spielen auch Schneeböen eine Rolle. Der Zustand der „Rauhschwüle" geht häufig großen winterlichen Schneefällen vorauf, vor denen die Luft frostkalt, aber gleichzeitig still, „dick" und „schwer" zu sein pflegt. Diese „Schneeluft" behaupten manche Menschen zu „riechen", was wohl in der Hauptsache ein sinnliches Spüren bedeuten soll; ob wirklich unbestimmte echte Geruchsempfindungen damit verbunden sind (ähnlich wie beim Föhn, s. S. 75), ist nicht leicht zu sagen. „Wettermenschen" verspüren aber die Schneeluft vor allen Dingen an ihrer tonischen Wirkung, die derjenigen einer Gewitterschwüle ganz ähnlich ist: an ausgesprochener Gedrücktheit, gemischt mit Erregungszeichen. Die Stimmung ist herabgesetzt, unruhig, beklommen oder verdrossen, bang oder gereizt, die Eßlust vermindert, der Schlaf flacher, die Arbeit fällt schwer. Dieser Zustand löst sich stetig im Zuge ausgiebigen Schneiens, und nach beendetem Schneefall pflegt, wie nach einem entladenen Gewitter, eine besonders frische, „entlastete" Seelenverfassung sich einzustellen.

Da vor Schneefällen häufig der Himmel in ein düsteres Grau gehüllt ist, so könnte man an eine landschaftliche Herkunft der Wirkung denken. Aber alle Mitteilungen sprechen gegen eine solche Erklärung. Namentlich die Schlafstörung wird meist als sehr charakteristisch beschrieben, etwa so: Beginn mißmutiger, unlustiger Stimmung am Abend, schlechter, erregter, von Unlustträumen erfüllter Schlaf, „zerschlagenes" Erwachen: beim Blick aus dem Fenster die Entdeckung, daß es dicht, aber offenbar seit kurzem erst schneit. Weiter fällt für den tonischen Charakter der Wirkung ins Gewicht, daß die „Schneeluft", d. h. die Luft vor dem Schneien, auch für Menschen, die solche Wirkungen nicht verspüren, dennoch den erwähnten sinnfällig „dicken", „schweren" Charakter hat, wie denn das Volk sie sehr genau kennt und viel von ihr spricht („Es liegt Schnee in der Luft"), daß sie leicht rheumatische, neuralgische, ziehende und reißende Beschwerden erzeugt, daß sie eben, wie denn auch ihre Temperatur relativ milde zu sein pflegt (Schnee ist zwar auch schon bei —40° gefallen, fällt aber im Durchschnitt doch um 0° herum, gewöhnlich zwischen —1° und +1°), oft ausgesprochen den rauhschwülen Zug hat (vgl. Abs. 9). Große Schneefälle setzen überdies öfters mit Blitz und Donner ein, das heißt als unverkennbare Gewitteräquivalente. Gegen die landschaftliche Wirkung spricht auch die häufige Lösung der Depression mit beginnendem Schneien, wobei ja der Himmel oft noch viele, viele Stunden grau bleibt; allerdings kompliziert sich von hier ab die Sachlage durch den landschaftlichen Eindruck des Schneiens (s. Abs. 117).

II. Erfrischendes Wetter.

15. Idealer Wintertag. Das Wörtchen „frisch" wird auf sehr bezeichnende Weise vom Wetter ebenso wie vom Befinden gebraucht. Wenn „es" draußen frisch ist, so pflegen wir uns auch frisch zu fühlen und (in unsern Leistungen) frisch zu sein. Das heißt: bei Wetterlagen, die sich durch Kühle, Helligkeit und mäßige Luftbewegtheit auszeichnen, sind wir subjektiv aufgeräumt, wohlgemut („euphorisch"), unternehmungslustig, und unsere Leistung geht glatt und rasch vonstatten, ja wir können mehr und besseres als sonst zuwegebringen. Diese Verfassung kann sich bis zu ausgesprochener, zu immer neuem Tun drängender Erregung steigern, deren Kennzeichen bei echter Frische es aber bleibt, daß sie nicht unfroh wird und schließlich doch in „gesunde Müdigkeit" samt erquickendem, wenn auch manchmal verkürztem Schlummer übergeht. Das Urbild eines auf solche Art meteorologisch frischen und psychologisch frischmachenden Wetters ist jeder echte, frostklare und windstille oder windzarte Wintertag der gemäßigten Zone.

Wolkenlosigkeit des Himmels, Sonnigkeit, mäßige Kälte (etwa zwischen 0 und —10°), Windstille oder leicht bewegte Luft, deren Windrichtung in der alten Welt und auf der nördlichen Halbkugel, besonders aber in Mittel- und Osteuropa dann regelmäßig von Ost her steht (Nordost bis Ostsüdost, s. a. Abs. 51), verbinden sich dabei mit dem landschaftlichen Bilde der Schneeweiße, das wir freilich aus der reinen Wetterwirkung auszuscheiden haben, zu dem Ergebnis hohen Wohlbefindens, das uns allen bekannt ist. Es ist möglich, daß außer ihrer landschaftlich entzückenden Wirkung von einer namentlich frischen Schneedecke auch unmittelbare, tonische Wohlbefindenssteigerungen herrühren, die mit der Rückstrahlung des Sonnenlichts und der Radioaktivität des Neuschnees (s. S. 43) zusammenhängen könnten. Von nicht unmittelbar spürbaren Lufteigenschaften an solchen Tagen wissen wir um die große Trockenheit der Atmosphäre und den hohen Luftdruck. Ein derart frischer Wintertag ist ungefähr in jedem Betracht das Gegenstück eines echt schwülen Sommertages, der bei erheblicher Luftfeuchtigkeit und sinkendem Barometerstand sehr warm, wolkenbedeckt, windstill oder west- bis südwindig zu sein pflegt.

16. Schönwetter. Aber auch heiße Tage im Hochsommer k ö n n e n trotzdem die Kennzeichnung als „frisch" verdienen. Zwar hört von einer gewissen Wärme an die Frische schlechthin auf, etwa über +25° hinaus. Treten wir aber an einem solchen Tage nur für Sekunden in den Schatten (eines Hauses, eines Gesträuchs), so kommt uns die Frische seiner Luft sogleich zum Bewußtsein. Obschon auch die Schattentemperatur recht hoch sein kann, erscheint sie uns dennoch „erquickend". Der Himmel ist klar, meist wolkenlos oder höchstens von gelegentlichen Zirruswölkchen durchsegelt, der Luftdruck hoch, die Luftfeuchtigkeit gering, es ist windstill oder zart ostwindig. Trotz großer Wärme sind wir zu Leistungen wohlaufgelegt und bewältigen sie „spielend", wir merken es am Wandern und Steigen.

In den südlicheren Breiten Mitteleuropas ist der Herbst, in den nördlicheren auch der Frühling verhältnismäßig reich an Tagen, die wir als noch oder schon „milde" und dennoch frisch verspüren und darum lieben. An ihnen kehren alle die aufgezählten Eigenschaften wieder, die Temperatur steht gewöhnlich zwischen +15° und +25° C.

Zu jeder Jahreszeit der gemäßigten Zonen (bis in die Subtropen und die Subarktis hinein) ist es also das wirklich „schöne Wetter", das wir als mehr oder weniger „frisch" erleben. Es pflegt auch meteorologisch wirklich schönes Wetter zu sein, indem es das dauerhafteste Wetter ist.

Wir sind dabei gut aufgelegt und leistungsfähig. Das Schlafbedürfnis ist „normal", d. h. es stellt sich bei einem gewissen Ermüdungsgrade in zwingender Weise ein, der Schlummer ist tief und zusammenhängend, das Erwachen und Aufstehen ausgeruht und frohgemut. Alle Lebensfunktionen stehen auf ihrer Höhe.

17. Rauhfrische. Von eigentlichem Schönwetter redet man nur dann, wenn Sonnenschein herrscht. Dennoch kann auch bei bedecktem, „trübem" Himmel das Wetter frisch sein. Nach vielen Schönwettertagen von großer Wärme fühlen wir uns bei solchem wolkigem Wetter sogar manchmal besonders frisch. Zu allen Jahreszeiten kennen wir „rauhe" Tage, die uns zwar hautsinnlich nicht immer zusagen, bei denen wir sogar längeren Aufenthalt im Freien wegen der Windbelästigung meiden, während wir uns im Windschutz, also auch in der Wohnung außerordentlich wohlgestimmt und leistungsfähig fühlen. Wir wollen diesen meteorologischen Zustand die „Rauhfrische" nennen. Sie beherrscht besonders das mittlere und nördliche Osteuropa, schon das ostelbische Deutschland, und kann bei Zugezogenen, aber auch bei Einheimischen einen ewigen Widerstreit zwischen günstigen und ungünstigen Wirkungen erzeugen, indem sie katarrhalisch behelligt, aber den „Nerven" außerordentlich zusagt. Es ist die genaue Umkehr der „Südlands"wirkung. Solches Rauhwetter ist meteorologisch recht verschiedenartig aufgebaut. Seine Temperatur liegt (ohne untere Grenze) wohl stets tiefer als +15° C, es kann stürmisch, aber auch nur windig und sogar windstill sein, meist ist es erheblich bewölkt, doch kommt auch wolkenloser Himmel vor, Luftfeuchtigkeit und Luftdruck zeigen keine sehr charakteristischen Beschaffenheiten, eher ist die Luft leicht und trocken als schwer und feucht, denn dabei geht sie gern in Rauhschwüle über. Am kennzeichnendsten ist immer die Windsorte: im Winde, auch bei ganz zarten Graden, liegt jenes eigentümlich und schwer beschreibbar „Angreifende", das wir eben rauh heißen, bei größeren Stärken geht der Wind „bis auf die Knochen", „durch Mark und Bein"; in Europa ist es fast immer Ost-, Nordost- oder Nordwind, dem diese Eigenschaften zukommen, für andere Erdteile gelten andere Richtungsregeln.

18. Aufklaren. Es ist nur natürlich, denn es gehorcht dem psychologischen Kontrastgesetz, daß uns die erfrischenden Wetterformen am stärksten zum Bewußtsein kommen, wenn sie ermattende ablösen. In dieser Hinsicht ist die Lage nach Gewittern oft, wenn es nämlich wirklich „abgekühlt" hat, ein Urbild der Wetterfrische. Alle Kreatur scheint aufzuatmen; Wohlbefinden und Leistungsfähigkeit sind wiederhergestellt. Der Föhn bietet viel seltener eine solche Beobachtungsgelegenheit, weil er meist in eine mehrtägige Phase feuchtmilden, schirokkalen Wetters ausmündet. Dagegen zeigt die Witterung nach großen Schneefällen weithin alle klassischen Züge der höchsten „Frische"; sie ist auch nach sommerlichem Neuschnee in den Hochalpen fürs ganze Vorland fühlbar und allbekannt. Im böigen Wetter (s. o. S. 15) ist für empfängliche Naturen der rascheste Wechsel, ein fortwährendes Hin und Her zwischen ermattendem und erfrischendem Wetter fühlbar: hier folgen sich ja (trügerisches) Aufklaren und Wetterentladung ununterbrochen, Rauhschwüle und Rauhfrische veranstalten dabei einen förmlichen Reigen. Wetterfühlige Menschen (s. u. Abs. 36) verspüren in ihrem Gesamtbefinden oder an Einzelanzeichen jede Aufheiterung ungünstigen Wetters im auffrischenden Sinne, keineswegs etwa nur durch das Erscheinen der Sonne, dem gegenüber, wenn sie z.B. „sticht", sie das Trügerische unbeirrt feststellen, sondern auch abends, ja am Schlafzustande, an der Art des morgendlichen Erwachens, eben dank der Besserung ihrer tonischen leibseelischen Verfassung, ihres Befindens und ihrer Leistungsfähigkeit.

B. Erklärung der Wetterwirkung

19. Wissenschaftlich erklären heißt: einen in der Erfahrung gegebenen Tatbestand als Wirkungzusammenhang von einfacheren Tatbeständen nachzuweisen.

Solche einfacheren Tatbestände nennt man auch „Elemente", und im Gegensatz dazu heißt der aus ihnen zu erklärende Erfahrungstatbestand „komplex", d.h. verwickelt, zusammengesetzt. Man darf aber nie vergessen, daß es immer ganz relativ ist, was man unter einem „Einfacheren" oder gar Einfachsten, einem Element, versteht. Es gibt nichts Elementares, mag es Ding oder Vorgang oder Eigenschaft sein, das nicht im Laufe der wissenschaftlichen Erkenntnis in immer noch Elementareres zerlegt würde. Die „Atome" der Alten sind für uns noch recht verwickelte Massengebilde, die Massenteilchen (Molekeln) der klassischen neuzeitlichen Naturforschung wurden dann in die modernen Atome (der neuzeitlichen Chemie) zerlegt, und man weiß, als wie verwickelt die heutige Physik wiederum ein solches Atom anschaut. Es hängt vom Forschungsbedürfnis ab, an welchem Punkte von Elementarität jeweils haltgemacht wird, der Erkenntnisakt entscheidet darüber. Er entscheidet auch, wo mit den empirischen Elementen nicht mehr auszukommen ist und hypothetische eingeführt werden müssen. Auch die aber sollen anschaulich sein (wie eben das „Atom-Modell" der neuesten Physik wieder). Theorie, d. h. der ein ganzes Fragengebiet einheitlich erfassende Erklärungsversuch, heißt wörtlich und zu Recht: Schaulehre. Ja, je abstrakter die Gesetzformeln für wissenschaftlich erforschte Vorgänge und Zusammenhänge werden (je ausschließlicher sie etwa den Regionen der höheren Mathematik angehören), desto mehr muß die Forschung darauf bedacht sein, daß die Erklärungsversuche dieser Gesetze anschaulich bleiben. Diese Anschaulichkeit, das Kennzeichen echter Theorie, hält die erkenntnisnotwendige Verknüpfung der wissenschaftlichen Erkenntnis hohen Stils mit der Wirklichkeit aufrecht, ohne welche die Wissenschaft aufhört, Wirklichkeitserkenntnis zu sein und sich zu dialektischer Formelgeheimkunst (Formalismus) verflüchtigt.

Erklärungsversuche können sich aller möglichen Erklärungsmittel bedienen: direkter und indirekter Beweise, des Erfahrungsbelegs und der ausschließenden Schlüsse, ihr schärfstes Werkzeug aber ist das Experiment, welches Erfahrungstatbestände der forschenden Willkür unterwirft oder gar künstlich nachbildet, indem es sie außerordentlich vereinfacht.

In unserem Falle stehen einander sinnfällig zwei Glieder des zu erklärenden Tatbestandes gegenüber — das Wetter und das Seelenleben. Jenes wirkt, wie wir gesehen haben, auf dieses so oder so ein; der Erklärungsversuch dieser Einwirkungen hat also auf beiden Seiten die Elemente aufzusuchen, die daran beteiligt sind, und die Elementarwirkung aufzuhellen, die zwischen ihnen, d. h. von den Wetterelementen auf die psychophysischen Elemente stattfindet.

I. Wetter-Elemente.

20. Elemente können Dinge, Stoffe, Eigenschaften, Zustände, Vorgänge sein. Die Luft, in der sich das Wetter abspielt, besteht aus stofflichen Bestandteilen (Sauerstoff, Stickstoff, Kohlensäure, Edelgasen, Wasserdampf), das sind ihre dinglichen Elemente. Sie bietet gewisse Eigenschaften, Zustände oder Vorgänge dar, z. B. ist sie warm, ruhig, oder sie bewegt sich, sie tönt (im Sturm), sie riecht, sie ist schwer. Alles dies greift fortwährend ineinander über, es wäre Künstelei, es trennen zu wollen. Die luftelektrische Situation, die zu einem Gewitter führt, ist sowohl eine besondere Art der stofflichen Luftzusammensetzung, als auch eine Summe bestimmter Eigenschaften und Zustände sowie ein Walten eigenartiger Prozesse. Was jeweils für den Erklärungsversuch am wichtigsten sei, kann nur der praktische Blick und Takt bestimmen.

21. Temperatur. Ob die Luft warm oder kalt ist, das macht ihre sinnfälligste Eigenschaft überhaupt aus. Das Erlebnis, daß „es" warm oder kalt ist, kann aber physikalisch auf zwei ganz verschiedene Weisen zustande kommen, deren Unterschied an einem idealen Wintertage im Hochgebirge deutlich wird: im Sonnenschein ist es dann geradezu heiß, die Sonne brennt, die durchsonnte Luft ist sommerlich, man kann in ihr ganz leicht gekleidet, ja entblößt verweilen, sitzen oder liegen; im Schatten dagegen herrscht Winterkälte, und sinkt die Sonne, so fällt die Temperatur am beschienenen Thermometer vielleicht um 30, 40^0 und noch mehr. Die Wärme war nur im Bereich der unmittelbar auffallenden Strahlung und schwand mit ihr dahin, sie wurde, sobald keine Strahlung mehr für neue Wärmeerzeugung sorgte, an die eisige Luft und Erde abgegeben. An einem idealen Sommertage dagegen ist die Luft und Erde seit Monaten allmählich durchwärmt, die Strahlung bringt dann freilich noch Wärme hinzu, unter Umständen bis zur Unerträglichkeit, aber beim Schwinden der Strahlung bleibt Luft und Erde warm, die Temperatur sinkt nicht unter ein gewisses Maß; ist die nächtliche Ausstrahlung in die eisigen höheren Luftschichten durch Bewölkung abgeschirmt, so bleibt selbst die strahlenlose Nacht lästig warm durch die Eigenwärme von Luft und Boden. Lagert man sich im Vorfrühling, an einem noch so sonnenwarmen Tage, auf die Erde, so strömt von unten her, während zuerst der besonnte Boden wohlig erwärmt schien, nun eine peinliche Eigenkälte dieses Bodens; im Spätherbst, wo der lange Sommer ihn durchwärmt hat, kann an luftkühlen Tagen der Boden „molliger" anmuten als „das Wetter".

Was wir am Wetter als warm oder kalt verspüren, muß also in Erwärmung oder Entwärmung durch Bestrahlung oder Ausstrahlung und in Erwärmung oder Entwärmung durch Zu- oder Fortleitung stofflicher Wärme unterschieden werden. Für die praktischen Wetterlagen am wichtigsten sind die Wärme durch unmittelbare Besonnung (daneben kommen mittelbare Strahlungswirkungen durch gespiegelte Sonne, z. B. am Ufer oder inmitten großer Wasserflächen vor), und die aus der Durchsonnung zurückbehaltene oder durch den Einbruch von kalten oder warmen Luftmassen (Nordwinde, Föhn!) veränderte Luftwärme.

22. Strahlungswärme. Hauptsächlich die Strahlensorten einer Wellenlänge von 14000—600 mμ erzeugen Wärme, sie liegen im Spektrum an dessen „langwelligem" Ende, vorwiegend im Rot und jenseits davon im (unserm Auge unsichtbaren) „Ultrarot", die Wärmekraft der Strahlen nimmt übers Gelb zum Grün hin rasch ab, die Gelb- und Gelbgrünsorten haben die stärkste Leuchtkraft, mit dem Blau beginnt die Strahlung überwiegend chemischer Wirksamkeit, die sich bis weit übers Violett hinaus in das (wiederum uns unsichtbare) „Ultraviolett" hinein erstreckt; dagegen wirken die wärmenden Rot- und Ultrarotstrahlen chemisch sehr wenig, weshalb sie ja seit jeher zum ungestörten Entwickeln der photographischen Platten verwendet werden. Der Anteil der verschiedenen Strahlensorten am „weißen" oder „gelben" Sonnenlicht ist zu verschiedenen Jahreszeiten ein recht verschiedener; wie wir schon am intensiven Brennen der Hochlandswintersonne spüren, ist diese an Wärmestrahlen sehr reich, das kann aber nur zur Geltung kommen, solange sie unmittelbar uns bescheint, denn im übrigen steht sie seit dem Herbst zu kurze Zeit und zu tief am Himmel, d. h. ihre Strahlen fallen zu schräg ein, um eine Dauerdurchwärmung der Luft (und des Bodens), wie im Sommer, zu erzielen.

Die Wärmestrahlen von weniger als 1200 mμ Wellenlänge, also besonders die rotleuchtenden (nicht so die längerwelligen „dunklen"), dringen tief in die Gewebe ein und erzeugen keineswegs bloß a u f der Haut, sondern unter Umständen noch bis zu 3 cm unter ihr Steigerungen der Gewebewärme um 2^0 bis 3^0 C, also von der durchschnittlichen Temperatur von 37^0 und etwas darüber, die im Körperinnern herrscht, bis auf 40^0 und darüber. Wir empfinden das als Brennen oder „Braten" in der Sonne. Gegen ein Übermaß solcher Erhitzung hat den Körper teilweise die Haut selber zu schützen, indem sie (unter dem gleichzeitigen Einfluß ultravioletter Strahlensorten) Farbstoffe entwickelt, welche (als Bräunung) die Wärmestrahlen in der obersten Hautschicht großenteils schon verschlucken (absorbieren), teilweise sorgt kühle Umgebungsluft für die Abfuhr zu großer durch Bestrahlung entstandener Wärmequanten. Jene Umfärbung ist also eine Reaktion der Haut auf die biochemischen Strahlensorten; sie bleibt aus, wo der Organismus überhaupt farbstoffarm ist, also bei sehr hellhäutigen (praktisch bei vielen blonden, d. h. auch an Haarfarbstoff armen) Menschen. Deren Haut bräunt nicht, sondern rötet in der Sonne, und solches Röten geht rasch in krankhafte Grade, in Erytheme über („Gletscherbrand"); es dringt also die Erhitzung ungehemmt tief unter die Haut hinunter und kann dann Schaden anrichten; damit hängt es zusammen, daß farbhäutige Rassen die sonnenheißen Klimate besser ertragen als weißhäutige (s. S. 117). Ebensolche Schädigungen können eintreten, wenn die Umgebungsluft so warm ist, daß kein genügender Abstrom der durch Strahlung in den Unterhautgeweben erzeugten Wärme stattfindet, also an heißen Sommertagen, wie sie zu „Sonnenbädern" zumeist benutzt werden. Ist dagegen die Außenluft an sich kühl, so fließt die Strahlungswärme fortwährend zu ihr hin ab, auch wenn sie gleichzeitig durch Fortdauer der Sonnenbestrahlung neu erzeugt wird. Dabei besteht dann im allgemeinen hohes Wohlbefinden. Mit andern Worten, die psychophysische Wirkung der durch unmittelbare Sonnenstrahlung auf die Haut erzeugten Wärme ist abhängig von dem T e m p e r a t u r - G e f ä l l e im Haut- und Unterhautgewebe, von dem genügend raschen Abfluß der durch Strahlung erzeugten Gewebewärme zur genügend kühlen Außenluft hin. Je nach diesem Gefälle gibt es eine ganze Skala von Wirkungen, die wir (teils aus Erfahrung, teils nach systematischen Experimenten, die angestellt worden sind) folgendermaßen ordnen können:

Die mildeste Einwirkung (wie sie sich aus dem Quotienten zwischen erzeugter Strahlungswärme und abfließender Leitungswärme ergibt, also sowohl bei mäßiger Bestrahlung und milder oder kühler Außenluft, als auch bei intensiver Bestrahlung und sehr kalter Außenluft) zeigt eine deutliche Steigerung des Wohlbefindens in Form eines beruhigten Behagens, das uns zu angestrengten Leistungen unaufgelegt sein läßt. Bei stärkerer Einwirkung wird das Behagen positiver, es kann eine Art Wollustgefühl entstehen, eine wirkliche Euphorie, wie die Benutzer der Sonnenbäder sie oft schildern. Nicht selten mischt schon da eine merkliche Erregung, zunächst noch angenehmer Färbung, sich bei. Weiterhin wird die Erregung unbehaglich, Unruhe, Gereiztheit, Beklommenheit, Ängstlichkeit treten zutage. Erstreckt die Strahlung sich auf den Kopf und damit aufs Gehirn selber, so nimmt die Erregung rasch zu, sie wird deutlich pathologisch, schließlich entfaltet sich ein ausgesprochen wirrer Zustand mit Unbesinnlichkeit, Schwatzen, Singen, Sinnestäuschungen, ja Tobsucht. Die nächste Etappe ist der Tod, der mitten aus dem Delirium heraus oder nach dessen Umschlag in einen Apathiezustand erfolgen kann. Die körperlichen Ursachen dieser Erscheinungen findet die Untersuchung in Entzündungszuständen des Gehirns und der Hirnhäute, die auch in physischen Symptomen wie Ohnmachten oder Krämpfen zum Ausdruck gelangen können.

Die meisten Fälle so exzessiver Wirkung entfallen auf die eigentliche „Insolation", den „Sonnenstich", die Bestrahlung des unbedeckten Kopfes durch die Sonne. Auch die Strahlungsenergie unserer irdischen Wärmequellen, der Kesselfeuer, Hochofenfeuer, Schmiedefeuer, Gasflammen, Herdfeuer, Lampenflammen usw., reicht gelegentlich hin, um „Sonnenstichsymptome" hervorzurufen. Doch ist gegenüber Berichten von echten Geisteskrankheiten durch Hitzestrahlung (sogenannten „kalorischen Psychosen") Vorsicht geboten. Man weiß, wie gern die Laienmeinung Gelegenheitsanlässe, die den ersten deutlichen Erregungsausbruch einer Psychose entfesseln, oder gar Berufsfaktoren, die einfach da waren (etwa auch die berühmte „Überarbeitung"), als wirkliche Ursache der seelischen Zerrüttung unterschiebt. Wenn angeblich die Schiffsheizer besonders zahlreich an Paralyse (Gehirnerweichung) erkranken, so müßte erst international nachgewiesen werden, daß sie wesentlich häufiger als das übrige seefahrende Personal diesem Leiden verfallen, das ja eine frühere syphilitische Infektion voraussetzt, also eine unter diesem Personal weit verbreitete Krankheit. Es wäre aber durchaus möglich, daß langwährende Hitzinsulte das Gehirn in einem syphilitischen Organismus empfänglicher für die Zerrüttungsarbeit des Spirochätengiftes machen, im Unterschied zu den ständig in frischer Luft wirkenden Matrosen; nur erwiesen ist es noch nicht.

An den milderen Folgen langdauernder, vor allem also beruflicher Hitzebestrahlungen auf den Kopf kann kaum ein Zweifel sein. In ihrem Mittelpunkt steht die Erregtheit, vorzüglich in der Form der Gemütsreizbarkeit, polternder Ungeduld, auffahrender Jähmütigkeit, wie sie von Köchen und Köchinnen, Heizern, Glasbläsern, Schmieden, Gießern u. a. beinahe sprichwörtlich ist. Wir wissen, daß tagtägliche Erregungen sich chronisch summieren und schließlich einen „nervösen" Überreizungszustand erzeugen, der auf die Dauer sogar die anfängliche Gewöhnung an den beruflichen Insult, hier also an die strahlende Hitze, in eine Überempfindlichkeit dagegen umkehrt. Zunehmendes Alter, beginnende Arteriosklerose, schwere Krankheiten, Unfälle (unter denen die Gehirnerschütterung obenan steht, die für Jahre geradezu eine Idiosynkrasie gegen strahlende Hitze hinterlassen kann), steigern diese Sensibilisierung, wie die Wissenschaft den eigentümlichen Vorgang nennt, durch den der Organismus allmählich immer anfälliger gegenüber Zumutungen wird, die er zunächst ohne anscheinende Schädigung vertragen hat (s. u. S. 71, 79, 92).

Die unmittelbare Sonne macht in dieser Hinsicht noch viel raschere Arbeit, da sie an Strahlungsintensität alle irdischen Hitzequellen weit überbietet. Der Schutz vor ihr durch Kopfbedeckungen gehört daher in den heißen Klimaten der Erde zu den offenbar ältesten Errungenschaften des Menschengeschlechts. Aber auch bei geschütztem Kopf vermag eine überlange, unter Umständen schon mehrstündige, überstarke Bestrahlung des Körpers durch die Sonne einen sonnenstichähnlichen Tatbestand zu erzeugen, dessen mildeste Anzeichen Erregtheit, Unruhe, Ängstlichkeit, Beklemmung, leichte Verworrenheit und allerlei begleitende physische Erregungsmerkmale wie erhöhte Pulszahl und Temperatur (Fieber), Zittern, Zucken u. dergl. sind. Verwandte Folgen sind von künstlichen Lichtbädern mehrfach beobachtet.

Das Temperaturgefälle spielt dabei eine wichtige Rolle. Das Ungünstige in jenen „kalorischen Berufen" pflegt ja die hohe Luftwärme zu sein, wie sie außer der starken Hitzestrahlung noch in den Räumlichkeiten herrscht, die als Arbeitsstätte dienen (Küchen, Kesselräume usw.). Die moderne Hygiene hat vielfältig für Erleichterung in dieser Hinsicht (durch Vergrößerung der Räume, Ventilation, Fernbedienung des Feuers und ähnliches) gesorgt. Darum ist der Sonnenstich im Freien vorwiegend eine Erkrankung des Hochsommers und im Hochgebirgswinter äußerst selten, obwohl die reine Wärmestrahlung der hochländischen Januarsonne wesentlich intensiver ist, als die der flachländischen Julisonne. Je flacher das Wärmegefälle, desto unliebsamer die Strahlungseffekte der Wärme im Befinden. Je steiler das Wärmegefälle, desto angenehmer diese Wirkungen. Erreicht die Lufttemperatur Grade, die selber über der menschlichen Körpertemperatur, also über $+37^0$ C liegen (und das ist schon in subtropischen Gegenden etwas durchaus Alltägliches), so kehrt sich ja das Temperaturgefälle geradezu um, wenn die Haut unmittelbar auf mehr als 37^0 aufgestrahlt wird: der Wärmestrom fließt dann von außen nach innen, die Körpertemperatur wird überhöht, es tritt, zwar auf anderm Wege als bei Schwüle und Hitzschlag (S. 39), aber im Effekt gleich, eine Wärmestauung ein, die psychisch schon in sehr leichten Graden schwer erträglich ist, mit Erregung und Ermattung Hand in Hand geht und der starken Gewitterluft- und Föhnwirkung verwandt erscheint. Damit hängt es wohl zusammen, daß Völker, die im sonnenreichen und schattenarmen Wüstenklima leben, besonders raffinierte Veranstaltungen der Körper- und namentlich der Kopfumhüllung ausgebildet haben.

23. Wärmebilanz. Die psychophysische Wärmestrahlungswirkung ist eine ausgesprochen dynamische. Abgesehen von der direkten Bestrahlung des Kopfes, die, lange fortgesetzt, bei jeder Lufttemperatur Sonnenstichsymptome erzeugen kann, richtet sie sich jeweils nach dem Verhältnis, in dem die Strahlenintensität auf der einen und die Entwärmungsmöglichkeit durch die Umgebungsluft auf der andern Seite zueinander stehen. Diese Entwärmungsmöglichkeit ist aber ihrerseits nicht nur von der Lufttemperatur, sondern auch von der Luftfeuchtigkeit und von der Luftbewegtheit (dem „Winde") abhängig. Die Betrachtung der seelischen Einwirkung strahlender Wärme zeigt uns also sofort, daß wir eine Isolierung dieses Wirkungsfaktors im radikalen Sinne gar nicht vornehmen können. Aufstrahlende Wärme, namentlich der Sonne, macht den Menschen je nachdem wohlig gestimmt, urbehaglich, ein wenig träge („dolce far niente"), versetzt ihn in eine gewisse phlegmatische Euphorie — aber sie kann ihn auch anregen, unternehmungsfroh und leistungsfähig bis „zum Bäume ausreißen" machen, ja sie vermag unliebsamste Aufregung, Unruhe, manchmal durchmischt mit Lethargie und Mattigkeit, schließlich Bewußtseinsstörung in wirren, deliranten Formen hervorzurufen. Welcher Effekt im Einzelfalle eintritt, hängt niemals von der thermischen Intensität der auffallenden Strahlung allein ab, sondern ist wesentlich ein Ergebnis des organischen Temperaturgefälles vom Körperinnern zur Oberhaut und von dieser zur Außenluft hin, wie es sich aus dem Wechselspiel der Strahlungswärme mit der Luftwärme, Luftfeuchtigkeit und Luftbewegtheit ergibt (s. u. Abs. 30).

Mit anderen Worten: das Element, auf welches der Erklärungsversuch von Wetterwirkungen stößt, wenn er den Elementarfaktor der Wärmestrahlung (in Gestalt der freien Sonnenstrahlung) untersucht, ist gar keine einfache Einzeleigenschaft der Luft oder des Sonnenscheins, sondern ist ein Prozeß von höchst relativer Elementarität, ist eben jener Wärmestrom, dessen Gefälle die psychophysische Strahlungswirkung der Sonnenwärme entscheidend bestimmt.

Daraus ergibt sich praktisch etwas äußerst Wichtiges (wie immer aus richtigem theoretischen Denken), nämlich: man muß, um die bestmögliche unmittelbare Sonnenscheinwirkung auf den Organismus zu erzielen, diesen Wärmestrom, dieses Temperaturgefälle zweckmäßig gestalten; es genügt nicht, eine bestimmte Sonnenenergie auf die Haut zu bringen, auch wenn diese Energie noch viel exakter meßbar wäre, als sie es bis heute ist, sondern die Konstellation und damit die Bilanz dieser so oder so intensiven Sonnenstrahlung mit der für die Herrichtung des besten Temperaturgefälles im Körper nötigen Luftwärme oder -kühle oder gar -kälte, Luftfeuchtigkeit und Luftbewegtheit ist zu schaffen, wenn ein „Sonnenbad" (im weitesten Sinne) seinen optimalen Effekt für unser Befinden und in seinen psychophysischen Nachwirkungen haben soll.

24. Luftleitungswärme. Jeder kennt die berühmte Schilderung Alexanders von Humboldt über das zähneklappernde Frieren in tropischen Nächten, wenn nach Sonnenuntergang die Temperatur jäh von 40° und mehr auf 20° sinkt. Umgekehrt, wenn „der Tauwind kam vom Mittagsmeer", kann nach strenger Frostzeit mit scharfem Nordost uns die Gefrierpunktstemperatur frühlingswarm anmuten. Wie völlig relativ wird unser Empfinden für warm und kalt, wenn wir ein Bad zurechtmachen und die Hand bald in heißes, bald in kühles Wasser tauchen! Jede Temperatursteigerung kommt uns dann warm, jede Erniedrigung kühl vor. Essen wir Eis und nehmen einen Schluck Wasser dazwischen, so schmeckt uns dieser Trunk, obschon sonst erfrischend kühl, plötzlich lau und fade. An heißen Sommertagen erscheinen uns die Räume erquickend kühl, in denen wir vom Thermometer vielleicht 22° C ablesen, und wenn es draußen durch ein Gewitter abgekühlt hat, bedünkt uns diese Binnenluft erstickend warm. Kurzum, gesunderweise sind Wärme und Kälte als Empfindungen das Ergebnis des thermischen Austausches zwischen unserm Körper und seiner atmosphärischen Umgebung. Auch hier entscheidet die Dynamik dieses Austausches über die eintretende Wirkung. Durch chemischen Umsatz und Muskelarbeit erzeugt der Organismus stetig „seine" Normaltemperatur, die beim Menschen ein wenig über 37° C im Körperinnern liegt, und je nach dem Tempo, in welchem er von dieser Wärme Beträge an die Umwelt abgibt, fortleitet, oder je nachdem er das überhaupt nicht mehr kann, weil die Umwelt noch wärmer ist als er selber, richtet sich sein Temperatur e m p f i n d e n und sein Temperatur b e f i n d e n. Beide sind von ansehnlicher Wirkung auf die körperliche und geistige Leistungsfähigkeit. E i n e a b s o l u t e O p t i m a l t e m p e r a t u r, b e i d e r w i r d a s h ö c h s t e W o h l g e f ü h l u n d d i e s t ä r k s t e S c h a f f e n s k r a f t h ä t t e n, g i b t e s n i c h t. Es kommt bei jeder Temperatur darauf an, was wir dabei tun oder lassen, abgesehen von ganz extremen Kälte- und Hitzewerten. Und selbst bei diesen noch ist Wohlbefinden und Arbeitsfähigkeit erreichbar, wenn der unmittelbare Hautschutz vor Frost oder Glut sachdienlich hergestellt wird. Der sibirische Winter wird nicht bloß ertragen, sondern vielfach gepriesen, und Tropenkolonisten fühlen nach der Rückkehr in die gemäßigte Zone sich oft jahrelang unbehaglich, weil sie dauernd frösteln. Im Verhältnis des Menschen zur Wetter- und Klimatemperatur spielt die G e w ö h n u n g (s. Abs. 67 ff.) eine ganz ausschlaggebende Rolle.

Unter diesen Vorbehalten gelten dennoch einige Regelerfahrungen, die teilweise auch experimentelle Bestätigung empfangen haben. Sie betreffen die eigentliche Hitze, den strengen Frost, sowie das besondere Reagieren des menschlichen Kopfes.

25. Hitze. So nennen wir Wetterlagen, in denen die Schattenluftwärme 25° C und mehr beträgt. An solchen Tagen wird bei uns in Deutschland der Schulunterricht vom späten Vormittag ab ausgesetzt, weil eine gedeihliche Leistung der Klassen nicht mehr zu erwarten ist. Es besteht bei Hitze eine ausgesprochene Ermüdbarkeit, die bis zum übermannenden Schlafbedürfnis nach geringfügigen Leistungszumutungen gehen kann. Den Schulkindern fallen die Augen zu, sie vermögen sich nur mühsam wach zu erhalten. Ganz besonders ist alle g e i s t i g e Leistungsfähigkeit betroffen, vorzüglich jede eigentliche A n s p a n n u n g der Aufmerksamkeit, des Denkens, des (z. B. sprachlichen) Gestaltens, des Lernens und Wiedergebens von Gelerntem, des Übersetzens und Rechnens. Die körperlichen Leistungen sind weniger oder erst später berührt; dieselben Kinder, die eben todmüde in der Klasse saßen, tollen sich gleich darauf frohgemut und aufgeräumt im Freien, womöglich in der prallen Sonne umher. Doch ist auch hier geregelte und angespannte Arbeit mehr heimgesucht, als zwangloses Spiel, Marschieren mehr als Schlendern, Bergsteigen mehr als ebener Weg. Nähert sich die Lufthitze der Eigentemperatur des Körpers, also etwa von 35° C an, oder erreicht, ja überschreitet sie diese, so können Erregungssymptome sich vielfältig in die Ermattung einflechten und das Bild erzeugen, das wir vom Gewitter und dem Föhn her kennen, während bei mäßigen Hitzen (also unter 30°) ein wohliges Phlegma, eine euphorische Faulheit vorherrscht, solange dem nachgegeben werden kann; erst die Zwangslage, sich anstrengen zu müssen, mischt dann Erregung, etwa Reizmütigkeit, „Geladenheit", Übellaune, ins Bild. Ermattung wie Erregung treten bei um so mäßigeren Wärmegraden und um so rascher und ausgebreiteter auf, je mehr Luftfeuchtigkeit sich mit der Hitze verbündet und aus ihr Schwüle macht (s. Abs. 10 u. 28). Den Kern der Lufthitzewirkung bildet aber immer die Ermüdungskomponente; dies ist der ausgesprochene

Unterschied von der strahlenden Hitze, deren Wirkungskern in der Erregungskomponente zutage tritt.

Auch die Lufthitze in überwärmten geschlossenen Räumen folgt hinsichtlich ihrer leibseelischen Wirkungen dem von der freien und natürlichen Lufthitze beschriebenen Gesamtbilde; nur gesellen sich hierbei meistens noch Nebenwirkungen verdorbener Luft (s. Abs. 31) hinzu.

Alle Wirkungen werden, wie durch Feuchtigkeit verschärft, so durch Bewegung der Luft verzögert und gemildert. Luftzug, Fächeln, alle Arten von Ventilation sind daher eine instinktive Selbsthilfe der Menschen bei Hitze, der in heißen Erdgegenden eine hohe Bedeutung für das Ertragen der Hitze und die Bewahrung einer verhältnismäßigen Leistungsfähigkeit zukommt (s. Abs. 57/58 u. Anm. zu Abs. 10/11 Z. 1 ff.).

Trotz zwingendem Schlummerbedürfnis ist der Schlaf bei Hitze meist unerquickend, untief und vielfach durch lästige Träume, häufiges Auffahren und verminderte Dauer beeinträchtigt.

Eine besondere „Intoleranz", d. h. Herabsetzung der Ertragsfähigkeit, besteht zu heißen Zeiten gegenüber den alkoholischen Getränken, deren (oft zur Durstlöschung herangezogener) Genuß schon in sonst wenig wirksamen Mengen die Ermüdbarkeit steigert und die Erregungssymptome begünstigt, und zwar desto mehr, je unverdünnter (bei gleicher absoluter Alkoholmenge) das Getränk genossen wird. Dagegen scheint Kaffee das verhältnismäßig beste Gegengift gegen die Hitze, nämlich gegen ihre Ermüdungswirkung, zu sein, worauf schon seine Einbürgerung als Hauptgetränk der heißen Länder hinweist. Seine erregenden Wirkungen werden in den dortigen Genußgebräuchen durch raschen Aufguß und starke Süßung („Espresso", „türkische Zubereitung") abgedämpft.

26. Strenge Kälte. Wir rechnen sie von —10° C abwärts, und dieses Abwärts kann sich bis zu —70° hin erstrecken. Wird der Organismus vor ihr nicht zureichend geschützt (und wegen des Atmenmüssens ist ja immer nur ein bedingter Abschluß vor noch so eisiger Kaltluft möglich), so gerät er in die Gefahr des Erfrierungstodes. Obschon ein recht seltenes Ereignis, ist es für unser Thema wegen seiner psychischen Seite wichtig.

Der Kältetod durch „Erfrierung" ist nämlich eines der reinsten psychophysischen Lähmungsbilder, das wir kennen. Der Erfrierende wird von einer zuerst leisen, aber bald immer bezwingenderen Schläfrigkeit befallen. Trotz Einsicht in die drohende Gefahr wird die Müdigkeit überwältigend. Das Opfer redet sich ein, es wolle nur ein paar Augenblicke ausruhen. Selbst gegen Zureden zum Ausharren legt es sich nieder oder setzt sich hin. Der rasch eintretende Schlaf führt ununterbrochen zum Tode hinüber. Es ist den Kundigen geläufig, daß in Lagen von Erfriergefahr alles darauf ankommt, jener Schläfrigkeit nicht nachzugeben. Vor einiger Zeit hatte sich ein junger Sportsmann, der in eine Gletscherspalte abgerutscht war und sich dort kaum nennenswert zu bewegen vermochte, durch stundenlanges Singen von Liedern gewaltsam wach erhalten, bis die Rettung kam. Wenn für manche Fälle über eine angstvolle Erregtheit berichtet worden ist, die am Eingang der Müdigkeit stehe, so ist sie wohl auf Rechnung des Schreckens vor der ins Bewußtsein tretenden

Gefahr zu setzen. Die von dem berühmten amerikanischen Wetterforscher Abercromby mitgeteilten Befunde, wonach in Amerika Erfrierende öfters mit heruntergezogenen Kleidungsstücken aufgefunden worden seien, sind kein zwingender Beweis für eine tobsüchtige oder angstvolle Erregung. Es kann auch aus apathischer Benommenheit geschehen, daß der Erfrierende sich entkleidet, indem er in seiner Schlaftrunkenheit automatisch das tut, was zu tun er beim Schlafengehen gewöhnt ist, nämlich sich auszieht. Wir wissen, daß dies auch bei sinnlos Betrunkenen gerade im völligen Apathiestadium ihres Rausches vorkommt, nicht im Erregungsstadium. Kälteexperimente an Tieren haben keine eindeutige Antwort auf diese Frage zu liefern vermocht.

Außerhalb der Erfrierungsgefahr wirkt die strenge Kälte regelmäßig **mehrphasig** auf den psychophysischen Zustand ein. Sie macht zuerst Eregung, die meist mit einer frischen Angeregtheit beginnt und weiterhin in eine gewisse, entweder der mitmenschlichen Umgebung merkliche oder auch dem der Kälte Ausgesetzten selber spürbare Übererregtheit sich umwandeln kann; später treten entschiedene Ermüdungszeichen auf, Abspannung, Mattigkeit, Schläfrigkeit, Denkträgheit. Nach der Entrückung aus der strengen Frostluft, also im warmen Zimmer, kann es hinterher nochmals zu einer Späterregung kommen, die sich körperlich schon in dem bekannten „Glühen der Wangen" mitäußert, wenn dies auch in erster Linie auf die örtliche Reaktion der Gesichtshaut zurückzuführen ist. Solche Späterregung vermag namentlich den Schlummer, zu dem die Müdigkeit z. B. nach einem Winternachmittag in strenger Frostluft hindrängt, lästig zu hintertreiben. In ihr rächt sich bei Neulingen im winterlichen Hochgebirge oder im Festlandswinter häufig ein zu langer Aufenthalt in der vermeintlich so herrlich erfrischenden freien Winterluft.

27. Bestwerte (Optima). Theoretisch läßt sich ein absoluter Wärmebestwert berechnen, bei dem ein in windfreiem Schatten völlig ruhender nackter Mensch das höchste Wohlbefinden verspüren würde. Diese Berechnung, von verschiedenen Ansätzen verschiedener Forscher ausgehend, hat immer wieder zu einer Temperatur ein wenig unterhalb der Körperinnenwärme geführt, etwas über 32,5° C. Jede leiseste Luftbewegung und jede Steigerung der Feuchtigkeit wirft solche Berechnungen um. Sie sind für bestimmte physiologische Erkenntniszwecke förderlich, aber so gut wie ohne praktische Bedeutung für die Einsicht in unsere Befindensverhältnisse gegenüber den im tatsächlichen Wetter gegebenen Temperaturen.

Ihnen gegenüber gilt ein ganz anderer Wert, welcher in erster Linie durch den Unterschied zwischen Körper und Kopf mitbestimmt wird. Wir nennen ihn das Differenzoptimum.

Wir wissen z. B. schon aus den „römischen" Bädern, daß unser Körper außerordentlich hohe Lufttemperaturen, also große Hitze, bis zu +100°, stundenlang erträgt, wenn nur der Kopf sich in einer Normaltemperatur, z. B. in einer Luft von höchstens +20° C, befinden kann. Diesem Extrabedürfnis des Kopfes trägt ja die ganze Bekleidungsweise der Menschen überall Rechnung. Die maßgebliche Temperaturspannung kann geradezu zwischen Scheitel und Fußsohlen angesetzt werden — nicht zu unrecht sagt die uralte Volksweisheit: Kopf kühl, Füße warm! — Wir wissen alle, daß die Umkehrung davon, kalte Füße und heißer Kopf, zu den peinlichsten Unbehagenserlebnissen zählt, die wir von unserer Körperlichkeit her haben können (s. Abs. 106). Aber das Differenzoptimum richtet sich in seinem Bestwert auch nach der Leistung, die wir vollbringen sollen. Dies hat sich schon aus den gewissermaßen klassischen Untersuchungen ergeben, mit denen vor dreißig Jahren der (inzwischen verstorbene) dänische Psychologe Alfred Lehmann zusammen mit dem Lehrer Pedersen der psychophysischen Wetterwirkung experimentell beizukommen suchte. Dabei ergab sich die Bestwärme für Additionsleistungen um rund 8° niedriger als für reine Muskelarbeit: für diese wurden +15 bis 17° C, für jene +7 bis 10° als Optimum ermittelt. Dies deckt sich vollkommen mit der Erfahrung, daß wir bei kühlerem Wetter zu geistiger Arbeit in besserer Verfassung sind als bei wärmerem, und wir vermögen uns das hauptsächlich aus der günstigen Wirkung der Kühle auf den Kopf, den Sitz des geistig schaffenden Organs, des Gehirns, zu erklären. Es ist ja bekannt, wie sehr im Durchschnitt schon eine Zimmertemperatur, welche +18° C überschreitet, uns zu angestrengter Kopfarbeit unlustig macht und deren Ergebnisse beeinträchtigt. Offenbar muß für den arbeitenden Kopf sein Temperaturgefälle zur Umwelt hin, seine Entwärmungsdynamik, besonders sichergestellt und verhältnismäßig sehr steil sein.

Es besteht also ein günstigster Unterschiedswert (Differenzoptimum) für die Temperatur unter unserer Kleidung und derjenigen, die unsern Kopf umgibt; er ist für geistige Arbeit besonders groß, im Vergleich zu seinem Werte bei körperlicher Leistung und in der völligen Ruhe.

Auf die erfahrungsmäßige Erzielung dieses Bestwertes durch entsprechende Kleidung, Heizung, Lüftung und überhaupt Lebensform ist ein wesentlicher Teil unserer Zivilisation gegründet, vorab in den gemäßigten Zonen, die dem leistenden Menschen während der meisten Zeit das Verweilen in geschlossenen Räumen aufnötigen. Die größte Schwierigkeit besteht ja hierbei darin, die den Kopf umgebende Zimmerluft hinreichend kühl und die Füße hinreichend warm zu halten, denn im geheizten Zimmer drängt die wärmere Luftschicht dauernd nach oben, während vom Boden her eine kältere strömt, so daß gerade umgekehrt der Kopf erheblich stärker um- und erwärmt wird, als die Unterextremitäten. Damit (und überdies mit der Verschlechterung der Luftzusammensetzung, s. Abs. 31 und 103) hängt es ja auch zusammen, daß wir dieselbe Temperatur im Sommer, wo die Zimmerluft nicht künstlich erwärmt ist, noch gut ertragen, die uns als Heizwärme schon lästig fällt, z. B. eine Wärme von 21° oder 22° C.

Wieder noch verschieden von den andern Differenzoptimen scheint das Schlafoptimum zu sein. Doch spielen da Lebensgewohnheiten mit. Dem modernen Abhärtungsmenschen, der den übrigen Körper sehr warm zudeckt oder gar völlig bekleidet, den Kopf aber in einer Schlafzimmertemperatur hat, die unter Null liegen kann (ungeheizte Schlafräume), stehen ländliche Sitten gegenüber, in denen die Menschen sehr warm, in Ställen oder gar auf dem Ofen, in überheizten und noch dazu kaum gelüfteten Stuben — und nach alter Erfahrung nicht schlechter schlafen. Allerdings handelt es sich dabei um fast nur physisch arbeitende Leute, deren Schlaf an sich tiefer (s. a. S. 138) und weniger empfindsam gegenüber Umgebungsbedingungen ist. Auch hier kommt wohl zum Vorschein, daß der vorwiegend kopfarbeitende Mensch in Wachen und Schlaf zu einem sehr großen Unterschiedsbestwert der Kopf-Körpertemperatur hindrängt. Die geistige Leistungsüberlegenheit der gemäßigten Zonen und in den Subtropen der kontinentalen Klimate (mit kalten Nächten und Wintern, s. Abs. 59) dürfte hierin wenigstens einen wichtigen Teilursprung haben.

Allgemeine Kühle als bewußte sinnliche Empfindung auf der ganzen Leibeshaut verträgt der Mensch immer nur ganz kurze Zeit (als vorübergehend erquickende „Abkühlung"). In dieser Form führen wir sie ja durch Luftzug, Waschungen, Bäder, Entkleidung vielfältig herbei. Sie vermag uns dann besonders im Kontrast zu voraufgegangener Hitze eine rasche Befindensbesserung und Leistungssteigerung zu bringen. Sehr bald aber schlägt diese Wirkung um, und es tritt das Unbehagen des Fröstelns auf. Es verbindet sich mit allgemeiner Unruhe (vielleicht eine Art Selbsthilfe des Organismus, durch Bewegung sich Erwärmung zu verschaffen) und Unaufgelegtheit zu geistiger Anspannung.

28. Feuchtigkeit. Der Alltagssprachgebrauch nennt die Luft feucht, wenn sich ihr Wasserdampfgehalt als Nebel bemerklich macht, auch wohl unmittelbar nach ausgiebigen Niederschlägen, wenn alles „trieft". Die Wetterwissenschaft versteht aber unter Luftfeuchtigkeit jedes Maß von Wasserdampfgehalt, auch wenn es unsichtbar und unspürbar bleibt. Sie unterscheidet eine relative Luftfeuchtigkeit von der absoluten. Letztere bezeichnet die Menge von Wasserdampf, die in jeder Raumeinheit Luft als deren Aufbaubestandteil (so wie Sauerstoff, Stickstoff usw.) vorhanden ist. Von dieser Menge geht eine Druckwirkung aus, der Dampfdruck. Die relative Feuchtigkeit dagegen sagt aus, wieviel Wasserdampf von jeder Raumeinheit Luft noch aufgenommen werden könnte, ehe Sättigung eintritt, d. h. ehe die Grenze der Aufnahmefähigkeit der Luft für Wasserdampf erreicht ist. Beides hängt, wie leicht einzusehen ist, aufs engste zusammen, gerade auch für die Wirkung, die auf den Organismus ausgeübt wird. Warme Luft vermag eine wesentliche größere Menge Wasserdampf in sich aufzunehmen, ehe ihre Sättigung erreicht ist, als kalte. Bei gleicher relativer Feuchtigkeit ist die absolute Feuchtigkeit beider sehr verschieden, wasserdampfgesättigte kalte Luft ist viel trockener, wasserdampfärmer als wasserdampfgesättigte heiße Luft. Darum tritt der Charakter von Schwüle im allgemeinen nur bei warmer Luft auf, und bei kalter nur ausnahmsweise (als „Rauhschwüle", S. 12); denn die Schwülewirkung stammt aus einer sehr hohen relativen und absoluten Luftfeuchtigkeit. Wieso?

Nun, damit der Körper von sich aus Wasser verdampfen kann (was zu seinen Lebensbedürfnissen, nämlich zu seiner stetigen Entwärmung gehört), muß sein eigener „physiologischer Dampfdruck" den atmosphärischen Dampfdruck der umgebenden Luft überbieten. Diese Leistung ist bei hohem atmosphärischen Dampfdruck naturgemäß sehr viel größer als bei niedrigem. Kalte Luft kann aber immer nur, infolge ihrer raschen Sättigung mit Wasserdampf, verhältnismäßig geringfügige absolute Dampfdruckwerte erreichen, sie bietet also, auch bei völliger Sättigung mit Wasserdampf, bei höchster relativer Feuchtigkeit, infolge ihrer auch dann sehr geringen absoluten Feuchtigkeit, dem physiologischen Dampfdruck keine Schwierigkeiten dar, zu seinem Rechte zu kommen; dieses Recht wird nur beeinträchtigt durch die Unmöglichkeit der Luft, überhaupt noch Wasserdampf aufzunehmen. Warme Luft dagegen, wenn sie gesättigt oder der Sättigung sehr nahe ist, kann nicht nur keinen neuen Wasserdampf, den der Organismus an sie loswerden möchte, mehr in sich aufnehmen, sondern sie übt zugleich durch den in ihr schon enthaltenen vielen Wasserdampf einen sehr hohen Dampfdruck gegen die Abdunstung des Körpers auf. Nun möchte hier jemand einwenden: sei die Luft gesättigt, so könne sie eben, ob warm oder kalt, dem Körper kein verdampfendes Wasser mehr abnehmen, also müsse es sich in ihm übermäßig stauen, und wenn dadurch Mißbefinden verursacht werde, so hänge dieses eben doch ausschließlich, wie man sehe, von der relativen Luftfeuchtigkeit, von ihrer Sättigung mit Wasserdampf, ab. Aber hier tritt die Wärmelage in die Rechnung ein! Die stetige Entwärmung des Körpers, das fürs Wohlbefinden und schließlich sogar für die Lebensfähigkeit so wesentliche Wärmegefälle (s. Abs. 30) wird auf zwei Hauptwegen hergestellt, einmal durch unmittelbare Wärmeleitung vom Körper an die Luft, und zum andern durch die Verdampfung von Körperwasser an die Luft. Je kälter die Luft, desto leichter vollzieht sich das erstere, desto weniger wird die Abdampfung von Wasser in Anspruch genommen, in der Kälte schwitzen wir nicht und brauchen wir nicht zu schwitzen, im Gegenteil, die Haut trifft Maßnahmen (der Laie sagt: die Poren ziehen sich zusammen), um eine zu rasche Wasserabgabe durch Verdunstung einzuschränken, die „trockene" Wärmefortleitung an die kalte Außenluft besorgt genügend Entwärmung und „zentrifugales", von innen nach außen laufendes Temperaturgefälle. Je wärmer es wird, desto geringfügiger wird die Möglichkeit trockener Wärmeleitung vom Körper zur Luft, und wenn diese sich der Körpertemperatur nähert, sie erreicht oder gar übersteigt, hört dieser Weg überhaupt auf. Desto wichtiger wird dann der „nasse" Weg, die Wasserabgabe in Dampfform; er ist aber nur gangbar, wenn die Außenluft einen so niedrigen Dampfdruck enthält, daß der physiologische Dampfdruck des Organismus ihn überwinden kann, und das ist eben nur bei verhältnismäßig bescheidener absoluter Luftfeuchtigkeit der Fall. Je heißer es ist, desto mehr Wasserdampf kann die Luft aufnehmen, ehe sie gesättigt ist; logischerweise wäre also, wie es scheint, die Abdampfungsmöglichkeit und die von ihr besorgte Entwärmung für den Körper besonders ausgiebig, wenn Hitze herrscht, und in der Tat ist darin wenigstens ein Ausgleich für die Einschränkung der trockenen Entwässerung gegeben — wir schwitzen dann „wohltätig" und müssen schwitzen. Aber wir wissen aus der Erfahrung, daß die Wohltat ausgiebigen Schwitzens bei heißem Wetter auf die Länge fragwürdig wird; denn die absolute Wasserdampfmenge in der Luft ist selbst bei mäßiger relativer Feuchtigkeit, bei noch recht ungesättigter Luft, dennoch schon so groß, ihr atmosphärischer Dampfdruck so stark, daß gegen ihn der physiologische Dampfdruck, der Körperwasser abdampfen möchte, immer schwieriger aufkommt. Der Schweiß steht dann auf der Haut, ohne verdampfen zu können, die Entwässerung des Organismus leidet Not, auch bei verhältnismäßig trockener Luft beginnt unzureichendes Wärmegefälle, „Wärmestauung", sich geltend zu machen. Je höher dann etwa noch die relative Luftfeuchtigkeit, desto mehr verschärft sich die Schwierigkeit, Wasser loszuwerden, der Schweiß stockt schon *in* der Haut, es ist der bekannte lästige Zustand, in dem wir nicht einmal mehr „tropfnaß" werden, sondern nur noch „alles an uns klebt". Das findet bei typischer Schwüle, d. h. hoher Luftwärme mit hoher relativer Luftfeuchtigkeit statt; aber bei jeder hohen Luftwärme wird infolge der absoluten Luftfeuchtigkeitswerte, ihres hohen Dampfdruckes, die Lage des Organismus in bezug auf die Entwärmung sehr unbehaglich. Große Hitze, auch wenn sie trocken bleibt, nähert sich dadurch in ihren Wirkungen auf den Organismus immer mehr der Schwüle bei mäßigeren Wärmegraden. Und zusammenfassend ist zu sagen, daß die Luftfeuchtigkeitswirkung demnach um so reiner eine Wirkung der relativen Feuchtigkeit (also der Aufnahmefähigkeit der Luft für Wasserdampf, des sogenannten Sättigungsdefizits) ist, je niedriger die Lufttemperatur liegt, und daß sich immer stärker hierzu die Wirkung der absoluten Luftfeuchtigkeit, des übermächtigen atmosphärischen Dampfdruckes gesellt, je höher die Lufttemperatur steigt.

Ob die absolute Luftfeuchtigkeit außerdem eine unmittelbare Einwirkung auf den Organismus ausübt, ist unbekannt. Es wäre durchaus möglich. Wir dürfen uns Wasser in keiner Form als etwas Indifferentes für den Organismus vorstellen. Vielmehr ist es höchst wahrscheinlich, daß auch Wasserdampf, also gasförmiges Wasser, je nach der absoluten Menge, welche die Hautoberfläche oder die Lungeninnenfläche (beim Atmen) bestreicht, eine ganz bestimmte („spezifische") Wirkung tut. Auch bei flüssigem Wasser liegt sicher eine solche spezifische Wasserwirkung vor, ob wir es trinken oder uns darin baden, und nicht etwa bloß eine „Flüssigkeits-" oder Temperaturwirkung. Ein Luftbad gleicher Wärme wirkt anders als ein Wasserbad, weil in jenem Falle Luft und in diesem Falle Wasser einwirkt. In einer Zeit, die auf alle Sorten von Luftkur so eingeschworen ist, wie die unsere, wäre die wissenschaftliche Ermittlung sehr wesentlich, wie luftförmige Stoffe überhaupt, also auch luftförmiges Wasser, den Organismus beeinflussen. Solche Forschungen müßten einen Hauptgegenstand wissenschaftlich sich legitimierender Naturheilkunde bilden.

Dagegen haben wissenschaftliche Ermittlungen durchaus bestätigt, was die Erfahrung über den Schwülecharakter verschieden warmer Luft lehrt. Für Brüssel wurde festgestellt, daß als „schwül" galt eine Temperatur von +29,5° C schon bei 45% relativer Feuchtigkeit, eine von +25° erst bei 75%! Hier sieht man, wie zwischen 20° und 30°, also praktisch gesprochen gerade in der Temperaturbreite zwischen milder und heißer Witterung die Schwüle-Empfindung eine Funktion der Wärmegrade trotz sinkender relativer Feuchtigkeit ist.

Der Physiologe Rubner hat als Feuchtigkeitsoptimum bei Körperruhe und einer Außentemperatur von +18° C den Wert von 30 bis 40% ermittelt. Er fand, daß 80% relativer Feuchtigkeit (d. h. die Luft ist zu 4/5 mit Wasserdampf gesättigt und vermag nur noch 1/5 des Betrages aufzunehmen) bei +24° selbst für den körperlich ruhenden, leicht bekleideten Menschen seelisch bereits schwer erträglich sind, nämlich die typischen Schwülewirkungen der Mattigkeit, Unruhe, Beklommenheit, ja Bangigkeit erzeugen. Alle Versuche, für diese Zusammenhänge heute schon rechnerisch exakte Formulierungen aufzustellen, sind bisher unbefriedigend ausgefallen.

Bei niederen Temperaturen stellt sich von relativ sehr feuchter (oder gar schon in Verflüssigung ihres Wasserdampfgehaltes begriffener: Nebel) Luft her eine eigentümliche Wirkung ein, die wir alle kennen, so schwer sie wissenschaftlich zu beschreiben ist. Die kühle oder kalte Luft scheint dann, „in uns hineinzukriechen", es ist „n a ß k a l t". Schauern und Frösteln sind die Anzeichen dafür. Dies hängt offensichtlich mit der übermäßigen Entwärmung zusammen, welche feuchte Kaltluft herbeiführt. Denn Wasser ist ein besserer Wärmeleiter als trockene Luft, an wasserdampfgesättigte Außenluft gibt der Körper mehr Wärme in der Zeiteinheit ab, als an trockene.

Beide Wirkungen, die Schwüle feuchtwarmer und die Naßkälte feuchtkalter Luft sind uns besonders aus künstlichen Lufträumen vertraut, in denen eine sehr hohe Luftfeuchtigkeit herrscht: Treibhäuser, Waschküchen, Badestuben usw. Nach diesen Einrichtungen wird dann auch eine natürliche Wetterluft gern bildlich bezeichnet: Waschküchenluft, Treibhausluft. In solchen Räumlichkeiten tritt das „Erstickende" derartig feuchter Luft bei hoher Wärme charakteristisch in Erscheinung. Das heißt ja, es wird das Atmen beeinrächtigt: denn auch durch die Atemluft geben wir ein beträchtliches Maß Körperwasser ab, und zwar desto verhältnismäßig mehr, je kälter o d e r je feuchter die Außenluft ist. Bei frischem Wetter (sagen wir +15° C) verläßt fast der doppelte Wasserbetrag in Dampfform den Körper durch die Lungen im Vergleich zur Haut; bei sehr feuchter Luft von +25° etwas mehr Wasser durch die Haut, als durch den Atem; jedoch bei sehr trockener Luft von +25° dreimal soviel Wasser durch die Haut, als durch den Atem! Daß wir aber nur feuchtwarme Luft als stickig empfinden, t r o t z ihrer geringeren Inanspruchnahme der Lungenabdampfung, hängt von der Wärme als solcher ab: sinkende Wärme regt stets die Atemtätigkeit elementar an (offenbar reflektorisch, von der Haut her übers Nervensystem) — in jeder relativ kühleren Luft „atmen wir auf", wir ziehen dann die Luft „in volleren Zügen" ein; das Atmen k a n n in solcher Luft mehr leisten als mit steigender Wärme; je wärmer die Außenluft wird, desto mehr fordert die Atemtätigkeit eine Entlastung der Lungen durch die Haut, für die Wasserabdampfung findet diese Entlastung (infolge von Schwüle) nicht hinreichend statt, so macht sich die Überlastung der Atmungsfunktion in Gestalt des „Erstickenden" geltend. Bei Menschen, welche mit krankhaften Atemschwierigkeiten behaftet sind, kann sich das bis zu wirklicher Atemnot steigern, wofern nicht die Natur der Krankheit umgekehrt feuchte Luft sucht, was z. B. bei gewissen bronchialen Affektionen vorkommt. Die vielberufene „Trockenheit" der Binnenraumluft bei Zentralheizungen beruht in ihren Belästigungen der Atemorgane wesentlich auf Verschlechterungen der Luftzusammensetzungen durch mangelnde Ventilation (die ja bei Öfenheizung stetig vorhanden ist) und überheiße Heizkörper, die zur Staubdestillation Anlaß geben und dadurch lästige Reizstoffe erzeugen; letzteres war ja auch ein bekannter Nachteil der veralteten eisernen Öfen.

29. **Wind.** Alle vorherigen Auseinandersetzungen galten (für das Dreieck Luftwärme—Luftfeuchtigkeit—Organismus) immer unter der stillschweigenden Voraussetzung r u h i g e r Luft. Bewegte Luft verändert noch einmal alle Prozesse sowohl der Entwärmung wie der Abdampfung — glücklicherweise in der sehr einfachen Art, daß sie alle beschleunigt. Selbst bei extremer Hitze, ja Schwüle verschafft uns eine leise (z. B. durch Wedeln, Fächeln, künstlich herbeigeführte) Bewegung der Luft sofort Erfrischung. Und bei ebenso extremer Kälte kann der unbedeutendste

Wind unerträglich werden, weil er den Entwärmungsprozeß derart steigert, daß der Organismus mit seiner Ersatzbildung von Körperwärme dagegen nicht mehr aufkommt. Wächst doch, wie die Forschungen über die Abkühlungsgröße gezeigt haben (s. u. S. 38 u. f.), die Entwärmung bei einer Zunahme der Windgeschwindigkeit um 1 m je Sekunde bereits um mehr als 1/3 des bisherigen Betrages, bei einer Windstärke von rund 3 sec/m ist sie doppelt, bei einer von rund 8 sec/m viermal so groß als bei Windstille! Ein schwacher Wind kommt hinsichtlich seiner Entwärmungskraft einer Lufttemperaturabnahme von nicht weniger als 20° gleich. Darum vermehrt Wind auch unberechenbar die Erfrierungsgefahr, die Häufung von Kältetoden fällt immer mit Kältestürmen zusammen, zumal mit Schneetreiben, weil (s. vor. Abs.) die Schneenässe auf der Haut wiederum die Entwärmung beschleunigt.

Aber Wind bei Kälte wird auch noch darum erfriergefährlich, weil er die Ermüdung vermehrt, die bei der Einleitung des Kältetodes (s. Abs. 26) eine so verhängnisvolle Rolle spielt — und damit packen wir die wichtigste unmittelbare Wirkung des Windes auf die psychophysischen Funktionen. Jede Luftbewegung wirkt zuerst erregend und nach einiger Zeit ermüdend. Im Ermüdungsstadium kann die Erregungswirkung fortdauern, und das ergibt vielfach jenen höchst lästigen Mischzustand, den wir nun schon von andern Gelegenheiten her kennen. Wissenschaftlich müssen wir zu sondern bemüht sein, welche Wirkungen unmittelbare und welche mittelbare (nämlich mittels der Änderung von Wärme- und Wasserdampfbilanz herbeigeführte) sein mögen.

Unmittelbar wirkt aller Wind erregend, anfangs und in leichten Graden also oft „anregend", erfrischend, „animierend". Seestrand und Gebirge werden nicht zum wenigsten um dessentwillen aufgesucht. Heftiger Wind macht sich bei vielen Menschen recht bald in eigentlicher Erregung geltend; zunächst ruft er übersteigerte Unternehmungslust, motorischen Drang hervor (man kämpft sich z. B. mit einer Art Wollust gegen ihn vorwärts), später wird die Erregtheit peinlich, sie überdauert den Aufenthalt im Freien, sie verhindert den Schlaf. Sie kommt vielfältig auch in Spannungsanzeichen, sogenannten „spastischen" Beschwerden zum Vorschein, das bekannteste Symptom ist die Gespanntheit der Wangenmuskulatur, die sogar das Sprechen erschweren kann. Neben der Beschleunigung der Körperentwärmung, also einer mittelbaren Windwirkung, wird alles dies möglicherweise auch einer unmittelbaren Einwirkung auf die Haut zuzurechnen sein, die ja durch bald lebhafte Rötung, bald wieder Blässe die starke Reaktion anzeigt, die ihr Blutgefäßsystem auf die anwehende Luftbewegung vollzieht. Aber es tritt noch eine fernere, nun wieder mittelbare Wirkung ein: jede Luftbewegtheit erfordert eine stärkere Anspannung zahlreicher Muskelgruppen, schon die Gesichtshaltung und Kopfhaltung ändert sich bei windigem Wetter, wir pressen die Lippen enger aufeinander, blinzeln mit den Augenlidern, drücken die Schultern nach vorn, jede Bewegung gegen den Wind erfordert größere Anstrengung, all das setzt eine lebhaftere motorische Erregung in uns. Dieser folgt als ihre Zweitphase eine motorische Ermüdung, die typische „Abspannung" nach der erhöhten Anspannung, also wiederum eine mittelbare Windwirkung. Wahrscheinlich wird sie aber noch verstärkt durch eine unmittelbare Ermüdung, welche das Anwehen des Windes gegen die Haut erzeugt;

diese Zweitphase nach der Erregung tut sich in der Regel durch Blässe nach voraufgegangener Rötung kund. Muß der Aufenthalt im Winde trotzdem fortgesetzt werden, so tritt bei vielen Menschen ein übermüdungsartiger Zustand ein, der bis zu einer Art Erschöpfung gehen kann. Für alle diese ineinandergreifenden Zusammenhänge einfache Formeln zu finden, ist bisher nicht gelungen. Man hat es besonders versucht für den Begriff der Luftstrenge, der sozusagen das genaue Gegenstück der Luftschwüle ist. Es muß aber dazu bemerkt werden, daß im Deutschen jedenfalls die Bezeichnung „streng" zunächst nur für sehr harte Kälte gilt, ohne die Windigkeit unbedingt einzuschließen; auch wenn wir von besonders „strengen Wintern" sprechen, haben wir die niedrigen langwährenden Temperaturen im Auge, den anhaltenden Frost.

Viele Menschen sind besonders empfindlich gegen sogenannte „Zugluft", die ihnen sofort örtliche Beschwerden (etwa neuralgische, rheumatische) bereitet oder ihr Allgemeinbefinden derart stört, daß ihnen der Aufenthalt an der zugigen Stelle „verleidet" ist. Vermutlich handelt es sich dabei um etwas anderes als bei der Windwirkung. Luftzug bedeutet meist einen leisen, sehr lokalen Luftstrom, der zu einer Körperstelle hin oder von ihr weg stattfindet. Dabei findet eine örtlich umschriebene, sehr intensive Wärmeentziehung statt, für die manche Konstitutionen überempfindlich sind. Es ist bekannt, daß Gewöhnung von Kindheit auf dabei stark im Spiele ist: dem Festlandseuropäer „zieht es", wo der Angelsachse nur eine angenehme Ventilation verspürt und hervorruft.

30. Das persönliche Gefälle. Abgesehen von der noch unerforschten unmittelbaren Einwirkungsmöglichkeit von Wasserdampf auf die Haut und abgesehen von der sicheren unmittelbaren Einwirkung des Windes auf die Haut, und allen Folgen, die sich hieraus ergeben mögen, vereinigen sich also die Faktoren der Lufttemperatur, -feuchtigkeit und -bewegung zu einem Dreieck des Hin und Her, das den thermischen Auseinandersetzungsprozeß des Organismus mit der Außenluft bestimmt. Davon hängt weitgehend unser Wohlbefinden und unsere Leistungsfähigkeit ab. Es hängt letzten Endes alles an dem Temperaturgefälle, in welchem die im chemischen Umsatz unseres Stoff- und Kraftwechsels miterzeugte Wärme zu lebensnotwendigen Anteilen an die Umluft abgegeben werden kann. Diese Entwärmung vollzieht sich sowohl durch Ausstrahlung wie durch Fortleitung. Auf jeden der beiden Wege entfällt ungefähr die Hälfte der erwünschten Wärmeabgabe. Die Ausstrahlung ist (gleich aller irdischen Wärmeausstrahlung) durch die feste Umgebung (Erdboden, Bodenneigungen, aber vor allem auch Bauten, Wände, also enge Straßen usw.) wesentlich beeinflußt, doch hat auch die Beschaffenheit der Atmosphäre, z. B. Klarheit oder Bewölktheit, Dunst- und Staubbildung, daran teil. Die Leitemöglichkeit richtet sich vorzüglich nach der Umwärme, der Wasserdampflage und der Bewegtheit der Luft. Alles zusammen gibt dem Temperaturgefälle sein Gepräge.

Dabei spielen persönliche Beschaffenheiten wesentlich mit. Das Bestgefälle, welches die höchste Leistungsfähigkeit und das gewisseste Wohlbefinden sicherstellt, ist von Mensch zu Mensch sehr verschieden. „Abhärtung" kann daran manches ändern, uns an steilere Gefälle gewöhnen, aber wahrscheinlich wird diese ihre Möglichkeit oft überschätzt. Streng genommen wird es sich bei den persönlichen Gefällen gar nicht um solche, sondern um „Typen" handeln, zu denen der eine und andere gehört, ohne es zu wissen; bestimmte „Konstitutionen", „Naturelle" oder welche Bezeichnung man wählen will, vertragen dieses oder jenes Maß, diese oder jene Raschheit der Entwärmung, und andere nicht. Körperlich und geistig arbeitende Menschen haben verschiedene Bestgefälle. Innerhalb der Gruppen gibt es dann naturgemäß auch noch ganz persönliche Abschattierungen. Diese sind vielleicht am ehesten durch Lebensgewohnheiten von Kindesbeinen an gezüchtet und darum durch Abhärtung, Umgewöhnung änderbar; über den Schatten seiner Konstitution dagegen kann schwerlich jemand ungestraft springen.

Unter den mannigfachen, vielfältig umstrittenen, aber der wissenschaftlichen Aufhellung dieser Dinge schon durch ihren Erörterungszwang nützlichen Versuchen einer exakten Erfassung dieser Entwärmungsprozesse, soweit sie unterm Einfluß des Wetters stehen, nimmt seit längerer Zeit die sogenannte Abkühlungsgröße eine Vordergrundstellung ein. Sie bedeutet diejenige Wärmemenge in Einheiten (Millikalorien) ausgedrückt, die von je einer Flächeneinheit (qcm) je Sekunde seitens eines physikalischen Körpers, der künstlich auf eine bestimmte Temperatur erwärmt wird, nach außen abgegeben wird. Das Homoiotherm von Frankenhäuser, das Katathermometer des Engländers Hill, endlich das Frigorimeter von Dorno sind verschiedene Versuche, in diesen Messungen zum Ziel zu kommen. Dornos Apparat, als verläßlich bewährt, benutzt eine elektrisch auf $+36{,}5^0$ erhitzte schwarze Kupferkugel und mißt in fortlaufender Registrierung die Wärmemenge, welche immer wieder zugeführt werden muß, um den durch Wärmeabgabe nach außen eintretenden Wärmeverlust der Kugel zu ersetzen. Es handelt sich also um eine rein physikalische Veranstaltung, die mit den Verhältnissen des sich entwärmenden lebendigen Organismus nur eine sehr entfernte Ähnlichkeit hat, und nur das eine zu leisten vermag, über die Gesamtansprüche Aufschluß zu geben, welche ein örtliches Klima, eine bestimmte Wetterlage, Tages- oder Nachtzeit an die Wärmeregulation in ihrer Gesamtheit stellt. Mehr nicht; denn schon um zu ermitteln, wie zuträglich oder unzuträglich eine solche Wetterlage oder Klimasorte dem Befinden des Menschen sein möge, müßte man die vom Frigorimeter in ihrer Totalität festgestellte physikalische Abkühlungsgröße in ihre einzelnen Komponenten zerlegen: zeigt doch die Erfahrung, daß vorwiegende Entwärmung durch Luftbewegung (windiges Wetter oder Klima) von manchen Naturellen besonders gut und von andern besonders schlecht vertragen wird, so daß die rechnerisch gleiche physikalische Abkühlungsgröße, die man für einen Ort und eine Zeit mißt, physiologisch, pathologisch, und damit hygienisch wie therapeutisch eine ganz verschiedene Wertigkeit haben kann, je nachdem an ihrem Aufbau mehr die Entwärmung durch Wind oder die durch Ausstrahlung, oder die durch Verdunstung und überhaupt Fortleitung beteiligt ist. Das Observatorium in Davos hat darüber sehr aufschlußreiche Zusammenstellungen vorgelegt; aus ihnen geht hervor, daß schon je nach der Meereshöhe „die einzelnen Faktoren, durch die die Abkühlungsgröße bedingt ist, sich ganz ungleich verhalten". Wir fügen hinzu, daß überdies die Luftfeuchtigkeit bei diesen Messungen zu kurz kommt, daß aber andererseits die Apparaturen etwas sehr Wichtiges geleistet haben, nämlich die überaus heftig entwärmende Kraft des Windes (auch seiner mäßigen Grade) über alles Erwarten hinaus zu bestätigen.

Dagegen sagen alle diese Homoiotherm-, Katatherm- und Frigorimeter-Beobachtungen schon über die generelle Regulationskraft, welche der lebendige Organismus allein von der Haut her den physikalischen Entwärmungen entgegensetzt, überhaupt nichts aus, geschweige denn etwas über die typologische (konstitutionelle) und persönliche Entwärmungsgestaltung, die das praktische Temperaturgefälle von Innenkörper zu Außenluft, also von Mensch zu „Wind und Wetter" herstellt. Wie wenig wir davon eigentlich noch wissen, zeigt gerade auch der extreme Fall der Temperaturbilanzierung, die Umkehrung des Entwärmungsextrems (der Erfrierung), die höchste Gefällestauung, der Hitzschlag.

Er ist eine gelegentliche Wirkung ausgesprochen schwülen Wetters; daß mit steigender Temperatur die Feuchtwärme auch durch trockenere Hitze vertretbar ist, haben wir vorhin gesehen, es kann Hitzschläge auch an sehr heißen, unschwülen Tagen absetzen, und bei prall strahlender Sonne und mangelndem Kopfschutz mögen Hitzschlag und Sonnenstich sich kombinieren können. Für gewöhnlich sind sie zu trennen. Der Sonnenstich entsteht durch Entzündungsvorgänge an den Hirnhäuten infolge Hitzestrahlung auf das Haupt; der Hitzschlag durch Wärmestauung im Körper infolge mangelnder Wärmeabgabe an die Umluft. Stehen bei jenem die Erregungszeichen im Vordergrunde, so bei diesem die psychophysische Ermattung und Lähmung: zunehmende Schlaffheit geht in Benommenheit über, der schließlich das willenlose, halbschläfrige Umsinken folgt. Die Wärmestauung im Kopfinnern beschleunigt und verschärft das Erkrankungsbild; daher sind beengende und belastende Kleidungsstücke am Hals oder Haupt (hohe Kragen, Helm) besonders nachteilig; aber die Hitzschlaggefahr kommt an das Gehirn von innen heran, eben durch die nicht nach außen abströmende Überwärmung, beim Sonnenstich umgekehrt von außen, von der bestrahlten Kopfhaut und Kopfknochendecke her. Es ist nun charakteristisch, daß keineswegs alle oder auch nur die Mehrzahl der Menschen, die an einem sehr schwülen Tage gleiches leisten (z. B. angestrengt marschieren) müssen und gleich unzweckmäßig gekleidet sind, Hitzschläge bekommen. Es sind immer nur verhältnismäßig wenige, vereinzelte. Entweder bildet sich bei ihnen ein besonders ungünstiges Temperaturgefälle aus, weil ihre Wärmeerzeugung besonders groß oder ihre Wärmeabgabe besonders träge ist (z. B. ist ja die Fähigkeit zu schwitzen eine sehr verschiedene), oder ihr Nervensystem reagiert auf ein ungünstiges Temperaturgefälle besonders heftig. Die Hitzschlagbeobachtungen bestätigen also nur die Erfahrung von der außerordentlichen Verschiedenheit der menschlichen Konstitutionen in Ansehung der thermischen Auseinandersetzungen mit der Außenluft. Bei den Klimatatsachen werden wir diesem Sachverhalt wieder begegnen (s. Abs. 69 u. 71).

31. Luftzusammensetzung. „Schlechte Luft" gilt der Laienwelt als besonders nachteilig fürs Befinden und die Leistungsfähigkeit; gute, reine, „ozonhaltige" Luft als besonders heilkräftig für die Erholungsabsicht von verdorbener Luft, „Stadtluft"; von „staubfreier" oder „salzhaltiger" Luft erwartet man sich vielfaach geradezu magische Wirkungen auf Gesundheit und Wohlbefinden. Im selben Atemzuge wird Luft, die übelriecht, mir nichts dir nichts als „verdorben" bewertet, während doch so mancher Gestank ganz harmlos ist, die schwersten Luftverunreinigungsstoffe, wie

Kohlensäure- und Kohlenoxydgas aber geruchlos und gerade darum so heimtückisch sind. Bei der Zusammensetzung der Luft ist zwischen sinnlicher und tonischer Wirkung besonders sorgfältig zu unterscheiden.

Die Atmosphäre, die wir einatmen, besteht aus Stickstoff, Sauerstoff, Wasserdampf, Kohlensäure und den Edelgasen (Argon, Helium, Neon). Davon spielen Sauerstoff und Kohlensäure für die Beurteilung der „Reinheit", sagen wir besser der Zuträglichkeit der natürlichen Luft die allein ausschlaggebende Rolle. Die vielfältigen Luftverschlechterungsmöglichkeiten der in Binnenräumen eingeschlossenen Luft zu würdigen, ist nicht die Aufgabe unseres Themas; von der „Stadtluft" freilich, die als Großstadtluft für rund hundert millionen Menschen auf Erden heute die tägliche Atemluft, die „freie" Luft vorstellt, müssen wir Notiz nehmen. Die meisten dieser Menschen erfahren ja auch das „Wetter" nur in der Erscheinungsform, in der es innerhalb der Städte sich abspielt.

Sauerstoff, der lebenswichtigste Luftbestandteil, ist in jeder natürlichen Luft zum gleichen Betrage enthalten. Die Schwankungen bewegen sich um höchstens $^1/_2$% herum, die großen Industriestädte inbegriffen. Fühlbarer Sauerstoffmangel kann sich nur aus der Abnahme der absoluten Sauerstoffmenge ergeben, und die tritt lediglich infolge hochgradiger Luftverdünnung ein: in dieser Wirkung werden wir sie erst noch kennenlernen (Abs. 34 und 63).

Bestimmte Wetterformen, wie Gewitter und Föhn, aktivieren den gewöhnlichen Sauerstoff in kleinen Beträgen zu seiner aggressiveren Form, dem Ozon. Es ist außerdem in großen Mengen oberhalb unserer Atemluft, als eine sehr hohe, etwa 40—50 km über dem Boden liegende Schicht vorhanden und erfüllt als solche an den irdischen Lebewesen einen existenznotwendigen Schutz vor der Überfülle ultravioletter Strahlung, die vom Ozon verschluckt wird. In unserer Atemluft kommt es bis zu 10 mg in 100 cbm vor, ist ohne Zweifel im Freien reichlicher vorhanden als in den Städten, aus der Großstadtluft scheint es völlig zu verschwinden. In künstlich erzeugten und der Luft beigemischten größeren Mengen riecht es widerlich (chlorähnlich), reizt die Schleimhäute und wirkt keineswegs erfrischend, sondern im Gegenteil einschläfernd, geradezu lähmend. Dies würde nicht ausschließen, daß es in sehr kleinen Quanten einen ganz anderen Einfluß ausübte. Nur wissen wir davon kaum etwas wissenschaftlich Begründetes. Was der Laie gern „Ozon" nennt, ist weiter nichts, als sehr frische Luft, namentlich im Kontrast zu verdorbener, stickiger, überwärmter. Und was es mit dem „Aran" des Privatgelehrten Curry auf sich hat, durch welches der Primat des Ozon in aller Wetter- u. Klimawirkung eine erneute Apologie erfährt, bleibt wissenschaftlich erst noch kritisch zu klären; wir kommen in späterem Zusammenhang (s. Abs. 47) noch darauf zurück.

Ein Gleiches gilt von allen Bestandteilen, die zu äußerst kleinen Beträgen, als „Spuren", in der Atmosphäre vorhanden sind: Wasserstoffsuperoxyd (das überall dort mitentsteht, wo Ozon sich bildet), salpetrige Säure, Stickoxydul, Salpetersäure, Jodverbindungen und dergleichen. Wenn sogar angesehene hygienische Lehrbücher nur wegen der Geringfügigkeit der Quanten eine biologische Wirkung solcher chemischen Beimischungen ablehnen, so berührt das doppelt sonderbar, denn ebensogut könnte man die krankmachende, ja tötende Wirkung der Bakterien und der von ihnen produzierten Gifte (Toxine) wegen ihrer außerordentlich kleinen Maße und Quanten abstreiten. Werden z. B. unserer Großstadtluft jetzt durch die Kraftwagenauspuffe dauernd kleine Kohlenoxydgasbeträge zugemischt, so erfordert diese Luftverschlechterung mit einem tödlichen Giftgas in noch so kleinen Mengen die größte Aufmerksamkeit der Volksgesundheitspflege, da es durchaus möglich ist, daß Gesundheit oder Leistungsfähigkeit der Großstadtbevölkerung dadurch geschädigt werden. Haben doch die Motorabgase einen CO-Gehalt von rund rund 7% und oft noch mehr, bis zu 15 %; schon $^1/_{100}$ % im Luftvolumen, längere Zeit hindurch eingeatmet, vermögen schädliche Wirkungen hervorzurufen, und dieser Betrag ist tatsächlich in der Innenstraßenluft von New York festgestellt worden: er hatte wiederholt bei Verkehrspolizeibeamten, die dort stundenlangen Dienst taten, einen Sättigungsgrad des Blutes mit dem Gift im Gefolge, der bereits die Hälfte des absolut tödlichen Grades betrug. Selbst wenn keine schwer akuten Vergiftungsanzeichen auftreten, ist es doch ganz unwahrscheinlich, daß solche Blutverschlechterungen, wenn sie tagaus, tagein stattfinden, auf die Dauer für den Gesundheitszustand, für Befinden und Leistungsfähigkeit der Betroffenen gleichgültig sein sollten.

Die Kohlensäure, von der die Freiluft $^1/_{60}$ bis $^1/_{20}$ % der Luft enthält, nicht sehr viel mehr in den Städten (sogar die zehn Millionen Kubikmeter Kohlensäure, welche die Essen von Manchester tagtäglich in die Luft blasen, erhöht deren prozentualen Gehalt nur um knapp ein Viertel des üblichen), erheblich mehr oft die Luft geschlossener Räume, wirkt schon in Anteilen von $^1/_{25}$ % lästig, macht Kopfdruck, Stickgefühl, Unlust zur Leistung. Dagegen ist in kleinsten Beträgen die Kohlensäure für unsern Organismus nötig, man hat sogar (s. Abs. 64) versucht, bestimmte klimatische Mißwirkungen (in großen Höhen) mit oder ganz auf den Mangel an ihr zurückzuführen; doch wissen wir nichts darüber, wie die in der durchschnittlichen Freiluft feststellbaren Schwankungen des Kohlensäuregehalts etwa auf Befinden und Leistungsfähigkeit Einfluß nehmen.

Eine besondere Würdigung erfordern die Riechstoffe, denn sie lassen uns etwas grundsätzlich Neues erkennen.

32. **Sensutonus.** Schon leise Übelgerüche können uns heftig „auf die Nerven gehen", unser Befinden (und jedenfalls mittelbar dadurch auch unsere Leistungsfähigkeit) schwer beeinträchtigen, indem sie Widerwillen, Ekel bis zur Übelkeit, aber auch Kopfweh und Benommenheitsgefühl erregen. Wir wissen, daß allerdings die Sensitivität der Menschen solchen Gerüchen gegenüber sehr verschieden ist. Ganze Bevölkerungsschichten leben in manchen Ländern tagaus, tagein in einer Geruchsatmosphäre, die verwöhnten Menschen anderer Gegenden unerträglich vorkommt. Ärzte, Pflegepersonal, Wärter u. a. m. gewöhnen sich nach kurzem daran, Gerüche zu „ignorieren", die dem Laien „pesthaft" abstoßend erscheinen. Gegen Abortgeruch, Windeldunst u. dgl. waren frühere Generationen recht unempfindlich. Viele dieser Übelgerüche sind objektiv ungiftig und unschädlich.

Aber auch Wohlgerüche („Düfte") erfreuen öfters nur eine kurze Weile, um dann lästig zu fallen. Besonders „schwere", süßliche, betäubende Blütendüfte „legen sich auf die Nerven". Sie erzeugen, individuell wieder sehr verschieden, nach einiger Zeit Kopfdruck, Benommenheit, Übelkeit, selbst betäubungsartige Zustände. Tödliche

Ausgänge (etwa beim Schlafen in Lupinenfeldern, in frischem Heu) werden immer wieder behauptet, sind aber schwerlich einwandfrei nachgewiesen. In allen Krankenhäusern werden jedenfalls Blumen über Nacht aus den Krankenzimmern entfernt. Zahlreiche Menschen vertragen auch in Studierzimmern keine. Die Empfänglichkeit ist nicht nur persönlich, sondern auch in Hinsicht auf die Duftsorten außerordentlich verschieden. Künstliche Wohlgerüche (Parfüme) stoßen bekanntlich die einen ab, verleiden ihnen den Umgang mit Menschen, die derlei an sich tragen, während sie die andern entzücken und besonders geschlechtlich erregen. Die spezifisch sexuellen Gerüche (Brunstgerüche) nehmen eine seltsame Zwischenstellung ein: gierig eingesogen im Zustande der Libido (geschlechtlichen Begierde), wirken sie widerlich nach erfolgter Brunststillung. Auch der bloße Schweißgeruch abseits der Genitalien kann in dieser zwiespältigen Art sich geltend machen, namentlich als Achselschweiß. Ganz seltsam ist, daß eigenproduzierte Übelgerüche, z. B. der Flatus, vielfach nicht unangenehm empfunden, sondern zuweilen mit einer gewissen narzissischen Wohlgefälligkeit wahrgenommen werden (alter lateinischer Spruch: cuique suus crepitus bene olet). Es gibt im Geruchsleben auch des Menschen eine Fülle unaufgeklärter Tatbestände, die einst einen Sonderling und Grübler wie Gustav Jäger dazu verführt hat, das gesamte Seelenleben, namentlich alle Gemütsbewegungen, Stimmungen, Zu- und Abneigungen auf Geruchssorten und Riechbeziehungen zurückzuführen.

Wir haben als wissenschaftlich einwandfrei jedenfalls d i e Tatsache festzustellen, daß durch die Sinneserlebnisse des Riechens sehr heftige Gesamtreaktionen des Organismus hervorgerufen werden können. Es handelt sich also nicht nur um die rein sensuelle Reaktion der Lust oder Unlust, des Entzücktseins oder der Abgestoßenheit, des Ekels oder der Wollust, sondern darum, daß gleichzeitig t o n i s c h e Änderungen auftreten (Kopfschmerz, Benommenheit u. dgl.), die in dieser Ausbreitung und Heftigkeit bei andern Lust- und Unlust-, Ekel- oder Wollusterlebnissen keineswegs vorhanden sein müssen. Vom sinnlichen Erlebnis her wird die Gesamtverfassung des Organismus beeinträchtigt oder verbessert. Darum mögen solche Wirkungen als „s e n s u t o n i s c h" bezeichnet werden.

Sie gehören aber keineswegs der Riechsphäre allein an. Wir erinnern uns hier vielmehr dessen, was uns die Erörterung der Luftbewegung schon nahelegte (Abs. 29): Wind übt nicht nur eine rein tonische Entwärmungswirkung aus (welche die gleiche ist, ob wir das sinnliche Erlebnis des Windes bewußt haben oder nicht, also im Schlaf genau so wie im Wachen), sondern der empfundene Hautreiz, der vom Anwehen der Haut (z. B. der Wangen) durch den Wind herrührt, wirkt sich tonisch im ganzen Organismus aus, setzt (je nachdem er angenehm oder lästig ist) Erfrischung oder Ermattung, n i c h t bloß Erfrischungsgefühl oder Ermattungsgefühl, sondern objektive Erfrischtheit oder Mattigkeit. Selbst ein so kritischer, oft überkritischer Hygieniker, wie der verstorbene Altmeister Flügge, schrieb in solchem Zusammenhange dem Wind eine über den Hautreiz laufende Steigerung der Eßlust zu, die ohne Entsprechung etwa von gesteigertem Stoffumsatz im Organismus sich geltend mache.

Ganz besonders ist aber die optische Sphäre ein Schauplatz sensutonischer Wirkungen. Die den ganzen Menschen, vielleicht auch schon viele Tiere ergreifende Erregungskraft der langwelligen, die ebenso gewisse Beruhigungskraft der kurzwelligen Spektralfarben, also des Rot und Hochgelb dort, des Tiefgrün und Sattblau hier, kommt zwar vielleicht auch ohne Wahrnehmung der Farbe bei entsprechender farbiger Bestrahlung des Körpers zustande (ganz ausgemacht ist das freilich noch nicht), wird jedoch durch die Wahrnehmung der Farbe mit dem Auge außerordentlich gesteigert (und ist daher bei Farbenblinden erfahrungsgemäß beträchtlich geringer). Diese Wirkung ist darum so sinnfällig, weil sie vielfach mit der Wohlgefälligkeit oder Gleichgültigkeit oder gar Mißfälligkeit der betreffenden Farben nichts zu tun hat; auch solche, denen Scharlachrot eine unangenehme Farbe und Rot-Gelb eine abstoßende Zusammenstellung ist, können sich der erregenden Kraft dieser Farbtöne nicht entziehen. Vom sensuellen Erlebnis her wird elementar der gesamte Lebenstonus mitergriffen: Sensutonus!

33. Strahlungen. Mit der Erforschung der Kathodenstrahlen (1869) hat die eigentliche Strahlenepoche der modernen Physik begonnen; seither kennen wir eine Fülle vordem unbekannter Energiesorten, das Publikum, dessen Phantasie durch solche Entdeckungen mächtig beflügelt wird, läßt sich auch gern noch einige hinzudichten, wie die „Erdstrahlen", welche angeblich die Krebskrankheit erregen. Röntgenstrahlen, Ultraviolett und Ultrarot, die Radioaktivität und die in ihrer Herkunft noch sehr geheimnisvolle, aber als Tatbestand zweifellose „durchdringende" Höhenstrahlung sind die wichtigsten davon. In der Natur, für die Wetter- und Klimagestaltung, kommen nach unserm heutigen Wissen die radioaktive und die ultraviolette Strahlung in Betracht, weitaus am meisten aber das Licht schlechthin, dessen Vorhandensein oder Abwesenheit, dessen Leuchtkraft und Färbung nicht nur für alle Lebewesen existenzbestimmend ist, sondern für unser Empfinden und Urteil geradezu auch dem Wetter seinen wesentlichen Charakter („trübe", „es klärt auf", Sonnenschein, dunstig usw.) mit aufprägt. Wir dürfen die Lichtwirkung vertretungsweise für die radioaktiven und ultravioletten Wirkungen einsetzen, da das wenige, was wir über diese beiden wissen, jedenfalls psycho physisch nichts anderes als eine fortgesetzte oder vielleicht verstärkte Lichtwirkung darstellt. Wir nehmen zur Kenntnis, daß die Ultraviolettstrahlung (abgekürzt: UV) im Sonnenlicht mitgegeben ist, und zwar am meisten im sommerlichen (ein Hochsommertag strahlt soviel UV auf uns herunter, wie ein ganzer Wintermonat) und im hochländischen, fast gar nicht mehr in Binnenräumen, namentlich wenn sie mit Fenstern verglast sind, und daß die radioaktive Energie teils als physikalische Strahlung, teils als chemisches Gas, als sogen. Emanation, aus dem Boden emporsteigt, aber auch allen frischen Niederschlägen, dem fallenden Regen, dem Tau und dem Neuschnee anhaftet. Es ist durchaus möglich, daß sie in einer Anzahl von Naturheilverfahren (Kneippsche Kur, Lehmanwendungen, Heilbäder, vorzüglich die über oder nahe gewaltigen Pechblendelagern liegenden nordböhmischen Bäder, aber Hochland und Hochgebirge überhaupt) eine mithelfende Rolle spielt.

Jedes Licht in seiner natürlichen Erscheinungsform, also als strahlendes oder zerstreutes (diffuses) oder gespiegeltes Sonnenlicht wirkt auf den Organismus erregend, dasselbe gilt für jede Lichtvermehrung, sei es der Menge, sei es der Stärke nach (Stärke: Sonnenschein gegenüber trübem Wetter, Schneeflächen gegenüber Wiesen, Wasserspiegel gegenüber Moor- oder Heide; Menge: Sommertage gegenüber Wintertagen, Polarnächten; das „Freie" gegenüber Straßen). Jedes Dunkel, überhaupt jede Lichtentziehung, wirkt lähmend. Dabei können die zarteren Erregungsgrade wiederum als „anregend", die zarteren Lähmungsgrade als „beruhigend" empfunden werden. Helligkeit steigert jedenfalls die vitalen Funktionen, Dunkelheit setzt sie herab. Dieser Satz erfährt Einschränkungen bei den Dämmerungslebewesen (die aber eine Minderheit bilden) und für die sexuelle Libido auch des Menschen, deren Höhepunkte ebenfalls auf die Abend- und Morgendämmerung zu fallen scheinen. Es ist aber fraglich, ob das mit dem Licht als solchem zusammenhängt (s. a. S. 144).

Diese Wirkung von Licht und Dunkel ist sowohl eine streng tonische („chemotonische"), d. h. sie greift am Gesamtorganismus an und findet auch statt, wo das Licht nicht gesehen wird, also bei Blinden (auch sie werden in der Polardunkelheit des Winters blutarm), wie auch eine sensutonische, d. h. (s. Abs. 32) die Steigerung oder Minderung unserer Vitalität geht in hervorragendem Maße von der sinnlichen Wahrnehmung des Lichtes aus. Für beide Wirkungswege gibt es ein Helligkeits- und ein Färbungsoptimum. „Blendende" Lichtfülle ertragen wir nur bedingt und für kurze Weile, es verlangt unsern Organismus auch immer wieder nach Lichtgradwechsel, also nach Schatten, Dämmerlicht, ja Nachtdunkel; fast alle Behausungen in den verschiedensten Zivilisationen weisen Vorrichtungen zur Abdämpfung des Tageslichtes auf. Und wir bevorzugen ein leicht gelbliches Licht, wie es das Sonnen„gold" außerhalb der eigentlichen Mittagszeit darbietet, der Morgen und der Spätnachmittag empfangen von daher ihren landschaftlichen Reiz (s. S. 173), auch an den künstlichen Beleuchtungsarten hat sich jene Bevorzugung erwiesen, Kerzenflammen, elektrisches Glühlicht, die Petroleumlampe sind uns angenehmer als elektrisches Bogenlicht, Gasglühlicht oder Acetylen.

Hier liegen zugleich eine Menge unaufgeklärter Probleme! Wie kommt es, daß gerade die bläulichen oder grünlichen Lichtsorten für uns etwas Kaltes, Lähmendes haben, obwohl sie die chemisch wirksamen Srahlensorten in viel größerem Anteil enthalten, als die gelblichen und rötlichen, die chemisch indifferent und trotzdem die psychisch erregenden sind? Schon ein so umsichtiger und exakter Psychophysiologe wie der verstorbene (Däne) Alfred Lehmann hat sich da keinen Rat gewußt, und wir müssen auch heute die widerspruchsvollen Tatsachen einfach hinnehmen. Sie hängen wahrscheinlich gar nicht mit dem Licht als solchem, sondern mit dem Wärmecharakter der verschiedenen Lichtsorten zusammen, darauf weist schon die Tatsache hin, daß es gerade die Maler sind, die für die langwelligen Rot-Gelb-Sorten die Bezeichnung als „warme Töne", für die kurzwelligen Blausorten die Bezeichnung als ;„kalte Töne" aufgebracht haben und instinktiv benutzen. Man darf es sich aber nicht so rationalistisch erklären, als ob es sich bloß um eine Vorstellungsassoziation handle: weil Sonnenlicht „golden" und zugleich unsere Hauptwärmequelle sei, darum verbänden wir mit jedem gelblichen Licht die Illusion der Wärme, und umgekehrt. Denn gerade das heißeste Sonnenlicht ist am weißesten, bis zur stumpfen oder blendenden Weiße, und je weniger Wärmkraft sie hat, desto gelber oder röter ist die Sonne! Vielleicht handelt es sich bei der Bevorzugung gelbgetönten Lichtes als Dauerumgebung um eine Instinktreaktion, die etwas objektiv Zweckmäßiges, ja Lebensnotwendiges betätigt, ohne daß wir bisher wissen, was eigentlich auf solche Weise von uns instinktiv geschützt oder verhütet wird.

Es besteht ferner auch fürs Licht ein Unterschiedsoptimum, diesmal zwischen Auge und Körper. Jeder erfährt das bei sehr blendendem Licht: dann müssen wir das Sehorgan davor schützen, während das übrige Gesicht unbedeckt bleiben kann, ja Sonnenbadende kommen oft dahinter, daß sie am besten nur mit einer lichtschirmenden Brille bekleidet ihrem Sport nachgehen. Andererseits nimmt das Auge tagaus tagein Lichtmengen hin, die, wenn wir ihnen den unbekleideten Gesamtkörper aussetzen wollten, überreizend wirken müßten, mindestens bei den hellhäutigen Rassen. Nur eine Haut mit viel stärkerem Farbstoffschutz ist solcher Dauerbelichtung gewachsen; darum konnten sich die Neger- und Melanesenvölker im Tropenklima am ehesten den Luxus der Nacktheit gestatten.

Endlich finden wir ein rhythmisches Optimum: der menschliche Organismus (und im Regelfalle wohl der tierische und pflanzliche Organismus überhaupt) gedeiht am sichersten, fühlt sich am wohlsten und leistet sein Höchstmaß bei einer periodischen Abwechselung verschiedener Lichtgrade und Lichtarten. Dafür sorgt schon der Wechsel von Tag und Nacht, heller und trüber Witterung, der Jahreszeiten; die Menschen (wie viele Tiere) helfen nach durch das Aufsuchen oder Herrichten von Strahlenschutz (Schatten, Gebüsche, Wald, Höhlen, Behausungen: Nester, Baue, Stöcke, Zelte, Wohnungen). Die subarktischen Lebenserfahrungen legen es nahe, daß langwährende Helligkeit ohne Dunkelpausen keineswegs nur günstig, das Umgekehrte aber durchaus lebensschädigend wirkt (s. Abs. 55/56). Der Mensch bleibt in dieser Hinsicht offenkundig naturgebunden; die ihm zugewiesene Erde ist seit jeher in ihren tropischen Gürteln, wo Tag und Nacht beinahe immergleich währen, dicht bevölkert gewesen, an den Polarkreisen aber endet praktisch ihre Bewohnbarkeit. Die irdische Ökumene ist durch ein dynamisches Gleichgewicht von „Clair-Obscur" bestimmt, und wahrscheinlich verändert es auch der Großstädter nicht ohne Einbuße an seiner Lebensfähigkeit durch seine immer unersättlichere, immer grellere technische Erleuchtung der Nächte.

Alle organischen Lichtwirkungen potenzieren sich im Ultraviolett und der radioaktiven Strahlung. Diese übt, ebenso wie die Röntgenstrahlen, auf die lebenden Gewebe tiefgreifende Umwandlungen aus, die großenteils, gewollt oder unwillkommen, Zerstörungen sind. Jenes heilt Rachitis, Lupus, erhöht die Blutzellen- und Blutfarbstoffbildung, beeinflußt aufs mannigfachste die Stoffwechselvorgänge und vermehrt sehr ausgiebig die Farbstoffbildung in der von ihm bestrahlten Haut. Es ist unwahrscheinlich, daß solcherlei möglich sein sollte, ohne daß die spezifische Psychophysis in Mitleidenschaft gezogen würde. In langdauernden Kuren so oder so bestrahlte Menschen haben seit jeher ausgesagt, daß sie große „Angegriffenheit" spürten. Es kann dies aber ebensowohl eine Folge der umwälzenden Reaktionen im Körper sein — auch jede Badekur nimmt ja den Organismus zuerst mit, gerade darin erweist sich seine Reaktion auf sie. Den empirischen Aussagen von einer elementar „verjüngenden" Wirkung z. B. radioaktiver Quellen ist mit größter Vorsicht zu begegnen; je nach der Zeitmode ist solch eine Kraft den verschiedensten Stoffen und Kräften in der Natur oder Technik zugeschrieben worden, großenteils ist sie suggestiver Herkunft, und was den einen Gastein bedeutet, das leistet den andern ein Rohkostsanatorium oder eine Seereise. Ultraviolett und Radioaktivität sind uns psycho physisch große Unbekannte.

Die Gewissenhaftigkeit, nicht unser Wissen, gebietet es, einiger weiterer Strahlungsarten Erwähnung zu tun, die möglicherweise an der Beeinflussung der Organismen beteiligt sein könnten.

Seit 1912 sind Strahlen von gewaltiger Härte (Durchdringungskraft, die z. B. meterdicke Bleiklötze durchschlägt) bekannt, die aus dem Weltall, vielleicht dem Milchstraßensystem herkommen und darum kosmische (oder durchdringende, sehr unzweckmäßig auch „Ultra"-)Strahlen genannt werden. Sie scheinen das organische Massenwachstum ungünstig zu beeinflussen, das sich im Körpergewicht ausdrückt; mehr ist über ihren Einfluß noch nicht ermittelt, sogar ihr physikalisches Wesen ist umstritten.

Keimende Pflanzen (die sich also in sehr energischer Zellvermehrung befinden) sollen zarte Strahlen aussenden, in deren Wirkungsumkreis andere Pflanzen in ihrer Wachstumsfähigkeit beeinflußt erscheinen. Bei der ausgebreiteten Fülle der Keimungsvorgänge, etwa besonders in der Frühlingsjahreszeit der gemäßigten Zonen, jahraus jahrein in den Tropen, wäre die organische Gesamtwirkung solcher Energien geradezu unabsehbar. Im einzelnen haben wir von „mitogenetischer" Strahlung (Mitostrahlen) aber noch keine zureichende Kenntnis.

Von den im Rundfunkwesen verwendeten Wellenformen, namentlich den Ultrakurzwellen, sind neuerdings vage Gesundheitsbeeinträchtigungen mitgeteilt, die sie ausüben sollen. Es handelt sich um Mattigkeitserscheinungen ähnlich den von der Schwüle her geschilderten. Weder die biologische noch die physikalische Zurechnung ist sichergestellt; träfen die Angaben zu, so hätte sich die öffentliche Gesundheitspflege und namentlich die psychische Hygiene mit dem Kurzwellensendewesen sehr achtsam zu befassen. Ähnlich steht es um die „Ultraschallwellen", d. h. um die für unser Gehör nicht mehr wahrnehmbare Wellenerregung in materiellen Gebilden über rund 20 000 Schwingungen in der Sekunde hinaus. Es scheint, daß von ihnen Steigerungen der peinlichen Empfindungen ausgehen, wie schon die höchsten Töne, die wir noch hören, sie in uns hervorrufen. Sie dürften mehr im Lärm unserer Städte und gewerblichen Unternehmungen als in der freien Natur vorkommen.

34. Luftdruck. Das Gewicht der auf uns lastenden Atmosphäre spüren wir unmittelbar sinnfällig nicht. Dafür gibt es einen ganz schlagenden Beleg: wir fühlen etwas „Lastendes" in der Luft, eine vom Wetter herrührende Bedrücktheit in uns, etwas „Schweres", Beklemmenden, in lauter Luftsituationen, in denen der Luftdruck abnimmt, bei barometrischen „Depressionen" (was hier eben Druckminderungen, gemäß der wörtlichen Übersetzung, heißt — während wir in der Psychologie den Begriff der „Depression" für einen Bedrückungszustand gebrauchen). Es ist aber möglich, daß es eine mittelbare Wahrnehmung von Luftdruckveränderungen seitens unserer Muskel-, Gelenk- und Organempfindungen gibt; sinkender Druck der Umluft, etwa im Hochgebirge (s. Abs. 61) lockert z. B. die Gelenkkapseln ähnlich den „Magdeburger Halbkugeln" im physikalischen Experiment, und damit kann sehr wohl ein Teil der Leichtigkeit und „Gelöstheit" zusammenhängen, die viele Menschen beim Hinaufkommen in die Berge namentlich im Steigen, Wandern, Springen verspüren (s. S. 97 f.). Dafür spricht die Schlaffheit, welche bei zu starker Außendruckverminderung in noch größeren Höhen einsetzt und die ersten Zeichen der „Bergkrankheit" ausmacht (s. S. 96 f.). Im übrigen besteht zwischen den Luftdruckwirkungen bei Wetterwechsel und bei Gebirgsaufenthalt ein unlösbarer Widerspruch: hier scheint dasselbe, nämlich Druckherabsetzung, das Gegenteil von dort zu bewirken. Schon dies läßt die Zweifelsfrage stellen, ob es sich überhaupt beide Male um Wirkungen des Luftdruckes handle.

Glücklicherweise stehen experimentelle Forschungen zur Verfügung, um die Zusammenhänge zu klären. Der Luftdruck ist ein verhältnismäßig leicht und sauber zu isolierender Zustand der Atmosphäre. Man kann ihn in sogenannten „pneumatischen Kammern" nach Willkür steigern und mindern und dabei jede beliebige Temperatur und Feuchtigkeit herstellen. Da zeigt sich nun, daß mäßige Luftdruckerhöhung (wie sie also bei Schönwetter zu herrschen pflegt) einen sehr angenehmen „euphorischen" Seelenzustand hervorruft, der in idealer Weise ein gewisses beruhigtes Behagen mit einem ausgesprochenen Leistungslustgefühl, einem Frischezustand verbindet. Bei Steigerungen, die wesentlich über die in der Freiluft möglichen hinausgehen, stellen sich dann zunehmende Störungen ein, wie sie aus Taucherapparaten längst bekannt sind: peinliche Beklemmungen auf der Brust, Klingen, Sausen und Sprengungsempfindungen im Ohr und ähnliches. (Die eigentliche Taucher- oder „Caissonkrankheit" rührt aber von der Umkehrung des physikalischen Zustandes, von unvermittelter Luftentdichtung her.) Diese beängstigenden Zeichen pflegen alle eigentlich psychischen Änderungen zu verdecken. Verringert man den Kammerdruck, so zeigt sich längere Zeit überhaupt keine eindeutige Wirkung. Die den durchschnittlichen Gebirgshöhen entsprechenden Luftdrucksenkungen verlaufen in der Druckkammer symptomlos. Erst bei Druckverminderungen um etwa eine Drittel-Atmosphäre, also auf rund 500 mm Barometerstand, stellen sich psychophysische Folgen ein, die als reine Lähmung, als durchgängige Herabsetzung der Leistungslust und Leistungsfähigkeit in Erscheinung treten. Es sind das bezeichnenderweise diejenigen Luftverdünnungen, die einer Berghöhenlage von über 3000 m entsprechen, in der ja, mit wachsender Wahrscheinlichkeit, den Hinaufsteigenden ein Zustand befällt, der als „Bergkrankheit" bekannt ist. Des Körpers und des Willens bemächtigt sich eine rasch zunehmende Erschlaffung; es ist einfach unmöglich, weiterzugehen, der Bergkranke setzt oder legt sich hin; nach einigen Minuten der Rast fühlt er sich überraschend erholt, er steigt wieder mit frischem Mut und frischen Kräften, aber nach kurzem und immer kürzerem wiederholt sich der (fast an die Erfriervorboten gemahnende) überwältigende Versagezustand von neuem. Schließlich kann es zu Benommenheit und Bewußtlosigkeit kommen; die Gefahr des Erfriertodes eines bergkrank Gewordenen rückt dann (z. B. durch Schneesturm oder überhaupt Höhenkälte) in die Nähe. Zugemischte Erregungszeichen sind wohl, und noch mehr im Luftballon und Flugzeug, der aufspringenden Angst auf die Rechnung zu setzen, das reine Luftdünnewirkungsbild scheint die ausgeprägte psychophysische Ermattung zu sein.

An die Bergkrankheit knüpften die ersten Theorien der Luftdünnewirkungen an. Heute hat sich überwiegend die Erklärung aus dem Sauerstoffmangel des Organismus durchgesetzt. Von dorther leitete nun ein Forscher wie Loewy (Davos) die wichtigsten Wirkungen der Höhenklimate überhaupt ab. Nach seiner Lehre ist das an sich noch hinreichend mit Sauerstoff beladene Schlagaderblut infolge der niedrigen Druckspannung der Gesamtluft und damit auch ihrer gasigen Einzelbestandteile nicht mehr fähig, seinen Sauerstoff in zureichenden Quanten den Geweben und Organen des Körpers zuzupressen, und hieraus ergeben sich die mannigfachsten biochemischen Veränderungen, eben aus verzögerter und verminderter Oxydation. Als Beweis dafür nimmt er den Befund, daß alle wesentlichen biophysikalischen und biochemischen Wirkungen der Höhenluft, also die Vermehrung der Atemzügezahl in der Minute, der Einatmungstiefe, der Rotzellenzahl im Blut und des Blutrotfarbstoffgehaltes, die Steigerung von Blutdruck und Gaswechsel — nach künstlicher Sauerstoffeinatmung sofort wieder verschwinden. Für die mittleren, praktisch der Erholung dienenden Höhen folgt aber die Forschung dieser Deutung keineswegs einheitlich — davon werden wir beim Höhenklima noch hören (s. Abs. 64).

Wenn nun Luftdruckherabsetzungen von weniger als einer Viertelatmosphäre in der pneumatischen Kammer gar keine psychophysischen Veränderungen erzeugen, wenn derselbe Druckfall, der bei Wetterwechsel und bei einer mäßigen Höhenüberwindung eintritt, dort und hier geradezu entgegengesetzte psychophysische Wirkungen hervorruft, nämlich hier Erleichterungsgefühle und Tätigkeitssteigerung, dort Bedrückungszustände und Leistungsverschlechterung: so ergibt sich aus alledem, daß offenbar der Luftdruck in allen diesen Fällen gar nicht die Ursache der psychophysischen Veränderung ist. Nur bei sehr hohem Freiluftdruck (wie ungewöhnlich vollkommene und dauerhafte Schönwetterlagen ihn manchmal mit sich bringen) und bei sehr niedrigem Luftdruck (wie er in extremen Höhenlagen herrscht) zeigen sich die oben beschriebenen Folgen. An dem, was dazwischen liegt, sind andere Faktoren als der Luftdruck mindestens entscheidend mitbeteiligt.

Dafür spricht überdies die unleugbare Erfahrung, daß sogar die Bergkrankheit nicht mechanisch mit bestimmten Höhen und Luftdruckwerten eintritt, sondern (abgesehen von den aus Konstitution, Individualität und vorausgegangener Anstrengung gegebenen Bedingungen) an gewissen Stellen der Erde und der einzelnen Gebirge mit besonderer Vorliebe. Nicht einmal der Tatbestand ist topographisch eindeutig geklärt, aber daß es kein Gebirge der Erde gibt, in dem nicht solche bergkrankmachende Örtlichkeiten bekannt und gefürchtet sind, das weist darauf hin, es möchten hier noch andere Faktoren sich ins Spiel mischen, die den Ausbruch der Bergkrankheit begünstigen. Dies können Windverhältnisse, Kälte, aber auch (radioaktive) Bodenstrahlungen oder Ausströmungen (Emanation) sein, von deren Kenntnis wir noch weit entfernt sind.

Zeigt schon ein Zimmerbarometer unaufhörliches Sichändern des Luftdruckes, der, äußerst langsam, dem Stundenzeiger einer Taschenuhr ähnlich, aber nach Stunden eben doch immer feststellbar, steigt oder fällt, so macht sich zeitweilig noch eine andere Form der Luftdruckänderung geltend, bei welcher der Druckwert innerhalb einer mäßigen Änderungsbreite in größter Geschwindigkeit hin und her schwingt — „oszilliert". Unsere gewöhnlichen Barometer sind allerdings nicht darauf eingerichtet, diese Unruhe des Luftdruckes anzuzeigen; es bedarf dazu eines besonderen Instrumentes, des „Variographen". Sie tritt vor und bei jähen Wetterstürzen, bei nahendem Föhn und Schirokko, vor Unwettern und riesigen Schneestürmen auf, hängt offenbar mit den „Luftkörperfronten" (s. u. Abs. 41) eng zusammen und wird von manchen Forschern für die Erklärung der Mißbefindenszustände mit herangezogen, die wir für jene Wetterformen kennengelernt haben. Eine experimentelle Bestätigung solcher Einwirkung von Luftdruckunruhe auf Befinden und Leistungsfähigkeit ist bisher nicht vorhanden; es handelt sich bei der Zurechnung der psychophysischen Wetterwirkungen an die Luftdruckoszillationen um eine (vorläufig) reine Erschließungshypothese (vgl. Abs. 40 ff.).

35. Luftelektrizität. Wir werden sehen (Abs. 42), daß recht Wesentliches für eine entscheidende Bedeutung der Luftelektrizität in der leibseelischen Wettereinwirkung spricht. Leider ist unser Einzelwissen gerade in diesem Punkte so unzulänglich, wie die Schlußfolgerungen zwingend sind.

Zwei Tatbestände müssen auseinandergehalten werden, obwohl sie physikalisch in einer Art umkehrender (reziproker) Wechselbeziehung zueinander stehen: die Zerstreuung und das Spannungsgefälle (Potentialgefälle).

Die atmosphärische Elektrizitätszerstreuung beruht auf den kleinsten Ladungsträgern, Ionen genannt, deren es in der Freiluft zwei Hauptsorten gibt: die leichten Gas-Ionen, das sind Luftmoleküle, und die schweren Ionen, das sind Staubteilchen oder feinste Wassertröpfchen. Die Ladung kann bei beiden Sorten positiv wie negativ sein, durchschnittlich ist die Zahl der positiven Ladungsträger jener der negativen etwa gleich, besondere Wetterlagen, wie Gewitter und Föhn, verschieben dieses Verhältnis. In Großstädten ist die Zahl der schweren Ionen viel größer als auf dem Lande oder gar im Hochgebirge. Die leichten Ionen sind die Hauptträger der elektrischen Leitfähigkeit oder Zerstreuung der Luft. Neuerdings werden weitere, mittelschwere Ionensorten zu wissenschaftlichen Zwecken noch besonders unterschieden.

Die Ladungsträger wandern ohne Unterlaß, die leichten sehr schnell, die schweren mit hundertfach, ja vieltausendfach geringerer Geschwindigkeit, besonders unter dem Einfluß des elektrischen Feldes der Erde. Dies trägt nämlich gegenüber der Atmosphäre eine negative Aufladung. Und dadurch entsteht zwischen Erdoberfläche und der in der Luft verteilten positiven Teilladung der letzteren eine beständige Spannung mit einem sehr wechselnden Spannungsgefälle. Wie sich die auf dem Erdboden befindlichen Gegenstände (und Lebewesen) dazu verhalten, hängt naturgemäß von ihrer elektrischen Leitfähigkeit ab: schlechte Leiter, die auf der Erde stehen (oder in ihr befestigt sind) und in die Luft aufragen, werden zwischen Fuß und Spitze hohe Spannungsunterschiede aufweisen, gute nicht. Der menschliche Körper zählt zu den guten Leitern, aber nicht entfernt ist unsere Einsicht in diese Dinge so weit, daß uns dies berechtigte, wesentliche Spannungsunterschiede zwischen Kopf und Sohle abzuleugnen. Allein schon die Tatsache, daß der Blitzschlag unter 100 Bäumen fast 50mal Nadelhölzer, 20mal Eichen, aber nur 3mal Buchen heimsucht, zeigt uns ungeklärte organische Besonderheiten gegenüber den luftelektrostatischen Spannungen, die mit elementaren Verallgemeinerungen aus Lehrbuchsätzen nicht zu erledigen sind. Die von Dorno schon in seiner ersten bahnbrechenden Arbeit erwähnte Erfahrung, daß bei Föhn (und Gewitterluft) flaches Hinlegen, aber auch Befeuchtung von Händen und Antlitz Erleichterung des Mißbefindens bringt, weist ebenfalls darauf hin, daß hierbei Gefälleverminderungen und Ableitungen (wie beim Anhauchen von geriebenem Glas oder Siegellack) im Spiele sein mögen. Nehmen wir hinzu, daß zahlreiche (gern sich selber als „elektrische Menschen" bezeichnende) Personen in gewissen Luftsituationen, namentlich im Hochgebirge, zwischen ihrer Hautoberfläche und allen möglichen Dingen, guten wie schlechten Leitern, z. B. metallenen Treppengeländern, aber auch eigenen Wäschestücken (namentlich wollenen und seidenen) Knister- und Fünkchenentladungen herbeizuführen vermögen, und daß eine alte Volksmeinung gegen „Wetterschmerzen" (in Narben, entzündet gewesenen oder rheumatisch anfälligen Gelenken usw.) Einpackungen in Katzenfelle und derlei empfiehlt — so haben wir eine Auswahl von Erfahrungen mit der Luftelektrizität hinsichtlich ihrer organischen Einwirkungen beieinander, die vorerst jeder Verbringung auf einen erklärenden Generalnenner spotten.

Daran haben auch die Experimente nichts gebessert, welche vor zwei Jahrzehnten Dessauer und seine Mitarbeiter am Frankfurter Institut für die physikalischen Grundlagen der Medizin über die medizinischen Einwirkungen künstlich ionisierter, und zwar ausschließlich positiv oder negativ geladener Atemluft unternommen haben. Es schien bei diesen (recht umstrittenen) Versuchen das Überraschende herauszukommen, daß gerade die künstlich mit nur negativen Ionen ausgestattete Luft Wohlbefinden und Besserung verschiedener Beschwerden hervorrief, künstlich ausschließlich positive ionisierte Luft aber das Gegenteil. Nun ist es in der Wetterwirklichkeit ungefähr umgekehrt: da besteht bei der verhältnismäßig einheitlichen positiven Ladung der Atmosphäre gegen die Erde das größte Wohlbefinden („Schönwetter-Elektrizität" heißt geradezu jener atmosphärische Zustand), während die psychophysischen Störungen um so mehr einsetzen, je unberechenbarer die Wechselhaftigkeit der Ladungen innerhalb der Atmosphäre und zwischen ihr und Erdbodenstücken wird. Möglicherweise wäre an eine „elektrische Unruhe" in ähnlichem Sinne zu denken, wie wir vorhin (Abs. 34) von einer barometrischen Unruhe hörten. Ob eine solche Feldunruhe entsprechend jener Luftdruckunruhe als der den Organismus recht eigentlich angreifende luftelektrische Tatbestand anzusprechen sei, kann nur geduldig forschende Weiterarbeit erweisen.

Wenn ich nicht irre, aus technischen Kreisen der Schweiz, ist vor einiger Zeit für das zungenbrecherische Wort Elektrizität (das sprachlich einen argen gräkolatinisierenden Wechselbalg, electricitas, darstellt) die kurze, schlichte und schöne Verdeutschung „Bern" in Vorschlag gebracht worden. Das wäre auch die wörtliche Übersetzung des Fremdwortes — elektron heißt im Griechischen der Bernstein, nach dem (weil bei seiner Reibung entstehend) die neue Kraft zuerst benannt worden ist. Zu Licht, Schall, Wärme, Fall, Stoß u. a. physikalischen Grundbezeichnungen gäbe Bern eine gute Analogie. Leider hat der Versuch, ihn auch in unsere Gegenstandsbehandlung einzubürgern, anläßlich der vierten Auflage dieses Buches wenig Gegenliebe, auf naturforschender Seite sogar z. T. sonderbar erregten Widerspruch gefunden. Daß in Deutschland, wie gewöhnlich, Narren auftauchen, die den verständigen schweizerischen Gedanken durch geschmacklose Überbietung diskreditierten (z. B. die elektrische Lokomotive, den Triebwagen, in einen „Bernzieh" umtaufen wollten), kann ja die Vernunft der ursprünglichen Anregung nicht treffen. Aber wir versteifen uns nicht darauf, eine sehr glückliche Verdeutschung durchzusetzen, für die offenbar die Zeit noch nicht reif ist—, obwohl wir uns in Deutschland „Sprachreinigungen" amtlicher Anordnung haben gefallen lassen, die von dem Klang- und Sinnwert der Bernkraft weit entfernt waren. Wer lieber „Elektrizitätszentrale" sagt, statt Bernkraftwerk, mit dem ist im Grunde sprachästhetisch nicht zu rechten. Und da das verflossene Halbjahrhundert in der Physik uns eine Reihe neuer Bezeichnungen beschert hat, für die es keinerlei Eindeutschungen gibt — Radioaktivität, Ultraviolett, Positronen u. dergl. m. (von neuen Wechselbälgen wie dem „Ultraschall" nachsichtig zu schweigen), so werden wir uns ja auch mit der alten Elektrizität (samt dem Magnetismus) weiterbehelfen dürfen, auch wenn ein treffliches muttersprachliches Wort dafür zur Verfügung wäre. Vielleicht verhilft eines Tages doch noch die praktische Vernunft dem sprachlich Vernünftigen zum Siege!

II. Wetterempfindlichkeit und Wetterfühligkeit.

36. Das Spüren des Wetters. Die Einwirkungen des Wetters treffen keineswegs alle Menschen gleichartig, mindestens werden sich ihrer nicht alle gleichartig bewußt. Besonders frisches Wetter freilich hat jeder einmal als etwas Herrliches, die Stimmung und die Leistung Hebendes erfahren. Auf die ermattenden Formen reagieren selbst Personen des gleichen Lebenskreises, Lebensalters, gleicher Rasse oder Familie ganz verschieden. Es gibt eine Sorte Menschen, denen es das Wetter sozusagen niemals recht machen kann, sie leiden unter jedem, der Sommer ist ihnen zu heiß und der Frühling zu wetterwendisch, der Winter zu rauh und der Herbst zu schwermütig, Regen stimmt sie trübselig und Sonnenschein spannt sie ab, Gebirgsluft greift sie an, an der See bekommen sie Kopfweh oder Nervenschmerzen, die hellen Nordlandssommernächte stören ihnen den Schlummer und die Mittelmeerküste kommt ihnen erschlaffend vor. Es sind Neuropathen, Überreizsame, denen es gewöhnlich den sonstigen Lebenszumutungen gegenüber nicht anders ergeht, sie sind im Beruf ewig überanstrengt, in der Freizeit werden sie hypochondrisch, Zerstreuungen büßen sie, aber wenn sie ruhig leben, fangen sie Grillen, sie taugen zur Ehe im Grunde so wenig wie zur Einsamkeit: als problematische Naturen hat Goethe sie charakterisiert. Ihnen stehen viele gegenüber, die von geopsychischen Erscheinungen bei sich überhaupt nichts zu merken behaupten. Das Wetter existiert für sie nur, soweit es ihre Unternehmungen begünstigt oder stört, alles andere halten sie für „Einbildung", gewöhnlich ist ihnen auch die Landschaft gleichgültig, die Natur sagt ihnen nichts, allenfalls fesselt sie durch den Reiz der Neuheit eine unbekannte, bizarre, exotische Szenerie.

Zwischen diesen beiden Extremen steht die Masse jener, bei denen wir alle Schattierungen vom gelegentlichen Ergriffensein durch eine besonders üble oder herrliche Wetterlage bis zur zartesten Sensitivität allen Wetterschwankungen gegenüber feststellen. Diese letzteren sind die echten Wetterfühligen Sie unterscheiden sich von den oben geschilderten „Wetterquerulanten" durchaus dadurch, daß sie für günstige Wetterlagen positiv höchst empfänglich sind, ebenso empfindsam freilich gegen jede leise Gunstminderung, welche die Witterung erfährt. Es sind die „wandelnden Barometer", die eigentlichen „Wettermenschen", und allerdings kann ihre Wetterfühligkeit durch Selbstabhärtung ebenso in Schranken gehalten wie durch Selbstbeobachtung allmählich immer ärger gesteigert werden. Es führt auch die Einsicht, daß die Änderungen des Befindens mit meteorischen Tatbeständen zusammenhängen, gelegentlich ebensowohl dazu, die Wirkungen nicht so sehr zu beachten (indem hypochondrische Grillen beseitigt werden, z. B. das Grübeln nach vermeintlichen im Anzuge befindlichen Krankheiten, von denen die Befindensstörung herrühren könnte), wie umgekehrt, nun auf die leisesten Wetterschwankungen aufzupassen und sich unter Umständen entsprechende Befindensänderungen geradezu einzureden. Die Fühlsamkeitsverfeinerung züchtet dann das Wetterfühlen immer ausgesprochener zum Wetter v o r fühlen auf. Das heißt, solche Menschen reagieren schon auf Voranzeichen eines Wetterwechsels, den noch nicht einmal die üblichen Instrumente verzeichnen, also etwa stundenlang vor den ersten Luftdrucksenkungen oder Windrosendrehungen; nur ein Überblick der europäischen Wetterkarte würde mit ähnlicher Gewißheit eine bevorstehende Wetteränderung prognostizieren können. Es scheint, daß manche Tiere in dieser Richtung von vornherein ausgesprochen v o r f ü h l i g sind, und auch Menschen sind es zuweilen. Es spricht nichts dafür, daß hierbei eine grundsätzlich andere Reaktionsweise vorliege, als beim schlichten Verspüren gegenwärtig ungünstigen Wetters; Gewitter und Föhn zeigen uns ja überhaupt, daß die Wetterfühlung bei ihnen am Eingang, oft vor dem eigentlichen Ausbruch liegt, in der Vorbotenphase; die Wettervorfühligen sind eben nur auf schon sehr zarte Vorboten eingestellt, und sie können das von Haus aus oder durch Züchtung ihres Spürvermögens sein.

Unter den so organisierten Naturellen findet man eine recht große Zahl von Neurotikern aller Art, von Menschen, die überhaupt alles Mögliche „schwernehmen", Stimmungsperiodikern, Depressiven usw. Zu ihnen gesellen sich die Träger gewisser physischer „Nervenleiden", vorzüglich Migräneleidende, Epileptische, Neuralgische; mit den Letztgenannten betreten wir schon eine besondere Domäne der Wetterfühligkeit, das ist die pathologische Provinz der an Muskel- und Nervenschmerzen Kränkelnden, der Rheumatischen, Arthritischen und aller Narbenträger, die ja geradezu als „wandelnde Barometer" bekannt zu sein pflegen. Ihr Wetterfühlzeichen ist der örtliche Schmerz in allen Sorten und Stärken, vom leisen „verdächtigen" Ziehen und Jucken bis zum tobenden „Reißen" oder jener nicht einmal so intensiven wie mehr qualvollen Form des Müdigkeitsschmerzes, bei dem wir kaum noch wissen, wie wir das heimgesuchte Glied halten oder lagern sollen. Es wäre zweckmäßig, diese rein sensorische und lokale Wetterreaktivität, bei der namhaftere Beeinträchtigungen des Allgemeinbefindens, der Lebensstimmung oder Berufsleistung oft gar nicht vorhanden sind, während die örtlichen Beschwerden überaus charakteristisch zu sein pflegen, durch die Sonderbezeichnung der „W e t t e r - e m p f i n d l i c h k e i t" aus der Gattung der W e t t e r f ü h l i g k e i t herauszuheben. Diese Bezeichnungsweise entspräche auch dem Wortgebrauch der Psychophysiologie, die ja die einfachsten örtlichen Sinneswahrnehmungen als „Empfindungen" von der die Gesamtpersönlichkeit erfassenden Allgemeinreaktion des „Gefühls" und „Fühlens" unterscheidet. Es bestärkt mich in diesem Vorschlag, den ich auf der 1. Frankfurter Konferenz für medizinisch-naturwissenschaftliche Zusammenarbeit gemacht habe, daß eine Autorität von der Sachkunde und Wortvorsicht de Rudder's ihn als „sehr zweckmäßig" in seine „Meteorobiologie" übernommen hat. Sodann vermögen alle Erkrankungen überhaupt, die unsere Leistungsfähigkeit herabsetzen und unser Befinden verschlechtern (und das sind ja tatsächlich alle!) auch die Wetterreaktion zu steigern; bei den akuten Erkrankungen achten wir darauf meistens nicht, weil hohes Fieber oder Schmerzen oder Benommenheit vorwiegen, aber chronische Leiden, z. B. Herzstörungen, Lungenaffektionen, Arteriosklerosen machen oft gegen sehr leise Wetterverschlechterungen überempfindlich, Föhn und Schirokko können dabei die Schmerzen oder die Atemnot bis zur Qual steigern — und namentlich sind es noch unerkannte, verborgene Krankheiten, zu deren ersten befremdenden Anzeichen eine vorher ungekannte Wetterfühligkeit gehören kann: bösartige Geschwülste, Lungenspitzenkatarrhe, Kieferhöhleneiterungen, versteckte Abszesse. Ein nämliches finden wir bei Frischoperierten und bei Rekonvaleszenten aller Art, ja hier vermag eine einmalige Sensibilisierung für eine vorher nie sonderlich beachtete Wetterform (Föhn!) für Jahre oder zeitlebens die Fühligkeit dafür einzupflanzen. Endlich können leichte Verwachsungen nach Bauchoperationen für lange Zeit erhebliche Reaktionen auf Wetteränderungen setzen, die in dunklen, oft schwer zu beschreibenden, beklemmenden Zuständen sich kundgeben, wie sie von Aufblähung oder Trägheit oder Erregung des Darmsystems und vorzüglich den damit gesetzten Besonderheiten des Zwerchfellstandes auszugehen pflegen.

Es wäre aber ein großer Irrtum, daraus zu folgern, daß die Wetterempfindlichkeit, -fühligkeit und -vorfühligkeit überhaupt weiter nichts als eine auf der Grenze zum Pathologischen hin stehende Überempfindlichkeit eines im Grunde anormalen oder eines krankhaft zerrütteten Organismus sei. Gerade Untersuchungen der jüngsten Zeit über die Föhnwirkung, angestellt an dem klassischen Föhnschauplatze Innsbruck, der Geburtsstätte der wissenschaftlichen Föhnforschung, haben die wenn auch schwache Mitergriffenheit sehr robuster, jugendlicher, sporttrainierter Menschen durch Föhnlagen aufgedeckt. Die erhöhte Ansprechbarkeit des Organismus auf eine bestimmte Reizgruppe ist noch lange nicht „pathologisch", wenn man mit diesem Begriff nicht ins Uferlose und Willkürliche geraten soll. Sie ist vielmehr das Kennzeichen einer bestimmten Konstitution, der man für unsern Fall den Namen der geobiotischen geben könnte und die allerdings in extremen Ausartungen zur geopathischen werden kann. Ob diese Konstitution eine solche für sich darstellt, oder ob sie eine Teilerscheinung bestimmter Konstitutionstypen ist, wie die neuere Medizin solche zu unterscheiden und umgrenzen bemüht war (also des „arthritischen" oder des „zyklischen" oder „vegetativen" Naturells), das ist noch unermittelt (s. a. u. Abs. 50). Dieses ganze Fragengebiet ist zwar an sich ehrwürdigen Alters und steht gleichsam am Eingang der wissenschaftlichen Menschen- und Krankenkunde überhaupt, denn die hippokratische Medizin, ein Halbjahrtausend vor unserer Zeitrechnung, kreiste geradezu um das Konstitutionsproblem, aber seit zwei Menschenaltern ist es in den Lichtkegel ganz neuer Kenntnisse und Anschauungsweisen getreten, so daß es wiederum ein sehr junges Erkenntnisgebiet vorstellt. Die recht sorgfältige Aufhellung durch geomedizinische Forschungen wird seiner Fortentwicklung wichtige Dienste leisten können. Wahrscheinlich werden sich dabei auch andere bedeutungsvolle „Korrelationen" ergeben: wer eine Geopsyche hat, bei dem, heißt das, wird sich auch sonst manches anders verhalten, als bei Menschen, die keine haben. Dem (o. S. 11 u. 16) von den Tieren Gesagten ist hier nichts mehr hinzuzufügen.

37. Empirische Unterscheidungen. Rein aus der Erfahrung her sondern sich die geobiotischen Erscheinungen einmal in körperliche und seelische, zum andern in subjektive und objektive. Man darf wohl sagen, daß die seelisch und subjektiv betonten dem überhaupt sensitiveren, fühlsameren Menschentyp angehören. Der robustere spürt entweder gar nichts, aber experimentelle Untersuchungen decken auf, daß auch er, ohne es zu merken, von Wetterlagen (oder Jahreszeiten: s. u. Abs. 82 u. 86f.) beeinflußt wird, indem sich seine Leistung verändert. Wieder ein anderer (eben der „empfindliche") reagiert wesentlich mit Körperwahrnehmungen wie Ziehen und Reißen in Narben oder Gelenken, Kopfdruck, Mißempfindungen (Jukken, Kribbeln, Taubheitsgefühl) in einzelnen Gliedern. Solche physiopsychischen Anzeichen können recht heftig sein, während die rein psychischen noch fehlen oder ganz ausbleiben. Diese erscheinen am allermerklichsten als Stimmungsveränderungen und erstrecken sich von daher auf die gesamte Willenssphäre, in der sie als Unaufgelegtheit, Unwilligkeit zur Leistung auftreten und darum diejenigen Tätigkeiten am stärksten in Mitleidenschaft ziehen, denen besondere Anspannungen des Wollens, der Einstellung, der Zielsetzung, der „Aufgabe" zugrunde liegen, also die im strengeren Sinne „geistige Arbeit", wie Denken, Nachdenken, Rechnen, Aufpassen, Gestalten, Kritik, Umformung, Ausarbeitung. Im Gegensatz hierzu können mehr triebhafte, sich selber überlassene Leistungsformen ungestört, ja vielleicht manchmal begünstigt sein, z. B. Einfälle, das freiströmende Phantasieren, unerwartete Eingebungen und Improvisationen. Es stimmt dazu, daß diese geistigen Funktionsweisen den an konsequente, angespannte und nüchterne Arbeit gewöhnten nordländischen Menschen am Südländer zu überraschen pflegen, der viel stärker unter der Herrschaft der ermattenden Wetterformen steht; Lombroso hat ein Maximum produktiver Einfälle für den Monat Mai behauptet, also für eine, wie wir sehen werden (Abs. 87/88), durch Schwächung der intellektuellen Spannungsfunktionen und Verstärkung der Triebseite des Seelenlebens besonders gekennzeichnete Jahreszeit — und ich selber habe vor langem einmal den geistigen Wirkungsunterschied zwischen dem frischen ostdeutschen und dem matten („weichen") oberrheinischen Klima für mich persönlich in die Formel gefaßt, daß ich zwar in Greifswald mehr gearbeitet hätte, mir aber in Heidelberg mehr einfalle. Wir wissen aus der Geniekunde, daß „Einfälle" besonders gern in geistig entspannten Situationen sich einstellen, z. B. frühmorgens beim Erwachen, und geradezu klassisch hat das Helmholtz für sich bezeugt, der unverdächtig ist, die denkstrenge Durcharbeitung der Erkenntnisfragen jemals vernachlässigt zu haben.

38. Psychophysische Einzelreaktion. Ob man sich von leibseelischen Wetterwirkungen durch gewissenhafte Selbstbeobachtung oder durch Befragen anderer oder mit Hilfe des Experiments ein Bild zu machen versucht, bei jedem Verfahren ist es notwendig, auf möglichst umschriebene, eindeutig bestimmte Veränderungen abzuheben und sich niemals mit allgemeinen Aussagen (wie: „ich spüre Wetterverschlechterung" — „ich habe das Erdbeben schon stundenlang vorher in den Gliedern gehabt" — „ich bin tagelang vor Föhnausbruch schon ganz ab" u. dgl.) zufriedenzugeben. Auch Umfragen (Enquêten), die ein Steckenpferd der amerikanischen Psychologie sind, müssen eine womöglich nicht zu große Anzahl höchst präzis geformter Fragestellungen auf bestimmte Einzelheiten hin ausrichten. Es ist z. B auch unerläßlich, zu ermitteln, welche Seiten der beruflichen Tätigkeit unter dem Wetter leiden (oder davon profitieren).

Seit der ersten bahnbrechenden Experimentaluntersuchung, die vor einem Menschenalter durch Lehmann und Pedersen über den Zusammenhang zwischen Wetter und Arbeit angestellt wurde (s. o. Abs. 27), haben alle solchen Bemühungen die in der experimentellen Seelenkunde üblichen Leistungsformen herangezogen: einfachste Rechenaufgaben (etwa fortlaufendes Addieren einstelliger Ziffern), Auswendiglernen von Wörtern oder Silben, sehr präzise und ganz elementare Muskeltätigkeiten, wie das Zusammenpressen des Dynamometers, die Gewichtshebungen am Ergographen, die sogenannten Reaktionszeiten. Die Ergebnisse sind recht verschieden ausgefallen. Beweisend sind sie nur, wenn sie sich über längere Zeiten erstrecken oder in ähnlichen Wetterlagen an den gleichen und an neuen Versuchspersonen wiederholt werden. Denn sonst sind die normalen Befindens- und Leistungsschwankungen, wie die Unregelmäßigkeiten der Lebensführung, Zufälligkeiten und persönliche oder konstitutionelle Eigenperiodiken (vgl. S. 130 u. 134 o.) sie mit sich bringen, sehr schwer auszuscheiden. Noch so elegante Methoden der mathematischen Statistik vermögen hierüber vielleicht denjenigen hinwegzutäuschen, der sie handhabt, aber gegenüber so massiv empirischen Fragestellungen, wie die Wetterwirkung auf unser Seelenleben eine ist, bringt jede verwickelte Mathematisierung, bringt zumal alle rechnerische und (in Kurven) graphische Ausgleichsmethodik die Gefahr mit sich, daß sich in ihren Künsten die schlichte Wirklichkeit völlig verflüchtigt. Alles Rechnen setzt voraus, daß die dabei verwendeten Einheiten wirklich gleich und vertauschbar sind, aber empirisch ist davon wie oft keine Rede: es hat Jahrzehnte gedauert, bis die Klimatologie zu der Einsicht kam, daß Tagesmittel, Monatsmittel, Jahresmittel der Temperatur über den wirklichen Klimacharakter einer Örtlichkeit gar nichts aussagen, der bei gleichen Mittelwerten (z. B. + 6°) gänzlich andersartig sein kann.

Psychologisches Experimentieren, wie jedes, setzt eine gewisse Findigkeit in der Wahl und dem Ausdenken von Verfahrungsweisen voraus, und dieser Gabe sind keine Schranken gezogen: geopsychologische Untersuchungen mit ganz neuen Methoden würden nur willkommen sein. Es ist nicht viel von ihnen zu merken; im wesentlichen bewegen sich die experimentellen Veranstaltungen seit über dreißig Jahren im selben Geleise, und von den Umfragen gilt dasselbe. Trotzdem sind recht viele bestätigende, abändernde oder ergänzende Untersuchungen im bisherigen Fragen- und Gesichtspunkte-Rahmen keineswegs überflüssig, sondern in weit größerem Umfange erwünscht, als wir sie besitzen.

Eines Gesichtspunktes von grundlegender Wichtigkeit muß aber gedacht werden. Das ist die Unterscheidung von statischen und dynamischen Störungen, die gerade im Psychophysischen eine wesentliche Bedeutung hat. Wir wissen alle, daß uns auch in sehr ermüdetem Zustand bei gehöriger Willensanspannung oder durch Augenblicksantrieb (freudige Überraschung, scharfer Befehl, Musik) noch vollbürtige Momentanleistungen möglich sind. So vermag ein interessanter Gegenstand oder Lehrer auch eine hitzematte Klasse auf kurze Weile zur Normalleistung zusammenzureißen. Nach solcher statischen Hochspannung pflegt die Abspannungsreaktion, die ihr folgt, desto ausgeprägter zu sein — so daß die Schulgesundheitspflege sich gelegentlich bis zu dem Absurdum verstiegen hat, der packende Lehrer sei der eigentlich überbürdende, weil er die Kinder ihr normales Müdigkeitssignal überhören lasse. Kurzum, von der statischen Augenblicksleistung ist die Dynamik der Leistung zu trennen, die sich gemäß der in der Arbeitskunde üblich gewordenen Hauptunterscheidung in den Vorgängen der Übung und Ermüdung ausdrückt. Die Übung besteht darin, daß jede Leistung im Laufe ihres Getanwerdens wächst, dadurch, daß sie getan wird; und die Ermüdung besteht umgekehrt darin, daß jede Leistung im Laufe ihres Getanwerdens abnimmt, dadurch, daß sie getan wird. Diese anscheinende Unvereinbarkeit gewinnt Wirklichkeit in dem eigentümlichen (und tiefste Einblicke in das organische Walten eröffnenden) Spiel zwischen Steigen und Fallen einer Leistung im Laufe ihres Getanwerdens und bei ihrer Wiederholung — das eben die „Dynamik" der Leistung darstellt. Eine ebensolche Dynamik zeigt aber auch das Befinden: auch da liegt es, wie uns ja allen geläufig ist, so, daß wir das Augenblicksbefinden, zu dem wir uns aufraffen können oder zu dem wir emporgerissen werden, unterscheiden müssen von dem Befindens gang, der über den Augenblick hinaus sich dann doch durchsetzt.

Alle Anzeichen und auch Ergebnisse weisen darauf hin, daß der Wettereinfluß sich in ganz besonderem Maße auf die dynamische Seite des psychophysischen Befindens und Leistens erstreckt. Die ermattenden Wetterformen steigern die Ermüdbarkeit, d. h. die Ermüdung, die Leistungsabnahme, tritt früher auf und schreitet rascher und zu höheren Graden voran, als bei frischem Wetter, wo sie umgekehrt verzögert sein kann („unverwüstlich"). Ebenso vermag Ablenkung, ein Scherz oder was es sei, uns auch bei Föhnverstimmung für den Augenblick zu erheitern, aber alle ermattenden Witterungen erschweren oder verwehren es uns, auf die Dauer jene blühende Stimmung und Aufgelegtheit aufrechtzuerhalten, die ein frisches Wetter in uns erzeugt. Auch kann der Versuch, uns aufzuheitern, geradezu das Gegenteil, etwa unwirsche Reaktion, Verdrossenheit, Ärger erwecken — kurzum auch da ist die Dynamik unserer Gemütsverfassung vor allem betroffen. Es ist wichtig, dies sich zu vergegenwärtigen, denn praktische Anforderungen (in der Schule, beim Militär: z. B. an heißen oder föhnigen oder schirokkalen Tagen) sollten darauf Rücksicht nehmen: hohe Augenblickszumutungen, wenn sie nottun, sind möglich und verantwortbar, nicht aber normale Dauerzumutungen. Sofern wir uns selber überlassen sind, ist in solchen Wetterlagen die normale Leistung nur mit einem erhöhten Aufwand an Willensanspannung erzielbar — und auch eine halbwegs normale Gemütslage nur mit einem erhöhten Aufwand an Selbstbeherrschung: bei Föhn und Schirokko eine äußerst wichtige Lebensregel! Auch alle wissenschaftlichen Inangriffnahmen müssen lückenhafte oder schiefe Ergebnisse zutage fördern, wenn sie sich nur auf statische Prüfungen der psychophysischen Funktionen einstellen.

Mit dieser Unterscheidung von statisch und dynamisch hängt (auf recht verwikkelte Weise) auch die andere von quantitativ und qualitativ zusammen. Es liegt nämlich in der Dynamik der psychophysischen Leistungen schon normalerweise einbeschlossen, daß an gewissen Bruchstellen, besonders in einer bestimmten Ermüdungsphase, eine wachsende Qualitätsverschlechterung zutage tritt, während die Leistungsquantität noch ungeschädigt oder gar trügerisch vermehrt sein kann. In der Alltagsausdrucksweise gesprochen: wir arbeiten dann so rasch oder eher noch rascher, als zuvor, aber wir tun immer schlechtere Arbeit. Wenn wir zu lange „durcharbeiten", der Ermüdungssignale nichtachtend, so geraten wir in einen solchen Zustand (die Franzosen haben ihn „ivresse de travail", Arbeitsrausch, genannt), wo wir mit heißem Kopf die Feder übers Papier fliegen fühlen, die Einfälle bedrängen uns anscheinend in ihrem Zustrom, aber später erkennen wir das so Getane als minderwertig, dürftig, geistarm, manchmal verrät schon die hastige, aber zittrige, ausfahrende, unebene Handschrift mit zahlreichen Fehlschreibungen den Qualitätsabstieg der Tätigkeit. Unter Alkoholwirkung tritt ein solcher Zustand besonders gern ein, die „Alkohollegende" (von der arbeitsförderlichen Macht geistiger Getränke) beruhte großenteils darauf. Ganz besonders leidet wiederum der dynamische Faktor der Übung unter einem Fortüben im übermüdeten Stadium: wir verbeißen uns dann in ein Lernen, aber wir verschlechtern die Lernleistung bis zur Verpfuschung. So liegt es vorzugsweise auch bei den Wetterstörungen, die der Organismus erleidet. Zwar vermögen wir uns für die Bewahrung der Leistungsquantität zusammenzureißen, aber die Qualität läßt trotzdem nach, und zwar desto mehr und rascher, je länger die Leistung beansprucht wird. In einer Klassenarbeit, die bei sehr schwüler Sommerluft gemacht werden muß, häufen sich etwa die Fehler von Abschnitt zu Abschnitt und werden immer gröber. Für die meisten praktischen Fälle wird man den Satz aufstellen können: daß die Ermüdung quantitativ rasch wächst, je längere Zeit hindurch die Leistung gefordert oder erzwungen wird, und die Übung entsprechend qualitativ abnimmt. Dieser Satz darf die Geltung eines vorläufigen Grundgesetzes der von ermattendem Wetter an der psychophysischen Leistung bewirkten Störungen für sich in Anspruch nehmen. Praktisch gewendet bedeutet er, daß vor allem jedes Hinzulernen bei solchem Wetter beeinträchtigt ist, während sehr eingefahrene Tätigkeiten verhältnismäßig glatt ihren Lauf nehmen.

Die Wetteranfälligkeit des Dynamischen und Qualitativen in unserer Psychophysis gilt über die eigentlichen Leistungen hinaus auch für Befinden und Gemütsverfassung. In beiderlei Richtung ist es die qualitative Verschiebung, die am meisten ins Auge fällt. Es steht also nicht der Tatbestand im Vordergrunde, daß der Gelassene reizbar wird, der Hypochonder noch mehr Grillen fängt; sondern es liegt so, daß heitere Naturelle (zu ihrem eigenen Erstaunen und Leidwesen) verärgert, Gleichmütige jähzornig erscheinen, Frohmütige und Aufgelegte plötzlich verdrossen, bedrückt und apathisch wirken. Und zwar (Dynamik!) desto ausgesprochener, je länger sie emotional beansprucht werden; darum ist es weniger die Affektreaktion auf ein Einzelerlebnis, die anders ausfällt, als die „Stimmung", die sich im Laufe des Werkalltags, der Berufstätigkeit, einer mit Reibungen verbundenen langen Beratung, einem stundenlangen Gespräch, vor dem es kein Entrinnen gibt, immer mehr verschlechtert. Und entsprechend ist zwar die Eßlust (der „Hunger") manchmal gar nicht geringer, aber der „Appetit", das Schmecken des Essens, ebenso der Wohlgeschmack der Zigarre, des Weins, ist verringert; die dynamische und quantitative Störung der Geschlechtsfunktion zeigt sich vielfach besonders eindrucksvoll darin, daß bei erhöhter Begierde (die bei den Schwülwinden geradezu rasend werden kann) verringerte Potenz, etwa vorzeitige Samenentleerung, ausbleibende Befriedigung, Mißstimmung gegenüber dem Partner, Versagen wiederholter Leistung auftreten. Zusammenfassend würde dies alles am richtigsten so auszudrücken sein, daß es sich bei den ermattenden Wetterformen mehr um Störungen als um Schwächungen des psychophysischen Gesamtverhaltens, und bei den erfrischenden mehr um Verbesserungen als um Steigerungen handelt. Darin kommt mit dem Qualitativen auch das Dynamische zum Ausdruck, denn wir bewerten eine Qualität immer mehr nach dem gesamten Zug oder Lauf einer Funktion, als nach dem Ausmaß ihres Effekts im Einzelaugenblick.

Es muß freilich beachtet werden, daß die Begriffe von Quantität und Qualität selber summarische Komplexe vorstellen, die in der Einzelforschung vielfältiger Zerlegung bedürfen. Die Quantität kann Intensität, aber auch Extensität, kann Anzahl, Stärke, Ausdehnung, Reichweite bedeuten; die Qualität kann Fehlerlosigkeit, Richtung, Sicherheit, Schönheit, Eleganz (man spricht geradezu von „eleganter Lösung" rechnerischer oder spielerischer Aufgaben), kann gar Tiefe, Sinn (und dann in ihrer Umkehrung etwa Flachheit, Dürftigkeit, Äußerlichkeit, z. B. von Gedankenverknüpfungen oder Phantasiegebilden) vorstellen. Dafür läßt sich keine allgemeine Anweisung verfertigen, diese Sonderung hat die forschende Arbeit für jeden Einzelfall der Beobachtung oder des Experiments oder der Umfrage seiner Beschaffenheit nach immer neu zu vollziehen.

III. Theorie der Wetterwirkung.

39. Schwierigkeiten. Das jeweils herrschende Wetter ist eine außerordentlich verwickelte Erscheinung, von der wir nicht einmal sicher sind, ob wir überhaupt alle ihre materiellen und energetischen Elemente kennen, geschweige denn deren Wertigkeit für die konkrete Wetterentstehung und das wechselseitige Zusammenwirken in ihr. Noch im letzten Menschenalter haben sich in dieser Hinsicht die Anschauungen der Wetterwissenschaft gewandelt. Eine womöglich noch verwickeltere Erscheinung ist aber jeder jeweilige Zustand des menschlichen Organismus. Hat das Wetter wenigstens einen streng physikalischen Aufbau, an dem vermutlich nicht einmal chemische Vorgänge namhaft beteiligt sind, so hört bei jedem Lebewesen die Auflösbarkeit in physikalisch-chemische Zusammenhänge auf. Diese selber werden vielmehr im Organismus gestaltet, ausgerichtet, geregelt und gesteuert von Kräften, welche die „Individuation", die W e s u n g, überhaupt hervorbringen (und deren Erlöschen den Tod, und damit erst die rein physikalisch-chemische Auflösbarkeit, die V e r wesung herbeiführt). Diese vitalen Kräfte erscheinen uns noch am ehesten durchsichtig, wo sie in der Erscheinungsweise von Bewußtseinstatsachen hervortreten. Am allerdunkelsten ist ihr Walten und Wirken, wo sie ohne die Eigenschaft der Bewußtheit nachweisbar oder erschließbar sind, und je weniger bewußt sie sich geltend machen. Daß unser bewußtes Überlegen und Wollen zweckmäßige Verrichtungen ausführen kann, bedünkt uns sozusagen selbstverständlich. Daß aber Dinge von geradezu wunderbarer Zweckmäßigkeit von den Organismen und im Organismus geschehen, und zwar stündlich, tagaus, tagein, bei denen keinerlei Bewußtseinserfahrung nachweislich ist, wie etwa die Instinkte der Insekten und Vögel, die Heilungs- und Feiungsvorgänge („Immunität"), die umwandelnden Anpassungen an veränderte Außenumstände bei den Pflanzen, das ist für uns vollkommen unaufgehellt. Unser Ergründungsbedürfnis stößt sich da immer wieder an der Schranke (aus welcher der amerikanische „behaviorism" irrtümlich ein Forschungsprinzip hat machen wollen): daß ein Organismus sich so oder so v e r h ä l t, ohne daß wir dies in einen rein physikalisch-chemischen Elementarwirkungszusammenhang aufzulösen vermögen. Dennoch hat auch die Lebenswissenschaft sogar für ihre psychophysischen Tatbestände jede äußerste Möglichkeit solcher Auflösung zu erschöpfen. Dieser forschungsökonomische Grundsatz wird uns auch in der Theorie der leibseelischen Wetterwirkungen, und in der geopsychologischen Theorie überhaupt zu leiten haben. Es ist selbstverständlich, daß er niemals in eine gewaltsame Vereinfachung verwickelter Zusammenhänge oder Nichtachtung offensichtlich unbekannter Faktoren ausarten darf.

a) Die Angriffsträger im Wetter.

40. Vorrang der Geosphäre. An den Eingang der Suche nach der meteorologischen Ursache der seelischen Wetterreaktionen stellen wir zwei Thesen: 1. Es ist durchaus nicht gesagt, daß diese Reaktionen sämtlich oder überhaupt durch e i n einziges einzelnes Element der Witterung hervorgerufen werden, aber es ist durchaus möglich. 2. Der meteorologische Einwirkungsträger, bestehe er in einem, in mehreren oder im Zusammenspiel („Akkord", wie der verstorbene Geophysiker Linke es genannt hat) mehrerer Wetterbestandteile, kann nur dort gesucht werden, wo er den Organismus zu erreichen imstande ist.

Zu der ersten These ist daran zu erinnern, daß besonders die Laienmeinung gern alle Wirkungen auf e i n e Ursache schiebt, sowie sie schon im praktischen Alltag für Dinge, die ihr mißfallen, einen Sündenbock, der an a l l e m schuld sei, zu suchen liebt. So hat sie für das Wetter selber den Mond, für Erkrankungen die Erkältung verantwortlich gemacht, so klammert sie sich heute an „Erdstrahlen" als die Ursache aller erdenklichen Übel, wie Krebs, Kropf, Nervenschwäche, ja Geistesstörungen. Wird sie auch durch geschäftliche Spekulationen häufig in solchen Einseitigkeiten bestärkt, so darf nicht verkannt werden, daß ihre Fehlzurechnungen doch auch oft ein Körnchen richtiger Erfahrung oder instinktiven Ahnens umschließen, welches dann durch die Wissenschaft bestätigt wird. Es ist also durchaus nicht unter der Würde der Wissenschaft, auf solche „Volksmeinungen" zu achten und sie auf ihre Goldkarätigkeit zu prüfen. Gerade das Mystische, das für das naive Gemüt ein Verlockendes bedeutet, muß aber die Wissenschaft dabei unerbittlich ausscheiden, denn in ihrer Sphäre hat es nichts zu suchen, wo sonst immer es unausrottbar oder wertvoll sein möge. Und dies berührt schon unsere These 2: „Fernwirkungen" und ähnliche Ausdeutungen sind keine wissenschaftliche Erklärung, sondern das Eingeständnis der Unerklärlichkeit; darum ist auch der „psychotrope" (und überhaupt der „biotrope", die Lebewesen affizierende) Wetterfaktor, derjenige, welcher (mag er elementar oder komplex sein) die seelischen Wetterreaktionen macht, dort aufzusuchen, wo der Mensch ihm ausgesetzt ist. Das aber heißt: mag für das Zustandekommen des Wetters selber die höchste oder eine wie hohe Schicht immer der Atmosphäre eine Rolle spielen, mag die Meteorologie mit ihren Untersuchungen bis über die Troposphäre hinaus in die Stratosphäre, ja in die Ionosphäre ausgreifen, und mag die Wetterreaktion der Naturflieger, Vögel wie Insekten, sehr hoch über dem Boden sich entwickeln — diejenige des Menschen in fast sämtlichen Alltagslagen, in denen er wetterabhängig sich erweist, vollzieht sich in der G e o - s p h ä r e : so heiße die Luftschicht, welche unmittelbar über dem Erdboden liegt, wogt, wirbelt, in der wir atmen, gehen, ruhen, sitzen, arbeiten, und die sich von den höheren Schichten auch im Freien, nicht etwa bloß in den Städten, nach mancher Richtung hin in ihren Eigenschaften erheblich unterscheidet. Auch wo in viel höheren Regionen sich sehr wesentliche Wetterveränderungen und überhaupt -gestaltungen vollziehen, können sie an unsern Organismus nur heran, wenn sie von dort her Änderungen i n u n s e r e r L e b e n s l u f t s c h i c h t , d e r G e o s p h ä r e , setzen. Gerade auch unter diesem Gesichtspunkt ist unsere Beseeltheit, sofern sie auf Wetter oder Klima reagiert, G e o - P s y c h e. Die Ausnahmesituationen, in denen der Mensch sich als technischer Flieger im Luftschiff oder Flugzeug aus der Geosphäre entfernt und in die troposphärischen (oder künftig wohl sogar stratosphärischen) Werkstätten der Wetterwerdung emporsteigt, werden neben unserm geosphärischen Alltag und seiner Ausgesetztheit ans Wetter stets eine geringfügige Nebenrolle spielen.

Bei manchen Autoren findet sich die Bezeichnung „B i o s p h ä r e". Aber nicht nur verbringen die fliegenden Tiere (Vögel, Insekten) einen immerhin ansehnlichen Teil ihres Lebens in einer „Biosphäre", die sehr hoch über der „Geosphäre" liegt, sondern auch die schwimmenden Lebewesen existieren größtenteils nicht in d e r „Biosphäre", die unmittelbar über dem Erdboden lagert. Auch ist das gleiche wie beim Klima (s. S. 84) in Rücksicht zu ziehen: die erdnachbarliche Luftschicht wirkt ja nicht bloß auf das irdische Leben (bios), sondern ebenso wesentlich auf zahlreiche anorganische Tatbestände und Vorgänge ein, z. B. auf die Humusbildung, Gesteinsverwitterung, Vermoorung, Versandung, Versumpfung, sie ist ebenso sehr „Edaphosphäre" wie „Biosphäre". In anbetracht dieser Umstände bedünkt uns die Bezeichnung als Geosphäre als die s a c h g e m ä ß e s t e , weil universellste.

Wir suchen also den psychotropen Faktor in der Geosphäre (wohin er, wie sich zeigen wird, von oben oder von unten, aus der Troposphäre oder aus dem Erdboden: s. Abs. 109 kommen kann). Und wir versteifen uns nicht von Anfang an darauf, daß er in einem einzelnen, einzigen Wetterelement, etwa nur in der Temperatur oder nur im Luftdruck oder nur in einer Strahlungsform bestehen müsse. Wir gehen vielmehr vom komplexen Wetter aus und fragen, in welche einfacheren Zusammenhänge die Wetterwissenschaft selber es zerlegt, um seine verschiedenartigen Hauptformen, wie Schönwetter, Wettersturz, Gewitter, Regenzeit, Schneefälle, Föhn usw. aus elementaren geophysischen, vorzüglich aerodynamischen Tatbeständen herzuleiten.

41. Luftkörperfronten. Nach der Auffassung einer neueren, in jedem Falle sehr bedeutsamen und einflußreichen meteorologischen Lehre ist die Atmosphäre bis in eine Höhe von rund 10 km hinauf in gasige Gebilde, Luftkörper, gegliedert, deren jedes für sich ein verhältnismäßiges Ganzes, eine „amorphe Individuation" darstellt und als solche gegen ein nachbarliches entsprechendes Gebilde sich abgrenzt. Die Grenzen zwischen den Luftkörpern heißen „Fronten", recht unregelmäßig gestaltete, wellig gebogene, eingebuchtete und gebuckelte Luftschichten, in denen sich gleichsam die Auseinandersetzung zwischen den Luftkörpern abspielt, weshalb sie auch als „Unstetigkeitsschichten" bezeichnet werden. Die Luftkörper können horizontal nebeneinander, aber auch vertikal übereinander geschichtet sein, wodurch hier horizontale und dort vertikale Fronten entstehen. Jeder Luftkörper verändert sich allmählich, er „altert", wie man sagt, und vergeht schließlich; und manche Luftkörperserien, die in ihrer Altersstufung gewisse Beziehungen zueinander darbieten, werden sogar als Luftkörperfamilien aufgefaßt. Ob diese biologischen Analogien erkenntnisförderlich sind, bleibe dahingestellt, das mögen die Meteorologen unter sich abmachen; sie kommen übrigens aus der Kolloidchemie her. Die Grundeigenschaft, welche die zu Luftkörpern geballten Luftmassen unterscheidet (und scheidet), ist ihre Temperatur. Für alle Wetterverhältnisse spielen die Austausche und Bewegungen kalter arktischer und warmer tropischer Luftmassen eine wichtige Rolle. Auf die sehr verwickelten empirischen Ermittlungen und theoretischen Vorstellungen, die in dieser Hinsicht die heutige Witterungskunde aufgebaut hat, kann hier unmöglich im einzelnen eingegangen werden; wer sich darüber unterrichten will, der findet eine knappe und klare Belehrung in H. v. Ficker's „Wetter und Wetterentwicklung" (Verständl. Wissenschaft, 15. Bdch.), bes. Kap. 5 „An der Kampffront der Luftmassen", sowie in B. de Rudders „Meteorobiologie", bes. II. 3 „Die Luftkörper". Die beiden Hauptunterschiede sind die in den Bezeichnungen „Warmfront" und „Kaltfront" ausgedrückten. Beim plötzlichen Auswechsel von Polarluft durch Tropikluft entsteht eine Warmfront, das Thermometer steigt und das Barometer fällt; Tropikluft vor sich herdrängende Polarluft läßt umgekehrt eine Kaltfront sich ausbilden; wo diese ihren Durchzug, ihre „Frontpassage" nimmt, fällt das Thermometer und steigt das Barometer.

De Rudder glaubt sagen zu dürfen: „Ganz allgemein gesprochen ist es der Durchzug atmosphärischer Unstetigkeitsschichten, dem eine krankheitsauslösende Wirkung zugesprochen werden muß". Es handelt sich also hier zunächst um körperliche

Krankheiten (wie Grippe, Kehlkopfkroup, Lungenentzündung, Anfälle des grünen Stars, Schlaganfälle, Embolien usw.), nicht um die innerhalb der Gesundheitsbreite liegenden psychophysischen Reaktionen. Die Kenntnis der Frontenreaktionen des Gesunden wird von de Rudder als „noch ganz im Anfange" stehend bezeichnet. Bei den Kranken sind erhebliche Unterschiede zwischen der Warm- und der Kaltfrontenwirkung unverkennbar, und es scheint, als ob auch für die schmerzhafte (örtliche) Wetterempfindlichkeit (s. o. S. 52) solche Unterschiede bis zu einem gewissen Grade bestünden, sowohl hinsichtlich der Schmerzendauer, als auch hinsichtlich des schmerzhaften Vorempfindens einer erst sich nähernden Front: Warmfrontschmerzen klingen rascher ab, werden aber länger vorausempfunden, als Kaltfrontschmerzen. Bei den gesunden körperlichen Erscheinungen (z. B. dem normalen Blutdruck) konnten freilich Unterschiede zwischen Kalt- und Warmfrontreaktion bisher mit Sicherheit nicht ermittelt werden. Die Dinge sind durchgehends noch recht umstritten. Immerhin läßt sich vielleicht folgendes als halbwegs gesichert herausschälen:

Den Organismus affizieren auf besondere, nämlich auf störende Art diejenigen Wetteränderungen, die im Gefolge von Luftkörperwechseln zustande kommen und somit unter Luftkörperfrontendurchzügen vor sich gehen. Wie sich die Störungen auf Kalt- und Warmfrontpassagen verteilen, ob hier nur extensive und intensive Unterschiede, also solche der Beschwerdendauer und der Beschwerdenabfolge, bestehen: das bleibt noch aufzuhellen. Die zunehmende Differenzierung von Frontensorten durch die Wetterwissenschaft selber ist von physiopathologischer wie von physiopsychologischer Forschungsseite her wohl zu beachten; schon heute wäre die schematische Zuordnung: Frontpassage — also Störung im Organismus! unzureichend und irreführend, vielmehr sind offenkundig bestimmte organische Reaktionen bestimmten Sorten von Fronten und bestimmten Erscheinungsformen von Frontpassage zugeordnet. Was an Beobachtungen vorliegt, eröffnet die Möglichkeit (auf die fernerhin sorgfältig zu achten sein wird), daß eine engere Zuordnung von psychischen Reaktionen Gesunder (oder Sensitiver, aber nicht eigentlich Abnormer, s. S. 53) zu den Warmfrontpassagen, dagegen eine vorwiegende Zuordnung der physischen Erkrankungen (für Ausbruch und Verschärfung, vielleicht sogar ungünstige Prognose) zu den Kaltfrontenpassagen nachweisbar wäre. Dies wird auch dadurch nahegelegt, daß die heftigsten und durchgängigsten (also auch robusten Naturellen vertrauten) Stimmungs- und Leistungsreaktionen auf jene Wetterformen erfolgen, welche zwar mit der Luftkörper- und Frontentheorie nicht ohne weiteres erfaßbar sind (Föhn, Wärmegewitter, Dauerschwüle, Schirokko), aber in ihrer Struktur wesentliche Züge der Warmfronten teilen (z. B. Thermometeranstieg bei Barometerfall), während es als so gut wie sichergestellt betrachtet werden kann, daß z. B. die schweren katarrhalischen, oft als „Erkältungskrankheiten" bezeichneten Affektionen, namentlich auch die echte pandemische Grippe, in ihren Massenausbrüchen und -verschärfungen überwiegend an Kaltlufteinbrüche gebunden sind. Vielleicht finden sich aber auf beiden Seiten, der psychophysiologischen wie der pathophysiologischen, Erscheinungsgruppen, die mit Frontenpassagen schlechthin (gleichgültig, was für eine Front vorliegt) verknüpft sind; dies wird namentlich nahegelegt durch die Beobachtungen an den Böwetterformen („Aprilwetter") mit ihrem raschen, jähen Hin und Her von schönen, frischen und schlechten, niederschlagsreichen Phasen — es ist dabei die Jähveränderlichkeit als solche, welche die Störungen setzt.

Zu den Witterungsgrundtatsachen, die sicherlich auf dem „Akkord" (oder der „Dissonanz", dem „Diskord"!) mehrerer Elementarfaktoren des atmosphärischen Komplexzustandes beruhen, gehört jene eigentümlich „intuitiv" erlebbare Luftbeschaffenheit, die wir den L u f t t o n (oder „atmosphärischen Akzent") zu nennen vorgeschlagen haben. Wir empfinden eine Luft z. B. als „bleiern", „weichlich", „schlaff", „lastend", „streng", „hart", „beißend", „stechend", „brütend", „stickig" (u. a. m.). und legen damit ihrer Milde, Wärme, Hitze oder Kälte, Windigkeit, Kühle eine b e s o n d e r e „N o t e" bei, die nicht ohne Rest in dieser Wärme, Kälte, Stille oder dgl. aufgeht. Was wir früher (S. 12) als „rauhschwül" bezeichneten, gehört ebenfalls in diese Lufttonskala hinein. Der Luftton ist von wesentlicher Bedeutung für die Totalität des „Witterungsgebildes" (s. S. 177) der atmosphärischen „Stimmung", die bei einem bestimmten Wetter herrscht. Er stellt ein wetterseelisches (meteoropsychisches) Ganzheitserlebnis vor. Auf welche Weise er sich aufbaut, entzieht sich noch so gut wie ganz unserer Einsicht: dafür wirken physikochemische mit psychophysiologischen Faktoren zusammen. Der Ganzheitstatbestand entbindet die Wissenschaft aber nicht von der Pflicht, diesem Aufbau analytisch zu Leibe zu rücken. Auch das musikalische Phänomen der Klangfarbe wurde (durch Helmholtz) als das Zusammenwirken elementarer Einzeltöne durch Resonatoren-Analyse wissenschaftlich aufgehellt, obwohl es künstlerisch als Ganzheitserscheinung bestehen bleibt. Für das Phänomen des Lufttons ist ebensolches gültig.

42. **Der psychotrope (biotrope) Faktor.** Für die ärztliche, die arbeitgestaltende, z. B. auch unterrichtliche, sportliche und überhaupt jegliche P r a x i s ist die Klarstellung der bezeichneten Zuordnungen von größtem Wert. Frontenannäherungen sind aus den Wetterkarten in vielen Fällen voraussagbar, Eingriffe in den Organismus, Leistungszuteilungen, Leistungspausen lassen sich danach an- oder absetzen, auch abstufen, „dosieren". Es handelt sich dabei um ein wichtiges Stück „G e u r g i e" (s. Abs. 134 ff.). Die wissenschaftliche Ergründung als solche aber, die T h e o r i e, kann sich mit einer Zuordnung komplexer Tatbestände nicht zufrieden geben. Schon daß verschiedene Frontsorten offenbar verschiedene organische Wirkungen ausüben, legt sofort die Frage nach dem unterscheidenden Strukturfaktor nahe, dem dies zuzuschreiben ist. Sollte es sich z. B. als gesichert herausstellen, daß Warmfronten lange Zeit (etwa doppelt so lange) vorherempfunden (durch Schmerzauftreten) oder vorhergefühlt (durch Befindensänderung) werden, als Kaltfronten, so wird die Suche nach der unterschiedlichen Ursache dafür unabweisbar. Es muß dann eben eine E i g e n s c h a f t (oder Eigenschaftsgruppe) vorhanden sein, welche diesen Unterschied der Vorfühligkeit in sich bewirkt. Nimmt man hinzu die Erfahrung, daß auch Wettererscheinungsformen, die nicht schlechthin auf die Luftkörper- und Frontenformeln zu bringen sind, trotzdem analoge Vorfühlreaktionen auslösen, so verstärkt sich die Notwendigkeit, den b i o t r o p e n, im Hinblick auf die uns hier befassende Themastellung vor allem den p s y c h o t r o p e n F a k t o r zu ergründen, auf dessen Wirken derlei Unterschiede wie Gemeinsamkeiten zu schieben sind.

Dabei sei eines allem andern vorausgeschickt: Es ist durchaus nicht gesagt, daß es sich um jedesmal denselben, also überhaupt um schematisch einen einzigen solchen Faktor handeln müsse. Der Organismus reagiert vielfach auf sehr verschiedene Einwirkungen in gleicher Weise (wie umgekehrt verschiedene Organismen auf dieselbe Einwirkung verschieden antworten). Die allerverschiedensten Nahrungsmittel sättigen uns; Arzneimittel, Drogen der verschiedensten Zusammensetzung tun alle die gleiche Wirkung, Schweiß zu treiben, die Harnabsonderung zu steigern oder das Fieber herabzusetzen. Seelische Erregung kann in Beruhigung gewandelt werden ebensowohl durch vollkommenes Ausruhen, wie durch mancherlei Beschäftigung. Müde werden wir durch Überanstrengung, aber auch durch Nichtstun; in beiden Fällen kann ein so genau gleiches Anzeichen wie das Gähnen auftreten. Schon die Erfahrung zeigt, daß Frostluft uns ebenso zu stimulieren vermag, wie Schönwettersonnenwärme; daß jede sehr langwährende Hitze, und gar feuchte Hitze uns ermattet, ob sie Naturschwüle oder künstliche Schwüle (etwa im Gewächshause) ist, aber daß auch langwährender Wind oder Nebel ermattend, ja lähmend wirkt. Es gibt, mit anderen Worten, sowohl Reizintensitäten, welche allein dadurch, durch ihre Stärke oder Dauer, den Organismus in eine bestimmte Reaktion versetzen, obwohl es sich um ganz verschiedene Reizqualitäten handelt, und es gibt verschiedene Reizqualitäten, welche trotz ihrer Verschiedenheit gleichartige organische Reaktionen auslösen. Es kann also hohe (oder tiefe) Temperatur allein, es kann zu geringer Luftdruck allein, es kann starke Luftbewegtheit allein (ob nun dabei die bewegte Luft warm oder kühl, dünn oder dicht, trocken oder feucht ist), es kann ebensogut Strahlung allein Befindens- und Leistungsveränderungen, auch im Sinne von Störungen (oder umgekehrt von Steigerungen, von Verbesserungen) hervorrufen. Dies ist namentlich für die Erklärung der psychophysischen Wirkung extremer Witterungsformen von langer Einwirkungsdauer festzuhalten.

Es liegt aber nun einmal im Zuge des wissenschaftlichen Erkenntnisdranges und hat sich für den wissenschaftlichen Erkenntniszuwachs bewährt, daß der Forscher immer wieder den Versuch unternimmt, für verschiedene Wirkungsweisen eine gemeinsame Ursache aufzusuchen. Und in derselben Richtung liegt die Fragestellung nach der gemeinsamen Ursache zwar gleichartiger Wirkung, die aber von ganz verschiedenem Wirkenden ausgeht. Ja, auch das gehört in den Zug des wissenschaftlichen Erkenntnisdranges wie in den Habenbestand der wissenschaftlichen Erkenntnisbewährung, daß jene gemeinsame Ursache eine möglichst einfache, elementare sei. Einen „Akkord" kann die Geopsychologie sowenig wie die Akustik als letzte Antwort hinnehmen; auch wo mehrere Einzelfaktoren eine Totalwirkung ausüben, muß die Forschung fragen, wie sich diese Totalwirkung aus den Einzelfaktoren aufbaut. Nur mit der Unbeirrtheit dieses Fragens hat die neuzeitliche Naturforschung zur neuzeitlichen Herrschaft des Menschen über die Natur geführt.

Erfahrungsgemäß steht die eindrucksvoll gleichartige psychophysische Wirkung der Wetterformen Gewitterluft, Heißschwüle, Föhn, Schirokko, in leiserer Art auch Rauhschwüle und Wettersturz überhaupt. Sie alle sind durch den verwandten Luftton des „Drückenden", Matten, lastend Weichen miteinander verbunden. Wenn nun windlose Gewitterschwüle (an der das Lähmende ist, daß sich „kein Lüftchen regt"), stürmischer, warmer und äußerst trockener Föhn, stürmischer, warmer und äußerst feuchter Schirokko, endlich windige und regnerische Abkühlung (Wettersturz) und windige oder windstille wolkige Kälte (Rauhschwüle) dieselben Wirkungen auf Befinden und Leistung ausüben, so können diese Wirkungen schwerlich von der Temperatur als solcher, von der Feuchtigkeit als solcher und von der Windigkeit als solcher ausgehen. Zwar setzt hochgradige Erschwerung des körperlichen Entwärmungsprozesses, also eine bestimmte extreme Mißgestaltung des Wärmegefälles, bestimmte psychophysische Einwirkungen, wie sie an den beiden extremen Enden im Hitzschlag und im Erfrieren auch seelisch sehr kraß in Erscheinung treten (s. S. 39 bzw. 29). Aber um solche Extreme geht es hier gar nicht. Denn der Föhn weht oft bei so mäßigen Wärmegraden und ist von solcher Trockenheit, daß die physiologische Gesamtsituation geradezu einem frischen Wetter entsprechen würde, wenn nicht eben „Föhn" wehte, und die eigentümliche Rauhschwüle vor Wintergewittern mit Schneefall zeigt in der Regel Temperaturen zwischen + 1 und — 1 Grad, oder gar mehrere Kältegrade, kann also mit mangelnder Entwärmung nichts zu schaffen haben.

Dies erwogen, bot sich die Frage nach dem Luftdruck als Träger des psychotropen Vorrangs dar. Denn Barometerfall, manchmal rascher und exzessiver Luftdrucksturz verbindet ja nun gerade alle jene psychotropen Wetterformen, die so gut wie immer Wetterstürze sind. Jedoch blieb es schon gedanklich („deduktiv") schwer erklärbar, wieso eine Abnahme des Gewichts der auf uns lastenden Luftmasse, Druckverminderung physikalischer Art, nun geradezu Bedrückung psychologischer Art, Mattigkeit, bleierne Gliederschwere, Leistungsnachlaß erzeugen solle, doppelt rätselhaft, da dieselbe Luftgewichtsabnahme beim Aufstieg in mäßige Berghöhen mit wachsender Luftdünne genau die entgegengesetzten Anzeichen auslöst, nämlich Gefühl der Erleichterung, Gelöstheit, Erregung, Frische, Aufgelegtheit! (s. o. Abs. 34). Und schon vor einem Menschenalter hat der Amerikaner Dexter die behutsame Formel gefunden, psychophysische Wetterwirkungen zurückzuführen auf „atmospheric conditions registered by the barometer", atmosphärische Faktoren, die das Barometer anzeigt, was die Möglichkeit offen ließ, solche Faktoren anzunehmen, für welche der Luftdruck, diese besonders bequem meßbare Lufteigenschaft, nur ein mittelbarer Indikator ist. Allmählich sammelte man auch immer mehr Tatsachen, die gegen einen einfachen und unmittelbaren Zusammenhang der leibseelischen Wetterstörungen mit dem Luftdruck sprachen: die Krankheitenstatistik erwies keineswegs einen solchen, die „lebenden Barometer", die Narben, rheumatischen Gelenke und Ähnliches, begingen ihre Ungebärdigkeiten oft schon geraume Zeit vor den physikalischen Barometern, ja während diese noch munter stiegen, ich selber habe in den „Geopsychischen Erscheinungen" (3. Aufl., S. 140/41) einen besonders beispielhaften Eigenfall beschrieben, in dem schwere, fast föhnartige psychophysische Störungen bei noch steigendem Barometer als Voranzeige böigen Regen-Graupel-Wetters beobachtet wurden; vorzüglich aber zeigten die klassischen Föhneinfluß-Untersuchungen von Trabert (1906/07), daß die leibseelischen Föhnstörungen sehr häufig bei heranziehender, von auswärts wetterdienstlich gemeldeter, am Wirkungsorte aber noch gar nicht eingetroffener „Depression" (Barometersenkung) sich geltend machten, ja sogar am lästigsten fielen. Hier mußten also Faktoren wirksam sein, die das Ortsbarometer nicht einmal registriert. Mit andern Worten, Faktoren, die der herannahenden barometrischen Depression voraufeilen, physikalisch gesprochen: die sich rascher fortpflanzen, als die Wärme-, Feuchtigkeits-, Schwere-

Eigenschaften der Luft und als die mechanische Luftbewegung (der Wind) das vermögen.

Diese Möglichkeit erfüllt in allererster Linie die atmosphärische Elektrizität. Für sie sprechen schon meteorologische Tatsachen. Alle uns bekannten Schwüleformen sind mit luftelektrischen Spannungen verbunden, die zu elektrostatischen Entladungen drängen, das schwülste Erdklima, das tropische, hat zugleich den größten Gewitterreichtum, Rauhschwüle ist gern ein Vorbote der seltenen Wintergewitter, beim Föhn erleidet die elektrische Lage sehr eingreifende Veränderungen, die sich elektrostatisch z. B. im Hochgebirge durch Fünkchenentladungen an zahlreichen menschlichen Körpern kundtun (s. o. S. 50), und de Rudder wies mit Recht darauf hin, wie häufig „elektrische Vorgänge von ganz immensen Dimensionen" sich in den atmosphärischen Unstetigkeitsschichten an den Luftkörperfronten abspielen, Frontenvorüberzüge durch elektromagnetische Feldstörungen gekennzeichnet seien.

43. Elektronen; Aerosol. Den augenscheinlichsten Zusammenhang zwischen dem Lebewesenbefinden und der Luftelektrizität tun die Gewitter kund (s. o. Abs. 8). Ihre großartigen elektrostatischen Funkentladungen (Blitze) setzen enorme Aufladungen mit entsprechenden Spannungen voraus, das „Einschlagen" macht sie auch zwischen den Gewitterluftgebilden (Gewitterwolken) und den irdischen Gegenständen oder Lebewesen (Bäumen, Tieren, Menschen) sinnfällig; die Entladungen bringen fast immer auch leibseelisch wohltätige Entspannung. Nichts erscheint hiernach einfacher, als die psychophysische Gewitterluftwirkung auf die elektrostatische Spannung in der Atmosphäre zurückzuführen. Viel schwieriger ist es, sich eine befriedigende Vorstellung zu bilden, wie diese Spannung im Organismus wirken soll. Reibe ich meine Stiefelsohlen ein Weilchen auf einem Linoleumboden hin und her (Carl Dorno war es, der mich auf dies Beispiel aufmerksam machte), so lade ich mich recht ansehnlich elektrostatisch auf, ohne daß die geringste Befindensstörung merklich wird. Alle Versuche mit elektrostatischen Aufladungen des Körpers haben bisher keine psychophysische Änderung erkennen lassen, die etwa derjenigen bei schwerer Gewitterschwüle vergleichbar wäre. Die Mitbeteiligung der elektrischen Spannung an den seelischen Wetterwirkungen steht noch immer in ungelösten Fragezeichen. Wenn sie aber keineswegs außer Frage steht, so darf das ebensowenig dahin verkehrt werden, daß sie überhaupt nicht in Frage stehe. Vielleicht werden erst ganz neuartige Untersuchungsmethoden die Frage, die hier ungelöst steht, klären können.

Inzwischen hat sich desto emsigere Bemühung der Durchforschung der elektrischen Leitungstatsachen zugewandt. Ja, nachdem immer mehr Ionensorten unterschieden worden sind (Ultragroßionen, große und kleine Mittelionen u. dgl.), ist die Ionenzählung in bestimmten Luftkörpern etwas wie eine methodische Zeitmode geworden. Für unsern Erklärungszweck ist dabei bis heute nur Widerspruchsvolles herausgekommen. Wenn der Rauch einer einzigen Zigarette in einem Zimmer die ganze Ionenbilanz über den Haufen wirft, indem die Anzahl der Schwerionen dadurch auf Kosten der Leichtionen aufs beinahe Dreifache steigt, so zeigt dieses Ergebnis, daß sehr rasche und eingreifende Änderungen der Ionenverteilung an sich so gut wie keine psychophysischen Wirkungen ausüben, die den beschriebenen Wetterwirkungen von Gewitterluft, Föhn, Rauhschwüle, Wettersturz usw. vergleichbar wären; nicht einmal der Nichtraucher, dem diese eine Zigarette vielleicht subjektiv lästig ist, wird eine Befindens- oder Leistungsbeeinträchtigung wie in jenen Wetterlagen verspüren. Sicher ist, daß wir uns am wohlsten fühlen bei anhaltendem Schönwetter, bei dem die Atmosphäre am reichsten und gleichmäßigsten von positiv geladenen Teilchen erfüllt ist. Aber rührt die Frische, die wir dann verspüren (s. Abs. 15—18) von dieser „Schönwetterelektrizität" her? Diese Frage wirft wieder einmal die ganze Tragweite der Geosphäre auf. In der Troposphäre freilich herrscht die positive Schönwetterelektrizität. Aber wie liegen die Dinge unmittelbar über dem Erdboden? Die Erde trägt ja eine gegenüber der Schönwetterluft negative Ladung (wahrscheinlich von ihrer Radioaktivität herrührend, vgl. Abs. 109); in der eigentlichen Geosphäre flutet ununterbrochen ein zwiefacher Ausgleichstrom von Ladungskernen unter recht wechselnden Situationen auch hinsichtlich des immerfort schwankenden Spannungsgefälles. Nun wollten zu allem Überfluß die Experimente Dessauers und seiner Mitarbeiter noch dartun, daß (s. S. 50) einseitig negativ ionisierte Luft „nach Art eines günstigen klimatischen Faktors" wirke, z. B. abnorm erhöhten Blutdruck senke, Kopfschmerz beseitige u. a. m. Dessauers Mitarbeiter Happel hatte darauf hingewiesen, daß bei starkem Luftdruckfall die dünnere Luft aus dem Boden Luftmengen ansaugen müsse, die vorwiegend positiv ionisiert seien. Wieso sie das sein sollen, bleibt ungeklärt; vielleicht ließe sich eher vorstellen, daß die wachsend negative Ionisierung der Troposphäre bei Wetterverschlechterungen positive Teilchenmassen bodenwärts dränge — aber außer jenen Frankfurter Experimenten liegt nirgends ein Befund vor, der die positive Ionisation der uns umgebenden Luft als die Mißbefinden verursachende und die negative als die Wohlbefinden setzende erwiese.

Nun verwickelt sich die ganze Lage noch weiter durch die „Leimung" großer Strecken der Geosphäre — ihre Umwandlung in ein kolloides „Aerosol". Nebel (s. Abs. 13), vorzüglich aber Rauch und am meisten der Dunst verwandeln die Atmosphäre in ein kolloides Gebilde vom Charakter der „Sole", d. h. es sind flüssige (beim Nebel) oder feste (beim Rauch) oder beiderlei (beim Dunst) Partikelchen in der gasigen Luft zerteilt, in „Dispersion", und gehorchen den (eine ganz eigene, höchst verwickelte Wissenschaftssparte ausmachenden) physikalisch-chemischen Gesetzen der „dispersen" kolloiden Gebilde. Ob man soweit gehen kann, überhaupt die ganze Atmosphäre als derart strukturiert, als Aerosol, zu betrachten, bleibe der internen geophysikalischen Auseinandersetzung anheimgestellt. Jedenfalls tragen ja auch wichtige Gebilde und Prozesse in den Lebewesen kolloiden Charakter, die Zellphysiologie gründet sich heute wesentlich hierauf. Der umfassende Artikel des deutschen „Handwörterbuchs der Naturwissenschaften" (Bd. II, „Disperse Gebilde", Biolog. Teil) kommt in elektrischer Hinsicht zu dem Ergebnis: „... daß sich bei der Unzahl von Membranen und Grenzflächen, bei dem steten Neuentstehen und Maskiertwerden von Ionen und den dabei entstehenden Konzentrationsgefällen eine Legion von kolloid-elektrischen Phänomenen in den Organismen ausbilden muß". Wie, wenn auf diese Legion die andere Legion der kolloid-elektrischen Phänomene des geosphärischen Aerosols stößt? Von der kolloidelektrischen Auseinandersetzung, die es da absetzen muß, haben wir heute nur ganz unzureichende Vorstellungen. Wahrscheinlich trifft auf den Ionenkampf, der dabei entfesselt wird, das Wort H. v. Fickers zu, der einmal sagt, es werde in den Wetterberichten heute „soviel von Fronten geschrieben, daß sie sich fast wie Gefechtsberichte lesen".

Endlich haben die Eheleute Düll den Nachweis unternommen, daß biotrope Einwirkungen, von der Häufung der irdischen Sterbefälle bis hinüber zu den leichtesten Befindenstrübungen, von den in ungefähr 27tägigen Perioden wiederkehrenden Eruptionen der Sonnentätigkeit herstammten, bei denen riesige Massen solarer Elektronen in den Weltraum hinaus und auch ins Erdfeld geschleudert werden und dort sich durch Störungen des erdmagnetischen Feldes kundtun. Befund wie Deutung sind angefochten worden, andererseits bringt ein Sachkenner wie de Rudder beiden großes Zutrauen entgegen (s. a. u. Abs. 99). Wie es damit aber auch stehen möge, in jedem Falle können wir uns ja diese elektrokosmischen „Platzregen" auf die Organismen wirksam denken nur über die Änderung der luft- und bodenelektrischen Erdbilanz hinweg, die sie setzen, denn sonst käme es auf eine mystische Fernwirkung „kosmischer" Katastrophen hinaus, einen Begriff also, gegen den gerade ein de Rudder höchst temperamentvoll zu Felde gezogen ist. In der Düllschen Deutung wird der elektromagnetische Feldfaktor übrigens zu dem Wirkungsträger, von dem her, unabhängig voneinander, einerseits das irdische Wetter mitgestaltet, andererseits der Organismus beeinflußt werde. Es gibt danach überhaupt keine eigentliche Einwirkung des Wetters a u f die Lebewesen, sondern Atmosphäre und Lebewesen werden gleichzeitig von demselben Dritten, eben der elektrosolaren Tätigkeit gestört; die vermeintlichen Wetterwirkungen in den Organismen sind direkte Folgen der sonnenseits gesetzten erdelektrischen Änderungen, die gleichzeitig das Wetter u n d die Lebenserscheinungen affizieren.

Es ergibt sich also im ganzen auch wissenschaftlich ein „Vielfrontenbild", das vorerst jeder Einheitlichkeit spottet. Die elementaren Zusammenhänge sind hier einfach noch nicht geklärt genug, um als E r k l ä r u n g s prinzipien für komplexe Erfahrungszusammenhänge dienen zu können. Schiebt man in einer solchen unfertigen Erkenntnislage sehr verwickelte Beziehungen, die, wie die Hauptwetterwirkungen psychophysischer Art, erfahrungsgemäß sichergestellt sind, auf Umlagerungen, Wanderungen, Änderungen der letzten Elemente, so ist man schwer zu widerlegen, aber es ist auch der Erklärung damit nicht geholfen. Selbstverständlich sind diese Elemente mit im Spiel! Aber so wenig es eine Gehirnerschütterung brauchbar aufhellte, wenn man sie (wie es eine Zeitlang Mode war) auf „molekulare Umlagerungen" zurückführte, denn eine Erklärung wäre es erst, wenn man sagen könnte, w a s f ü r Molekularumlagerungen im Unterschied von andern Störungen eine Hirnerschütterung charakterisierten; so wenig kommt man der Einsicht ins Zustandekommen der leibseelischen Witterungseinflüsse näher, wenn man sagt, sie seien auf Änderungen in der Ionisationslage oder auf kolloidelektrische Vorgänge zurückzuführen. Es fehlt uns einfach, was die Vorbedingung einer wirklichen Erklärung ist: das s t e t i g e Verbindungsstück vom Komplexen zum Elementaren. Hier klafft die große Lücke. Es besteht weder wirkliche Klarheit über die

Zuordnung der ionistischen Vorgänge zu allen Wetterformen, noch über ihre Zuordnung zu den Störungsformen im Organismus, nicht einmal zu den gröbstkörperlichen, geschweige denn zu den psychophysischen. Dieses Mittelstück geduldig, vom Komplexen, rein Empirischen aus zum Nächsteinfacheren fortschreitend aufzusuchen, ist die dringende Aufgabe einer umsichtigen Theorie der Wetterwirkung in den Grenzen des heute Möglichen; ihr sollen die nächsten Abschnitte dienen.

b) Die Angriffsfelder im Organismus

44. Bewußtsein und Nervensystem. Unmittelbares Angriffsfeld für die hier erörterten Wettereinwirkungen ist niemals unser Bewußtsein. Wo es das wird, erleben wir die Witterung als Eindruck (s. o. Abs. 5), sinnenhaft und mit den aus der Sinnenwahrnehmung sich ergebenden Gemütsreaktionen: landschaftlich im weitesten Sinne dieses Begriffs; es ist das Witterungsbild, und das will heißen: das Landschaftsbild (sei es auch das „Stadtlandschaftsbild", s. u. Abs. 139) des trübseligen Regentages oder des heiteren Sonnenmorgens, der dämonischen Unwetterverfinsterung oder der farbenseltsamen Föhnsichtigkeit, was dann bestimmte seelische Erregungen oder Beruhigungen, Bedrückungen oder Erquickungen in uns setzt, die Natur uns zum einheitlichen Erlebnis werden läßt. Im Unterschied davon bedarf die „tonische" Wetterwirkung des Bewußtseins nicht, im Gegenteil ist sie vom zugehörigen Landschaftserlebnis nicht selten völlig abweichend (Frühling; Föhn; „südliches" Klima); sie tritt unter Umständen ins Bewußtsein, indem sich der ihr entsprechende physiologische Zustand nun auch psychologisch kundtut, etwa in verändertem „Befinden", in Mißstimmung oder Wohlstimmung — aber nötig ist das nicht, die Leistungsveränderungen z. B. werden dem Betroffenen meist nicht bewußt, sie können ohne jegliche bewußte Befindensänderung da sein. Das Angriffsfeld der tonischen Wetterwirkung ist physiologisch, primär körperlich, und kann sekundär auch seelisch sich auswirken; bei der landschaftlichen Wirkung liegt es genau umgekehrt, hier ist das seelische Erlebnis primär, und es kann sich auch sekundär in körperlichen Folgen mitauswirken.

Schon ein Frühlingstag, dessen „Bild", ja dessen sinnenhaftes Erlebnis auch auf der Haut („linde Lüfte") uns entzückt, kann uns mit seiner „Luft" „auf die Nerven gehen", d. h. ermatten, leistungsunlustig, gehunfroh, abgespannt und gereizt machen — und so finden wir die „Nerven" schon im Alltagssprachgebrauch als das Angriffsfeld, das diese „Frühlingsluft" sich wählt, wenn sie auf unsern Organismus wirkt. Wissenschaftlich ist aber mit einer solchen Feststellung wenig gewonnen. Sie bleibt zu weit im komplexen Geschehen (also umgekehrt als vorhin, wo sie zu unvermittelt ins Letztelementare, zu den Ionen, vorstieß). Selbstverständlich sind die Nerven im Spiele, denn es gibt überhaupt keine Befindens- und Leistungsveränderung, die nicht über die Nerven ihren Weg nähme, wenn sie auch häufig nicht von ihnen ausgehen muß. Wesentlich ist erst, ob „die Nerven" das eigentlich Entscheidende beim Zustandekommen der gesetzten Wirkung sind. Schmerzen spielen sich immer in Nerven ab, aber „Nervenschmerzen" nennt die

Pathologie mit Recht nur solche, die in Nerven selber ihre Ursache haben: die Lage bei einer Knochenhautentzündung, einem Zwölffingerdarmgeschwür, einer Kieferhöhleneiterung, einem Rippenbruch würde ich diagnostisch und therapeutisch verdunkeln, wollte ich mich dabei bescheiden, daß die in solchen Fällen feststellbaren Schmerzen „von den Nerven" kommen, da ohne Nerven es eben überhaupt nicht zu Schmerzen kommen kann. Genau so nichtssagend wäre es, die Schuld an den durch bestimmtes Wetter hervorgerufenen Veränderungen des Befindens und der Leistungsfähigkeit im „Nervensystem" zu suchen; das reichte an wissenschaftlichem Erklärungswert nicht über die laienhafte Redensart hinaus, daß solches Wetter einem „auf die Nerven geht".

Nun findet man in der Literatur, die von diesen Wirkungen handelt, neuerdings gern einen bestimmten Teil unseres Nervensystems, das sogenannte vegetative Nervensystem, als eigentlichen Träger der meteorischen Wirkungen angesprochen. Es handelt sich um jene Nervenapparatur, welche sich im wesentlichen aus dem „sympathischen" Grenzstrang des Rückenmarks, sodann dem Vagus-Nerv, endlich allen ihren Verzweigungen in den „parasympathischen" oder viszeralen Geflechten zusammensetzt und im Unterschied von dem übrigen „peripheren" Nervensystem, den sämtlichen Bewegungs- und Empfindungsnerven, eine weitgehende Unabhängigkeit vom „Zentralnervensystem", von Rückenmark und Gehirn, besitzt, ihnen gegenüber relativ „autonom" funktioniert. Dieses autonome System reguliert alle dem Willen und teilweise dem Bewußtsein entzogenen Funktionen des Organismus, also die Herztätigkeit, das Atmen, die Bewegungen der Eingeweide, die Pupillentätigkeit, die Drüsenabsonderungen, die Wärmeproduktion und -abgabe, den gesamten Stoffwechsel. So verwickelt und teilweise noch umstritten dabei die Zusammenspiele seiner drei Hauptanteile, des Sympathikus, Vagus und Parasympathikus sind, so leuchtet doch die Wichtigkeit dieses Systems für unser Befinden und unsere Leistungsfähigkeit ohne weiteres ein. Gerade alles, was in diesen beiden Richtungen unbewußt oder nur dumpf bewußt sich vollzieht, wird vom autonomen System gesteuert. Kein Wunder, daß sich die Erklärungsformel darbot: es sei dieser Teil des Gesamtnervensystems, der das eigentliche Angriffsfeld der Wettereinflüsse auf Befinden und Leistungsfähigkeit darstelle!

Man darf sich aber nicht verhehlen, daß auch damit zunächst nicht viel mehr als eine Selbstverständlichkeit ausgesagt ist, die in dieser vagen Fassung einen recht geringen Erklärungswert besitzt. Die autonome Ansprechbarkeit des vegetativen Systems ist durchaus keine Einheit, weder in Ansehung der Erscheinungen, in denen sie zutage tritt, noch in Ansehung der Ursachen, welche die Reaktion auslösen. Wir kennen Naturelle, deren vegetative Reaktion auf ungewöhnliche Zumutungen an den Organismus überwiegend in Blutgefäßstörungen, wie fliegende Hitze, „Wallungen", Herzklopfen, Kaltwerden der Endglieder besteht, und es herrschen sogar bei den einen die zentralen Symptome (von seiten des Herzens), bei andern die peripheren vor. Wir kennen andere, die Herzklopfen kaum je verspüren, die gar nicht wissen, was „Wallungen" sind, aber auf ungewöhnliches Erleben mit Harndrang, schwitzenden Händen, Durchfällen, oder mit Trockenheit im Munde, Durstgefühl, Magensäurebeschwerden, kurzum mit veränderter Drüsenfunktion antworten. Und: manche reagieren mit derlei sofort auf beruflichen Ärger, mitmenschliche Mißhelligkeiten, „sozialpsychophysisch", während sie Strapazen oder Diätfehlern ungeschädigt sich aussetzen dürfen und vom Wetter überhaupt nichts spüren. Umgekehrt gibt es in sozialpsychischer Hinsicht völlig „harte", unempfindliche Naturen, „Abgebrühte", die „wandelnde Barometer" sind oder kleinste Seitensprünge mit Genußgiften in schweren Nachwehen büßen. Wer sich noch erinnert, wie vor einem reichlichen Menschenalter die Abstempelung der Basedowschen Krankheit als „Sympathikusneurose" ihrem wirklichen Verständnis als einer schweren Störung des Schilddrüsenhaushalts lange den Weg verbaut hat, der wird in der Heranziehung des „vegetativen Nervensystems" für die Aufhellung der leibseelischen Wetterreaktionen wohl einen Fingerzeig für die weitere Suche, aber keineswegs schon eine befriedigende „Erklärung" erblicken.

Die weitere Suche wird sich vorzüglich in zwei Richtungen zu bewegen haben:

Das Angriffsfeld „vegetatives System" ist als solches zu weit in seiner Erstrekkung; wir müssen es gleichsam „parzellieren", die überschaubaren Einzelbezirke des vegetativen Lebens aufsuchen und ihr Verhalten bei Wetteränderungen oder bestimmten Wetterstetigkeiten feststellen. Diesen Weg schlagen unsere Abschnitte 45—49 ein.

Und wir müssen zum andern gewisse Naturellgruppen auseinanderhalten, deren eine mit diesen und andere mit jenen vegetativen Reaktionsbezirken auf meteorische Zumutungen antworten; den Weg zur Findung solcher wetterfühligen Typen versuchen unsere Abschnitte 50 (und 69) zu weisen.

Auf diesen beiden Wegen mögen sich schließlich auch Unterschiede in der Ansprechbarkeit auf nur gewisse Wetterformen (oder hauptsächlich auf sie) herausstellen (Abs. 50); eine solche Ermittlung bildet ein wichtiges Verbindungsstück von den Fragen der Wetterfühligkeit zu denen der Klimareaktion, zumal der Akklimatisation (s. Abs. 71).

Nicht vergessen sei bei alledem, daß je länger je gewisser die primär physiologischen Wetterreaktionen sekundär bewußt zu werden pflegen, namentlich in unserer durchgehends überbewußten Zivilisation. Hiervon nun gehen wieder Rückwirkungen auf die physischen Reaktivitäten selber aus, die dadurch „sensibilisiert" werden (s. S. 53 u. 92) und sich in selbstbeobachterischer Einstellung und Erwartung verschärfen, aber auch verfeinern. Die Kenntnis der Wetterreaktionen übersteigert schließlich Wetterempfindlichkeit wie Wetterfühligkeit, samt der Wettervorfühligkeit und -empfindlichkeit. In einer Art dialektischer Umkehrung kann das endlich dazu führen, daß die Überfühligen und Überempfindlichen alles Mögliche an kleinsten Verstimmungen, Ermüdungen, Belästigungen, das aus ganz andern Alltagsquellen stammt, dem Wetter (oder dem örtlichen Klima) zur Last legen. An solchen Gewährsleuten läuft dann selbst der wissenschaftliche Untersucher Gefahr, die irrtümliche Zurechnung mitzumachen (etwa zu Frontenpassagen, die in Zeiten unbeständiger Witterung bei uns Bewohnern Mitteleuropas derart häufig auftreten, daß es recht schwierig wird, ihre Mitschuld an ganz alltäglichen Stimmungs- oder Leistungsschwankungen ebensowohl zu beweisen wie zu widerlegen).

45. Gasotonus. Von einer Parzelle des vegetativen Gesamtfeldes ist es jedem geläufig, daß grobe mechanische Druckänderungen in ihrem Bereich zu recht mißfälligen, peinlichen, sogar ängstigenden, oft jedenfalls beklemmenden oder mindestens lästigen Befindensstörungen führen können: wir meinen die Gedärme. „Überladung" des Magens (durch ein Zuviel oder Zurasch an Mahlzeit), Ansammlung von blähenden Gasbildungen im Dickdarm machen nicht bloß örtliche Beschwerden, sondern auch recht oft allgemeines Unbehagen, Tätigkeitsunlust, unbestimmtes Mißbefinden. Die Empfindlichkeit dafür steigert sich mit dem Lebensalter; besonders bei älteren Menschen führt Aufstoßen oder Ausstoßen der Gase unmittelbare Erleichterung herbei, in manchen Kulturkreisen, wie bei den Japanern, ist das Aufstoßen geradezu gastliche Sitte, um nach reichlichen Bewirtungen es nicht erst zu jenen Belästigungen kommen zu lassen. Was aber von den Darmgasen her am gröbsten sich kundtut, das vollzieht sich ja am gesamten Gasbestand im Körperinnern überhaupt. Die Gelenkspannungen müssen mit dem Außenluftdruck wechseln; wie lästig kann das „Zufallen" der Ohren bei raschem Höhenwechsel werden; was wir „Tonus", und das heißt ja wörtlich Spannung, nennen, das ist gewiß zu einem wesentlichen Teil auch innere Gasspannung im Auseinandersetzungszustande mit der äußeren. Dieser Tonus aber findet seinen elementaren seelischen Niederschlag in unserm „Gemeingefühl", das selber wieder ein Kern unseres „Befindens" ist. Der Gasotonus des Organismus, mögen seine Wirkungen grobmechanische oder zartmechanische sein, ist fraglos eine Angriffstelle für das Wetter, um sich den Lebewesen fühlbar zu machen. In dieser Begrenzung behält der herrschende Luftdruck als psychotroper Wetterfaktor durchaus seine Wichtigkeit: Es gibt Wetterbeschwerden, die schon durch ausgiebige und namentlich unvermittelte Luftdruckänderungen allein ausgelöst werden.

46. Vasotonus. Durch die wechselnde Gasspannung wird die Gefäßespannung unseres Kreislaufsystems mitbedingt; die erheblichste Äußerung dieses Zusammenhanges ist der verhängnisvolle Einfluß kritischer Wetterlagen auf pathologische Blutgefäßzustände, wie Arteriosklerose und Gerinnselbildungen, so daß Schlaganfälle, Herzlähmungen und Embolien ohne Zweifel zu den oft wetterabhängigen Todesursachen zählen. Es ist verständlich, daß besonders starke Luftdruckunruhe einem beschädigten Gefäßsystem unheilvoll werden kann, genau wie heftige Gemütsunruhe es für ein solches System ist. Und es wäre aller Mühe wert, den wetteranfälligen Vasotonus (d. h. eben das Bild der Gefäßespannungen) auf seine jeweilige Bestimmtheit durch den Gasotonus aufs sorgfältigste zu untersuchen.

Aber nicht alle vasotonischen Schwankungen können einfach als gasotonische erklärt werden. Viele solcher Schwankungen im Alltagsleben haben mit der Gasdynamik nichts zu schaffen, sondern entstehen z. B. auf psychischer Grundlage. Der Vasotonus hat ja hohe Bedeutung für die gesunden Gemütsbewegungen, deren Ausdruck etwa im Erröten und Erblassen ein so ausgesprochen vasotonisches Element aufweist. So ist es auch nicht wahrscheinlich, daß die Bettmannschen Befunde, welche an den Haargefäßen (Kapillaren) beonders der menschlichen Lippen bei Wetterlagen bestimmter kritischer Art erhoben worden sind, und sozusagen Wattbildungen innerhalb größerer Flutbezirke darstellen, einfach als gasotonische Erscheinungen ausgelegt werden können. Vielmehr ist es nützlich, sich zu vergegenwärtigen, daß der Gefäßetonus überhaupt auf vielerlei Weisen geändert werden kann, die alle auch für die Wettereinflüsse in Frage kommen. Es sind die folgenden:

a) Von außen her können Blutgefäße zur Erweiterung oder Zusammenziehung oder zu einem Hin und Her von beidem gebracht werden; das geschieht durch H i t z e (Rötung) oder K ä l t e (Blässe o d e r Röte), durch auf die Haut oder Schleimhaut gebrachte Chemikalien wie Kokain, Adrenalin u. a., Senfteig, Spiritus, gewisse Öle usw., ferner durch mechanische Veranstaltungen wie Reibung (Frottieren), Kitzel, Druck, Stoß, Saugung, es ist wahrscheinlich, daß auch A n p r a l l b e w e g t e r L u f t gegen die Haut schon rein mechanisch deren Vasotonus beeinflußt. Gemäß einem Sprachgebrauch, der (namentlich auch in der Erbbiologie) Umwelteinflüsse durch die Präposition „peri" kennzeichnet, wollen wir solche Wirkungen p e r i t o n nennen.

b) Ihnen stehen andere gegenüber, die am besten e n d o t o n heißen: sie kommen von innen heraus, sei es von periodischen Tonusschwankungen der Blutgefäße (auch der feinsten) selber, sei es durch zentrale Schwankungen, sei es der Herztätigkeit, sei es des Zentralnervensystems verursacht, zwischen denen beiden trotz seiner geheimnisvollen Autonomie doch verbindend das vegetative System waltet. Vergiften wir den Organismus z. B. auf alltägliche Weise mit Alkohol, Kaffee oder Tabak, so treten, teils gewollt, teils unerwünscht, vasotonische Wirkungen auf, die sich in Hautwärme, Gesichtsrötung, Herzklopfen, fliegender Hitze, „Wallungen", aber auch Blässe und Kältegefühl (bei ungewohntem Rauchen etwa) äußern können.

c) Eine besondere Abart der endotonen Vorgänge bilden die t h y m o t o n e n, die von den Gemütsbewegungen, Stimmungsänderungen, Gefühlsaufwallungen, kurz vom emotionalen Seelenleben her verursacht werden. Ihre dem Menschen geläufigsten Vertreter sind Erröten und Erblassen: ausgesprochene Ausdruckserscheinungen, welche die Bewußtheit des zugeordneten Gemütserlebnisses voraussetzen. Wo sie ohne dieses sich einstellen, betrachtet man sie als abnorm (krankhaftes Erröten u. dgl.).

d) Wohin gehören nun die s e n s u t o n genannten Anzeichen, von denen früher schon gehandelt worden ist? (s. Abs. 32). Sie umfassen die ganze Spannweite vom physikalischen Außenreiz über die Sinnesnervenerregung und deren Fortleitung ins Zentralorgan (Gehirn) bis zum seelischen Vorgang der Wahrnehmung — und von diesem wieder rückwärts bis zu dem geänderten Vasotonus der Haut. Denn wir sollten nicht übersehen: dieser Vasotonus fällt a n d e r s aus, wenn ein rauher Windstoß mich anweht und ich ihn als erlösende Kühlung oder umgekehrt als peinliche Durchfröstelung erlebe! Gerade bei der Kälteeinwirkung auf die Haut kann es ganz ausschlaggebend für deren Vasotonik werden, wie ich die Kälte „auffasse", die psychische Einstellung darauf kann unter Umständen sogar über Erfrieren oder nicht entscheiden.

Die psychophysische Wetterwirkung nun vermag sich des vasotonischen Hebels von allen vier Angriffspunkten her zu bedienen.

Denn wir wissen, daß eine gewisse „Haltung" der Hautkapillaren, ein bestimmtes Maß von „Durchblutung" der Haut, an und für sich schon ein seelisches W o h l -

gefühl ergibt, das wir z. B. durch Waschen oder Baden uns künstlich bereiten; es tritt auch auf, wenn nach Entblutung (durch Kälte) durch Reiben oder Außenwärme die Hautkapillaren sich wieder füllen. Die Wirkung kann sensuton, aber auch rein periton sein, das heißt, es kann uns eine wohlige Hautempfindung (der Wärme, oder des „Wiederauflebens" der Haut) ins Bewußtsein treten (sensuton), aber dieses Erlebnis kann auch fehlen, wir fühlen uns einfach, ohne weiter auf Hautempfindungen zu achten, im ganzen wohlig, wenn die Haut ihre zureichende Durchblutung aufweist (periton). Das Sich-Braten in der Sonne fällt unter den sensutonen Fall, das Wohlbehagen in einem warmen Zimmer nach Kälte unter den peritonen, denn dabei kommt es gewöhnlich zu keinem bewußten Hauterlebnis. Jedenfalls stellt der Peritonus und Sensutonus unseres Hautgefäßsystems eine höchst einfache, sehr durchsichtige, gar nicht weiter zerlegbare und erklärungsbedürftige Komponente der psychischen Wetterwirkung dar. Er geht übrigens (als Sensutonus) auch in die Landschaftswirkung gelegentlich ein (s. Abs. 120, S. 181 u.).

Aber unser Wohl- oder Mißbefinden wird ja vom gesamten Vasotonus des Organismus, nicht bloß vom Hautgefäßtonus her mitbedingt. Es ist bekannt, wie leichte Herzunregelmäßigkeiten, Blutdruckänderungen, Venenstauungen im Körperinnern es beeinflussen. Und hier liegt nun der weit schwierigere Fall der Wetterwirkungen: denn dieser Endovasotonus wird zwar auch vom Perivasotonus mitbestimmt (die Wirkung der Kohlensäurebäder bei Herzstörungen beruht mindestens mit auf dem zarten Reiz, den die Veranstaltung aufs Hautgefäßnetz ausübt), aber er ist außerdem auf dunkle Art „autonom", etwa eigenperiodisch, und endlich noch durch den gesamten Physikochemismus des Innenkörpers beeinflußt. Denn dieser wirkt auf Herzsubstanz, Gefäßwandungen, Gehirnsubstanz, ja Zellenspannung schlechthin — und die Frage nach den endotonen (einschließlich der thymotonen) Angriffstellen des Wetters ist eben damit ein Stück der Hauptfrage, wie denn das Wetter (oder welches Element des Wetters) außer vom Peritonus her noch die innenkörperlichen Gewebe und Organe erreiche?

47. Physikochemismus. Neben der Haut und den Sinneswerkzeugen ist das eigentliche Verbindungsstück des Organismus mit der Außenwelt die Lunge. Beruhte wesentliches an der Wetterwirkung etwa auf der atmosphärischen Erzeugung von Stickoxydul, wie der Physiologe Kestner darzutun versucht hat (N_2O, „Lachgas" entsteht in geringfügigen Spuren, wenn Luft künstlich mit Ultraviolett durchstrahlt wird, und Kestner folgerte, daß es sich auch in großen troposphärischen Höhen durch das natürliche Ultraviolett bilde, durch Fallwinde aber in die Geosphäre hinabgerissen werde) — nun, so wäre die Sache äußerst vereinfacht: wir atmeten eben ein Gift, wenn auch in sehr kleinen Dosen, ein und bekämen davon Kopfdruck, Mattigkeit, Leistungsminderung, Mißbefinden, wie von manchem Gift sonst auch. Ähnlich einfach sehen jene Hypothesen die Lage an, die fürs Klima sich des Sauerstoff- (oder des Kohlesäure-)mangels erklärend bedienen (s. Abs. 34 und 66). Kestners Erklärungsversuch hat wenig Gegenliebe gefunden, da nicht einmal seine Experimentalbefunde bestätigt werden konnten; und mit den Sauerstoffhypothesen ist fürs Wetter nichts anzufangen, denn auch sehr heftige Wetterstürze am selben Ort führen keine Sauerstoffverarmungen der Freiluft mit sich. Wenn es uns bei „stikkiger" Schwüle, auch bei Föhn vorkommt, als ob es sich schwer atme (und bei Herzstörungen oder Lungenerkrankungen kann unter solchen Umständen wirkliche Atemnot eintreten), so hängt das mit der Leistungsherabsetzung zusammen, die überhaupt den Organismus heimsucht und auch die Regulationsvorrichtungen fürs Atmen im Körper in Mitleidenschaft zieht. Wie? das ist wiederum die allgemeine Wetterwirkungsfrage.

Sehr verschiedenartige Experimentaluntersuchungen glauben Änderungen des Blutdruckes durch Änderung der Atemluft erwiesen zu haben, so z. B. durch die mittels Bogenlicht mit Lachgasspuren versehene Luft (Kestner) und ebenso durch einwertig ionisierte Luft (Dessauer). Hier wäre der Endovasotonus von Atemluftbeschaffenheiten beeinflußt. Wir müssen auch die, selbst von ernsthaftesten Gewährsleuten aufs bestimmteste festgehaltene Angabe, daß sie einen charakteristischen „Föhngeruch", und manche einen nicht minder bezeichnenden „Schneegeruch" (nämlich der Schneeluft vor dem Schneien) kennen, als Fingerzeig beachten. Dabei könnte es sich um sehr fein verteilte chemische Luftanteile, aber auch ohne solche um rein physikalische Lufteigenschaften handeln, welche besonders sensitive Geruchsorgane reizen: so wie wir eine solche Reizung des Schmeckorgans bei der Berührung mit Metall (stählerne Messerklinge) kennen, die ja wahrscheinlich ebenfalls ohne einen chemischen Zersetzungsvorgang vor sich geht. Es wird jedenfalls sowohl dem Zusammenhang von Blutdruckerhöhungen oder -senkungen mit Atemluftsorten verschiedener Art weiterhin besondere wissenschaftliche Aufmerksamkeit zuzuwenden sein. Dabei besteht die Möglichkeit, daß der Blutdruck seine psychische Auswirkung rein physikalisch findet oder daß verschiedene Blutdruckwerte den Chemismus im Nervenzellengewebe auf bisher unbekannte Art beeinflussen.

Unter großem Aufgebot von Experimentaluntersuchungen und Alltagserfahrungen hat neuestens ein Privatforscher, Curry, in einem zweibändigen Werk einen Ozon- plus „Ozoniden"-Komplex von Luftbestandteilen unter dem Namen „das Aran" als den eigentlich biotropen Faktor in der Atmosphäre sicherzustellen sich bemüht. Mit Recht verhält die europäische wissenschaftliche Kritik bisher dieser Entdeckung gegenüber sich abwartend. Dies erscheint um so mehr geboten, als Curry seine eigentlich wissenschaftlichen Kapitel durchflochten hat mit phantastisch anmutenden Berichten über „empirische" Wirkungen sowohl natürlicher Aranlagen als auch künstlicher Aranschwängerung der Zimmerluft, die sich z. T. auf ganz vage und unkontrollierbare Aussagen von Hausgästen u. dgl. stützen. Wir haben im Laufe der Jahrzehnte zu viele Versuche, die Wetter- und Klimawirkungen auf die Organismen aus einem Agens herzuleiten, scheitern sehen, um in jedem neuen solchen Unternehmen sogleich gerngläubig die Lösung des verwickelten Problems hinzunehmen. Daß die Aran-Hypothese ernsthafte Durchprüfung verdient, ist selbstverständlich.

Ähnliches gilt für den Tatbestand des Temperaturgefälles. Es handelt sich dabei um ein statisches und um ein dynamisches Problem. Das statische: welche Überwärmung, in absoluter Temperaturangabe ausgedrückt (z. B. 44° C?) erträgt der menschliche Organismus und welche Spannweite hat die Innengewebetemperatur für das normale Befinden? Das dynamische: welche Fallwerte des Wärmeabstromes sind befindensoptimal? Aber darüber hinaus besteht die Wahrscheinlichkeit, daß auch hier chemische — „thermo-chemische" — Lebensprozesse in Mitleidenschaft geraten, daß also nicht bloß eine chemische Wärmeproduktion im Organismus existiert (der Stoffwechsel produziert Wärme, genau wie jeder chemische Vorgang im Reagenzglas, das davon warm wird), sondern umgekehrt auch eine thermische Stoffwechselregulation, die in unserm Gemeinbefinden und in unserer Leistungsfähigkeit ihren psychophysischen Ausdruck findet (s. Abs. 5).

48. Rolle der Hormone. Im Chemismus aller Lebewesen überhaupt spielen, wie das letzte Menschenalter gelehrt hat, gewisse Substanzen eine Rolle, die weder von außen zugeführt und ergänzt, noch nach außen abgeladen, sondern im Organismus erzeugt und in ihm aufgearbeitet werden. Sie heißen Wirkstoffe oder „Hormone", wohl auch „Inkrete" (Erzeugnisse der inneren Absonderung), und ihre heute bekanntesten entstehen aus den Keimdrüsen (Hoden und Eierstöcken), der Schilddrüse und ihren Beiorganen, den Nebennieren, den Hirnanhangsgebilden und (bei Kindern) der Thymusdrüse (Bries). Das ganze Hormone-Problem wimmelt freilich noch von ungeklärten und umstrittenen Einzelfragen. Es fragt sich, ob hormonale Vorgänge als Erklärungshilfen für die psychophysischen Wetterwirkungen heranziehbar sind.

Da es sich bei den Wettererscheinungen, und gerade bei den leib-seelisch wirksamen, um sehr plötzlich und rasch aufziehende Wirkungsträger handelt, die ebenso rasch wieder abziehen können, so käme nur eine entsprechend plötzliche Ausschüttung (oder umgekehrt Ausschüttungshemmung) von Hormonen in den Kreislauf oder Stoffwechsel in Betracht.

Von einem weiblichen Genitalhormon ist ein ziemlich plötzliches und massenhaftes Erscheinen im Urin einige Zeit nach der Eibefruchtung (Konzeption: s. a. u. Abs. 82) heute bekannt. Von den plötzlichen, manchmal geradezu anfallshaft wirkenden Erhöhungen des Geschlechtsverlangens bei aufkommendem Föhn oder Schirokko, bei großer Schwüle überhaupt (s. a. Tropenklima, Abs. 57) war schon die Rede. Das läßt durchaus an vermehrte Überschwemmung des Nervensystems mit Sexualhormon denken. Dazu würde stimmen, daß die Libido entschiedener gesteigert ist als die Potenz, und daß für die Föhnwirkung überhaupt das weibliche Geschlecht empfänglicher zu sein scheint als das männliche. Der weibliche Organismus steht durchgehends unter einer labileren Hormonalität, wir wissen, wie auch das Schilddrüsensystem beim Weibe mit den Fortpflanzungsvorgängen in starker Veränderlichkeit hin und her schwankt.

Andererseits pflegen die Wetterwirkungen, namentlich die algetischen (schmerzhaften), bei älteren Leuten besonders eindrucksvoll zu sein, und das spricht wiederum dagegen, dem Geschlechtshormon eine ursächliche Bedeutung für den Wettereinfluß zuzuschreiben. Es liegt eher eine Symptomtatsache vor: Das Sexualhormon wird neben einer Reihe anderer Prozesse im Organismus durch Wetter bestimmter Form erheblich mitbeeinflußt, aber es ist nicht etwa die erhöhte oder verminderte Ausschüttung von Sexualhormon in den Körper die Hauptursache für das übrige Mißbefinden, Minderleisten usw. Ob dabei die Hormonvermehrung unmittelbar von den wirksamen Wetterfaktoren hervorgerufen wird, oder auf dem Umwege übers vegetative Nervensystem, das seinerseits die Wetterwirkungen erleidet, dafür ist die Erkenntnis heute noch nicht spruchreif.

Jedenfalls wird die Forschung darauf zu fahnden haben, ob in vergleichbarer Weise wie nach der Empfängnis auch bei Wetterstürzen, überhaupt bei den psychotropen Wettergestaltungen, irgendwelche hormonalen Vorgänge, die vom Alltag abweichen, feststellbar sind.

49. Elektrotonus. Unter diesem Namen hat die Physiologie zur Zeit ihrer klassischen Forschungen über die animalische Elektrizität den veränderten Erregbarkeitszustand beschrieben, den ein von elektrischem Strom durchflossener Nerv darbietet. Der Elektrotonus in diesem engeren Sinne ist teilweise der Ausgangspunkt für die Entfaltung der Elektrodiagnostik und Elektrotherapie (das heiltätige Elektrisieren) geworden. Wir wollen hier aber vom Elektrotonus in einem weiteren Sinne handeln, nämlich von der Gesamthaltung lebendigen Gewebes zur Elektrizität überhaupt, mag diese in welcher Erscheinungsweise immer an den Organismus heran- oder in ihm auftreten. Das Verbindende mit dem Elektrotonus in jenem engeren Sinne ist die seither erworbene Erkenntnis, daß jedes in Funktion befindliche Organ bei seiner Leistung von den zarten Aktionsströmen durchflossen wird, sich also hinsichtlich der Ansprechbarkeit auf peri elektrische Einflüsse im elektrotonischen Zustande befindet. Vermutlich erklärt schon diese Tatsache eine geopsychologische Erfahrung, nämlich die günstige Wirkung des Ausruhens bei Mißbefinden erzeugenden Wetterformen und im Stadium der Akklimatisation an ungewohnte atmosphärische Zumutungen, namentlich solche mit sehr geänderten Ionisierungsverhältnissen.

Abgesehen von diesem wichtigen Anhaltspunkt aber haben wir erneut daran zu erinnern, daß in elektrotonischer Hinsicht der großen Wahrscheinlichkeit, die für den psychotropen Vorrang der Luftelektrizität spricht, eine ebenso große Unkenntnis von allen Einzelheiten luftelektrischer Wirkungen auf den Organismus gegenübersteht(s. o. Abs. 35 u. 43). Ein unabsehbares elektrobiochemisches Arbeitsprogramm wäre für die Lösung dieser Probleme sozusagen vom ABC her in Angriff zu nehmen. Dabei gibt es nur ein Dictum, das der Forschung unerlaubt ist: die Behauptung, etwas sei „ausgeschlossen" oder „unmöglich". Mit vorgefaßten Behauptungen bringen wir die Arbeit an diesen Dingen nur auf Abwege. In Frage kommt fürs Forschen jede Möglichkeit; Aufgabe des Forschens ist es, die Wirklichkeit und Wirksamkeit (oder das Gegenteil) der möglichen Faktoren aufzudecken.

50. Reaktionstypen und Gradstufungen. Offensichtlich bieten nicht alle Menschen dem Wettereinfluß gleich zugängliche, gleich breite und überhaupt nicht die gleichen Angriffsfelder dar. Empirisch verhält sich ja die Wetterreaktivität nicht nur dem Grade, sondern öfters auch der Art nach etwas verschieden. Schon der Unterschied zwischen Wetterfühligkeit und Wetterempfindlichkeit deckt eine solche Verschiedenheit auf. Es gibt die kleine Gruppe (s. o. Abs. 10) mit paradoxer Schwülereaktion: ihre Mitglieder fühlen sich bei höherer Wärme und Feuchtigkeit wohler, als bei jener „Frische", die das Wetteroptimum für so viele andere darstellt. Und die medizinischen Beobachtungen des letzten Jahrzehnts legen eine Bestätigung der paradoxen Reaktion nahe: es gibt Krankheiten, die in Ausbruch oder Verschlimmerung mehr auf „Kaltfronten", und andere, die mehr auf Warmfronten ansprechen. Gewiß wird auch da die wetterwissenschaftliche Erkenntnis es noch aufzuhellen haben, ob denn zwischen diesen beiden Typen überhaupt ein mit den Begriffen Kalt und Warm zu fassender Wesensgegensatz besteht und nicht etwa bestimmte Kaltfronten mit bestimmten Warmfronten das psychotrope Agens gemeinsam haben, während es andern abgeht. Wer aber die Augen beobachtsam offenhält, dem kann es nicht entgehen, daß gewisse Formen „frischen", nämlich (in Mitteleuropa) nordostwindigen Wetters zahlreiche Menschen auf die Dauer niederstimmen, verdrießlich, reizbar, unaufgelegt, nicht gerade matt, aber, nun sagen wir einmal: auf eine unproduktive Art unruhig machen, und danach feuchtwarmes Wetter als eine Erleichterung, manchmal geradezu als „Erlösung" begrüßt wird. Wir vermögen heute die „charakterologischen" Typen, um die es sich dabei handelt, noch nicht zureichend abzugrenzen; sie stehen dem „Neurastheniker" keineswegs näher, als die (größere) Gruppe derer, die von Schwüleformen am unliebsamsten heimgesucht werden; es handelt sich um eine andere Art der psychophysischen Reizsamkeit (Irritabilität), die sich wahrscheinlich auch in andern Lebensrichtungen als eine Besonderheit kundtut. Es ist ein Tatbestand, an dessen Aufhellung die Arbeit der Physiopsychologie, der Geopsychologie und der Sozialpsychologie einander ergänzen und fördern können.

Etwas verschieden reagieren öfters die Geschlechter. In der Frage, ob der Mann oder ob das Weib wetterfühliger sei, neigt sich die Waagschale neuerdings auf die Seite des weiblichen Geschlechts. Die (auch von uns früher vorgetragene) Meinung des Gegenteils wurde wohl dadurch genährt, daß Frauen im Durchschnitt von Zuständen des Mißbefindens weniger „herzumachen" pflegen und sich auch nicht so aufmerksam, ja ängstlich beobachten, wie Männer. Die Hypochondrie ist ein ausgeprägter Wesenszug des Mannes, vielleicht geradezu ein echter Instinkt, denn gesundheitliche Beschwerden beim Manne deuten viel sicherer darauf hin, daß etwas wirklich bei ihm nicht in Ordnung ist, während die Fortpflanzungstätigkeit des Weibes regelmäßig (schon in der Monatsregel z. B.) eine Fülle kleiner Gebresten mit sich bringt, welche in der Natur der Sache liegen. Physiologisch ist das Weib viel mehr zum Leiden vorbestimmt und gerüstet als der Mann. Lernen aber Frauen erst einmal auf Störungen durch Wetter achten, so reagieren sie im Durchschnitt feiner und, wie es scheint, auch früher als Männer, sind also „vorfühliger".

Wenn in der medizinischen Eintagsliteratur gelegentlich ein Begriff wie „Witterungsneurose" aufgetaucht ist, so muß dem sachlich entgegengetreten werden. Von einer „nosologischen Entität", einer abgrenzbaren Nervenkrankheit dieser Art kann keine Rede sein. Die sensitive Reaktion auf Wettererscheinungen kann zeitweilig im Vordergrunde allgemeiner nervöser Irritabilität stehen, ist aber fast immer ein Symptomkomplex in ihr neben anderen, die vielleicht weniger auffällig hervortreten oder weniger herausfordernd von der Umwelt angesprochen werden (wie die meteoropsychische Reizsamkeit z. B. an einem Orte mit Föhnprädilektion). Daß überhaupt seelische Wetterreaktionen eintreten, ist normal und nicht abnorm; wir finden sie ja gerade bei den Wildtieren sehr ausgesprochen, die sich eben instinktiv danach verhalten. Wie der primitive Mensch es großenteils auch noch tut! Man möchte eher jemandem, der vor Gewitterschwüle oder Schirokko „gar nichts merkt", als abnorm ansehen. Daß eine psychische Wetterreaktion pathologisch sei, muß in jedem einzelnen Falle an ihrer intensiven, extensiven oder qualitativen Besonderheit diagnostiziert werden. In aufreibende Kollisionen von neurotisierender Reichweite verwickeln den Wetterfühligen erst zivilisatorische Verkünstelungen des Daseins, wie mechanische Leistungspflicht bei leistungsabgünstigem Wetter oder Klima. Die „Geopsyche" als solche ist durchaus gesund, ja: urgesund. Wesentlich jene Domestikationsfaktoren, die wir „Zivilisation" nennen, bedrohen sie gelegentlich mit Übersteigerungen oder Verschiebungen ins Krankhafte hinüber.

Wie steht es um die Altersstufen? Kinder vollziehen naturgemäß noch selten für Mißbefinden die richtige ursächliche Zurechnung. Daß ihr objektives Befinden auf Wettereinflüsse anspricht, steht außer Frage; die Beobachtungen der Leistungen, aber auch des an diesem Punkte sehr aufschlußreichen „Betragens" von Schülern lassen atmosphärische Einwirkungen manchmal sogar noch dort erkennen, wo sie nicht einmal von wetterfühligen Erwachsenen bewußt erlebt werden (s. u. Abs. 86). Auch die kindlichen Formen der Schlafstörung, namentlich bei reizsamen Kindern, wie Auffahren, Aufschreien, Aufschrecken (die „Nyktopathien") zeigen unverkennbare Abhängigkeiten von Wetterlagen typisch psychotroper Art. Die alte Schulgepflogenheit, bei mehr als 25° C Hitze den weiteren Unterricht auszusetzen, ist zwar in dieser schematischen Form recht unzulänglich (denn 20° sehr feuchter Wärme können weit entnervender sein als 25° trockener), bildet aber doch ein Anzeichen der Erfahrung, daß in solcher Temperaturlage die beste Lernwilligkeit der Zöglinge vor der höheren Gewalt der Schwülenmattigkeit unterliegt. Die Wetterfühligkeit nimmt mit dem Lebensalter zu. Die stärker abgenutzten Gewebe, namentlich auch die Gelenke und Gefäße, reagieren offenkundig empfindlicher auf das biotrope Wetter. Dazu tritt noch der Tatbestand der Sensibilisierung, teils auf rein physische Art, aber auch durch zunehmendes Bewußtwerden (s. S. 92). Sehr heftig wirksame Wetterformen, wie Föhn, wecken vielfach erst, nachdem sie einmal oder ein paarmal erlebt worden sind, die Wetterfühligkeit, sei es für jene besonderen Witterungsarten, sei es überhaupt. Damit hängt es auch zusammen, daß nach unbezweifelbaren Angaben, die immer wiederkehren, viele Einwanderer in Föhngegenden sich nicht an den Föhn „gewöhnen", sondern im Gegenteil immer mehr unter ihm leiden. Auch werden Wettereinflüsse vielen Menschen zum ersten Male bewußt, wenn sie krank liegen oder Folgen einer Verletzung, Erschöpfung, Operation durchzumachen haben. Da erst leiden sie unter der Witterung und fangen an, die Wetterfühligen zu verstehen, die sie vielleicht vorher verlacht haben. Ein Föhn, der während einer schweren gesundheitlichen Krise den Organismus trifft, sensibilisiert diesen manchmal zeitlebens für Mißwetter überhaupt.

Das sorgfältige Studium der Gradunterschiede und der Reaktionstypen ist für die Erklärung der psychophysischen Wetterwirkungen auch darum wesentlich, weil mit den Konstitutionen und Lebensaltern verschiedene Gestaltungen des Tonus, des Chemismus, der elektrostatischen Entladbarkeit, der Hormonalität usw. verbunden sind und wir gerade auf diesem Wege wichtige Hinweise auf den psychotropen Faktor im Wetter wie auf den organischen Angriffspunkt dieses Faktors im Organismus empfangen können.

51. Befindenswindrose (s. d. Abbildung). Wir fassen den geopsychologischen Erkenntnisstand dieses ersten, vom Wetter handelnden Hauptteiles unserer Darstellung noch einmal zusammen. Unter den mannigfaltigen Erscheinungsformen des Wetters gibt es solche, die auf Leib und Seele des Menschen (und vieler Tiere) eine spürbare oder feststellbare Wirkung ausüben. Diese Wirkung ist dem Grade nach recht verschieden; am empfindlichsten bewußt wird sie einer Menschengattung, die darum als wetterfühlig bezeichnet wird. Eine Abart davon bilden die „Wetterempfindlichen", bei denen das Spüren der Witterung sich mehr in örtlichen Beschwerden an bestimmten Körperteilen, zumal in Schmerzen äußert. Herabsetzungen der gesundheitlichen Widerstandsfähigkeit, Altern und Wiederholung derselben Wettereinwirkung vermögen die Wetterfühligkeit zu verschärfen oder überhaupt erst hervorzurufen. Die Art der Wirkung ist je nach den beteiligten Wetterformen entweder eine erfrischende oder eine ermattende; beides bezieht sich sowohl auf das subjektive Befinden als auch auf die objektive Leistungsfähigkeit. Der ermattenden Wirkung sind meist Anzeichen einer lästigen und störenden Erregung beigemischt. Durchschnittlich geht die ermattende Wirkung von warmen und feuchten, die erfrischende von kühlen und trockenen Wetterlagen aus. Sie kommt aber auch bei kühler und feuchter Luft („Rauhschwüle") vor und erreicht sogar ihre stärksten Wirkungsgrade bei Föhnwind, also einer trockenen und verhältnismäßig milden Lage. Eine in der Minderheit befindliche Menschengruppe zeigt die „paradoxe" Wetterreaktion, d. h. Befindens- und Leistungsverbesserung unterm Einfluß der die Mehrheit ermattenden Formen (und umgekehrt). In Europa, besonders in der europäischen Mitte, trägt im Durchschnitt leicht ostwindig und nordostwindig bewegte Luft den erfrischenden, west- und südwestwindige dagegen den ermattenden, nordwestwindige endlich einen „reizbar ermattenden", zu leistungsunlustiger „Geladenheit" stimmenden Charakter.

Vergegenwärtigen wir uns diese „psychophysiologische" oder „B e f i n d e n s - W i n d r o s e" (die natürlich nur für Mitteleuropa so gilt) noch einmal! Der nach Südwest orientierte Begriff des ermattenden Wetters hat zum Kern die Herabsetzung der Leistungsfähigkeit und des Wohlbefindens, umschließt aber mancherlei Erregungszeichen mit. Das Mißbefinden ist desto ausgesprochener, je stärkere Ermattung mit je stärkerer Erregtheit (Unruhe, Gereiztheit) sich kombiniert. Dies tritt besonders stark bei der Windwendung nach Nordwest ein; es sind die „polarmaritimen", „naßkalten" Luftmassen, welche eine Art „Geladenheit" bei geringer Leistungsaufgelegtheit erzeugen; diese u n w i r t l i c h e Luft macht u n w i r s c h. Motorische Unruhe bei herabgesetzter Leistungsfähigkeit ist stets ein besonders peinigender Zustand. Auf der andern Seite, der „östlichen Orientierung", ist eine mäßige Erregung, die wir gewöhnlich als A n r e g u n g bezeichnen, der Wirkungskern. Führt (was durchaus vorkommt) die Frische zu höheren Erregungsgraden, so k a n n (muß nicht) auch hier ein Mißbefinden auftreten; wir finden es nicht selten bei Menschen, die an

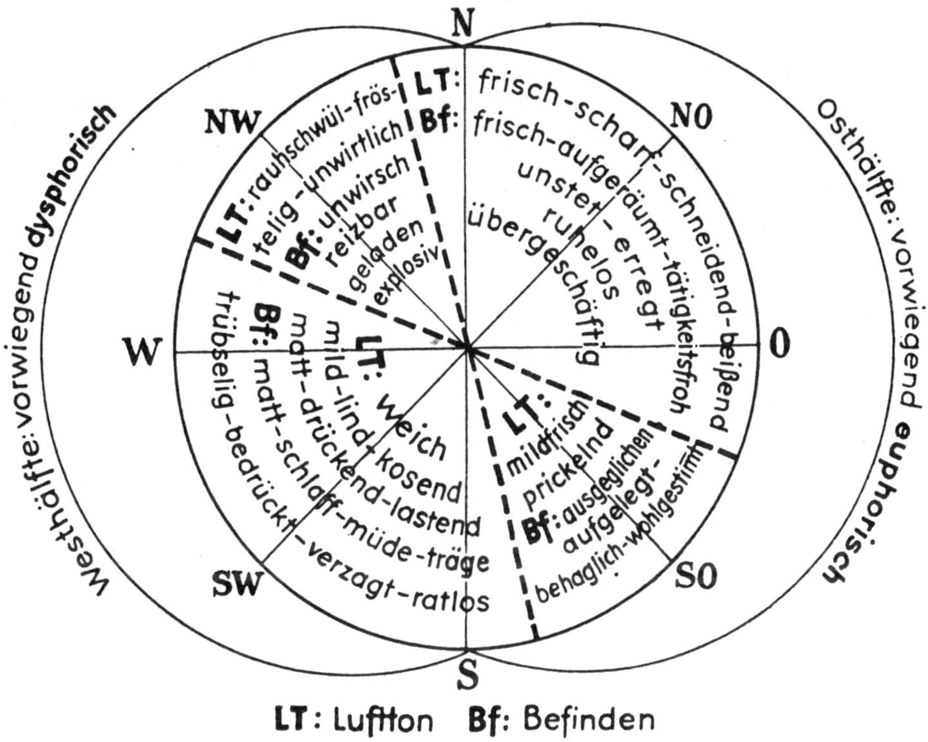

Fig. 1: Befindens-Windrose für Zentral-Europa.

sehr frische Wetterlagen nicht gewöhnt sind (s. S. 86, 93, 95, 97). Die Anregungsform der Erregung ist aber auch mit Arabesken ihrer Umkehrung ausgestattet, denn viele Menschen erleben an sich bei Schönwetter eine ausgesprochene Beruhigung, und diese Kombination, daß wir z. B. geistig angeregt und stimmungsmäßig aufgeräumt, aber zugleich ohne Unruhe, gemütsruhig, „behaglich" sind, gehört zu den erfreulichsten Lebenslagen, die wir für uns kennen. Die Optima, die Bestwerte der erfrischenden Wetterwirkung finden sich, ebenso wie die immerhin noch erträglichsten Werte der ermattenden, bei schwacher bis zu mäßiger Luftbewegtheit hin. Heftiger Ost- und Nordwind geht nicht bloß „bis auf die Knochen", sondern auch „auf die Nerven", er erregt unter Umständen in unangenehmer Weise, und das kann sogar den Gewinn an Leistungsfähigkeit aufwiegen. Entsprechend pflegt die ermattende Wirkung von Föhn und Schirokko, überhaupt von Glut- und Schwülwinden (auch z. B. der landläufigen Tauwinde im Spätwinter) desto peinigender zu werden, je mehr die Windstärke zunimmt: Sturm ist fast in jeder Richtung befindensungünstig, auch wenn der Organismus seinem Wehen nicht unmittelbar ausgesetzt wird.

Die Erklärung aller Wirkungen aus einem Element des Wetters ist unmöglich. Wärme, Feuchtigkeit, Wind, aber auch der Luftdruck können jedes an sich Wirkungen durch ihre wärmedynamischen oder druckmechanischen Einflüsse auf den Organismus setzen. Für die am meisten charakteristischen heftigsten Wirkungen kommt aber mit größter Wahrscheinlichkeit die elektrische Beschaffenheit der Atmosphäre ins Spiel. Angriffsfelder der Wirkung im Organismus sind der Gasotonus, der Vasotonus, der Chemismus des Stoff- und Kraftwechsels, wahrscheinlich auch des Hormonespiels, der Elektrotonus. Da alle diese organischen Funktionsfelder überwiegend oder so gut wie ausschließlich vom „vegetativen Nervensystem" her gelenkt werden, so nimmt es nicht wunder, daß Menschen, bei denen dieses System von Haus aus oder durch Lebensschädigungen (körperliche Krankheit, seelische Zermürbung) ungewöhnlich labil ist, die sogenannten „vegetativ Stigmatisierten", oft besonders wetterempfindlich oder wetterfühlig sind; doch decken sich Wetterfühligkeit (Meteorotropismus) und „Sympathikotonie" (oder Vagotonie) durchaus nicht; es gibt zahlreiche Wetterfühlige ohne sonst namhafte vegetative Anfälligkeit, und umgekehrt äußert sich vegetative Stigmatisation keineswegs notwendig in meteorotropen Reizsamkeiten. Besonders jähe und kräftige Wirkungen werden beim Auftreten der Freiluft-Unstetigkeitsschichten, also namentlich beim Luftkörperwechsel mit Frontendurchzug beobachet; dies wahrscheinlich ist es, was sich wenigstens teilweise in den Windverhältnissen ausdrückt. Doch läßt sich nicht die gesamte Möglichkeit einer psychophysiologischen Windrose aus der Luftkörper- und Frontenwechsellehre allein herleiten. Schon Gewitter und Föhn sind auf diese Formel nicht reduzierbar; aber unvoreingenommene Erfahrung zeigt auch, daß bei beständiger Ostwind- oder Südwestwindlage jene Charaktere des Erfrischenden oder Ermattenden ihre Gültigkeit bewahren, nach denen als leitenden Gesichtspunkten wir unsere Beschreibung der seelischen Wetterwirkung gegliedert haben. Darum öffnet uns gerade das Bild der Befindenswindrose die Augen dafür, daß den windbestimmten, vorsichtiger gesagt windbezeichneten Wetterlagen an und für sich, und nicht nur in den kritischen Situationen ihrer Änderung, wohlumschriebene spezifische Wirkungen auf den leibseelischen Organismus zukommen.

Zweiter Hauptteil

Klima und Seele.

52. Wesen des Klimas. Wetter, das weiß jeder, ist nicht bloß veränderlich, sondern auch in seiner Veränderlichkeit noch unberechenbar. Man redet wie sprichwörtlich von Wetterlaunen, und in unsern gemäßigten Breiten bekommen wir sie besonders maßlos zu spüren. Aber auch in den Tropen überfällt ein Gewitter, in der Arktis ein Schneesturm das Land oft ganz unversehens. Dennoch hat alles Wetter auf Erden auch wieder eine große Regelmäßigkeit. Überall gibt es „Jahreszeiten", die durch je eine bestimmte Witterung gekennzeichnet sind. Am selben Julitage zweier aufeinanderfolgender Jahre kann es einmal heiß und trocken, das andere Mal kühl und regnerisch sein; aber im Tieflande um den 50. Breitengrad herum kann an diesem Tage weder Frost noch Schnee herrschen, so wenig wie an einem Januartage eine Wärme von 30°. Das Wetter wandelt sich während des Jahres mit einer gewissen und meist recht hohen Regelmäßigkeit ab. Es besteht ein Witterungscharakter für jede Gegend auf Erden, das Wort „Witterung" selber bezeichnet schon ein Wetter, über längere Zeiträume hin betrachtet, und diesen Witterungscharakter nennt die Wissenschaft das Klima. Klima ist der gegendliche Typus der Wetterabfolge. Er ist für verschiedene Erdgegenden sehr verschieden, es gibt weit voneinander abweichende Klimate auf Erden. Dies hängt mit einer Dreiheit von kosmischen Tatsachen zusammen: mit der Stellung der Sonne innerhalb der Erdbahnellipse, mit der Drehung der Erde um ihre eigene Achse und der Schiefstellung dieser Erdachse auf der Bahn um die Sonne; möglicherweise tritt als viertes die Umdrehung der Sonne um ihre eigene Achse mit ihrer Regelabfolge von Sonnenflecken, Eruptionen u. a. m. hinzu.

Außer dem Wechsel der Jahreszeiten ergibt sich hieraus auch derjenige von Tag und Nacht, von dem wir ja wissen, daß er, in den verschiedenen Gegenden freilich wiederum ganz verschiedenartig, in den Jahreszeitenwechsel verwickelt ist. Auch innerhalb des Tages wird dadurch für das Wetter eine gewisse Gesetzmäßigkeit hergestellt. Es gibt Klimate, in denen es bei Nacht fast ebenso warm ist wie bei Tage, und andere, in denen die Nacht immer, jahraus jahrein, viel kälter ist als der Tag. Manche Wettererscheinungen, wie Tau und Nebel, treten mit Vorliebe zu bestimmten Tageszeiten auf. In diesem Sinne spricht man mit Recht vom Tagesklima eines Ortes, einer Jahreszeit. Die Kenntnis des Tagesklimas ist praktisch, z. B. durch das tageszeitliche Aufkommen günstiger oder ungünstiger Winde für die Seefahrt oder für Krankenbehandlungen, durch die Verteilung von Niederschlägen und gar dank unserer heutigen Einsicht in die Tragweite der Licht- und Ultralichtstrahlung für Forst und Garten wesentlich.

Dasselbe gilt fürs „jahreszeitliche Klima". Die Art und Weise, wie irgendwo der Frühling abläuft, wie innerhalb einer Jahreszeit der Witterungswechsel sich gestaltet, hat landwirtschaftliche, medizinische, verkehrstechnische und sonstige lebenspraktische Wichtigkeit. Immer aber wird, wo man den Begriff des Klimas für andere Zeiteinheiten als das Jahr gebraucht, dies durch Voransetzung des entsprechenden Wortes (Tagesklima; Nachtklima; Herbstklima; Juliklima) kenntlich gemacht. Ist von Klima schlechthin die Rede, so ist der Jahrescharakter der Witterung gemeint.

Keinesfalls hingegen läßt sich die Gepflogenheit mancher medizinischen Lehrbücher rechtfertigen, als Klima grundsätzlich nur die Beschaffenheit von Luft und Boden in Ansehung ihrer gesundheitlichen Wirkungen zu definieren. Fürs praktische Bedürfnis wie für die theoretische Erkenntnis reicht die Bedeutung des Klimas unermeßlich weit hierüber hinaus. Der Forstmann, der Gärtner, der Landwirt, der Bergmann hat tagtäglich mit klimatischen Fragen und Rücksichten außerhalb des medizinischen Bereichs zu schaffen. Selbst dem Kolonisator, also dem Staatsmann, Kaufmann, Feldherrn ist oft als erste Frage gestellt, welche Flora oder Fauna ein fremdes Klima beherberge oder welche sich dort einführen, züchten lasse. Dem Geographen, dem Geologen, dem Biologen, Anthropologen und Ethnologen stellt das Klima Erkenntnisfragen, die mit medizinischen (hygienischen oder therapeutischen) Gesichtspunkten überhaupt nichts zu tun haben, z. B. ob die Rassen durch das Klima sich differenziert haben, welche neuen normalen Eigenschaften ein anderes Klima aus den Erbanlagen einer Gattung, Art, Gruppe entfalte, wie es die Bodenformationen forme, wie es umgekehrt durch natürliche oder künstliche Bodenänderungen (Entsumpfung, Bewaldung, Vermoorung) mitgeändert werde? So wichtig die gesundheitlichen Wirkungen des Klimas sind, so läßt sich weder die Begriffsbestimmung noch die Ergründungsbedürftigkeit der klimatischen Tatbestände einseitig hierauf zuschneiden. Die Kolonie und der Kurort sind wahrlich nicht die einzigen Daseinsschauplätze, auf denen die Kenntnis des Klimas wichtig wird. Bedarf die Heilkunde für ihre besonderen Aufgaben eines engeren Klimabegriffes, so müßte sie zu einer Bezeichnung wie „Gesundheitsklima" (oder einer ähnlichen) greifen. Klima schlechthin kann nur den typischen Witterungscharakter einer Erdzone schlechthin — in allen seinen Verursachungen und allen seinen Wirkungsmöglichkeiten bedeuten.

A. Klima-Wechsel

53. Grundbezeichnungsweisen. Die Wirkung eines andern als des gewöhnten Klimas bekommt der Organismus am eindrucksvollsten und am einflußstärksten zu spüren, wenn er aus einem Klima in ein davon sehr verschiedenes versetzt wird. Dies geschieht bei Ortswechseln aller Art, mögen es Wanderungen Einzelner oder in Massen, Geschäfts- oder Erholungsreisen, Feldzüge, Expeditionen oder Kolonisationen sein. Wir nennen die vielfältigen Störungen und überhaupt Abweichungen vom Gewöhnten, die dann auftreten, die Deklimatisation, und ihre Wiederausgleichung, die allmähliche Rückkehr subjektiven Wohlergehens die Akklimatisation des Organismus. Bei vorübergehenden Ortswechseln kann man das Wiedereinleben in das ursprünglich gewöhnte Klima als Reklimatisation bezeichnen. Endlich tritt für eine vollkommene und dauerhafte, auch auf die Nachkommenschaften sich forterstreckende Akklimatisation die recht sachdienliche Bezeichnung Inklimatisation auf.

I. Die Subarktis.

54. Irdische Ausnahmestellung. Zur „Ökumene", zum bewohnten Erdraum, gehört nur das um den Polarkreis gelagerte Festlandsgebiet der Nordpolarkappe unseres Globus, der „Arktis". Die Kugelkappe um den Südpol (die „Antarktis") ist schon vom 55. südl. Breitengrade ab menschenleer. Die Arktis nimmt nun unter allen Klimagebieten der Erde darin eine Ausnahmestellung ein, daß in ihr (und ebenso natürlich in der Antarktis) der 24-Stunden-Rhythmus von Tag und Nacht aufgehoben ist. Dies rührt von der Schiefstellung der Erdachse auf der Erdsonnenbahn her, die es bewirkt, daß die polaren Kugelkappen des sich drehenden Globus monatelang in der Sonne verbleiben und monatelang ihr entzogen werden. Dazwischen schieben sich wochenlange Übergangszeiten, in denen auch dort die Sonne auf- und untergeht, also ein Wechsel von Tag und Nacht stattfindet. Aber das Charakteristische der Polarzonen ist doch der Monate währende Sommertag und die Monate währende Winternacht. In der „Subarktis", d. h. den (praktisch wichtigen, weil noch dicht bevölkerten) Gegenden um den Polarkreis herum, und schon im polwärtigsten Teil der gemäßigten Zonen, macht sich jene arktische Ausnahmestellung in zunehmend langen Tagen und kurzen, vor allem aber zunehmend „hellen" Nächten (die „weißen Nächte" der Russen) während des Sommers, und in ebenso kurzen und lichtarmen Tagen wie langen Nächten während des Winters bemerklich. Schon die Ostseeküste, die sich zwischen dem 54. und 60. Grade nördl. Breite ausdehnt, zeigt dem überraschten Binneneuropäer im Juni und Juli jene „weißen Nächte", die überhaupt nicht mehr dunkel werden, sondern nur noch Dämmerungen sind.

55. Das Polarzykloid. Von den Polarexpeditionen her ist die tief herabstimmende Wirkung des arktischen und antarktischen Dunkelwinters bekannt. Es bedarf immer wieder hoher sittlicher Spannkraft, um sie zu überwinden. Individuell macht sich eine wachsende Gedrücktheit, Müdigkeit, Abspannung, Schläfrigkeit geltend; Gleichgültigkeit gegenüber dem Lebensschicksal, Nachlaß der geistigen Arbeitslust und Arbeitsausdauer, Gedächtnisschwäche, Unaufmerksamkeit nehmen von Monat zu Monat zu, so daß gegen Ende der Winternacht hin der Tiefpunkt erreicht wird. Auch körperlich findet alles das sein Seitenstück in blassem, oft „bleichsüchtigem" Aussehen, mattem Blick, größerer Ermüdbarkeit, sinkendem Appetit, Stuhlträgheit, meistens wohl auch langsamerem und schwächerem Puls. Sozialpsychisch tritt eine erhöhte Reizbarkeit gegenüber dem Mitmenschen, Ungeduld, Jähzorn,

Streitsucht in Erscheinung: es sind die Erregungsanzeichen der organischen Gesamtherabstimmung, die allerdings durch das enge Zusammengepferchtsein bei zeitweiliger Untätigkeit besonders begünstigt werden. (Man kennt sie ja auch von Schiffsbesatzungen auf langen Fahrten ohne die Zutat der arktischen Winterdunkelheit.) Das Gesamtbild, das der arktische Dunkelwinter erzeugt, wird man am richtigsten als eine leichte seelische Depression mit einzelnen gereizten Zügen unter mäßiger Herabstimmung des gesamten Lebenstonus, der „Vitalität", kennzeichnen. Wenn neuerdings die Gültigkeit dieses Verlaufes z. B. für die Eskimovölker angezweifelt wird, weil bei ihnen gerade das Dunkelwinter-Ende mit ausbündig frohen kultischen Festen begangen werde, so handelt es sich dabei wohl um Feiern der Lichtwiederkehr, also der Sommervorahnung und (wahrscheinlich) Wintervertreibung magischer Art. Es ist aber auch möglich, daß die dunkelwinterliche Herabstimmung der Psychophysis bei diesen Völkern überhaupt nicht so weit geht, wie bei denen der überaus klimasensitiven nordischen Rassenschläge am europäischen Polarkreis; gehören doch jene der mongoliden Großrasse an, die wir (s. S. 117) als die klima-unempfindlichste unter allen, als geradezu „klimastumpf" kennenlernen werden. Ergänzende Beobachtungen aus der asiatischen Arktis und Subarktis wären für diese Frage von größter Wichtigkeit. Im übrigen darf völkerpsychologisch eine kultische Ekstase niemals ohne weiteres auf spontane Wohlgestimmtheit der Teilnehmer bezogen werden. Und für die europäische Subarktis ist die depressive Winterreaktion um so bemerkenswerter, als ihre Bevölkerung ja im übrigen an ihr nordländisches Klima vorzüglich akklimatisiert, ja (s. Abs. 79) überhaupt nur dafür wirklich inklimatisiert, es ihr „adäquates Klima" ist.

Die wiederkehrende Sonne stellt das erschütterte organische Gleichgewicht vollständig wieder her. Wenige Wochen, und die Lichtfülle ist ebenso groß wie vorher monatelang der Lichtmangel. Der Polarsommer erzeugt bei vielen Menschen deutliche Erregungswirkungen. Abendliche Müdigkeit stellt sich überhaupt nicht mehr ein; die Schlafdauer verkürzt sich, während im Winter eine wahre Schlafsucht vorhanden sein kann; die Aufgeräumtheit und Tätigkeitslust ist außerordentlich. Es kann (schon bei Vergnügungsreisenden auf „Nordlandsfahrten") eine Gemütsverfassung auftreten, die mit der im Hochgebirge (s. u. S. 97) Ähnlichkeit hat und als Gegenstück aller depressiven Zustände in der Seelenkunde als leicht manisch, als „hypomanisch" bezeichnet wird. Der Mangel an Schlaf und ein überspannter Unternehmungsdrang mischt aber nicht selten überreizte Züge ins Bild (wie im Hochgebirge auch), so daß bei unverständiger Lebensführung ein leicht manisch-depressiver „Mischzustand" sich herausbilden kann, in welchem hochgestimmte Gemütslagen („Euphorie") mit Reizbarkeit und allerlei Mißstimmungsanzeichen sich durchflechten oder abwechseln. Man muß als Fremder im arktischen und subarktischen Sommer erst schlafen lernen, man muß lernen, die Lichtflut, die Tag und Nacht auf einen einströmt, mit Maß zu genießen und der Unternehmungslust Zügel anzulegen. Die Steigerung der Lebensfunktionen macht sich auch körperlich in jeder Hinsicht bemerklich. Der Appetit kann geradezu „unersättlich" sein, ungewöhnlich schwere (z. B. fette) Nahrung wird in ungewohnten Mengen prächtig vertragen, man atmet „in vollen Zügen", der Blick ist lebhaft, die Farbe „blühend", eine Art

Verjüngung scheint sich zu vollziehen. Es verdient angemerkt zu werden, daß im Unterschied vom Dunkelwinter die Symptome ihren höchsten Grad nicht erst gegen Ende hin aufweisen, sondern meist auf der Höhe der Lichtdauer, also um die Sommersonnenwende; ja die Erregungszüge können geradezu in die ersten Wochen fallen, wo das neue Dauerlicht in ungemäßigt vollen Zügen genossen wird; gegen den Spätsommer hin pflegt ein Bild ruhigen Wohlbefindens vorzuherrschen.

Die Psychologie bezeichnet solche Wechsel der Gemütslagen, wie die eben beschriebenen, gern als „zyklisch", und wenn sie verhältnismäßig leichte Veränderungen aufweisen, so redet man von „zykloiden" Zuständen. Man kann die Gesamtwirkung des arktischen und subarktischen Jahres das P o l a r z y k l o i d nennen. Daß es durchaus auch bei den Einwohnern jener Gegenden da ist, erweisen nicht bloß tausendfältige Aussagen, sondern auch Schlafuntersuchungen, aus denen sich ergeben hat, daß schon unterm 57. bis 58. Breitengrade (Stockholm; Dorpat) die objektive Schlaftiefe in den Wintermonaten erhöht, im Sommer verringert ist (s. S. 138). Das Klima jenseits des 55. Breitengrades erzeugt also im Organismus einen Kreislauf von Lebenserhöhung und Lebensherabstimmung, diese im Dunkelwinter, jene im Lichtsommer.

56. Die wirksamen Faktoren. Der arktische L i c h t w a n d e l ist gewiß die wesentliche Ursache des arktischen Zykloids. Es ist wahrscheinlich, daß schon der Licht m e n g e n wandel allein hinreicht, um den vitalen Erscheinungswechsel hervorzurufen. Es ist aber nicht minder wahrscheinlich, daß auch die sommerliche Licht s t r u k t u r , die Zusammensetzung der dauernden Sonnenstrahlung aus den einzelnen Strahlensorten (genau wie im Hochgebirge, s. S. 101) einen wichtigen Anteil an den biologischen Einwirkungen nimmt. Leider liegen dazu noch keine hinreichenden Untersuchungen vor, die den klassischen lichtklimatischen Forschungen am Hochgebirgsklima verglichen werden könnten. Jedenfalls ist das Polarzykloid in allerester Linie eine Wirkung des Lichtklimas in der Arktis und Subarktis. Welche Wirkungsreichweite außerdem einem mittelbaren Faktor, nämlich der durch den Mangel an „Grünfutter", an frischer Pflanzenkost (Gemüse und Salate) hervorgerufenen V i t a m i n - V e r a r m u n g („Avitaminose") des Organismus beizumessen ist, läßt sich heute schwer bestimmen. Die nordländische Kost ist allgemein so stark auf tierische Rohstoffe, auf Fleisch und Fett gestellt, daß man jene Möglichkeit nicht überschätzen sollte. Vielleicht geht sie nicht sehr weit über die analoge Situation in den gemäßigten Zonen hinaus. Die unmittelbare Störung des Vitaminhaushaltes im Rahmen des Gesamtstoffwechsels durch den Lichtentzug, den atmosphärischen Strahlungsschwund, dürfte wohl der entscheidendere Wirkungsfaktor sein.

Für den arktischen und subarktischen S o m m e r tritt aber noch anderes hinzu. An zweite Stelle darf gleich hinter die Lichtfülle die wunderbare L u f t t r o c k e n h e i t dieses Sommerklimas gesetzt werden, eine Eigenschaft, die wiederum dem Hochlandsklima ebenso eignet. Ferner sind die Temperaturschwankungen zwischen Tag und Nacht mäßig, auch der eigentliche Hochsommer bleibt selbst um die Mittage herum frisch, b e i s t a r k e r S t r a h l u n g h e r r s c h t L u f t k ü h l e. In der europäischen Subarktis kann sich, wer will, zudem die Luftdünne verschaffen; die norwegischen Hochlande steigen ja bis zu fast 2500 m empor. Alles in allem ist das arktische und subarktische Sommerklima als ein reizstarkes Klima (s. Abs. 72) zu charakterisieren, welches sämtliche Lebensfunktionen zu erhöhen, bei unmäßigem Genuß des Aufenthalts im Freien freilich auch zu überreizen die Eigenschaft hat. Umgekehrt bedeutet der arktische Winter ein Klima, das durch Sonnenlichtmangel alle Lebensfunktionen herabstimmt und für den indogermanischen Menschen nur durch eine Fülle technischer Ausgleiche (gut durchwärmbare Wohnungen, bequeme Beleuchtungseinrichtungen) erträglich gestaltet werden kann. Mindestens subjektiv leiden sehr viele an südlichere Klimate gewöhnten Menschen außer an der Dunkelheit auch an der langdauernden Kältezeit der nordischen Klimazonen.

II. Die Tropen und der „Süden".

57. **Tropenbiasthenie.** Zwischen den Wendekreisen herrscht ewige Tag- und Nachtgleiche; Dämmerung ist ein ganz kurzer Übergang; die Nacht ist tiefdunkel, der Tag von blendender Lichtfülle. Da die Sonne das ganze Jahr lang beinahe durch den Zenith geht, so ist die Wärme außerordentlich. Die Tropen sind ebenso die ewige Hitzezone des Erdballes wie die Polarregionen seine Kältezone. Als „Jahreszeiten" sondern sich nur trockene von nassen Perioden, Regenzeiten von Trockenzeiten. Die Luftfeuchtigkeit ist aber immer groß, die Wärme hat überwiegend den Schwülecharakter. Die Gewitterhäufigkeit geht über die aller andern Erdräume hinaus.

Schon bei Seereisen bringt der Eintritt in dieses Klima für europäische Menschen eine merkliche Befindensverschlechterung mit sich. Sie leiden unter der Höhe der Temperatur und ihrer Dauer. Es ist wie bei langen, abkühlungslosen Hitzezeiten in den gemäßigten Klimaten: man wird schlaff, arbeitsunlustig, ermüdbar, wohl auch reizbar, „geladen" (dies namentlich bei Schwüle), der Appetit läßt nach, der Schlaf ist unregelmäßig, traumdurchquält, unerquickend. (Nach den Hundstagen ist ja die Erholungsbedürftigkeit zur Regel geworden.) Kühle Nächte mildern die Wirkung; aber die Tropennächte sind nur relativ kühl. Ist auch der Temperaturabfall gegenüber der Tageswärme nach Sonnenuntergang manchmal so schroff, daß jenes schon von Al. v. Humboldt klassisch beschriebene Frieren auftritt, so bleibt doch die Nachtwärme immer noch zu beträchtlich, um eine wirkliche Erfrischung des Organismus zuzulassen. Tropenklima ist ewiges Hundstagswetter.

Auch in unsern Hundstagen entspricht das psychophysische Abspannungsbild, das sich allmählich einstellt, demjenigen der „reizbaren Schwäche", der Neurasthenie. Tritt es vorwiegend bei sensitiven, geistig schaffenden oder überhaupt seelisch beanspruchten, bei „Nervenmenschen" auf, während der robuste „Muskelmensch" wenig davon verspürt, so ergreift es im Tropenklima so durchgehends jedenfalls die Angehörigen der eigentlich weißen, und am schwersten und nachhaltigsten die der hellstfarbigen, blonden und rosigen (nordischen) Rasse, daß die

Bezeichnung als **Biasthenie**, reizbare Herabstimmung der allgemeinen Vitalität, sämtlicher Organfunktionen, labile Erschütterung aller Systemgleichgewichte, richtiger wäre. Bei den Angehörigen der farbigen Rassen ist diese Wirkung nicht entfernt so vorhanden.

Je nach besondern Umständen und persönlichen Anlagen tritt es gelegentlich ein, daß der reizbare Bestandteil im biasthenischen Bilde sich vordrängt. Es treten dann außer der Ermattung und auffälliger als sie Zornausbrüche, schwere Erregungsanfälle, Weinkrämpfe, Auffahren und Anschreien oder sogar Tätlichkeiten gegen die Mitmenschen auf. Dieser „**Tropenkoller**" stellt aber kein spezifisches Krankheitsbild vor. Abgesehen von Einzelfällen, wo er weiter nichts als der Ausbruch einer gewöhnlichen Geistesstörung auf tropischem Boden ist, hängt er als kolonialer Makel europäischer Nationen manchmal mit unzweckmäßigen Lebensgewohnheiten, vor allem mit übermäßigem Alkoholgenuß, der bei Schwüle ja besonders leicht erregend, zu Krakehl stimmend wirkt, und daneben mit sozialpsychischen Faktoren zusammen, die auf ungünstiger charakterologischer Grundlage sich dann sehr begreiflich in solcher Richtung auswirken. Jedes Kolonisieren ist **auch** auf Menschen angewiesen, welche Abenteuerdrang oder Herrschsucht in die weite Welt treibt. In unerprobten Kolonisationsumständen pflegt der Prozentsatz dieser Elemente besonders groß zu sein. Der Fortfall vieler heimischen Hemmungen, der Eintritt in eine Sphäre anscheinend primitiverer Gesittung, die wirkliche Notwendigkeit physischer Selbsthilfe (oft sehr rascher und entschlossener), der „Wilde" als Gegenüber, die Notwendigkeit, ihn **gegen** seine Triebe bei planmäßiger Arbeit und in Unterordnung zu halten, endlich die Steigerung des Geschlechtstriebes, die bis zur rasenden Brünstigkeit gehen kann — alles das wirkt zusammen, um das Sichgehenlassen zu erklären. Jede junge Kolonialgeschichte ist daher voll solcher Ausschreitungen. Sie pflegen immer seltener zu werden, je mehr die koloniale Arbeit sich befestigt, erprobte Beamte, gute Durchschnittscharaktere und — Verheiratete in die tropischen Landesteile geschickt werden. Die wahrscheinlich sehr wenigen Fälle von wirklich pathologischem Tropenkoller mit plötzlichen tobsuchtartigen Ausbrüchen und sinnlosen Mißhandlungsausschreitungen dürften auf Alkoholeinfluß bei Psychopathen zurückzuführen sein. Ob der klimatische Faktor, also das Leben in großer Dauerhitze, zu sadistischen, gewalttätigen Umfärbungen des Sexualtriebes überhaupt hindrängt, möchte immerhin nicht ganz außer Frage zu stellen sein. Manches spricht dafür, u. a. die Erfahrung, daß auch in Europa bei den südländischen Völkern die „Schmerzgeilheit" (Algolagnie: Sadismus und Masochismus) in der gesamten Erotik eine größere Rolle spielt, als bei den nördlicheren, wie man denn dort geneigt ist, geschlechtliche Gewalttat namentlich mit Schirokko, als besonders angreifender Schwüllage, zu entschuldigen.

Alles in allem beruht die Tropenwirkung auf der feuchten Hitze als Hauptfaktor, verschärft durch deren dauernde Vorherrschaft. Vielleicht spielt auch das wandellose sommerliche Übermaß an Lichtstrahlung mit hinein. Aber auch die Möglichkeit **luftelektrischer** Wirkungszutat darf man nicht übersehen. Denn Tropenluft ist nicht bloß ewige Hundstagsluft, sondern vielfach ewige Gewitterluft. Erwägt man, wie reizbar-erschlaffend schon in den gemäßigten Breiten wochenlange Schwüle mit starker Gewitterneigung wirkt, so kann man sich eine Vorstellung bilden, wie die Wirkung ausfällt, wenn solches Wetter jahraus jahrein herrscht.

Nach vielfältiger Erfahrung fällt der Tiefpunkt des tropenbiasthenischen Befindens ins zweite bis dritte Aufenthaltsjahr. Später tritt eine Art subjektiver Gewöhnung ein, meist wohl ohne Milderung der objektiven Leistungsherabsetzung. Auch wird das biasthenische Bild, als verhältnismäßig harmlos, im Laufe der Jahre häufig durch noch schwerere Leidenszustände von rein körperlichen Tropenkrankheiten her (Leber, Wechselfieber, Ruhr) überdeckt. Viele, die lange in den Tropen haben leben und schaffen müssen, werden auch nach der Heimkehr in die gemäßigte Zone eine merkliche Biasthenie oder wenigstens Neurasthenie nie wieder völlig los: Tropenjahre sind gesundheitlich Kriegsjahre. Wenn christliche Missionare aus ihren Lebensdauerstatistiken das Gegenteil zu belegen unternommen haben, so muß dazu gesagt werden, daß deren besondere asketische Daseinsform nicht als Regelfall genommen und bei den meisten, namentlich katholischen, die Probe auf die Vollwertigkeit der Fortpflanzung ja nicht gemacht werden kann. Als Regel bleibt der Satz durchaus in Geltung, daß für den Durchschnittsmenschen der weißen Rassenwelt, namentlich der gemäßigten und subarktischen Klimazonen, Tropenklima an der äußersten Grenze des Lebensersträglichen steht.

Bei der weißen Rasse findet sicherlich eine echte Anpassung an das Tropenklima nur ganz ausnahmsweise statt: leichter bei ihrem dunklen (mediterranen) Zweig, als bei dem lichten (nordischen) und den Mischlingen beider, am leichtesten, wie es scheint, bei Völkern, in die reichlich afrikanische Rassensubstanz eingekreuzt ist, vorab Portugiesen, dann Spaniern, Süditalienern, sowie bei den indianisch durchmischten Südamerikanern. Der Mittel- und Nordeuropäer gedeiht in den Tropen auf die Dauer nicht. Er kränkelt sich hindurch, er hält es gerade noch aus, braucht aber selbst dazu Unterbrechungen durch Europaaufenthalte, Gesundheitsstationen, die im tropischen Hochlande liegen, Seereisen in die gemäßigten Zonen. Kalkutta, sagte mir einst ein erfahrener Tropenmann aus Süddeutschland, wäre für den Weißen eine Hölle, wenn es nicht den Himmel von Darjeeling hätte (Gebirgsstation, 2185 m ü. M.). Namentlich scheint auch die Erhaltung der Art einer Abschwächung zu unterliegen. Ob wirkliche Unfruchtbarkeit weißer Ehen in den echten Tropen häufiger sei als sonstwo, ist unentschieden, oft handelt es sich dabei wohl um Schonung der Frau wegen körperlicher Tropenleiden aller Art; aber für weiße Kinder ist das Zurweltkommen und Aufwachsen im Tropenklima sicherlich nicht günstig. Lebensschwache, kränkelnde, neuropathische Nachkommen treten in erschreckender Zahl auf. Dieser Umstand rechtfertigt die Bezeichnung „Tropenbiasthenie", Tropenlebensschwäche, ganz besonders.

Wenn vom „Tropenklima" schlechthin die Rede ist, so darf man immer unterstellen, das Klima der tropischen Tieflande sei gemeint. Zunehmende Entwärmung, Entfeuchtung und Windbewegtheit sowie Änderung der Strahlungsstruktur nehmen mit zunehmender Seehöhe auch zwischen den Wendekreisen der Atmosphäre ihren spezifisch-„tropischen" Charakter. Daher auch die tropischen Hochlande seit jeher als „Erholungs"- oder „Gesundheits"stationen für die nicht voll akklimatisierbaren Tieflandeinwanderer betrachtet werden. Daß die südamerikanischen Eingeborenen die Verpflanzung aus dem tropischen Tiefland ins Hochland gesundheitlich nicht vertragen sollen, worauf Sapper hingewiesen hat, stützt sich hauptsächlich auf kolonialhistorische Berichte aus der Zeit der Conquista und Arbeitsversklavung und ist mit Reserve aufzunehmen. Einfache Menschen reagieren meist nicht bloß mit affektivem Widerstreben, sondern in dessen Gefolge sehr oft auch psychophysisch sehr elementar auf Zumutungen an ihre herkömmlichen Existenzformen; auch fürs „Heimweh" (s. Abs. 66) spielt dieses generelle Moment eine mitursächliche Rolle. Natürlich können abrupte Aufstiege in sehr hochgelegene Landschaften (in Südamerika und Innerasien bis zu 4000 m und darüber) jähe Gesundheitsschwankungen als „Eintrittsreaktion" (S. 106) nach sich ziehen. An der generell viel eher erträglichen Beschaffenheit tropischen Hochlandklimas, und zwar je höher je günstiger, bis an die Bewohnbarkeitsgrenze hinauf, ändert das nichts.

Wenn von einzelnen Gewährsmännern aus einzelnen, namentlich australischen und südamerikanischen Tropengegenden neuerdings günstigere Wahrnehmungen mitgeteilt werden, so stehen sie heute noch zu isoliert im Widerspruch zu den ganz überwiegenden und großenteils sehr umfassenden Erfahrungen der Mehrzahl von Tropenkundigen aller abendländischen Nationen, als daß diese durch jene sogleich entkräftet zu werden vermöchten. Sie würden vielfältiger Bestätigung bedürfen, namentlich auch hinsichtlich der dabei vorgetragenen Meinung, daß die volle Übernahme körperlicher Anstrengung im Tropenklima, nicht die Schonung in diesem Punkte, allein eine sichere Inklimatisation gewährleiste und fördere. Daß stufenweise erfolgendes Herabsteigen aus tropischen Höhenlagen ins Tiefland die Akklimatisation, auch die relative, ans Tropenklima erleichtert, ist einleuchtend. Derlei gilt ja für j e d e Akklimatisation (s. S. 110). Leider sind für die meisten, die im Tropenklima eine Existenz suchen, solche Umwege nicht auswählbar.

58. Südländisches Klima. Einen für den Europäer (und Nordamerikaner) besonders wichtigen praktischen Fall des Klimawechsels stellt die Übersiedlung in den „Süden" dar. Die Südlandssehnsucht der nördlich von den Alpen lebenden Europavölker ist sprichwörtlich; sie wird gewöhnlich als ein Verlangen nach Sonne, Wärme und Schönwetter gedeutet, aus Kühle oder Kälte, Nebel- und Regengrau, Winter und Halbwinter heraus. Aufenthalt „im Süden" ist früher namentlich als Gesundungs- und Erholungsmittel recht überschätzt worden, für bestimmte große Krankheitsgruppen wie Tuberkulose, Rheuma, Nierenentzündung, Blutarmut werden heute ganz andere Klimate als überlegen oder nur noch bestimmte südländische Klimaformen (z. B. Wüstenklima) als heilsam gewertet; auch der Kultus des südlichen Wetters hat mit dem der südlichen Landschaft eher nachgelassen. Wir sehen die Vorzüge des Mittelmeerbeckens jetzt kritischer an. Aber sie bestehen trotz allem.

Obschon „südlich" ein sehr vager und gar kein einheitlicher Begriff ist, zieht sich wie ein roter Faden durch alle relativ südwärtigen Klimawechsel als gemeinsame Wirkung eine ganz leichte Lähmung, man sollte sagen: D ä m p f u n g des seelischen Gesamtzustandes. Diese Dämpfung kann als ein etwas phlegmatisches genießerisches Behagen („dolce far niente"!), als Beruhigung (hochgespannten Arbeitsdranges etwa, der Großstadtgehetztheit, verkrampfter Berufssorge) in Erscheinung treten. In diesem Sinne wirkt die „südlichere Luft" schon im d e u t s c h e n voralpischen Süden, namentlich im Südwesten, am Oberrhein, auf den vom Norden, gar vom Nordosten her Kommenden. Alles wird „gemütlicher", dieses urdeutsche Wort ist sehr bezeichnend, es schließt hier den Bestandteil des Lässigeren, des Gehen- und Fünfgeradeseinlassens ein, eines Fortfalls beständiger Gespanntheit, Exaktheit, Sorgfalt, Zielsetzung, Leistung. Man entrüstet sich anfänglich vielleicht darüber, aber man spürt nach einiger Zeit, daß man in dieser „Luft" gar nicht anders kann. Dafür treten die triebhaften, intuitiven, gefühlsmäßigen Seiten des Ich mehr in den Vordergrund. Man wird bequemer, aber „menschlicher".

Schon im deutschen, erst recht im mittelmeerischen Süden, wird aber diese Dämpfung der Spannkräfte sehr oft auch als höchst unliebsam empfunden. Sie tritt dann als eine bedrückende Leistungslähmung, als bleierne Lethargie, als Unlust und Unvermögen etwas „Richtiges zu tun" auf. Diese Wirkungsform kann in unangenehmstem Kontrast zur Erwartung, mit welcher der Süden aufgesucht worden ist, zu seinem landschaftlichen Zauber (eingeschlossen seine Sonnigkeit) oder zur anfänglichen lustvollen Dämpfung stehen. Alles Dreies haben viele Südlandspilger erlebt; sehr häufig wird der südlichere Aufenthalt nach einiger Zeit immer schwerer erträglich, es macht sich also das Gegenteil von Akklimatisation geltend, man könnte von „Disklimatisation" sprechen; namentlich wenn erst öfter Schirokko oder Föhn (dieser z. B. in Freiburg, Zürich, Bern, am Bodensee) durchgekostet worden ist, wird das südlichere Klima immer schlechter statt immer besser vertragen. Die Schwüleformen des Wetters und Klimas haben in ihren höheren Ausprägungsgraden die Tendenz zur S e n s i b i l i s i e r u n g. Das heißt sie wirken immer heftiger und störender, je öfter sie einwirken; der Neuling schenkt ihnen kaum Beachtung, der wiederholt Heimgesuchte leidet immer stärker unter ihnen. Da der Föhn ja keine Schwülewindform ist, sondern trockene Wärme verbreitet, und an ihm die Sensibilisierungstendenz am sichersten festgestellt ist, so muß man auch hier an einen abseits von Temperatur und Feuchtigkeit liegenden Witterungsfaktor denken, der für die sensibilisierende Kraft aller dieser Wetter- und Klimasorten verantwortlich zu machen wäre, z. B. eben (s. S. 66) den luftelektrischen. Dies würde auch gut dazu stimmen, daß die ungünstigsten Wirkungen (und zwar im besonders krassen Kontrast zur dareingesetzten Erwartung und zu seinem landschaftlichen Zauber) vom F r ü h l i n g (und Frühsommer) der südlicheren Lagen ausgehen. In ihm wird der Wirkungszwiespalt des Südens oft zuerst offenbar. Hochfrühling und Frühsommer sind aber die Jahreszeit nicht nur der am steilsten ansteigenden Wärmezunahme, sondern vor allem auch der raschesten Zunahme der Gewittertendenz in der Atmosphäre u n d der Zunahme des Anteils von Ultraviolett an der Sonnenstrahlenstruktur („stechende" Sonne). Hinzu tritt allerdings die in der „Frühlingskrise" vorliegende allgemeine Befindenslage (s. Abs. 87/88); sie ist in ihrer Labilität für die sie noch verschärfenden südländischen Einwirkungen eine besonders abgünstige Voraussetzung.

III. Binnenland und Meeresküste.

59. Zuträglichkeit kontinentalen Klimas. Die Witterung im Innern großer Festlandmassen mutet dem Organismus stärkste Gegensätze von Hitze und Kälte, Trockenheit und Nässe, jahreszeitliche und tageszeitliche Extreme zu. Die Temperaturunterschiede zwischen Hochsommer und Tiefwinter können nahe an 100° C herankommen, 60° Differenz zwischen dem heißesten Juli- und dem kältesten Januartage sind geradezu ein Regelfall. Aber auch zwischen Tag und Nacht sind sie noch in der warmen Jahreszeit beträchtlich und nicht selten ganz kraß; innerhalb weniger Stunden kann dann das Thermometer von einem Punkte wenig über Null bei Sonnenaufgang bis auf 25° und mehr im hohen Vormittag steigen. Ebenso jäh vollziehen sich die Wetterstürze. Nach Gewittern, die hier besonders gern unter Wolkenbrüchen und Hagelschlägen auftreten und in einem stundenlangen Toben von Blitz und Donner sich auswettern, ist die Abkühlung oft eisig; ebenso rasch kann der neue Hitzeanstieg erfolgen. Ungeheuren Schneefällen, die tagelang unfaßliche Massen herunterwirbeln, oft unter wilden Schneestürmen, folgen ganze Wochen kristallklarer Wintersonnentage bei vollkommener Windstille und klirrendem Frost.

Diese Zumutungen werden von den meisten Menschen gut vertragen, vorausgesetzt, daß der erforderliche Schutz gegen Kälte gegeben ist. Manche Zuwanderer leiden freilich subjektiv unter der langdauernden beißenden Kälte des Winters, so oft sie sich ihr aussetzen müssen, weniger, dank der abkühlenden Nächte, unter den sengend heißen Sommerwochen, eher unter den oft stürmischen und naßkalten Übergangsjahreszeiten des Spätherbstes und Vorfrühlings. Auch objektiv stellt sich dadurch manchmal übermäßige Erregtheit ein, die sich in zielloser Unruhe, Gereiztheit, Schlafmangel äußern kann. Doch ist das Umgekehrte beim Schlaf häufiger: die kühlen Nächte sichern auch in langen Tageshitzeperioden erquickenden Schlummer. Die allgemeine leibseelische Leistungsfähigkeit ist gesteigert, öfters entsteht (ähnlich wie im arktischen Sommer und im Hochgebirge) eine überdurchschnittliche, hypomanische Betätigungslust. Das echte Kontinentalklima ist eines der befindensbekömmlichsten auf Erden.

60. Schwierigkeit des Seeklimas. Das ausgeprägt maritime Klima, wie es am reinsten auf offener Hochsee in Erscheinung tritt, ist die genaue Umkehrung des kontinentalen. Extremieren die großen zusammenhängenden Landmassen der Kontinente die Witterung, so wird sie durch die großen zusammenhängenden Wassermassen der Ozeane ebensosehr temperiert. Die Wärmesprünge sind geringfügig; das Januarmittel und das Julimittel der Temperatur liegt beispielsweise in Liverpool nur um etwas über 10°, in San Francisco um gar nur 5° auseinander. Auch die allerhöchsten und allertiefsten Temperaturen des Jahres zeigen meist kaum ein Drittel oder ein Viertel des Wertes der kontinentalen Abstände voneinander, selten über 20—25 Grade. Die Übergänge von Wärme und Kühle (Kälte tritt überhaupt nur ausnahmsweise auf) ineinander sind allmähliche, stetige. Dasselbe gilt im Verhältnis von Tag und Nacht. Auf hoher See beträgt der Unterschied zwischen der höchsten Tageswärme und der tiefsten Nachtkühle manchmal nur wenige Grade, bis zu 2 oder 1° herunter. Wirkliche Trockenheit kommt kaum vor, an Niederschlägen herrscht Überfülle, besonders sind ihre schleichenden Formen (Nebel, Nebelregen, Sprühregen, Schneeregen) sehr häufig. Die relative Luftfeuchtigkeit ist dauernd eine sehr erhebliche. Die Gewittertendenz ist nur mäßig; nach Gewittern bleibt aber die erquickende Abkühlung oft aus, es ist ebenso feuchtwarm wie zuvor. Wetterstürze sind selten, nur Windstille schlägt gelegentlich sehr unvermittelt in Sturm um. Der Wind bildet überhaupt den wesentlichen Abkühlungs- und Erfrischungsfaktor in der maritimen Witterung.

An dieses Klima hat der Fremde meist Schwierigkeiten sich zu gewöhnen. Abgesehen von den (hier auszuschaltenden) sinnlichen Mängeln (wenig Sonnenschein, grauer Himmel, diesige Luft, viel Nebel, überhaupt „trübes" Wetter) leidet er trotz fehlender Hitze unter der „dämpfigen" Feuchtigkeit auch schon bei mäßigen Wärmegraden, umgekehrt unter einer nassen Frostigkeit selbst bei mäßiger Kühle, eben wiederum durch ihre Feuchtigkeit, die in alles „hineinkriecht". Es fehlen die Wechselreize und ihre „stimulierende", anregende Wirkung; der Wind, der allein diese Funktion versieht, wirkt für den Ungewöhnten eher lästig, ermattend, erzeugt Kopfdruck und Unbehagen (vgl. S. 36). Man fühlt sich müde, unaufgelegt zur Tätigkeit, phlegmatisch, Appetit und Verdauung liegen darnieder, Leere oder Bedrücktheit, eine Art von geistigem Indifferenzzustand greift Platz. Diese Wirkungen können sich so stark in den Vordergrund schieben, daß sie sowohl die landschaftlichen Reize, als auch objektive Gesundheitsbesserungen (etwa bei katarrhalischen Erkrankungen) in den Schatten stellen. Die Akklimatisation währt gewöhnlich lange, sie tritt bei eigentlich kontinentalen Menschen, die erst als Erwachsene ins Meeresklima übersiedeln, manchmal überhaupt nicht ein.

Als Sonderart des Meeresklimas bezeugt das S t r a n d k l i m a sich durch seine etwas abweichenden Wirkungen. Es wird durch seine Windigkeit vom maritimen Durchschnittsklima unterschieden; das ist zunächst noch kein unbedingter Vorzug, viele Strandbesucher leiden denn auch anfangs (und manche dauernd) unter dem Wind, die Mehrzahl aber gewöhnt sich daran und ist nun den objektiven Vorteilen der starken Luftbewegtheit zugänglich. Diese Vorteile sind erstens eine beständige gehörige Entwärmung und Abdunstung des Körpers, also die Beseitigung, richtiger Verhütung des Schwülezustandes mit all seinen leibseelischen Unzuträglichkeiten, zweitens der Genuß eines wirklich spürbaren und der Effekt eines auch objektiv kräftigen klimatischen Reizes, der den stillen Formen des maritimen Klimas fehlt.

Hierüber besitzen wir exakte Untersuchungen. Die vielfältigen Einzelergebnisse, die sie enthalten, lassen sich etwa auf folgende Zusammenfassung bringen. Am offenen Meeresstrande, desto mehr, je reiner er „Strand" ist (mit Einschluß der Sanddünen), je weniger Bewaldung, Begrasung, Hügel- oder gar Bergland ihn umprägt, kreuzen sich zwei klimatische Charaktere, der f e u c h t - m i l d e des allgemeinen Seeklimas und der w i n d i g - k ü h l e, man kann oft sagen: s t u r m - k ü h l e des besonderen Strandklimas. Schon in der grob alltäglichen subjektiven Befindenslage werden diese beiden Bestandteile von vielen gut unterschieden. Es gibt zahlreiche Menschen, die immer wieder in den Zwiespalt geraten, daß ihnen „die See" als Erholungsfaktor ausgezeichnet bekommen würde, wenn nicht die ewige Windkühle des blanken Strandes ihnen den Aufenthalt verleidete; sie macht sie gereizt, übermüdet, schlaflos, erzeugt Kopfweh oder Nervenschmerzen. Das bessert sich sofort, wenn der eigentliche Strand mehr gemieden und jedenfalls nicht stundenlang als Aufenthalt benutzt wird. In Mitteleuropa ist die deutsche Nordsee das extreme Beispiel dieses ausschließlichen Strandklimas. Andere Naturelle hingegen bevorzugen gerade den Strand, weil seine Kühlwindigkeit für sie eine erwünschte klimatische Peitsche gegenüber der „erschlaffenden" Wirkung des feuchtmilden Maritimklimas bedeutet.

Längerer Strandaufenthalt bringt seelisch eine Entspannung der Aktivitätsfunktionen der Psyche, vor allem der Aufmerksamkeit hervor; gleichzeitig tritt eine Steigerung der Bewegungsantriebe, also eine leichte psychomotorische Erregung ein. Der experimentelle Ermittler dieser Wirkungen, die an Kindern studiert wurden, Dr. Berliner, wollte die Erregung auf die Kühlwindigkeit, die Aufmerksamkeitsminderung auf die Feuchtmilde schieben. Das dürfte eine im ganzen richtige Zurechnung sein; nur ist zu bedenken, daß viele Erwachsene eher in eine Art behäbiger Apathie verfallen, die zum stundenlangen Faulenzen geneigt macht. Vielleicht hängt das damit zusammen, daß erholungsuchende Erwachsene sehr oft am Strande sich solcher Apathie hemmungslos hingeben, indem sie sich noch dazu durch die landschaftlichen Faktoren der Meeresweite und des Meeresrauschens in eine Art Einschläferung (man hat von einer leichten Hypnose gesprochen; s. S. 178 f.) versetzen lassen, während alle Kinder am Seestrand die unerschöpflichste Spielgelegenheit finden, die es in der Welt für sie gibt. Durch ihr unermüdliches Sichtummeln in der kühlwindigen Strandluft werden sie motorisch erregt, die Erwachsenen hingegen schützen sich schon durch Lagern im Sande, zwischen Dünen, durch Aufenthalt in Zelten vor der Windigkeit und geben sich ruhend viel einseitiger der feuchttemperierten Maritimität des Strandklimas hin.

Die Seeklimate der Erde zeigen überhaupt in ihrer Maritimität viele A b s t u f u n g e n. Ihr ziemlich einseitigster Typ dürfte das ostatlantische Klima sein, also das Klima Westeuropas, das für den Nordwesten durch den warmen Golfstrom eine Unterstreichung seiner Feuchtmilde erfährt. Ihm fehlt zu allem andern auch noch in ganz besonderem Maße die Strahlungsfülle, die im mittelmeerischen Klima für die allzuweiche Ausgeglichenheit entschädigt (wir meinen nicht landschaftlich, durch den erfreulichen Eindruck, sondern rein klimatisch durch den erregenden Einfluß entschädigt). In der Ostatlantis ist die Sonne selten, bezogener Himmel, Regen oder Nebel beherrschen einen großen Teil des Jahres. Das ostpazifische Klima (z. B. Kaliforniens) zeigt wieder die Kühlwindigkeit („Frische") des maritimen Klimatyps verbunden mit einer großartigen Sonnenstrahlungsfülle (noch über die mediterrane hinaus) und sehr maßvollen Unterschieden der Tages- und Jahreszeiten (s. schon S. 93 u.). Die festländischen Klimate sind im ganzen einander gleichförmiger. Die heftigen Witterungskontraste kennzeichnen sie alle; selbstverständlich stuft sich die Heftigkeit danach, ob man sich wirklich inmitten gewaltiger Festlandsmassen oder mehr an ihrem Rande befindet: Berlin hat die ersten Andeutungen kontinentalen Klimacharakters, Wien zeigt ihn schon recht bezeichnend, Moskau ganz extrem.

IV. Gebirge und Tiefland.

61. Hochlandswirkung. Steigt ein Lebewesen bergan (oder luftauf), so erfährt es eine Einwirkung der Atmosphäre, die kein Klima der Erde sonst darbietet: die Luft wird dünner, also leichter, der Luftdruck, am Meeresspiegel bekanntlich dem Gewicht einer Quecksilbersäule von 760 mm oder einer Wassersäule von 9 m gleich, verringert sich stetig. Dies geht so weit, daß von bestimmten Höhen ab ohne Gegenvorkehrungen der menschliche Organismus erkrankt („Bergkrankheit": bei etwa 3000 bis 6000 m) und jenseits von 6000 bis 9000 m ohne besondere Veranstaltungen erliegt, weil die dünne Luft die notwendige Menge von Sauerstoff nicht mehr darzubieten vermag.

Ob nun die leibseelischen Wirkungen, welche jedes Hochland unterhalb der Bergkrankheitszone fühlbar ausübt (und denen zuliebe es heutzutage so besonders gern für Erholungszwecke aufgesucht wird) von der Luftverdünnung herrühren oder von andern Eigenschaften der Hochlandschaft, die denen des Polarsommers, des Binnenfestlandes und teilweise auch des Strandes verwandt sind, darüber herrscht in der Klimawissenschaft, zumal in der Klimaphysiologie, unausgeglichene Meinungsverschiedenheit. Zwei Grundannahmen stehen sich hier gegenüber: die eine, welche sehr Wesentliches an der biologischen Hochlandswirkung aus der Luftdünne, und die andere, welche alles Wesentliche aus der Sonnenstrahlung herleitet. Eines Tages wird sich dieser wie mancher Gelehrtenstreit wahrscheinlich in der goldenen Mitte auflösen: es ist durchaus unwahrscheinlich, daß Luftverdünnungen, wie sie das Hochgebirge aufweist, für die atmenden Organismen gleichgültig sein sollten, aber es ist ebenso gewiß, daß die besondere Strahlungskraft und -art in den Höhen den Organismus sehr entschieden beeinflußt. Atemnot und Gletscherbrand demonstrieren schon dem Laien recht sinnfällig die eine wie die andere grobe Einwirkung.

Die Wirkungsform des Bergklimas, wie sie in Höhen über 3000 m zu drohen anfängt, bald freilich überraschend ausbricht, bald bis weit über 5000 m hinaus ausbleibt, die vielberufene „B e r g k r a n k h e i t", ähnelt sehr dem Bilde der Erfrierungsgefahr (S. 29 f.). Auch ohne Atemnot wird plötzlich der ganze Organismus von einer lähmenden Müdigkeit heimgesucht; Niedersetzen ist die einzig mögliche Augenblickshilfe, oft ist es mehr ein zwangsläufiges Hinsinken. Während aber beim Erfrierenden gerade im Sitzen die bezwingende und lebensgefährdende Schlafsucht sich einstellt und mit allem Kräfteaufgebot das Sichbewegen die einzige Rettung bedeutet, fühlt der Bergkranke nach wenigen Minuten der Rast sich völlig erfrischt, steht „wie neugeboren" auf, um nach ein paar hundert Schritten, später schon nach ein paar, das gleiche zu erleben. Es ist eine der reinsten Formen motorischer Lähmung, die wir kennen; je stärker sie Platz greift, desto mehr wird freilich auch die Psyche daran beteiligt, die Vergeblichkeit des Vorankommens ruft schließlich eine apathische Entmutigung hervor, die sich ihrem Schicksal überläßt. Treten (wie sehr leicht in solchen Höhen) Kältewirkungen hinzu, gar Schneefall oder Schneesturm, so summieren sich Bergkrankheit und Erfrierzustand und bedrohen durch Lethargie das Leben aufs höchste.

Die örtliche Verschiedenheit der Bergkrankheitsgefahr ist unbezweifelbar; wenn auch mancherlei Legenden hineinspielen, namentlich bei den Hochgebirgseingesessenen, so ist doch die Aussicht bergkrank zu werden, jenseits der entsprechenden Höhengrenze in verschiedenen Gebirgen und Gebirgsteilen recht ungleich. Alle bisherigen Deutungsversuche dafür sind unbefriedigend.

Schon der Pionier der wissenschaftlichen Hochlandspsychophysiologie, der Italiener Mosso, hat es eindrucksvoll dargestellt, daß als seelisches Vorspiel der leichten Bergkrankheitsfälle eine charakteristische Erregung von hypomanischem, leicht ins Heftige und Gereizte umkippenden Bilde auftreten kann („Hüttenrausch"). Lärmendes Renommieren, geschwätzige Vertraulichkeit mit Wildfremden, Zudringlichkeit, übermäßige Plansucht für den nächsten Tag, nervöse Unruhe, Schlaflosigkeit („keine Spur von müde!") stellen sich ein. Manchmal mag unzweckmäßiger Alkoholgenuß nach Strapazen das Bild verschärfen oder gar auslösen. Es kann beim Weiterwandern ganz unvermittelt in den Lähmungszustand der echten Bergkrankheit umkippen.

Unterhalb der Bergkrankheitszone bewegt sich, wenn auch gemäßigter, die gesamte Hochlandswirkung in dieser Richtung auf eine ungewöhnliche Erregung hin. Sie äußert sich in den leichteren Graden als Anregung glücklichster Art: wir sind gut aufgelegt, die Luft erscheint uns frisch und „leicht", körperliche Leistung macht uns keine Mühe, man steigt „federleicht", man könnte noch stundenlang wandern, der Alltag ist vergessen, die Stimmung wird sorglos. Die Empfänglichkeit für Eindrücke ist besonders gesteigert: nicht nur die Schönheit der Berglandschaft wird genossen, sondern auch der rein sinnliche Genuß der „Luft" tritt in ungekanntem Maße in Erscheinung, man „schwelgt" in ihrer Reinheit, Frische, Bewegtheit, man „spürt", ja man „riecht" sie (auch abgesehen von Wiesen- und Walddüften), sie ist „wie Champagner".

Diese hochlandsklimatische Erregung macht sich schon in recht mäßigen Höhenlagen bemerklich. Es bedarf oft nur des Aufstieges auf 300 m über die Seehöhe, um schon deutlich jene Empfindungen hervorzurufen. Sie sind in Deutschland allbekannt als Wirkung der Luft auf der Münchener Hochfläche, die zwischen 400 und 600 m sich erstreckt; die Mühelosigkeit des Wanderns und Steigens wird in allen Gebirgen um 1000 m herum elementar empfunden. Sie hat sogar zwischen 500 und 1500 m (wie mir scheint, für nicht wenige Menschen nur zwischen 600 und 1200 m) ihren Bestwert. In noch größeren Höhen, oft bereits um 1700 bis 2000 m, macht sich bei rascherem Gehen, besonders Steigen, gar beim Sprechen während der Gehleistung, die erste Erschwerung bemerkbar, die zu häufigerem Stehenbleiben und Luftschöpfen zwingt. Sehr oft ist dann die seelische Erregtheit von unliebsamer Färbung: Gereiztheit, Bedrücktheit mit Heftigkeitsausbrüchen, lustlose Unruhe, besonders Bangigkeit (zu Hause sei „irgend etwas passiert"), eine unbestimmte Unstetheit, am allerhäufigsten aber schwerer Schlafmangel stellen sich ein. Diese Wirkungen werden durch sehr raschen Aufstieg in größere Höhen begünstigt und können durch seine Verteilung auf mehrere Tage („Übergangsstationen") gemildert werden. Manchmal ist es ein ganz unbestimmtes allgemeines Sichnichtwohlfühlen, hinter dem sich das schillernde Gemisch von hochlandsklimatischer Erregung und Lähmung versteckt.

Die reinste Erregungswirkung geht von Gipfeln, Kämmen, Hochflächen aus; Hochtäler zeigen sie abgedämpft, enge Tallagen, auch in sehr beträchtlicher Höhe, mischen oft durch landschaftlich bedrückendes Erlebnis, gegen das freilich die Menschen je nach Gewöhnung sehr verschieden empfindsam sind, fremdartige Bestandteile ins seelische Bild.

62. Höhengewöhnung. An das Hochlandsklima tritt für fast alle Menschen, auch für die im Tieflande Aufgewachsenen, nach einiger Zeit völlige Gewöhnung ein. Es ist wohl das akklimatisationsmächtigste Klima auf Erden. Sogar in extremen Höhen, um 4000 m herum, gibt es seit alters völkische Ansiedlungen, ja Städte und Reiche mit erstaunlichen Kulturen: Mexiko, die Kordillerenstaaten, Tibet; der größte Teil Südafrikas liegt mit seinen Hauptstädten über 1500 m hoch; in Asien, einem Ursitz menschheitlicher Hochkultur, beträgt sogar die Mittelhöhe des ganzen Erdteils fast 1000 m. Natürlich ist die Akklimatisation relativ. Es können nicht alle Leistungen, besonders schwerkörperliche, so wie im Tieflande verrichtet werden. Aber (im Unterschied vom Tropenklima und vom arktischen Winter) wird eine recht gute durchschnittliche Leistungsfähigkeit gewonnen, die sich zunehmend befestigt und mit immer vollkommenerem Wohlbefinden einhergeht. Es scheint sogar, daß manche objektiven Veränderungen, die in tieferen Regionen als ausgesprochene Störungen wirken, unter denen man „leidet", jenseits von etwa 1500 m beschwerdelos ertragen werden, wie erhöhter Blutdruck, eine gewisse Kurzatmigkeit, mäßige Kropfbildungen, verkürzter und verflachter Schlaf. Wie rasch oft die Höhengewöhnung des leibseelischen Gesamtorganismus sich vollziehen kann, zeigen viele Fälle von Bergkrankheit, die nach zweckmäßigem, anstrengungslosem Verhalten einiger Tage bereits vollkommen und für immer heilen, obwohl die Höhenlage nicht verringert wird. Ganz erstaunliche Erfahrungen haben hierin die englischen und deutschen Himalaya-Expeditionen zum Mt. Everest und Nanga Parbat gesammelt. Man wird sagen dürfen, daß der psychophysisch gesunde Tieflandsbewohner objektiv in kurzer Zeit an jedes Höhendasein bis zu rund 3000 m hinauf ohne technische Aushilfen (wie künstliche Sauerstoffatmung u. dgl.) mit guter durchschnittlicher Leistungsfähigkeit und völligem Wohlbefinden sich akklimatisiert. Dies ist wieder ein Zeugnis für die Wohlbekömmlichkeit der erregenden Klimate auf Erden. Denn das Hochlandsklima ist ein (abgesehen vom Bergkrankheitsfalle) ausgeprägt erregendes Klima; seine Lufttrockenheit, seine Strahlungskraft, seine Windbewegtheit, die Fülle seiner Witterungskontraste und (bis zu einem gewissen Grade, s. u.) wahrscheinlich auch seine Luftdünne machen es dazu (s. a. S. 113).

63. Die hochländischen Wirkungsfaktoren. Das Höhenklima ist das wissenschaftlich auf seine Wirkungen am genauesten durchforschte der Erde. Sportliche und ärztliche Interessen haben sich hier vereinigt, um die wirksamen Haupteigenschaften und ihre Wirkungsweise klarzustellen. Die außerordentliche Anziehungskraft der Gebirge auf den Wanderer des 19. Jahrhunderts und die überlegene Heilkraft der Hochlande einer Fülle von Leidensübeln gegenüber führten zu einer Planmäßigkeit der wissenschaftlichen Arbeit, mit der keine andere Klimasorte den Vergleich aushalten kann. Zwar existiert auch für das Tropenklima eine Fülle wissenschaftlicher Untersuchungen, aber sie haben sich hier viel einseitiger auf die Kenntnis der schweren körperlichen Erkrankungsgefahren in den Tropen begrenzt. Tropisches Klima ist das ungesündeste, Höhenklima umgekehrt das gesündeste auf Erden.

Welche Wirkungsrolle spielt der wesenseigenste Faktor des Hochlandes, die Luftdünne, in seiner leibseelischen Klimawirkung? Gerade diese Frage ist am wenigsten eindeutig beantwortet. Insbesondere liegt für die mittleren Höhen, etwa unterhalb von 1500 m, der merkwürdige Widerspruch zu den Erfahrungen beim Wetter vor (s. schon S. 47): Schönwetter mit hohen Luftdruckwerten (also wenn ein bedeutendes Luftgewicht „auf uns drückt") gibt das Gesamtgefühl der Leichtigkeit, Frische, Gelöstheit; Wetterstürze, fast immer mit erheblichen Luftdruckabnahmen („fallendes Barometer") verbunden, erzeugen bedrückte Befindenslagen — das Wort „Depression" hat in der Psychologie und in der Meteorologie geradezu den entgegengesetzten Sinn, es bedeutet hier Druckerleichterung, dort Bedrückung! Druckabnahmen um 30—50 oder gar noch mehr Millimeter begleiten schon einen gehörigen Wettersturz, der wetterfühligen Naturellen das Leben „schwer" macht, die gleiche Luftdruckabnahme mit der Höhe entspricht einem Aufstieg in ein Hochland von kaum 500 m Seehöhe und wirkt, wenn überhaupt merklich, so ausschließlich wohlstimmend, anregend, alles Tätigsein erleichternd. Leider haben die experimentellen Untersuchungen in künstlichen Räumen, welche den Luftdruck durch Aus- oder Einpumpen von Luft beliebig zu verändern gestatten (pneumatische Kammern), keine Entscheidung dieser zwiespältigen Erfahrungslage gebracht. Der erste klassische Luftdruckforscher im Experiment, Paul Bert, hatte zwar vor dem Eintritt der bergkrankheitsähnlichen Lähmungszeichen (die bei der Verminderung um rund $1/3$ Atmosphäre, also um 250 mm sich einstellen) gelegentliche Erregungssymptome beobachtet, aber seither ist eine irgendwie merkliche psychophysische Änderung bei Luftdruckverringerungen um 20 bis 100 mm in den pneumatischen Kammern niemals einwandfrei bestätigt worden. Es fehlt daher nicht an Gelehrten, welche die Rolle des Luftdrucks in den Änderungen des seelischen Verhaltens beim Wetterluftdruck wie beim Höhenluftdruck überhaupt anzweifeln und für die leibseelischen Wirkungen sowohl luftdruckniedrigen Wetters als auch luftdruckniedriger Höhenlagen ganz andere Faktoren verantwortlich machen. Sicher ist, daß bei Wetterwechsel und Höhenwechsel keinesfalls derselbe Faktor „leichtere Luft" das Wirksame darstellen kann.

Die Trockenheit der Bergluft, ihre Kühle und lebhafte Bewegtheit, vielleicht auch die „Reinheit" (ein so wissenschaftlich wenig reinlicher Begriff sie ist) wirken an sich schon, ähnlich der Luft des arktischen Sommers und des binnenländischen Klimas, erregend, in den milderen Graden wohltätig anregend. Diese Faktoren sind in allem Höhenklima da und wirksam. Die Unentschiedenheit geht um die Tatbestände der Luftdünne und der Lichtstrahlung. Und beide setzen physikochemische Einwirkungen.

64. Hochlandsatmung. Möglich, daß die weniger schwere Luft des Hochlandes auch als solche sich geltend macht, wie (Abs. 34) auf die Gelenkmechanismen (oder auf die Darmgasspannung, auf die besonders ältere Menschen empfindlich reagieren: s. Abs. 45). Gewiß aber, daß die leichtere Luft vor allem als dünnere Luft wirkt, nämlich im selben Raummaß, also in einem Kubikmeter, unsern Lungen eine geringere Menge Sauerstoff liefert. Mit dem gleich ausgiebigen Atemzuge atmen wir bei 1000 oder 2000 m Höhe erheblich weniger Luft, also auch Luftbestandteile, vor allem also auch Sauerstoff ein, als bei 10 m Höhe. Schon um 1500 m herum kann sich dies durch Atembeschwerden (im Steigen bei gleichzeitigem Sprechen etwa) geltend machen. Es ist nun festgestellt, daß eine Reihe von physiologischen Erscheinungen, die im Hochlandsklima auftreten (z. B. größere Tiefe der Einatmung, Steigerung der Pulsschlagzahl, des Gaswechsels und des Blutdruckes) durch künstliche Sauerstoffatmung sogleich zum Verschwinden gebracht werden können. Die Erscheinungen der Bergkrankheit werden heute fast durchgängig als Wirkungen schweren Sauerstoffmangels des Organismus aufgefaßt. Es ist hier nicht unsere Aufgabe, uns mit all den Meinungsverschiedenheiten zu befassen, die im einzelnen hinsichtlich der Wirkung des Sauerstoffmangels bestehen. Leider bleibt die Wissenschaft noch jede Antwort darauf schuldig, ob leichte Abnahme der Sauerstoffzufuhr, wie sie in den mäßigeren Höhen allein in Betracht kommt, etwa anregende leibseelische Wirkungen ausübe. Man könnte gerade hierbei an die Rolle der Kohlensäure in der Luft denken, auf die eine Autorität wie Mosso sogar die Bergkrankheit zurückführen wollte. Es wären dann schließlich Luftzusammensetzungsfaktoren, welche bei Luftdruckwechseln als chemische Agentien den Organismus beeinflussen.

Die Begründung von Loewy (Davos), daß die Hauptverantwortung des Sauerstoffes durch das Verschwinden wesentlicher physiologischer Hochlandsstörungen bei Einleitung künstlicher Sauerstoffeinatmung erwiesen werde, ist nicht ganz zwingend. Es könnte durchaus sein, daß künstlich geatmeter Sauerstoff wie ein Medikament Störungen beseitigt, die durch ganz andere Faktoren verursacht worden sind, z. B. durch reine Strahlenwirkung in den Geweben. Wenn ich einen Erfrorenen nicht mit heißen Tüchern, sondern mit Schnee abreibe, um seine Lebensfunktionen wieder anzufachen, so bezeugt das doch nicht, daß Kältemangel der ursächliche Faktor beim Erfrieren sei! Aber es ist in der Tat unwahrscheinlich, daß solche Verminderungen der Sauerstoffatmung, wie sie in größeren Höhen stattfinden, ohne Folgen für den Organismus bleiben sollten. Diese, wie man sieht, deduktive Schlußfolgerung (welche aus der allgemeinen Lebenswesentlichkeit des Sauerstoffs auf Lebensstörungen bei Sauerstoffmangel schließt) wird dann freilich durch die experimentelle Erfahrung induktiv gestützt, daß künstliche Sauerstoffzufuhr jene Störungen prompt wieder aufhebt.

Kennen wir also auch im einzelnen den Zusammenhang der psychischen Hochlandswirkungen mit dem relativen Sauerstoffmangel im Hochlandklima leider überhaupt noch nicht, so entscheiden wir uns dennoch aus der Kombination deduktiver Erwägungen und induktiver Belege positiv dahin, daß die Luftdünne einen wesentlichen Wirkungsfaktor im Hochlandsklima bedeute, und zwar wesentlich durch den Sauerstoffmangel, den Luftdünne mit sich bringt. Leider ebenfalls ohne die psychophysischen Einzelwirkungen der verschiedenen Strahlungssorten wissenschaftlich zu kennen, sind wir aus der gleichen Verknüpfung deduktiver und induktiver Schlußfolgerungen heraus weiterhin überzeugt, daß die Hochlandsstrahlung in ebenbürtiger Weise wie die Luftdünne an den leibseelischen Wirkungen des Hochlandsklimas beteiligt ist. In diesen beiden Faktoren besitzt das Hochland Wirkungskräfte, welche so überhaupt keiner andern Klimasorte auf Erden zu Gebote stehen.

65. Hochlandstrahlung. Bahnbrechend für unser Wissen um die Besonderheiten der Lichtstrahlung im Gebirge sind die Untersuchungen eines Privatmannes, des durch zufällige Lebensumstände in Davos festgehaltenen Ostpreußen Dr. Carl Dorno geworden. Schon in seiner Veröffentlichung von 1911 über „Luft und Licht im Hochgebirge" wurde der eigenartige dynamische Gang der Strahlung durch die Jahreszeiten hindurch klassisch aufgedeckt. Hiernach stellt die Sonnenstrahlung im Hochgebirge je nach der Jahreszeit ein sehr wechselndes Zusammenspiel von länger- und kürzerwelligen Strahlen dar, in welchem z. B. der Anteil der chemisch schwach wirksamen warmen (roten und ultraroten) und der chemisch hochwirksamen blauviolett-ultravioletten Strahlen von Monat zu Monat ein anderer wird. Der Januar bringt eine sehr intensive Wärmestrahlung (von der ja das bekannte zauberhafte Durchwärmungsgefühl in der Hochgebirgswintermittagssonne, bei beißendster Luftkälte, herkommt) und nur eine ganz milde Ultraviolettdosis; der Juli vergrößert diese Ultraviolettdosis auf das rund Dreißigfache, und auch im Herbst, dieser fürs Wohlbefinden vielleicht schönsten Hochlandszeit, die leider erholungsmäßig heutzutage so gut wie gar nicht mehr ausgenutzt wird, liegt der Ultraviolettanteil hoch über dem des Winters und Frühjahrs, während das Frühjahr seinerseits ein Höchst des Wärmeanteils aufweist. Die reine Helligkeit hat ihr Höchst im Winter, ihre geringsten Werte im Sommer. Vergleichen wir diese Ermittlungen mit den erfahrungsmäßigen Befindenszuständen der ins Hochgebirge verbrachten Menschen, so springt sogleich ins Auge, daß es sich um keine einfache Wirkung statischer Gemische handeln kann. Denn die bekömmlichsten Jahreszeiten des Hochlandes sind ohne Frage der Hoch- und Spätwinter und der Spätsommer bis in den Frühherbst hinein (Januar bis März, August bis Oktober). Die statischen Strahlengemische sind da ganz verschiedene: im Winter wenig Ultraviolett mit hohen thermischen Werten, die von Woche zu Woche steigen, im Herbst viel mehr Ultraviolett mit weniger thermischer Strahlung — und umgekehrt in der unbekömmlichsten Hochlandszeit, im zeitigen Frühling und im Spätherbst (April—Mai, November—Dezember) dort höchste, hier mäßige Wärmeenergie mit dort steigendem, hier stark sinkendem Ultraviolett. Mit andern Worten, man darf nicht folgern: viel Ultraviolett schadet, wenig Ultraviolett nützt, viel Wärme ist gut, wenig Wärme ist schlecht; alle solchen statischen Behauptungen führen in die Irre. Es scheint, daß eine sehr zarte, aber von Tag zu Tag auch leise steigende Ultraviolettdosis ebenso wohlbekömmlich ist, wie eine zwar erheblich stärkere, aber von Tag zu Tag sinkende — wenn jene sich mit von Tag zu Tag ebenfalls steigender Wärmedosis, diese mit gleichbleibender Wärmedosis sich verbindet. Hochlandserfahrene pflegen gerade auch fürs Wohlbefinden, nicht etwa bloß für den Natureindruck, März und Oktober als die

„schönsten" Monate zu werten; der eine hat mildes, aber steigendes Ultraviolett mit rapid steigender Wärme, der andere gleichmäßige Wärme mit mäßig starkem, aber sinkendem Ultraviolett! Vergegenwärtigt man sich dies, so liegt die Vermutung nahe, daß wir hinter das eigentliche Geheimnis der Hochlandsjahreszeiten überhaupt noch nicht gekommen sind. Es liegt ja durchaus im Bereich der Möglichkeit, daß da Energien eine wesentliche Rolle spielen, die (wie die durchdringende Höhenstrahlung, s. S. 46) in Ansehung ihrer biologischen Wirkungen noch gar nicht durchforscht sind.

Immer aber ist die Gesamtstrahlungsfülle der Hochlande sehr groß und übertrifft diejenige der Tieflande durchgehends. Natürlich gilt das für halbwegs vergleichbare Aufenthaltsformationen, also für weite Hochtäler und eigentliche Hochflächen. In engen Tälern mit wenig Sonne *und* wenig freiem Himmel erfährt die den Organismus erreichende Strahlung entsprechende Abzüge. Man darf nie vergessen, daß die sonnenlose Himmelsstrahlung, das *Schattenlicht*, bei schwankenden Helligkeitswerten und wesentlich geringerer Wärmkraft relativ *mehr* Ultraviolett enthält, als der direkte Sonnenschein. Das gleicht den Strahlungsverlust für Gegenden mit viel bedecktem Himmel einigermaßen biochemisch aus. Trotzdem übertrifft das Hochland jedes Tiefland sowohl an Gesamtstrahlung wie auch im Ultraviolettanteil. Beide nehmen mit der Seehöhe zu (und mit der geographischen Breite, also polwärts, ab). Es hängt, außer mit der starken Luftbewegtheit, wohl auch mit den besonders ausgiebigen Strahlungswerten zusammen, daß weite *Hochflächen* auch in mäßigeren Höhen schon die Hochlandsklimawirkung namentlich in belebender und erregender Hinsicht besonders ausgeprägt darbieten. Nicht überall ist übrigens der Gegensatz zwischen Hoch- und Tiefland *so* kraß, wie in Mittel- und Westeuropa, wo die Ebenen und Küsten im maritimen Klimabereich liegen oder von seinen Eigentümlichkeiten beeinflußt sind (vgl. S. 95): die Strahlenfülle des echten Kontinentalwinters im Innern Rußlands oder Asiens ist viel bedeutender als die der norddeutschen Tiefebene oder der Nord- und Ostseeküsten. Auch die Tropen haben eine sehr bedeutende Strahlung. Für den Bewohner der gemäßigten Zone des Abendlandes freilich läßt sich der Strahlenfülle seiner Hochlande nichts an die Seite stellen. Davos hat im Winter eine sechsmal so starke Helligkeit wie Kiel und im Hochsommer noch immer eine doppelt so große. Das Hochgebirge, so möchte man es ausdrücken, schenkt uns eine *Lichtflut in leichterer Luft*.

66. Abstieg ins Tiefland. Der bergab erfolgende Höhenwechsel kann sehr verschiedenartige Wirkungen haben, je nach dem Befinden in der Höhe selber und je nach der klimatischen Besonderheit des Tieflandes, die ja tropisch oder subarktisch, maritim oder kontinental sein kann. Doch tritt sehr häufig ein leichtes Lähmungsbild auf, das als Beruhigung wirkt, wenn im Hochlande eine unrastvolle, erregte oder gar gereizte Stimmung entstanden war, öfter aber als Bedrücktheit, Müdigkeit, Unlust zum Tätigsein, Schlafsucht zur Erscheinung kommt. Namentlich lebhafte Bewegung, Steigen, Turnen, Tanzen wird als erschwert empfunden. Angemessene Abstiegspausen in „Übergangsstationen" (etwa bei 1200 und 500 m Seehöhe) sind den meisten Menschen fast dringlicher anzuraten, als die entsprechenden Halte beim Aufstieg, denn eine Abstiegsdepression kann noch erheblich lästiger werden, als die Aufstiegserregung.

Den heftigsten Grad erreicht diese Wirkung in dem Heimweh der Älpler, das sich bis zu ausgeprägt depressiven Zuständen vertiefen kann. Doch spielen in solche Zustände landschaftliche Seelenerlebnisse hinein (für den im Hochland Aufgewachsenen ist, wie ich selber mit 15 Jahren erfahren habe, der erste Anblick der Tiefebene eine wahre Trostlosigkeit, die sich beklemmend auf die Brust legt), oft handelt es sich auch um das erste Verlassen der Heimat zu harten Pflichtaufgaben (Indienstgehen, Wehrpflicht), kurzum es mischen sich Faktoren ein, die dem Berufsdasein angehören, sowie auch für den aus den Bergen Heimkehrenden gewöhnlich die Alltäglichkeit des Werklebens nach den Wochen der „Ausspannung", der Alltagentrücktheit, eine nicht geringe Rolle in seinem „Heimweh nach den Bergen" spielen mag. Übrigens gibt es im Sinne einer Umkehrung durchaus auch ein landschaftliches Mißbefinden, ein echtes Landschaftsheimweh des Tieflandbewohners, der ins Gebirge kommt; es sind namentlich Beklemmungen durch die aufragenden Höhen, durch Talwände, durch die „Enge" des Horizontes, die sich gelegentlich bis zur Angst verstärken. Das alles liegt außerhalb der klimatischen Dinge (s. u. Abs. 116). Für den Tropenbewohner bedeutet die Rückkehr aus den Gesundheitsstationen des Hochlandes naturgemäß die Wiederaufnahme des Ringens mit all den Schwierigkeiten, welche das Schwüleklima der tropischen Tieflande schlechthin auferlegt.

B. Psychologische Akklimatisationslehre

67. Das methodische Problem. Es hieße sich die Sache unerlaubt leicht machen, wollte man unterstellen, alle Klimawirkung sei weiter nichts als eine fortgesetzte, längerwährende Wetterwirkung. Von der atmosphärischen Seite her betrachtet, ist das richtig. Da das Klima nichts anderes ist als der Witterungscharakter einer Zone, so kehren alle Wetterelemente als klimatische Elemente wieder. Auch vom Klima her kann nichts anderes leibseelisch wirken als Temperatur, Feuchtigkeit, Luftdruck, Luftelektrizität, Licht, Wind, Zusammensetzung der Luft, irgendwelche Bodenfaktoren und noch unbekannte Elemente; die letztere Unsicherheit gilt fürs Wetter ebensogut wie fürs Klima. In diesem Sinne sah ja auch unsere Darstellung bereits das tropische Klima als dauernde Schwüle an, hob sie diesen und jenen meteorologischen Einzelfaktor (etwa Wind oder Strahlung) an diesem und jenem Klima als wesensbestimmend hervor. Aber: vom Organismus her gesehen, ist eine langdauernde Wirkung eines Reizes nicht eine einfache Fortsetzung oder gar Summierung der gleichen kurzdauernden Wirkungen. Jeder chronische Reiz kann (muß nicht, aber kann) seine Wirkung je länger desto gründlicher verändern, verglichen mit der akuten Wirkung desselben Reizes. Wir wissen von chemischen Reizen (z. B. Genußmitteln oder Arzneien), daß dieselbe Dosis, die zuerst sehr kräftig wirkte, wenn sie fortgesetzt weiterverabreicht wird, entweder überhaupt nicht mehr wirkt (Schlafmittel !) oder nach einiger Zeit schädlich statt heilend wirkt oder im Hauptpunkte nicht mehr wirkt (schlaferzeugend also), dagegen rasch zunehmende unerwünschte Nebenwirkungen an den Tag treten läßt (aufs Herz etwa, den Magen), die bei der ersten einmaligen Dosis überhaupt nicht auftraten. Vollends verwickelt wird die Sache, wenn verschiedene Mittel im Nebeneinander oder Nacheinander verabreicht werden. Hierbei können ganz unbekannte Neuwirkungen sich geltend machen (unter Umständen höchst wichtige, aber auch schwer bedrohliche), die bei keinem der Einzelmittel für sich beobachtet werden. Das Klima nun zeigt eben diesen Fall. In jedem Klima wird ein Reiz, der im Wetter nur gelegentlich auftritt, dauernd oder jedenfalls für lange Dauer verabreicht, und überdies wechseln ganze Phasen einer Reizekombination mit Phasen einer völlig andern Reizekombination ab. Im Vergleich zu den kurzfristigen Wettereinflüssen treten also beim Klima die Momente der Gewöhnung, der Entziehung, der Überreizung durch Dauereinfluß ohne eintretende Gewöhnung, ja schließlich der Überreizung trotz Scheingewöhnung ins Spiel. Alle klimatischen Einflüsse auf den Organismus sind ausgesprochen dynamischer Art, d. h. es handelt sich nicht um Einzelreaktionen, die mit dem verursachenden Ereignis auftreten und schwinden (wie beim Wetter), sondern um Reaktionsketten und um Phasenwechsel, die sich namentlich auch zeitlich ganz und gar nicht mit den Erstwirkungsphasen decken (s. Abs. 68 ff.). Die Wetterwirkung ist eine kurze Reaktion, die auf den meteorischen Reiz hin eintritt und in ihrer Dauer diesem entspricht. Die Klimawirkung ist eine Reaktionenkette, in welcher jedes folgende Glied von der Situation mitbestimmt wird, die durch die voraufgehenden Glieder hergestellt worden ist, und dazu gehören auch die bereits vollzogenen Reaktionen auf die vorherigen Klimareize, die für die kommenden Reize eine veränderte Einstellung, Ansprechbarkeit, Reaktionsbereitschaft erzeugt haben.

Mit diesem Dauercharakter des Klimas gegenüber dem Augenblickscharakter des Wetters hängt es zusammen, daß die Methoden der Erforschung von leibseelischen Wirkungen andere, fast könnte man sagen: umgekehrte sind als beim Wetter. Die wissenschaftliche Feststellung der Wetterwirkung, die sich ja nicht mit subjektiven Befindensaussagen begnügen kann, findet in der Kurzfristigkeit und Launenhaftigkeit der natürlichen Wettervorkommnisse, besonders der eindrucksvollen und wirkungskräftigen, wie Gewitter, Föhn, Schneefall, im „Wetterwendischen", ihre Hauptschwierigkeit. Es bildet eine wesentliche Fehlerquelle aller derartigen Untersuchungen, daß es oft unsäglich schwierig sicherzustellen ist, ob eine bestimmte Befindens- oder Leistungsherabsetzung (oder -steigerung) während weniger Gewitterstunden oder Föhntage, bei Wettersturz oder Schönwetteraufstieg nicht auf andere Ursachen, die um dieselbe Zeit wirkten, zurückzuführen sei. Es kommen daher für Wetterwirkungsforschungen im wesentlichen Massenerhebungen (in Schulen, Büros, Kasernen u. dgl.) in Frage, weil nur dabei durch statistische Verfahren ein einträglicher Ausgleich der bei dem einzelnen teilweise ganz undurchsichtigen Fehlerquellen und unentwirrbaren Komplikationen hergestellt werden kann. Daneben verdiente freilich die experimentelle Herstellung der einzelnen Wetterelemente (hohe Wärme, Feuchtigkeit, veränderter Luftdruck usw.) und die experimentalpsychologische Untersuchung ihrer Einwirkungen eine viel planmäßigere Pflege, als sie bisher erfahren hat. Das Gesamtwetter läßt sich ja nicht experimentell nachahmen; ich stelle nicht die Regenlage her, wenn ich auf jemanden eine kühle Dusche herabrieseln lasse; übrigens imitiert kein gutes wissenschaftliches Experiment die Natursituation, sondern es richtet einzelne Faktoren dieser Situation künstlich so her, daß ihre Ein- und Ausschaltung, ihre Abstufung und Abänderung in den Händen des Experimentators liegt. Die Fallgesetze entschleiern sich nicht, indem man ein Steinchen im Laboratorium fallen läßt, sondern indem man gerade den ununtersuchbaren freien Fall ausschaltet und an seine Stelle den Gleitfall der Fallmaschine, der schiefen Ebene, die Pendelschwingung setzt, wobei man die Kräfte oder Hemmungen der Abwärtsbewegung von Körpern in die regulierende Hand bekommt. Föhn läßt sich als solcher nicht durch eine Theaterwindmaschine mit erwärmter Luft nachahmen; aber seine Wirkung ließe sich durchforschen, indem in eng geschlossenen Räumen einige seiner Elementareigenschaften hergestellt und deren Einwirkungen auf leibliche und seelische Verhaltungsweisen geprüft werden. Das ist gewiß schwierig, wäre jedoch bei zureichenden Mitteln nicht unmöglich. Nach der rein körperlichen (physiologischen) Seite hin gibt es namentlich aus hygienischen Gründen zahlreiche solche Forschungen über Wärme-, Feuchtigkeits-, Strahlungseinwirkungen auf Stoffwechsel, Wasserabgabe u. dgl. mehr. Nach der seelischen (psychologischen) Seite sind wir über ganz dürftige Ansätze noch nicht hinausgekommen.

Beim Klima jedoch hält die Natur sozusagen still; das Klima, in dem ich bin und untersuche, entwischt mir nicht, wie das Wetter, sondern es bleibt, solange ich darin bleibe. Daher sind die Gesamtwirkungen des Klimas viel ausgiebiger und ergebnisreicher ermittelt, als die des Wetters, und auch die psychologische Seite ist hier nicht so unbefriedigend, wenngleich stiefmütterlich genug behandelt. Dagegen herrscht verschärfter Streit über die Rolle, welche in der Gesamtwirkung der einzelne Klimafaktor spielt. Denn hier läßt sich nun gerade nicht arrangieren, was beim Wetter möglich ist. Ich kann die Einwirkung stundenlanger hoher Temperatur oder Feuchtigkeit oder verminderten Druckes auf Leib und Seele von Versuchspersonen (oder Versuchstieren) ermitteln. Aber ich kann nicht monate- oder jahrelang solche Bedingungen künstlich herstellen. Es macht schon für Tage sehr große Schwierigkeiten. Kurzum, der entscheidende Klimafaktor: die D a u e r der Klimaeigenschaften, ist experimentell nicht erzeugbar. Ich muß das natürliche Klima nehmen, wie es sich darbietet. Es läuft mir nicht, wie das Wetter, davon. Es harrt aus. Aber es ist freilich selber oft von Wetterwechseln durchkreuzt, welche den reinen Klimaeinfluß verwischen können (ob wir im Gebirge einige Wochen Schönwetter oder im Gegenteil Regen und Sturm haben, fällt für die Erholung bekanntlich gar sehr ins Gewicht), und wie beim Wetter mischen sich auch beim Klima allerlei nichtatmosphärische Faktoren ein, die auszuschalten sehr unsicher bleiben kann, z. B. die Entfernung aus dem Beruf, dem Alltag überhaupt, die landschaftliche Freude oder Enttäuschung, die Sorge um die eigene Gesundheit u. dgl. mehr. Trotzdem liegen eine stattliche Reihe gesicherter Ergebnisse über die Klimawirkungen vor; am besten durchforscht ist das Höhenklima, weil hier sportliches und ärztliches Interesse vereint eine Fülle von Aufschlüssen gefordert und erzielt haben. Es ist kein Zufall, daß die beiden bahnbrechenden Werke der Klimaphysiologie die Titel führen „Der Mensch auf den Hochalpen" (Mosso, 1898) und „Höhenklima und Bergwanderungen" (Zuntz, Müller, Lœwy, Caspary 1906). Dann folgt das Tropenklima, für dessen Erforschung die kolonisatorischen Belange entscheidend wurden, aber der Schwerpunkt ist hier im Bereich der körperlichen, namentlich der infektiösen Tropenkrankheiten verblieben. Ihm schließt sich etwa das Strandklima an, wobei die Rolle der Seebäder und das Interesse ihrer Kurverwaltungen die objektive Forschung manchmal vorangetrieben, aber auch manchmal gehemmt und tendenziös verbogen haben. Bedauerlich wenig Genaues wissen wir über die subarktischen sommerlichen und über die binnenlandklimatischen Verhältnisse — hier sind wir fast gänzlich auf die groben Erfahrungen zufälliger Aufenthalte angewiesen, und doch handelt es sich um zwei Klimaformen, die in bezug auf ihre erholenden und bekömmlichen Eigenschaften noch bei weitem nicht gebührend beachtet, geschweige denn ausgenützt sind.

I. Die seelischen Reaktionsphasen.

68. Grundbegriffe. Alte Badeärzte pflegten den Erfolg einer Kur als ein „Weihnachtsgeschenk" zu bezeichnen. Das war eine Vertröstung an die Patienten, die nicht selten nach mehrwöchigem Kurgebrauch sich kaum gebessert, manchmal eher verschlechtert fühlten. Aber es war eine (im großen ganzen) richtige Vertröstung; jedenfalls barg sie den wertvollen Erfahrungskern, daß die gesundheitliche Reaktion auf ein Behandlungsverfahren, namentlich auf die Anwendung natürlicher Heilkräfte, wie Bäder, eine ausgeprägte Spätreaktion sein kann, über deren Kommen man sich durch eine ganz andere Frühreaktion nicht entmutigen lassen soll.

Wir haben damit schon die beiden Grundbegriffe gewonnen, die für die Kenntnis und Verwertung von Klimawechseln bestimmend sind. Doch müssen sie noch unterteilt werden. Die Frühreaktion gliedert sich in die Eintritts- und die Anpassungreaktion; bei der Spätreaktion ist die Austritts- und die Nachreaktion zu unterscheiden. Bei längerwährenden Aufenthalten in einem neuen Klima, etwa bei monatelangen Hochlands- oder Meeresstrandkuren, bei Expeditionen und ausgedehnten Reisen, schließlich bei der jahrelangen Niederlassung kommt noch die Dauerreaktion hinzu, welche das bleibend geänderte Verhalten des Organismus unter den neuen Klimaumständen darstellt. Sie tritt bei bloß tage- oder wochenlangen Ortswechseln meist so verkürzt auf, daß sie von der Anpassungsreaktion schwer zu trennen ist. Von vielen Laien wird sie geradezu mit der Eintrittsreaktion verwechselt. Irrtümlicherweise halten sie das Wohlgefühl oder umgekehrt die Schwierigkeiten des neuen Klimas nach dem Eintreffen in diesem für die eigentliche Reaktion ihres Organismus auf solches Klima schlechthin. Sie kehren also (etwa mit der Behauptung, dieses Klima nicht zu vertragen) vorzeitig wieder um oder überschätzen die Bekömmlichkeit, erlegen sich keinerlei Vorsicht in der Lebensführung auf, muten sich zuviel oder Falsches zu, etwa mit der Formel: ich fühle mich ja so wohl wie noch nie! Man kann sagen, daß unsere landläufigen Ferienluftkuren, ganz wenige Wochen während, überhaupt nur aus Eintritts- und Anpassungsreaktionen bestehen — während die letztere noch voll im Zuge ist, muß der Aufenthalt abgebrochen werden, tritt also bereits die Austritts- und die Nachreaktion in ihr Recht.

69. Reiz und Naturell. Die Dauer jeder dieser Reaktionsphasen, also ihr Maßverhältnis zueinander, aber auch die Heftigkeit oder Sanftheit jeder einzelnen, die Gestalt ihrer Welle, die flach und gedehnt, jäh und steil, jedoch auch zuweilen flach mit einer jähen steilen Zacke sein kann, endlich der stetige oder schroffe Übergang einer Phase in die nächste (eine Art frühreaktiven Eintrittsrausches kann allmählich in Befindensschwierigkeiten abklingen oder ganz plötzlich in sie umkippen): alles das ist ein jeweilen sehr verwickeltes Ergebnis aus der Art und Stärke des einwirkenden neuartigen Klimareizes und der Ansprechbarkeit der „Konstitution" dessen, der ein neues Klima betritt.

Als Konstitution bezeichnet man die G r u n d w e i s e des Organismus, welche für die Art seines Reagierens auf jegliches Erleben, das ihm zugemutet wird, ausschlaggebend ist. Blicken wir vornehmlich auf ihre seelische Seite, so sprechen wir vom N a t u r e l l. Alle wahrhaft großen Zeitalter der Heilkunst und Gesundheitspflege sind, wenn sie auch von ganz andern Fragestellungen herkamen (wie z. B. die Bakterienkunde), sehr bald auf die menschliche Konstitution als den zentralen Faktor des Krankheitsüberstehens und Gesundbleibens samt Altwerdens gestoßen; sie ist auch entscheidend dafür, wie wir und auf welche Art wir uns am ehesten schadenlos oder sogar förderlich mit geänderten Klimabedingungen abfinden. Sie ist der eigentliche R e a k t o r aller Reaktionen, die unser Organismus auf etwelche Reize vollzieht.

Unter einem R e i z versteht die Wissenschaft im strengeren Sinne eine wirkende Ursache, deren Wirkung weit über das aus dem Reiz quantitativ zu Folgernde hinausreicht; anders ausgedrückt, eine Einwirkung, welche Wirkungen a u s l ö s t. Derlei ist überall dort möglich, wo außerordentliche potentielle Energien bereitliegen, in aktuelle verwandelt zu werden. Sie kommen also auch im Bereich des Mechanischen, Unlebendigen (Anorganischen) vor. Das vielberufene Steinchen, das eine Lawine, der Funke, der die Explosion auslöst, gehören dahin. Ihre Bedeutung dürfte in der mechanischen Welt (z. B. bei plötzlichen Materialschäden wie Achsenbrüchen u. dgl.) wesentlich größer sein, als man früher gewußt hat. Alles Leben aber ist geradezu seiner Struktur nach auf Reizwirkungen abgestellt. Die Gegenwart lehrt uns etwa in den Vitaminen Reizstoffe von höchst unbedeutender Quantität kennen, deren Wirken dennoch über ganze Entwicklungsreihen des lebendigen Wachsens, ja des Lebenkönnens entscheidet. Gewürze, Teesorten, die Waschwasserbeschaffenheit kennen wir als mengenmäßig ganz unbeträchtliche Reize, die entweder allgemein oder bei besonders auf sie ansprechbaren Menschen („Anfälligen": Allergie) je nachdem schwerste Schädigungen (z. B. Hautausschläge) oder beste Heilwirkungen hervorrufen. Die Voraussicht dessen, was eine bestimmte Konstitution auf bestimmte Reize hin tun werde, wann, wie und wie lange sie so und so darauf reagiere, ist in jedem Einzelfall eine Angelegenheit der Erfahrung, des „Blickes", am besten beider zugleich. Auch für die Empfehlung von klimatischen Reizwechseln gibt es ein p r o g n o s t i s c h e s C h a r i s m a, das der eine hat und der andere nicht, das aber in weitgehendem Umfange durch Kenntnis und Erwägung ersetzt werden kann. Die Wissenschaft jedenfalls steht immer vor der ihr gesetzten Aufgabe, so vieles wie nur möglich an solcher „Ganzheit" der klimatischen Reizwirkung als isolierbare Einzelwirkung zu erkennen und, als angewandte Forschung, daraus Maßnahmen zu folgern. Die Zuckerkrankheit ist sicher eine konstitutionelle Ganzheit, aber wo wären die Zuckerkranken, wenn die Pathologie sich dabei beschieden hätte? Noch einer der gewaltigsten Fortschritte in ihrer Bezwingung, den das letzte Menschenalter gezeitigt hat, die Insulinbehandlung, beruht auf der Erforschung der Wirkungen eines Einzelfaktors im Organismus auf einzelne Stoffwechselleistungen und der Auffindung einer Möglichkeit seines künstlichen Ersatzes, wo er von Haus aus unzureichend vorhanden ist. Das muß nachdrücklich betont werden, weil der an sich wertvolle Begriff der „Ganzheit" oft recht gedankenlos nachgeredet wird und dazu herhalten muß, die Unterlassung wissenschaftlicher Einzelarbeit zu beschönigen. Auch im Gebiet der Klimareize gibt es fraglos viele Fälle, in denen *ein* Reiz (z. B. Luftdünne oder hohe Temperatur) als solcher auf bestimmte Einzelfunktionen (z. B. Schlaf oder Stimmung oder Blutdruck) und erst dadurch auf das Gesamtbefinden einwirkt. Er muß dann entweder gemieden oder umgekehrt gesucht oder gegebenenfalls durch technische Maßnahmen ersetzt oder ausgewogen werden. Gerade die moderne rationale Technik, dank deren wir wirklich fliegen, Rundfunk hören, telephonieren, aber auch seltener an Blinddarmentzündung sterben, große Seuchen bewältigt haben, in viel größerer Zahl viel älter werden, beruht auf der sorgfältigen Ergründung von Einzelwirkungen, die durch Einzelursachen erzeugt werden. Die Ganzheitstatsache wird in *ihrem* Wert dadurch nicht geschmälert. Mit dem rational erdachten Flugzeug mußte einmal ein „ganzer Kerl" sich in die Luft hinauf trauen und es praktisch handhaben lernen, und der Arzt weiß um viele Fälle, denen er trotz peinlicher Schlafbeeinträchtigung durch Hochlandsluftdünne oder Ultraviolett das Verbleiben in der Höhe raten darf, weil schließlich der Gesamteffekt ein heilsamer ist. Die *naturellgemäße Reizdosierung* ist geradezu das Hauptstück im *geotherapeutischen* Katechismus und zugleich die klassische Vereinigung von analytischer und synthetischer Einsicht, von Elementarkunde und Ganzheitsschau.

70. Reizgesetze. Ganz allgemein gilt, daß die Reizbarkeit eines Organismus desto empfindlicher ist, je weniger normal er als Ganzes oder in einzelnen Teilen funktioniert. Der medizinische Begriff der „reizbaren Schwäche" ist eine sehr aufschlußreiche Bezeichnung hierfür. Ein gesundes Lebewesen (oder Organ) braucht und verträgt wesentlich kräftigere Reize, damit etwas in seinen Funktionen sich ändere. Dem „Robusten" kann man alles zumuten; er spürt es gar nicht als etwas Besonderes. Je mehr einer heruntergewirtschaftet ist, desto vorsichtiger will er angefaßt sein. Ein Beispiel aus dem Gebiet der Wetterwirkungen: wer durchfröstelt ist, dem hilft es, wenn er in ein recht warmes Zimmer kommt und ein heißes Getränk zu sich nimmt; den Erfrorenen aber würden wir damit an seinem Leben gefährden, er darf nur ganz vorsichtig zur Erwärmung gebracht werden, darum reiben wir ihn zuerst nicht einmal mit gewärmten Tüchern, sondern mit Schnee, damit ja die Wärmereizung nicht zu stark einsetze. Umgekehrt muß der Überhitzte sich langsam abkühlen, ehe er in kaltes Wasser springen darf, ohne Lebens- oder Gesundheitsgefahr zu laufen. Dem erschöpften Bergsteiger darf Kaffee oder Wein anfangs nur in ganz vorsichtigen Schlucken gereicht werden, damit der Organismus auf diesen Reiz heilsam anspreche. Wer lange gefastet hat, muß dem Magen erst etwas „anbieten“ (wie ein volkstümlicher Ausdruck sehr sinnvoll sagt) d. h. ihn mit winzigen Vorgerichten zur Funktionsaufnahme reizen, ehe er eine wirkliche Mahlzeit ihm zumuten kann. Jedenfalls zeigen alle diese Beispiele die Regel, die hier gilt. Es ist die Ausnahme und bleibt stets ein Wagnis, in schweren Funktionsstörungsfällen das gröbste Geschütz aufzufahren, das dann manchmal rettend wirken kann. Je schonungs-, erholungs-, ausspannungs-, genesungsbedürftiger ein Organismus ist, desto reizmilder hat auch die Klimawechselzumutung zu sein, die an ihn gestellt werden darf. Wir nennen diese Regel geradezu das **Luftkurgrundgesetz.**

Gleichsam nur einen Bestandteil davon bildet das Gesetz der Reizpausen. Uns alle Reize in wohlüberlegten zeitlichen Abständen voneinander vorzuführen, macht eine wesentliche Errungenschaft der Zivilisation aus. Was das Tier häufig (durchaus nicht immer) instinkthaft tut, das richtet der Mensch rationell ein (und dehnt es dann auch auf seine Haustiere aus). Wir teilen unser Leben ein, das bedeutet großenteils, wir verteilen die Daseinsreize in bestimmten Abständen und machen sie dadurch bekömmlicher. Wiederum ist die richtige Reizpause doppelt wichtig für jeden angegriffenen Organismus. Wein zur Stärkung wird man immer nur zu gewissen Tageszeiten verordnen; jedes Arzneirezept trägt die bezeichnende Angabe „dreimal täglich“ oder „morgens und abends je 1 Eßlöffel“ oder dergleichen. Dem Genesenden wird Spazierengehen, Freiluftliegen, Spiel, Arbeit in bestimmten Abständen zugemessen. Längst weiß man, wie sehr die bekömmliche Gewöhnung an ein sehr verschiedenes Klima davon abhängt, daß der Zureisende sich den stärksten Klimafaktoren nicht sogleich ununterbrochen aussetze: dem Wind an der See, der Sonne im Hochgebirge, der Freiluftkälte im Winter. Manchmal vermögen wir dem Reizpausenerfordernis nur indirekt Rechnung zu tragen, z. B. gegenüber der Luftdünne, die ja auch im geschlossenen Raum des Hochlandes uns umgibt. Dann wenden wir das Pausenprinzip auf die eigene Bewegung an, bei welcher die Luftdünne besonders kräftig sich geltend macht, weil hierbei der Reiz des Sauerstoffmangels seine ganze Tragweite gewinnt. Es wird etwa zweckmäßig gefordert, daß der Neuling in der Eintrittszeit nur jeden Tag zweimal eine Stunde wandere oder steige, dazwischen aber ruhe. Die vielfach ungünstigen Wirkungen der Sonnenbädermode sind fast immer auf die Außerachtlassung des Pausenprinzips zurückzuführen. Selbst gesunde Menschen sollten zwischen pralle Besonnungen immer wieder längere Schattenzeiten legen, sie schmälern damit ja nicht einmal den Zutritt des Ultraviolett, das (s. o. S. 102) im Schattenlicht relativ stärker enhalten ist, als im Sonnenschein, sondern schützen sich nur vor der Überhitzung. Ununterbrochener Strandaufenthalt kann durch die pausenlose Windwirkung eine ganze Seebadekur gefährden. Das Fensterglas ist gerade mit darum eine so wohltätige Erfindung, weil es die ultraviolette Strahlung so gut wie völlig von uns abblendet, der wir uns bekömmlich nur phasenweise aussetzen sollten. Denn es ist wahrscheinlich, daß alle Lebewesen, die natürlicherweise ein Schattendasein führen, also in Höhlen, Wäldern, Baumkronen, im Grase oder im Wasser, in der Dämmerung oder Nacht leben oder aufleben, instinktiv ein Zuviel des Ultraviolett meiden. Die Hominiden sind aber wahrscheinlich von Haus aus Wald- oder Höhlenwesen. Es ist sogar möglich, daß sie ihre Kleidung nicht zuerst gegen die Kälte, sondern gegen die Sonnenstrahlung (etwa in der Wüste) erfunden haben. Die Nacktvölker der Tropenzone leben im Dickicht.

Wie die Reizintensität, so ist also auch die Reizpause im Hinblick auf den zu beeinflussenden Organismus, nämlich auf seinen Kräftezustand, zu bemessen. Selbstverständlich richtet sie sich andererseits nach der Reizintensität und Reizsorte. Milde klimatische Reize können auch einem entkräfteten oder überreizten Organismus öfter zugemutet werden als grobe. Eine winterliche Besonnung im Hochgebirge darf länger ohne Unterbrechung genossen werden als eine hochsommerliche. Wer in der Ostsee oder im Mittelmeer täglich badet, verträgt das darum noch lange nicht in der Nordsee mit ihrer niedrigeren Wärme, ihrer stärkeren Windbewegtheit und ihrem höheren Salzgehalt. Und solche, denen hier das tägliche Bad wohlbekommt, merken sofort Überreizungsanzeichen, wenn sie früh und nachmittags baden, also die Reizpause von 24 Stunden unterschreiten. Oft ist die Reizpause wesentlicher als das Reizmaß: es gibt zahlreiche Personen, welche jeden Abend ohne üble Folgen eine Flasche Wein trinken können, aber zweimal am Tage je eine halbe büßen sie. Umgekehrt läßt sich bei alten Menschen oder Genesenden oft feststellen, daß drei kurze Ausgänge am Tage ihnen dienlich sind, sagen wir jeder zu einer halben Stunde, daß aber ein einziger von einer Stunde sie übermüdet. Für Sonnbestrahlungen und Luftliegekuren gilt vielfach dasselbe. Dagegen wird nicht selten ein längeres Bad besser vertragen als zwei kürzere am gleichen Tage. Es sollte z. B. mehr darauf geachtet werden, daß manche bei jeder Temperatur des Wassers es besser vertragen, sich längere Zeit schwimmend darin aufzuhalten, als immerfort zwischen Wasserbad und Luftbad zu wechseln, aber bei andern ist es gerade umgekehrt. Die Ansetzung der rechten Reizpausen ist einer der grundlegendsten Bedingungen für das heilsame Ergebnis einer auf Klimafaktoren gegründeten Kur.

Endlich gilt das Reizstufungsgesetz. Starke Reize werden desto besser vertragen, mit um so zweckmäßigeren gesundheitlichen Reaktionen beantwortet, je allmählicher der Organismus an sie gewöhnt wird. In der Elektrotherapie hat man das die „einschleichenden Reize" genannt. Hochländische Luftdünne macht am meisten Schwierigkeiten, wenn sie vom Tieflande her sehr plötzlich aufgesucht wird; die erleichternde Wirkung von Übergangsstationen, sei es auch nur zum Übernachten, ist bekannt. Gegenüber dem Strahlenreiz ist viel zu sehr der Sonnenschirm aus dem Gebrauch gekommen, der außer der beliebigen Einschaltung von Reizpausen auch eine sehr vielfältige Stufung ermöglicht. Die natürlichen Luft- und Lichtschirme sind die belaubten Bäume, zumal in der Gestalt von Alleen, Hainen, Wäldern. Im Walde läßt sich vom dichtesten Schatten bis zur besonnten Lichtung die Reizstufung gegenüber Licht, Wärme und Wind geradezu ideal verwirklichen, wenn er nach solchen Gesichtspunkten geforstet wird (s. u. Abs. 138). Ähnliches geschieht ja in Kurorten für Herzkranke durch die „Terrainkur", d. h. durch planvolle Stufung der Wegesteigungen und -ebnungen.) Auch fürs Stufungsverfahren gilt übrigens, genau wie fürs Pausenverfahren, daß Reizzunahme desto vorsichtiger, in desto kleineren Stufen gewagt werden darf, je herabgewirtschafteter der zu behandelnde Organismus ist. Eine systematische Stufung, unerläßlich für Leidende, Genesende und Schwächliche, schließt daher die ausgiebige Möglichkeit der Reizschaltung ein. Klima ist ja stets ein Vielerlei von Reizen, die vereinigt auf uns einstürmen. Die Stufung besteht am Klima also nicht bloß in der Intensitätsabstufung des Einzelfaktors, sondern auch in der Stufung des Gesamtreizes durch Aus- oder Einschaltung dieser und jener seiner Einzelelemente. Ich muß die Luftdünne dem Organismus darbieten können bei Strahlung und bei Schatten, in bewegter und in unbewegter Luft. Mit Recht hat man sich auch um die Sortierung der Strahlensorten bemüht, durch farbiges oder ultraviolettdurchlässiges Glas u. dgl. mehr. (Die in China üblichen, mit pflanzlichen Ölen getränkten Papierscheiben lassen einen ansehnlichen, aber milden Ultraviolettbetrag hindurch). Für einen sehr schonungsbedürftigen Organismus ist dies alles von größter Bedeutung. Es kann sich im künstlichen Klima des Krankenzimmers oder Kursaals bis auf die richtige Wahl der Wandanstriche oder -bekleidungen erstrecken.

71. **Reaktive Naturellformen.** Für die rational überlegte Voraussage (Prognose), wie sich die Reaktion auf ein neues Klima im Einzelfalle abspielen werde, ist die Kenntnis gewisser Typen von Reagenten nützlich, denen unter Umständen der einzelne zugerechnet werden darf.

Wir unterscheiden Wärmemenschen und Kühlemenschen, Ausgleichsnaturen und Kontrastnaturen, Frühreaktive und Spätreaktive.

Diese Unterschiede rühren nämlich nicht bloß von der Rassenzugehörigkeit (der Neger ein Wärmemensch, der Nordische ein Kühlemensch) oder der Akklimatisiertheit von Kindesbeinen an her. Innerhalb jedes Rassen- oder Kultur- oder Klimagroßkreises lassen sich jene Typen feststellen. Es gibt zahlreiche Menschen überwiegend nordischer Rassigkeit und nordländischer Geburt, die sich nur im Sommer oder in Südeuropa, überhaupt bei gleichmäßig hoher Wärme wirklich wohlfühlen. Wir kennen andere, denen schon jeder mitteleuropäische Sommer zu viel „Hitze" bringt und deren Bestbefinden in die kälteren Jahreszeiten fällt. Sie nehmen eher schlechtes Wetter, als dauerndes Heißwetter in Kauf. Begreiflicherweise kommen sie im Binnenlandklima und im Hochland mit deren raschen starken Abkühlungen, kühlen Nächten und strengem Winter am sichersten auf ihre Kosten. Beide Klimate bieten aber zugleich dem Kontrasttypus die Erfüllung seiner Ansprüche. Bei ihm ist es nicht die absolute Temperatur, auf die es ankommt, sondern die Temperaturdynamik. Die Kontrastnaturelle lieben auch hohe Wärme, wenn sie nur häufig mit entschiedener Kühle wechselt. Ihnen ist der eisige Schatten eines Hochlandwintertages ebenso willkommen wie dessen bratende Sonne. Die sengenden Sommer und die frostklirrenden Winter des Kontinentalklimas sagen ihnen zu, selbst der arktische Wechsel von Dunkelwinter und Lichtsommer ist ihrem Befindensanspruch angemessener als die ewige Ausgeglichenheit des maritimen oder die dauernde Schwüle des Tropenklimas. Umgekehrt leiden andere unter allen starken Klimagegensätzen. Kühle Sommer und milde Winter sind ihnen im Jahreslauf das liebste, strenge Winter mit heißen Sommern greifen sie an, sie fühlen sich „mitgenommen" davon, selbst wochenlange milde Nebel bekommen ihnen besser als wochenlanger harter und strahlender Frost. Man kann diese Typen, die sich um die Pole Wärme und Kälte, Ausgleich und Gegensatz gruppieren, schon in den landläufigen Werturteilen über die Jahreszeiten und ihren Witterungscharakter oft deutlich unterscheiden. Es ist klar, daß ihnen beim Klimawechsel die entsprechenden Schwierigkeiten beschieden sein werden. Man darf Ausgleichsnaturen nicht ohne zwingenden Grund ins Hochgebirge, sondern sollte sie lieber in temperierte Gegenden (südwestdeutsche Laubgebirge, Rheintal, holländische und flandrische Küste) schicken, schon die ostdeutschen Mittelgebirge muten ihnen unliebsame Kontraste zu. Für die Gegensatznaturen ist das osteuropäische Kontinentalklima leider noch zu wenig ausgenützt; viele Menschen könnten hier aufs vollkommenste das finden, was ihr Bedürfnis sucht. Wir erblicken in der erholungsstrebigen Verwertung des Binnenlandklimas ein zukunftsreiches Stück gesundheitlicher Klimatik, therapeutischer wie hygienischer, wiederherstellender wie vorbeugender.

Eine für sich zu betrachtende Gruppe bilden die Gegensätze von Früh- und Spätreaktivität. Es gibt, heißt das, nicht nur Früh- und Spätreaktionen, sondern eine Veranlagung zu der einen oder andern Reaktionsart, die dann als diese oder jene überwiegt. Wir gewahren das schon im biologischen Alltag, körperlich und seelisch. Bei manchen Menschen „kommt alles erst nach", sie bestehen eine Aufregung anscheinend glänzend, aber nach Wochen oder Monaten, wenn das Erlebnis selber längst erledigt ist, leiden sie erst an dem, was sie durchgemacht h a b e n. Ebenso büßen sie für Diätfehler, Genußmittelexzesse, Überanstrengungen nach Tagen statt nach Stunden. Sie sind es, die sich nach einer Operation darauf gefaßt machen müssen, erst ganz elend sich zu fühlen, wenn die chirurgische Rekonvaleszenz abgeschlossen ist; dann sind „ihre Nerven herunter". Ihre Frühreaktion ist unterschwach, ihre Spätreaktion überstark. Sie sind gefährdeter als ihr Gegentypus, denn die kaum merkliche Frühreaktion verleitet sie immer wieder, sich zuviel zuzumuten, das sie erst nachträglich büßen. Im Hochgebirge spüren sie zunächst oder wochenlang „gar nichts", je höher, desto glänzender scheint es ihnen zu bekommen, aber dem Sommeraufenthalt folgt ein schlechter, übermüdeter, überreizter, unerholter Winter. Mit Schlaflosigkeit im Gebirge, mit Appetitmangel im Süden reagieren sie nach Wochen, nicht in den Eintrittstagen. Es sind Menschen, bei denen man nie den Tag vor dem Abend loben darf, für sie ist bei allen klimatischen Kuren größte Vorsicht, genaueste Berücksichtigung früherer Erfahrungen und weiseste Schonung in der Eintrittsphase geboten. Mit dem landläufigen „Temperament" hat übrigens die früh- oder spätreaktive Veranlagung nichts zu schaffen; gerade unter den leicht entflammbaren Sanguinikern sind die spätreaktiven Naturelle sehr verbreitet — ihr „Temperament" läßt sie eben zuerst alle Erlebniszumutungen leicht, z u leicht nehmen, der Organismus holt seine biologische Reaktion unbeirrt nach. Es darf also das p h y s i o - psychische Spät- oder Frühreagieren nicht mit dem p s y c h o p h y s i s c h e n Langsam- oder Raschreagieren des jeweiligen Augenblicks, mit Sanguinik oder Phlegmatik, verwechselt werden. Jenes und dieses bewegt sich auf getrennten organischen Ebenen.

72. Reizmildes und reizkräftiges Klima. Unter den für Luftkuren geläufigen Klimaten der Erde kann jedes verhältnismäßig äquatornähere (auf der nördlichen Halbkugel also „südlichere") als reizmilde betrachtet und dieser Gattung auch jedes echte Meeresklima abseits vom offenen Strande und Schiffsdeck zugerechnet werden. Den tiefsten Grad der Reizmilde stellt dann das tropische Klima vor. In seiner klassischen, schwülen Form kann man es so reizarm nennen, daß es ausschließlich erschlaffend wirkt und für gesundheitliche Verordnungen überhaupt nicht in Frage kommt; aber in seiner trockenen Abart, als Wüste, gewinnt seine Reizarmut dank des Faktors der minimalen Luftfeuchtigkeit sofort ihre therapeutischen Anzeigen, z. B. in der Reizlosigkeit für das Ausscheidungssystem der Nieren. Es ist zu erwägen, ob nicht auch bestimmte seelische Überreizungen im Wüstenklima einen sehr gemäßen Heilschauplatz finden könnten. Unbedingt reizkräftig sind umgekehrt jedes Hochlandsklima und der offene Seestrand ebenso wie das Schiffsdeck, sodann das binnenländische und das subarktische Klima. Die drei Elementarreize von kräftiger Wirksamkeit sind Licht, Kälte und Wind. In ihrer richtigen Verbindung miteinander, die oft eine Dämpfung oder Ausschaltung des einen oder andern sein wird, sowie in der Bestimmung der für sie gültigen Reizpausen und Reizdauern besteht die auf Kenntnis, Erfahrung und Blick gegründete Kunst jeder klimatischen Therapie — auch der alljährlichen Selbstbehandlung durchschnittlicher Erholungsbedürftigkeit, welche so viele Menschen namentlich der führenden Kulturschichten heutzutage ausüben.

Die Erholungskraft des Klimawechsels sollte aber kein gesundheitliches Dogma werden. Über ihrer fraglosen, oft nur allzu kräftigen Wirksamkeit darf man das gesundheitlich Wohltätige der Entrückung aus dem Alltagsmilieu (Beruf, Geselligkeitsübermaß, mechanisiertes Gewohnheitsdasein) nicht vergessen. Mit anderen Worten, zahlreiche Menschen würden in solcher Entrückung ohne Einsatz starker klimatischer Zumutungen, unter Verbleiben im selben Klima, die gleiche oder eine noch gewissere Erholung finden, als unter der Reizpeitsche übergroßer Höhen oder des offenen Meeresstrandes. Ganz besonders muß darauf hingewiesen werden, daß für Bewohner ohnedies reizkräftiger Klimate eine wesentliche Erholungskraft gerade in einem reizmilderen Klima liegen kann, also für den Ostdeutschen beispielsweise im Klima der westlichen Laubhügelländer am Rhein und Bodensee, oder der seenahen, aber strandfernen Landstriche des deutschen Nordwestens (Lüneburger Heide, Holsteinische Schweiz, Niederrhein). In dieser Einsicht fand die einstige Bevorzugung des „Südens" (Riviera, oberitalienische Seen) ihre Begründung. Damals überschätzt, ist sie seither der Unterwertung im Vergleich zu Alpen und Strand, Hochseereise und Winterfrische anheimgefallen.

II. Leibseelische Abänderung durchs Klima

73. **Inklimatisation.** So heißt am besten der Akklimatisationsprozeß dort, wo er auf eine bleibende Einpassung in ein neues Klima abzustellen ist, also bei Umsiedlungen aller Art, wie Versetzung, Auswanderung, Kolonisation oder auch auf Jahre berechnete Forschungsreisen sie darstellen. Die Auswahl von Ruhestandswohnsitzen (Pensionopolis) war seit jeher einer der alltagspraktisch durchschnittlichsten Fälle, wo inklimatisatorische Rücksichtnahmen hätten mitspielen dürfen (und oft sollen!). Es geht dabei also nicht um die vorübergehende, zeitweilige Reaktion auf ein anderes Klima, sondern um das Einleben in ein solches — für das zwei Grundmöglichkeiten denkbar sind: entweder jene Reaktion des Klimawechsels verliert sich mit der Zeit wieder, der alte Organismus wird den neuen klimatischen Zumutungen gewachsen, oder er bildet sich um, er entfaltet neue Eigenschaften, welche ihn den neuen Zumutungen gewachsen machen.

Die saubere Unterscheidung verwischt sich freilich in der Wirklichkeit oft auf eine schwer durchsichtige Weise. Immer fordert man mit Recht, daß ein Inklimatisierter sein volles seelisches Wohlbefinden wiedererlangt habe. Beim Fortbestehen subjektiven Mißbefindens, das erst im neuen Klima aufgetreten ist, gilt die Einpassung als noch nicht gelungen. Aber es pflegt zu wenig beachtet zu werden, daß das Wohlbefinden eine neue Farbe haben kann. So tritt etwa an die Stelle der aufgeräumten Tätigkeitslust im Kontinentalklima, wenn die Umsiedlung in maritime Landstriche stattfindet, nach monate- oder selbst jahrelanger Gewöhnungsschwierigkeit, die in unlustvoller Bedrücktheit, Trägheit, Müdigkeit ihren Ausdruck fand, schließlich eine mehr behäbige, phlegmatische, die Dinge an sich herankommen und fünf gerade sein lassende Form des Wohlbefindens. Ein Gleiches findet sich häufig bei Inklimatisationen im Süden (dolce far niente). Auch das Umgekehrte wird beobachtet: Menschen des deutschen Südwestens etwa rühmen nach einigen Gewöhnungskrisen die „Champagnerluft" des Berliner Klimas, nehmen in ihm eine weit größere Angeregtheit und Frische bei geringerem Schlafbedürfnis wahr. Und dann ereignet es sich, daß nach Jahren eine Heimkehr ins frühere Klima mißlingt, nämlich keine „Reklimatisation" mehr bringt; der Organismus hat sich offensichtlich so umgestellt, daß er nunmehr, auf einer höheren Altersstufe, die Rückwendung zu dem ursprünglich für ihn „Normalen" nicht mehr findet. Die subjektive Inklimatisation ist in Gestalt einer dauernden Umstellung der leibseelischen Befindenslage vollzogen worden, die nicht wieder (oder erst wieder in ausgedehnter Rückumstellung) umkehrbar ist.

Grundsätzlich verhält es sich mit der objektiven Inklimatisation ebenso, nur ist ihr Nachweis viel schwieriger und unsicherer. Ob die tatsächliche Leistungsfähigkeit und Gesundheit dieselbe ist wie vorher oder gar sich erhöht hat, darüber kann bekanntlich das subjektive Befinden täuschen. Auch die Umgebung eines Menschen urteilt darüber oft schief und vergißt, daß die Verminderung oder Vermehrung noch ganz anderen Umständen als klimatischen verdankt werden mag; z. B. beruflichen, wenn durch solche die Umsiedlung veranlaßt war, oder lebensalterlichen; nicht selten läßt die Leistung von Menschen um gewisse Jahre herum ganz von selber rasch nach, namentlich wird nichts Neues mehr ergriffen und begriffen, aber es fehlt auch nicht an Spätreifen, die erst jenseits der dreißiger Jahre zur Höhe ihrer Leistung aufsteigen. Dadurch wird eine generelle Beantwortung der objektiven Inklimatisationsfrage außerordentlich erschwert. Nicht einmal objektive Gesundheitsstörungen bieten einen ganz zuverlässigen Anhalt. Es scheint z. B., daß Blutdruckerhöhungen in größeren Höhen etwas Dauerndes werden können, ohne die Bedeutung eines lebenverkürzenden Anzeichens zu haben und auch völlig ohne das Wohlbefinden und die Herzensleistungsfähigkeit (im Steigen, Atmen, Arbeiten überhaupt) zu beeinträchtigen. Der Organismus stellt sich auf ein verändertes Verhalten um — im Tieflande wäre manches davon pathologisch, im Hochland ist es nun „physiologisch". Es gibt auch die dritte Tatbeständlichkeit, daß umgesiedelte Menschen objektiv gesünder und leistungsfähiger sind, aber subjektiv gewisse Plagegeister des neuen Klimas nicht ganz loswerden. Das gilt etwa im Hochgebirge von der Schlaflosigkeit. Mit mangelhafterem Schlaf müssen sich zahlreiche Lungenleidende, die bei dauernder Ansiedlung in den Hochkurorten von Jahr zu Jahr objektiv gesünder und leistungsfähiger werden, „abfinden".

74. Adäquates Klima. Die Inklimatisation kann besonders günstig (oder ungünstig) ablaufen, wenn die Umsiedlung dem Naturell entgegenkommt (oder zuwiderläuft). Manche Menschen finden erst nach längerer Suche oder durch eine Lebenszufälligkeit „ihr" Klima. Andere werden durch eine Versetzung aus „ihrem" Klima herausgerissen und können sich keinem andern wirklich anpassen. Obwohl dabei die subjektiven Unberechenbarkeiten von Neurasthenikern eine Rolle spielen mögen, liegt es doch auf der Hand, daß Organismen, die überhaupt sehr „geosensitiv" sind, ein solches wesensgemäßes Klima haben werden, das vielleicht irgendwo sehr weitab von dem Wohnsitz, auf den ihr Schicksal sie verbracht hat, liegen mag. Haben ja doch Geburtsort, Kindheitsschauplatz und selbst Berufsstandort (zumal in einer stark vergroßstädterten Zivilisation) mit natürlichem Instinkt, Angepaßtheit des „Blutes" an den „Boden", Adäquation der Lebensumstände zu den Lebenskräften und Lebenstrieben nur noch wenig zu schaffen, sondern werden tausendfältig durch äußerliche Zufälligkeiten bestimmt. Freilich gibt es auch in der natürlichen Einstimmung allerlei Zwiespältigkeiten. Es kann sein, daß die temperierte Klimatik der westlichen Alpenvorlande (Bodensee, Zürcher See usw.) als Ganzes das adäquate Klima für ein „Ausgleichsnaturell" darstellt, aber durch den häufigen Föhn ganz unerträglich wird, so daß ein föhnloses, wenn auch im Ganzen weniger gemäßes, etwa kontrastreiches binnenländisches Klima vorgezogen wird. Immerhin sind der Menschen nicht wenige, die uns versichern, daß sie erst an der Adria oder in Kalifornien oder in der Südsee das „ideale" Klima gefunden haben, in welches ihre Natur „gehört".

Zwischen den Naturellen und den einzelnen Jahreszeiten stellten wir schon früher (S. 111 f.) wahlverwandtschaftliche Beziehungen fest. Auch für die beste Inklimatisation gibt es Saisonoptima, die je nach den Naturellen verschieden sind. Hier verlieren sich die Eingewöhnungschancen teilweise ins ganz Persönliche. Darüber stehen jedoch eine Reihe generell gültiger Tatbestände, die teils von der

Menschen-, teils von der Klimaseite her den Inklimatisationsprozeß und die Adäquation eines neuen Klimas bestimmen.

75. Biologische Bestbedingungen. Das L e b e n s a l t e r steht obenan. Inklimatisation ist geradezu eine Funktion der Lebensjahreszahl. Nur die beiden ersten Lebensjahre, also die Säuglinge, machen eine Ausnahme; ihre Verbringung in ungewöhntes Klima, namentlich aber in heißeres, ist stets lebensgefährlich. Sonst verläuft die Anpassungskurve so, daß im dritten und vierten Lebensjahrzehnt ihr Optimum liegt, genauer gesprochen etwa zwischen 15 und 35. Bei der Annäherung an die 40 nimmt die Inklimatisationsfähigkeit des Organismus an inadäquates Klima rasch ab. Tropeneinwanderung nach dem 50. Jahre ist immer gewagt. Bei sehr starken Entbehrungen und sittlichen Energieaufwänden, wie z. B. auf arktischen Expeditionen, bietet nach den Erfahrungen einer Autorität wie Frithjof Nansen das 4. Jahrzehnt mit seiner reiferen und standhafteren Gelassenheit sogar Vorzüge vor dem dritten.

Von den G e s c h l e c h t e r n inklimatisiert sich das weibliche seelisch leichter, körperlich schwerer; das männliche zeigt die umgekehrte Tatsache. Das mag einmal in der höheren Durchschnittsbeanspruchung des z. B. existenzneugründenden Mannes mit seinen Einsätzen und Wagnissen, auf der andern Seite in der stärkeren hormonalen Labilität des Weibes begründet sein, dessen Keimdrüsensystem klimatisch erheblich beeinflußbar und an sich von nachhaltigerer Wirkung aufs Gesamtbefinden ist, als das männliche. Ferner leiden Frauen körperlich und seelisch im allgemeinen mehr unter exzessiven klimatischen Zumutungen; sie ertragen strenge Kälte, drückende Schwüle und heftigen Wind schlechter, werden umgekehrt seltener durch ein Zuwenig an Extremen und Kontrasten, durch zu große Ausgeglichenheit in Mitleidenschaft gezogen. Auch das mag mit der größeren Empfindlichkeit ihres inneren Säftesystems, besonders des vom Keimdrüsenapparat abhängigen, zusammenhängen. Früher war wohl der Unterschied zwischen den Geschlechtern in dieser Hinsicht durch die einseitig häusliche Lebensweise der Frau noch beträchtlicher. Seitdem auch das weibliche Geschlecht, zumal das jugendliche, ein ausgiebiges Freiluftleben mit gehöriger Leibesstählung führt, hat er sich ohne Frage verringert. Aber völlig können sich die Veranlagungen der Geschlechter schon darum nicht verwischen, weil sie ja Verschiedenheiten der natürlichen Bestimmung bedeuten. Besonders schwangere und stillende Frauen, dann wieder in der Rückbildung begriffene, sind gegen ungewöhnte Klimate jedenfalls anfällig. Die tropische Inklimatisation scheint, wenn gleich wir das mit aller Vorsicht aussprechen, für die nordländischen Frauen noch schwerer und lückenhafter als bei den Männern zu gelingen. Namentlich leidet wiederum ihr Fortpflanzungssystem. Menstruationsstörungen stellen sich früh und hartnäckig ein, in nicht wenigen Fällen erlischt die Geschlechtslust geradezu, anders als beim Manne, dessen gröbere Sexualität im heißeren Klima zumeist und bis zum Lästigen hin gesteigert wird.

Freilich darf nicht übersehen werden, daß alle diese körperlichen Reaktionen einen wichtigen Ausgleich finden können in der g e d u l d i g e r e n E r t r a g u n g s w i l l i g k e i t, die dem Weibe, verglichen mit dem Manne, eigen zu sein pflegt. Dies ist ein kolonisatorisch sehr wichtiges Moment, welches seit einem Menschenalter bei den kolonisierenden Nationen die Frage der Verheiratung des umsiedelnden Mannes viel positiver beantworten läßt, als früher. Abgesehen von dem Gleichmaß, welches die „Häuslichkeit" schafft, in der eine Frau waltet und der damit verbundenen Bewahrung vor Exzessen aller Art (s. S. 89 „Tropenkoller"), werden Frauen offensichtlich durch Fehlschläge von Risiken und Projekten weniger stark enttäuscht, sind gemütszähe und mehr zum duldenden und hoffenden Ausharren auch in ernüchterten Lebenslagen geschaffen, als der Mann. Hierin liegt eine sehr wesentliche Kompensation ihrer sensitiveren körperlichen Labilität. Auch bei den riesenhaften Flüchtlings-Trecks am Ausgange des vorigen Krieges und im Zuge der Millionen betreffenden Aussiedlungen haben Frauen sich sehr häufig als die seelisch Gefaßteren, Zäheren und Elastischeren bewährt. Dies bedeutet also keine klimatopsychische Verhaltensweise an sich, sondern ein Gegengewicht gegen diese, die für das Weib eher ungünstiger liegt, als für den Mann.

Die Rassen bilden hinsichtlich ihrer Inklimatisationsfähigkeit eine Reihe, an deren äußersten Enden die nordische und die mongolische stehen: jene den Tropen überhaupt nicht auf die Dauer, den Subtropen, der Wüste, allen „südlichen" Klimaformen nur bedingt und unter Schwierigkeiten gewachsen, diese hingegen die klimafesteste Menschenrasse, die wir kennen. Das verwundert um so mehr, als ja hinsichtlich der Hautfärbung die gelbe Rasse der weißen immerhin am nächsten zu stehen scheint. Mongolide Völker und Menschen leben und wirken (mit ihrem anspruchslosen Bienenfleiß) in tropischen Gegenden so gut wie in subarktischen, erstreckt sich doch ihr heimischer Wohnsitz allein schon zwischen fast dem südlichen Wendekreis und über den nördlichen Polarkreis (etwa bis zum 75. Grad nördl. Breite) hinaus, d. h. über rund 100 Breitengrade. Wie bestimmt es sich dabei um eine Rasseneigentümlichkeit handelt, bezeugt die völlig gleiche Klima-Indifferenz der asiatischen und der amerikanischen Rassenäste; auch die Indianer haben Gesamtamerika vom Äquator bis zum naßkalten Feuerland auf der südlichen, zum frostharten Grönland und Alaska auf der nördlichen Halbkugel in geschlossener Völkerschaftenkette besiedelt, deren Glieder sämtlich wohlgediehen, bis ihre gewaltsame Ausrottung und Entwurzelung durch den weißen Mann anhob. Von den übrigen Rassen liegen nur hinsichtlich der brünetten (mittelmeerischen) und der „schwarzen", der Neger, zureichende Massenerfahrungen vor. Beide stehen den Nordischen an Umklimatisierungsfähigkeit voran, den Gelben nach. Für die Neger sind die Tropen, für die Mediterranen die Subtropen das adäquate, das heimische Klima; beide fühlen sich in den nordischen Zonen anfangs nicht gerade wohl, haben viel Heimweh nach Sonne und Wärme, inklimatisieren sich aber schadloser als die Nordischen in den Tropen. Man kann sagen, die Anpassungsschwierigkeit jener sei mehr subjektiv, als objektiv.

Übrigens gehen die Erfahrungen aus der Tierwelt in ähnliche Richtung. Abgesehen von den ambiklimaten Lebewesen, wie Zugvögeln, die ihr Dasein zwischen zwei verschiedenen Klimaten teilen, jedenfalls im Grunde Wärmenaturelle sind, gewöhnen sich nordländische Tiere an südlichere Gegenden sehr schwer, das Renntier z. B. ist aus allen südländischen Gefangenschaften und Hegungen immer wieder ausgebrochen und nordwärts gezogen, Eisbären und Robben gehen zugrunde, für die tropischen Tiere aber hat Carl Hagenbeck gezeigt, daß sie sich bei Frost und Schnee äußerst wohl befinden und sich im Freien tummeln, wenn nur für genügenden Auslauf und Spielgeselligkeit gesorgt ist; sie bedürfen keineswegs der früher üblichen Nachahmung ihrer „wilden" Klimafaktoren, also des ständigen Gehaltenwerdens im geheizten und durchfeuchteten Käfig o. dgl. Alles das gilt für die Warmblüter. Für die Nichtwarmblüter gehen die Erfahrungen weit auseinander. Die dem Menschen lästigsten darunter, wie die Stechmücken, scheinen leider der gelben Rasse an Klimaunempfindlichkeit nicht nachzustehen, sie bevölkern den Polarkreis ebenso lebenskräftig und angriffstüchtig wie den Äquator.

Unter den europäischen Rasseformen führt die sog. „alpine" zu der Konstitutionsfrage hinüber. Ich selber halte den vielberufenen Homo alpinus (dessen phänotypische Existenz allein schon von Autoren wie Scheidt und Lenz bestritten wird, was m. E. zu weit geht) der großen mitteleuropäischen Hochlande nicht für eine besondere „Rasse", sondern für eine Mischlingspopulation aus Nord und Süd, Ost und West (wofür schon die Unbestimmtheit und Streuungsvielfalt all seiner Farbmerkmale spricht), die unterm Einfluß der Gebirge vom Schilddrüsenapparat her umkonstituiert ist, den Schilddrüsenhabitus (Thyreose), nämlich gedrungene Wuchsform, Neigung zu Fettansatz, infantile Endgliederformen, unreine (körnige, fleckige) Haut angenommen hat. Der kretinische Typ ist gleichsam sein Extrem. Danach wäre dieser Bevölkerungsschlag als weitgehend bodengeformt aufzufassen (s. u. Abs. 110). Mit seiner klimatischen Umgewöhnungsfähigkeit steht es so, daß er objektiv im Tieflande oft gesünder wird (durch den Fortfall der hochlandspezifischen kropfmachenden Ursachen) — subjektiv zwar lange mit Bergheimweh zu kämpfen hat, sich aber in alle kalten Klimate dank seiner Hochlandsabhärtung unschwer, an die heißen jedenfalls eher als der Nordische gewöhnt und im echten Kontinentalklima mit seinen dem Hochlande ähnlichen starken Temperaturkontrasten die ihm verhältnismäßig adäquateste, eben wiederum dem Hochlande verwandteste Tieflandsklimaform findet. Planmäßige Erfahrungen darüber, ob etwa auch unter den nordischen Bevölkerungen der untersetzte, breitkörperliche Habitus, der nordische Eurysome („dalischer", „fälischer" Schlag) akklimatisationsgünstiger gestellt sei als der hoch- und schlankwüchsige „saxonordische" Leptosome liegen noch nicht vor. (S. a. Abs. 79.)

76. Klimatische Bestbedingungen. Als generell günstigste Klimate der Erde sind Hochlandklima und Binnenlandklima anzusprechen. Auch bei ihnen aber ist der Eintrittszeitpunkt für den Inklimatisationsvorgang von Wichtigkeit. Als dienlichster darf der Frühsommer angesehen werden, also etwa der Juni. Denn der Winter bietet in beiden Klimaformen durch seine strenge Kälte den weitesten Abstand von jedem andern (ausgenommen das subarktische) Klima; es ist schonender, über den Sommer und Herbst hinweg in ihn hineinzuwachsen. Der Hochsommer des Gebirges ist ja ausgesprochen erholend, und der Hochsommer des Kontinentalklimas kann zwar sehr heiß sein, doch überwiegt die eher erträgliche trockene Hitze, Schwüle entlädt sich meist nach kurzem zu wundervollen Erfrischungen, die Nächte bringen wohltätige Abkühlung auch nach heißen Tagen. Der Hochherbst gehört oft in beiden Klimaten zu dem Schönsten, das sich denken läßt. Umgekehrt stellt der Hochwinter als Eintrittszeitpunkt schroffe Anforderungen durch seine Kälte, und was ihm folgt, der sogenannte Frühling, pflegt bis tief in den Mai hinein, trotz einzelner verheißungsvoller Tage, im ganzen eine Schmelz-, Tau-, Regen- und Wind-, eine ausgesprochene „Pantschwetter"-Zeit zu sein, die ja seit jeher auch von den Erholungsuchenden gemieden wird. In den Tropen gilt ebenfalls die „Pantschzeit", nämlich die Regenperiode, als ein besonders ungünstiger Eintrittstermin; sie bezeugt sich als das auch rein physisch, z. B. weist sie überall eine Häufung der Todesdaten auf. Im Meeresklima und seinen Ausläufern (die ja in Deutschland bis zu Elbe und Main hin reichen) bietet der trübe, feuchte Nebel- und Regenwinter die weitaus schwierigste Eintrittszeit; auch hier ist der Frühsommer, mit Hochsommer und Herbst vor sich, der beste Termin. Anders liegt es in der Subarktis. Hier empfiehlt sich der Inklimatisationsbeginn im Spätsommer. Er trommelt nicht mit den hellen Nächten des Früh- und Hochsommers auf den Organismus ein, nähert sich täglich mehr den „normalen" Tag- und Nachtproportionen der übrigen Erde, läßt also in den Dunkelwinter allmählich hineinwachsen und entschädigt den Neuling vom Herbst ab durch das außerordentliche sinnliche Erlebnis der Nordlichterpracht, die gleichsam ein Seitenstück zu dem Frühlingsblütenrausch des europäischen Südens oder zu der Vegetationsüppigkeit der Tropen bildet. Einen zweiten verhältnismäßig günstigen Jahrespunkt stellt der Spätwinter. Er bringt das bereits rascher Aufhellung zustrebende Dunkel und geht ohne eigentlichen Frühling in den Hellsommer über.

77. Klima und Gauschläge. Alle Lebewesen auf Erden erfahren in ihrer Erscheinungsform die abändernde Wirksamkeit der Natur- oder Kulturumwelt, in welcher sie ihr Dasein verbringen. Angehörige derselben Art zeigen je nach ihrem Standort ein bestimmtes Gepräge, das sie von artgleichen Geschöpfen eines entfernteren Standortes unterscheidet. Ob unter diesen Merkmalen sich etwa auch erbfeste befinden, die also in der Nachkommenschaft auch auf einem andern Lebensschauplatz fortdauern würden, ist eine von der wissenschaftlichen Spruchreife noch weit entfernte Frage. Jedenfalls gestaltet der Standort den „Phänotypus", die Erscheinung an sich, um; die verhältnismäßig gleichartigen Exemplare, die über einen gewissen Raum hin leben, pflegt man einen „Gautypus" zu nennen, man sollte noch besser von Gauschlägen bei Pflanzen und Tieren sprechen. Solche Gauschläge stellen beim Menschen auch die Volk- und Stammestypen dar. Eine Fülle von Lebensumständen sind an der Gauschlagprägung beteiligt, die klimatischen gehören dazu, so schwierig es auch ist, sie von den übrigen zu isolieren. Sie modellieren die Konstitution auf dem Wege des Inklimatisationsprozesses. Wir heben von diesen Geheimnissen der menschlichen Erdgebundenheit gerade erst den äußersten Zipfel: der Atemtypus ändert sich je nach Hoch- oder Tiefland, ein Gleiches gilt vom Schilddrüsensystem, der Chemismus des Organismus ist, z. B. in seinem Säuren- und Laugenanteil, in der Kohlensäurebewältigung, im Jodstoffwechsel ein anderer unter andern Klimaverhältnissen, aber die Änderungen und Ausgleiche sind höchst verwickelt, auch die sehr rege experimentalphysiologische Forschung steht gerade erst dabei, sich einen Einblick in die anfänglichen Störungen, in die Elemente der Deklimatisation, noch lange nicht der Inklimatisation zu verschaffen.

So bleiben wir noch immer auf die Ausdeutung ganz grob empirischer Tatbestände gauschlägiger Verschiedenheit angewiesen. Solche Ausdeutungen sind seit zweieinhalb Jahrtausenden immer wieder sehr bedenkenlos vorgenommen worden: angefangen bei Herodot, welchem die völkischen Eigenschaften der Griechen als ein Widerspiegel der idealen Jahreszeitenabfolge ihrer Wohnsitze erschienen, über die Lehren Montesquieus im Aufklärungsjahrhundert, gegen deren Einseitigkeit sich dann der Schotte David Hume kritisch wandte, bis zu Formeln jüngster Vergangenheit, die etwa Rasse für „Standortsspielart" schlechthin erklären wollen. Dabei tritt immer wieder, handelt es sich um Vertreter der Naturwissenschaften, die wahllose Hinnahme oberflächlichen geschichtlichen Augenscheins, umgekehrt bei den Geisteswissenschaftern die naturwissenschaftliche Unbewandertheit erstaunlich zutage. Wir versuchen zusammenzustellen, was sozusagen eine Denkforderung, was darüber hinaus wirkliche Erfahrung, und endlich, was wissenschaftlich erklärbar ist. Denn auch diese drei Abstufungen wollen unterschieden sein, werden aber gar oft unbesehen miteinander vermengt.

78. Nord und Süd. Innerhalb jedes geschlossenen Volksraumes treffen wir auf ein ausgeprägtes oder spurenhaftes Bewußtsein von Wesensunterschieden zwischen den nördlicher und den südlicher wohnhaften Volksteilen. Es handelt sich dabei also um eine relative Nord-Süd-Unterscheidung, die für jedes nationale Sprachgebiet von neuem vollzogen wird; es ähnelt danach nicht etwa der Norddeutsche dem (benachbarten) Südskandinavier (Dänen) oder der Süddeutsche dem (benachbarten) Nordfranzosen, sondern es unterscheidet sich der Südfranzose, der Süditaliener, der Südniederländer, der Südbrite, der Südchinese, der Südrusse, der Südspanier auf eine allen diesen gemeinsame Art vom Nordfranzosen, Norditaliener usw. Sind auch die glatten Formeln, auf welche dieser Unterschied gern gebracht wird, meistens als fragwürdig anzusehen, so ist der Tatbestand als solcher doch gegeben und nirgends zu verkennen. Als das wirklich Gemeinsame, das alle Nordvölkerteile von allen Südvölkerteilen (auf der nördlichen Erdhalbkugel; auf der ja viel spärlicher bewohnten und bewohnbaren südlichen dürfte das Umgekehrte gelten) abhebt, kann man dieses bezeichnen: je im Nordraum eines Volkes sind die Wesenszüge der Nüchternheit, Gelassenheit, Herbheit („Kühle", Steifheit, Zurückhaltung), der Verstandes- und der konsequenten Willenseinsetzung, der Zähigkeit, Geduld und Strenge überwiegend, je im Südraum dagegen die Wesenszüge der Lebhaftigkeit, Erregbarkeit, Leidenschaft, der Gefühls- und Phantasiesphäre, des Triebhaften und Gemütlichen. Innerhalb einer Nation sind ihre nordvölkischen Teile praktischer, ihre südvölkischen musischer, diese zugänglicher, aber unverläßlicher, jene unzugänglicher, aber verläßlicher. Es darf nur der Gegensatz nicht schematisch totgeritten werden, denn Leben schlechthin, zumal aber geschichtlich geformtes Leben läßt sich nie ohne beträchtliche irrationale Reste in Kategorien aufteilen. So zeigt das schottische Wesen bei aller Nüchternheit und Zähigkeit immer wieder stark mystische Züge, ähnlich dem westfälischen Gliede des niederdeutschen Volkstums. Man könnte auch Florenz, diesen Inbegriff des Musischen, gegen Neapel, diesen (für den Nordländer) Inbegriff klimatischen „Südens" ausspielen; nimmt man aber Oberitalien und Unteritalien als jahrhundertelange relative Volkstumseinheiten je für sich, so wird Florenz zur bezeichnend relativ südlichen Stadt gegenüber den gewerblich-händlerischen Mittelpunkten Genua, Mailand und Turin im relativen Norden. Das Kapitel Venedig bleibt auch dann noch für sich stehen. Man erkennt an solchen Beispielen die Dehnbarkeit des Deutungsspielraums, die immer eine wissenschaftliche Gefahr darstellt. Aber im großen ganzen „ist etwas" an der Nord-Süd-Verschiedenheit, und die klimatopsychologische Erklärung würde sich heute etwa so fassen lassen:

Überall auf Erden bedeutet Entfernung vom Äquator durchschnittlich lichtärmeres, wärmeärmeres, rauheres und graueres Klima. Das „Grau", die Lichtarmut, wirkt als ein wesentlich landschaftlicher Faktor, den wir aus der engeren klimatischen Wirkung auszuscheiden haben (s. o. den Abschnitt 13 „Nebel", und s. u. im Landschaftshauptabschnitt Abs. 114 S. 174). Der Wärmemangel, die Kühle und Feuchtigkeit, die Winterzunahme aber, diese eigentlich klimatischen Umstände, nötigen zu ausschließlicherer „Domestikation", zu einem Dasein im „künstlichen Klima" geschlossener Räume, sowie zur härteren Arbeit an der Natur, um dieses Dasein fristen zu können. Jedes relativ südlichere Leben ist „naturnäher", kreatürlicher, hat mehr Freiheit des geschöpflichen Seins, braucht weniger technische Leistung aufzuwenden, um es erträglich zu haben. Das „Dolce far niente" mit all seinen Wirkungen auf Gemüt, Phantasie und Triebe, das Sich-gehen-lassen-dürfen, die reichliche Muße sind dem nördlicheren Menschen karger zugemessen. Er muß härter und stetiger arbeiten, er kann weniger (Sonne, Wärme, Natur, Nichtstun) genießen. Sogar die geschlechtliche Liebe findet im Freien ungünstigere Entfaltungsbedingungen und bedarf mangels der natürlichen Gelegenheit öfter der zivilisierten Veranstaltung. Noch das Stadt- und Großstadtleben ist weiter südlich viel mehr auf Straße und Platz verlegt („agora"), weiter nördlich viel mehr auf Haus und Saal, Laden und Schuppen angewiesen. Kurzum, es handelt sich in der Hauptsache wohl um eine indirekte Klimawirkung, die sich im völkerpsychologischen Nord-Südgegensatz auslebt: es sind die durchs Klima bestimmten verschiedenen Lebensformen, unter denen der Mensch so oder so wird, wohl oder übel. Wieweit dazu unmittelbare Änderungen der leibseelischen Konstitution (von der seelischen Seite her gesehen also des „Naturells") treten, das zu ermitteln reicht der heutige Erkenntnisstand geopsychologisch in keiner Weise hin.

79. Arteigenes und artfremdes Klima. Die wissenschaftliche Frage läßt sich aber auch so stellen: ob etwa die Völker (oder manche Völker) aus einem Instinkt (etwa nach Art des Vogelzugtriebes) sich „ihr" ihnen gemäßes Klima gesucht haben und von langer Suche erst in ihm seßhaft geworden sind? Offenkundig ist für die nordische Rasse das Tropenklima artfremd. Ja, es gilt wohl dies auch hinsichtlich der subtropischen Klimate bis mindestens zum 40. Breitengrade hinauf; denn das Mittelmeerländerbecken ist ein wahres geschichtliches Massengrab sämtlicher nordischen Germanenvölker geworden, die hier zu siedeln versucht haben; nur durch Aufgehen in der einheimischen Bevölkerung und in winzigen Streuungen haben sich ihre Spuren erhalten können. Ein Entsprechendes läßt sich umgekehrt für die mediterrane Rasse und das nordländische Klima feststellen. Sie ist in ihren Kolonisationen nirgends auf Erden wesentlich über den 45. bis 48. Breitengrad polwärts gelangt, unter dem 50ten finden sich nur noch örtliche Inseln, wie die belgischen Wallonen und die französischen Kanadier (die hier allerdings auch generativ vollgediehen sind), während zwischen dem 30. und 45. Grad in Nordafrika und Europa und zwischen den beiden 35. Graden (nördlicher und südlicher Breite) in

Amerika die Mittelmeerrasse in Völkern geballt sitzt. (In den eigentlichen Tropen scheint sie sich auch nur durch Mischung mit den Farbigen einigermaßen zu halten; Brasilien baut darauf eine ganze, die „integralistische" Einvolkungstheorie).

Das eigentliche Kriterium der Rassenadäquation eines Klimas ist hiernach in der Fähigkeit der Rasse, Völker in einem Klima zu bilden und zu bewahren, gegeben. Es läßt sich geradezu von einem Gesetz der lebensräumlichen Eignung sprechen: die Fähigkeit, dort in Völkern (nicht bloß in Gruppen, Streuungen, Einzelnen) zu existieren, was ja das generative Gedeihen einschließt, ist der Maßstab für die Standorteignung einer Rasse und für die Rasseneignung eines Standortes, irgendeines klimatisch charakterisierten Erdraumes. Hierdurch wird die Klimazone zugleich ein konstituierender Faktor für die Entstehung von Völkertum: d. h. jener rassisch verwandten, bluts-„homöogenen" (d. h. blutsähnlichen, wenn auch nicht immer blutsgleichen, homogenen) Völker„familien", wie wir sie im Germanentum, Romanentum u. a. m. vor uns haben. Gewiß teilt dieser Faktor des rasse-adäquaten klimatischen Lebensraumes seine Determinationen mit vielfältigen und verwickelten sprachlichen, geschichtlichen, religiösen Kräften und Geschicken, die ihn teils verstärken, teils durchkreuzen. Aber ein Blick etwa auf die Religionenkarte des Abendlandes und des Erdballes überhaupt tut doch kund, wie verhältnismäßig und wider alles Erwarten geographisch geschlossen da die konfessionellen Ausformungen nach jahrhundertelangen Wirren und Kämpfen sich durchgesetzt haben. Dies darf nicht etwa zu der schiefen Formel verleiten, das Klima mache den Glauben; aber auf dem Wege über die klimatischen Lebensraumbedingtheiten der Völker und Völkertümer ist es allerdings an der Abgrenzung und Ballung der Erscheinungswirklichkeiten des religiösen Glaubens wesentlich mitbeteiligt. Wichtige Gesichtspunkte ergeben sich auch für das so schwierige Problem der Rassenentstehung. Es ist schwer zu denken, Rassen sollten sich dort abgesetzt und ausgeformt haben, wo sie heutzutage gerade nicht mehr in Völkern existieren können. Bei diesen Erörterungen werden sehr sorgfältige (freilich nur solche!) vergangenheits- und gegenwartsklimatographische Feststellungen ein gewichtiges Wort mitzureden haben. (S. a. III. Hauptteil, Boden und Seele, Abs. 110/111).

80. Entnormung durch Klima. Die pathologischen (oder an die Grenze des Pathologischen heranreichenden) Veränderungen, welche ein Klimawechsel setzt, sind in ihren erfahrungsmäßig gegebenen Hauptformen schon bei den Einzelklimaten dargestellt worden. Es erübrigt nur noch eine kurze grundsätzliche Übersicht.

Wir können als theoretische Hauptformen eine akklimatische und eine deklimatische Entnormung unterscheiden. Die erstere ist weiter nichts als das Übergangswerkzeug der Einpassung ins neue Klima. Sie kann kaum merklich oder auch höchst stürmisch sein, immer ist sie ein vorübergehender Prozeß, ein Umstellungsvorgang, der eine neue Normalität hervorbringt oder, je nachdem, die alte wiederherstellt. Anders die deklimatische Entnormungsform. Sie bedeutet, daß der von ihr heimgesuchte Organismus klimatisch überhaupt nicht mehr angepaßt ist und mit den Klimareaktionen nicht fertig wird. Das klassische Beispiel bildet die Tropenbiasthenie. Hier vermag sich der Organismus weder an die immerwährende hohe Wärmelage anzupassen, noch bewahrt er seine ursprüngliche Anpassung an eine niedere und wechselnde (die heimatliche) Wärmelage. Diese Deklimatisierten leiden unter der Tropenhitze, aber bei Reisen in die gemäßigte Zone nun auch (und nicht selten bei dauernder Heimkehr zeitlebens) unter der heimatlichen Kühle. Auch das extreme Hochland (über 2000 m, z. B. in den Andenstaaten Südamerikas) bietet viele Beispiele, in denen zwar keine Akklimatisation an die Höhe, aber bei der Rückkehr in die Tiefe auch keine „Reklimatisation" an diese (die ja dort tropisches Tiefland ist) erzielt wird.

Die deklimatische Entnormung kann auf einem bestimmten Befindensniveau haltmachen. Dies ist der wohl häufigste Fall, auch in der Tropenbiasthenie. Sie kann sich aber auch fortschreitend gestalten (progressive Entnormungsform), dann wird sie zu einem chronischen Hinsiechen. Ob es dies rein klimatopsychophysisch, ohne Hinzutritt der Einflüsse von Infektionskrankheiten oder Giftemißbrauch gibt, ist fraglich. Auch bei der generativen Deklimatisation, welche die Ungunst der Klimawirkungen erst „im zweiten oder dritten Gliede" zur vollen Auswirkung kommen läßt, ist die Mitwirkung eigentlicher Krankheitsfaktoren von der rein klimatischen Beeinträchtigung der generativen Vitalität sehr schwer zu trennen. Erst eine viel weiter fortgeschrittene Sanierung der Tropenwelt von ihren infektiösen Gefahren wird hierin Klarheit schaffen können.

C. Geopsychologische Periodenkunde

81. Periodische Grundeinheiten. Die ewige Wiederkehr des Gleichen in der Witterungsabfolge, die wir Klima heißen, ist kosmisch, d. h. durch die Eigentümlichkeiten der dreifältigen Weltkörperstellung und -bewegung Sonne, Erde, Mond bestimmt. Ihre Grundeinheiten sind das Jahr, der Tag und der Mondwechsel. Ob der letztere in der Atmosphäre regelmäßige Schwankungen hervorruft, ist wissenschaftlich noch immer eine offene Frage. Außerordentliche Wirkungen übt er jedenfalls auf die großen Wasserbehälter der Erdoberfläche, die Ozeane, in denen er die Gezeiten von Ebbe und Flut erzeugt. Es läßt sich schwer vorstellen, daß eine so großartige Kraft für die Vorgänge in der Lufthülle völlig gleichgültig sein sollte, zumal wir wissen, daß die mechanische Erddrehung für die Windgestaltung auf Erden von eingreifender Bedeutung ist, das mechanische Phänomen unseres Trabanten, das solche periodische Unruhe im flüssigen Teil der Erdoberfläche setzt, also kaum indifferent für die Atmosphäre sein wird. Jedoch mit einer einfachen Übertragung der Gezeitenvorstellung auf die Luft ist es nicht getan, und eine wirkliche Erforschung dieser Beziehung begegnet selbst nach entschiedenen Initiativen von bedeutendster wissenschaftlicher Seite auch weiter einer durch Dilettantenexzesse bestärkten Abneigung der meteorologischen Fachkreise. Unleugbar hingegen sind die rein solaren Erscheinungen von Jahr und Tag, auch in klimatischer Hinsicht. Über alle einzelnen Schwankungen hinweg kehren hier bestimmte Beschaffenheiten des Gesamtwetters oder der Wetterbestandteile ganz regelmäßig in der gleichen Abfolge wieder. Dabei ist im Zuge des Jahres der Gesamtwetterwandel, im Zuge des Tages mehr der Wetterelementenwandel eindrucksvoll: Sommerwetter und Winterwetter, Frühlings- und Herbstwitterung, zwischen den Wendekreisen Trockenzeit und Regenzeit, jenseits der Polarkreise Dunkelwinter und Lichtsommer drängen sich als Ganzheiten unmittelbar auf, zwischen Tag und Nacht, Morgen, Mittag und Abend fallen die Verschiedenheiten des Lichtmaßes, der Wärmegrade, der Feuchtigkeitsformen (Tau!), und bei wissenschaftlicher Beobachtung auch des Luftdruckes und der Elektrizität mehr ins Auge, während die Gesamtwettergestalten ziemlich willkürlich bald tags bald nachts so oder so sein können und in ihrem Typus von den Jahreszeiten her bestimmt sind (es kann bei Tage und bei Nacht schneien oder gewittern, aber dieses fast nur im Sommer, jenes nur im Winter).

Schon der flüchtigste Blick sieht Tiere und Pflanzen in ihren Lebensverrichtungen von Jahr und Tag abhängig. Die landläufigen Abgrenzungen der Jahreszeiten richten sich geradezu danach, mehr als nach rein klimatologischen Kennzeichen. Keimen, Grünen, Blühen, Reifen, Welken tun am augenfälligsten und praktisch höchst eingreifend den Jahreszeitenwandel kund. Das Schlüpfen der Insekten, der Vogelzug hin und her, Winterschlaf, Brunst- und Schonzeiten, Mauser und Häutung sind in bunter Mannigfaltigkeit jahreszeitlich bestimmt. Der Tageswandel des pflanzlichen und tierischen Lebens, Schlaf und Wachsein, Freßzeiten, Öffnen und Schließen von Blüten oder Blättern vollziehen sich teilweise so pünktlich, daß die „Blumenuhr" und der „Pflanzenkalender" zu den klassischen Versuchen der botanischen Biochronik gehören und seit einem reichlichen Halbjahrhundert sich ein anerkannter Wissenschaftszweig, „Phänologie" genannt, entfalten konnte, der sogar im amtlichen Witterungsdienst und seiner land- wie forstwirtschaftlich wichtigen Prognostik einen gesicherten Platz gefunden hat (wobei leider die tierische gegenüber der pflanzlichen Phänologie in einer Art vorwissenschaftlichen Kümmerzustandes noch immer beträchtlich zurückhängt).

Wachen und Schlaf sind auch beim Menschengeschlecht die großen Daseinshauptreaktionen auf den Wechsel von Tag und Nacht. Frische und Müdigkeit heften sich an Morgen und Abend, allbekannte Abspannungen an den Mittag (s. u. Abs. 92). Weniger deutlich tritt ein unmittelbarer Einfluß der Jahreszeiten hervor. Die jahreszeitliche Abhängigkeit der pflanzlichen Natur bringt es mit sich, daß das Leben des Landvolkes im Winter gemächlicher dahinläuft als im Frühling und Sommer; an sich wird kaum ein Bauer klagen, daß eine Jahreszeit ihm besser bekomme als die andere. Es sind überwiegend kränkelnde Menschen, die etwa die „Übergangszeiten" Frühling und Herbst fürchten, weil es ihnen da schlechter gehe. Für Jugendliche im Wachstumsalter ist der abspannende Einfluß des Frühlings vielseitig zugegeben; den Städter strengt begreiflicherweise der Hochsommer am meisten an, aber wer wirtschaftliche Bedürfigkeit leidet, hat den Winter mehr zu fürchten. Ganz vorwiegend aus den empfindsameren Stadt- und namentlich Großstadtkreisen kommen diejenigen, von denen wir schon früher (siehe Abs. 71) gehört haben: sie sind „reaktive Naturelle", je nachdem auf Sommerwärme oder Winterstrenge, oder auf Sommerkühle und Wintermilde, auf Frühlingsnässe oder Herbstwindigkeit. Das Jahreswetter macht es ihnen selten recht. Es sind die Leute, die nicht ihr „adäquates Klima" (s. Abs. 74) gefunden haben. Man muß dabei viele Alltagsumstände unklimatischer Art abziehen, berufliche Enttäuschungen, Umstellungen der Ernährung, Unvollkommenheiten des Wohnens oder der Kleidung; häufig spielt auch der landschaftliche Eindruck heller oder trüber Witterung mit. Vom gesunden Erwachsenen wird im Grunde unterstellt, daß er jeder Jahreszeit ihr Gutes abgewinne und um ihre Nachteile sich nicht weiter kümmere, wenn sie nicht ganz extrem auftreten. Auch tageszeitlich gilt als eine wohl nicht ganz „taktfeste" Ausnahme, wer etwa am Morgen niemals Frische verspürt und erst mit dem Abend leistungsfähig wird („morgens hektisch, abends elektrisch": das Wörtchen „hektisch" verrät schon, daß da etwas Unnormales unterstellt wird).

Erst die wissenschaftliche Vertiefung der Alltagserfahrung offenbart es, daß alle Menschen auf der ganzen Erde in höchst gesetzmäßiger Weise von den Tages- und Jahreszeiten abhängig sind. Unser hominider Organismus ist in den kosmischen Rhythmus von Jahr und Tag unentrinnbar hineingestellt — für unser Bewußtsein (glücklicherweise, möchte man sagen) freilich ebenso unmerklich; aber dies besagt nicht, daß die Periodik, die wir durchlaufen, nicht teilweise von bedeutender praktischer Auswirkung wäre.

I. Die Jahresperiodik des Seelenlebens

82. Brunst. Im weitesten Umfange beider gemäßigten Erdzonen hat schon das ganze 19. Jahrhundert eine eigenartige Veränderung festgestellt, welche mit dem Eintritt des Frühlings über die Menschen kommt und zuerst sozialstatistisch sichtbar geworden ist. Von dieser „Frühlingskrise" hat die Zeichnung einer psychophysischen Jahreskurve für Befinden und Leistungsfähigkeit des Menschen recht eigentlich ihren Ausgang genommen.

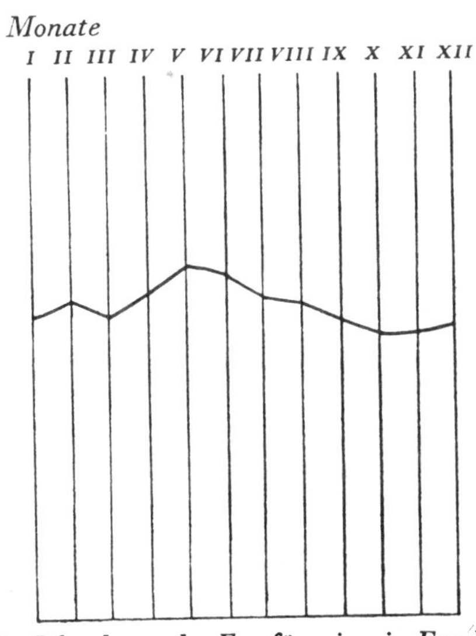

Fig. 2: Jahreskurve der Empfängnisse in Frankreich.

Zunächst erweist sich der Frühling als die echte Brunstzeit der Hominiden. Allerdings vermag sie als solche nur durch die Statistik erfaßt zu werden, der grobe Augenschein hatte zu der Meinung geführt, daß (einer in der Domestikation schon bei Tieren merklichen Tendenz entsprechend) die geschlechtliche Triebhaftigkeit und Fruchtbarkeit des Menschen überhaupt an keine Brunstzeiten gebunden, sondern jahraus jahrein vorhanden und gleichmäßig sei. Dies ist ein Irrtum. Vielmehr zeigen die Statistiken der Bevölkerungsvermehrung in allen Ländern ohne Ansehung ihrer sozialen Struktur, ihrer Rassigkeit und ihres Gesittungsstandes eine alljährliche, eintönige Häufung der Geburten im Spätwinter und Vorfrühling, und das heißt eine Häufung der Empfängnisse im Hochfrühling und Frühsommer. In Frankreich beispielsweise überschreiten nur der Mai und Juni den Anteil der Monate mit je über 9%, der weder vorher noch nachher im Jahre erreicht wird; es liefern dagegen der Januar, Oktober und November kaum 8, der Februar, August und Dezember wenig über 8, der April und der Juli rund 8¾ Prozent der Befruchtungen (s. d. Tabelle b. d. Anm. z. Abs. 81—88). In den deutschen Statistiken tritt besonders eindrucksvoll die Verschärfung dieser Verteilung für die unehelichen Fälle zutage; hier, wo die pure Triebhaftigkeit für die Begattung noch stärker ausschlaggebend ist als in der Ehe, stehen die Monate April bis Juni noch weiter voran, Monate wie Januar und Februar, Oktober und November noch weiter zurück gegenüber dem Durchschnittsanteil, als bei den ehelichen Empfängnissen.

Gerade in Anbetracht dessen hat man dann freilich die dem Verkehr im Freien günstigeren Witterungsverhältnisse als die eigentliche Ursache des Hochfrühlingsanstiegs der Empfängnisziffern ansprechen wollen. Unerklärt bliebe dann aber der rasche Rückgang im Spätsommer (bei den Franzosen ausgeprägt schon in dem dort doch äußerst warmen und meist trockenen Juli), und überdies müßten ansehnliche Verschiedenheiten der Jahre untereinander je nach der Vorsommerwitterung in Erscheinung treten, was nicht der Fall ist. Gerade daß in dem klimatisch südlicher geprägten Frankreich der Juli schon den deutlichen Empfängnisrückgang aufweist, während er besonders in Preußen, also im nördlicheren Deutschland mit seiner Frühlings- und Sommerverspätung noch an den Frühsommerrekordziffern Anteil hat, zeigt doch, wie eben nicht Wärme an sich, etwa ihr absoluter Mittelwert in einer Jahreszeit, und nicht die Naturbeschaffenheit ausschlaggebend sind, sondern die Frühlingstatsache als solche. Wir können das zunächst nur feststellen; alljährlich sind die Monate April, Mai und Juni eine Häufungszeit der Konzeptionen — wobei es auch dahingestellt bleiben muß, ob es die Begattungstendenz oder die Empfängnistendenz ist, welche der statistischen Häufung zugrunde liegt. Das wird sich wohl nie aufklären lassen, da sich die Zahl der außerehelichen Begattungen jeder Kontrolle entzieht und auch eine verläßliche Bestandsaufnahme in sämtlichen Ehen eines Volkes auf die größten Schwierigkeiten stoßen würde.

Die unbestimmtesten Formen der erotischen Triebsteigerung werden vom Volk scherzhaft als „Frühlingsgefühle" bezeichnet. Sie äußern sich in der allgemeinen Hingezogenheit zum andern Geschlecht, dem Gestimmtsein zur „Verliebtheit", zur spielerischen Werbung („Flirt"), darüber hinaus in einer schwer faßbaren Unruhe, dem Drang „hinaus", womit dennoch oft eine bald wohlige, bald lästige Mattigkeit verbunden sein kann. Es ist die Neigung zum „Schwärmen" in jedem Sinne, dem gefühlsmäßigen, sentimentalen (Frühlingspoesie, die großenteils Liebeslyrik ist) und dem motorischen (Ausschwärmen). Die Frühlingsgefühlslage, Schiller's „unruhiges und gegenstandsloses Sehnen" (s. S. 130), ist der gesammelten nüchternen Anspannung und stetigen Unverdrossenheit abgünstig, der „Schwärmerei" dienlich; von dieser Erfahrung zeugen so uralte und allmenschheitliche Aussagen und Urkunden, daß sie durchaus mitverzeichnet zu werden beanspruchen darf, wo der jahreszeitliche Leibseelenwandel beschrieben und ergründet wird.

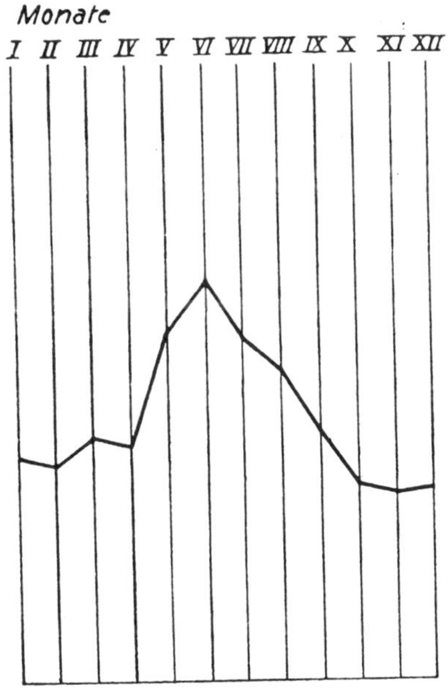

Fig. 3: Jahreskurve der Notzuchtsdelikte in Frankreich.

83. Notzucht. Einen extremen Beleg in gleicher Richtung bietet ferner die Kriminalstatistik der gewaltsamen unehelichen Begattungen, der Notzüchtigungen. In ihnen stellt sich ja die Brunst auf ihrer eigentlich viehischen Intensitätsstufe dar. Freilich ließe sich einwenden, daß vollzählig wohl nur die Vergewaltigungen ans Licht kommen, die zur Empfängnis führen, während die folgenlosen vielfach verschwiegen werden. Da ist denn die italienische Statistik der Notzuchtsversuche an Kindern lehrreich, welche den gleichen Anstieg der sexuellen Gewalttendenz zeigt, nämlich die höchsten Ziffern im Juni, recht hohe Jahr für Jahr im April,

Mai und auch noch Juli und August, ganz niedrige vom November bis Februar. So entfallen etwa auf den Juni allein mehr als 13%, auf den November kaum 5% dieser Verbrechen. Gewiß wird im Notzuchtsfalle das notgedrungen häusliche Dasein im Winter und das Freileben des Sommers eine noch stärkere Rolle spielen, als bei der auf Einverständnis beruhenden Begattung. Aber die Ähnlichkeit der Ziffern über sehr verschiedene Klimate hinweg läßt doch unabhängig von jenem Gelegenheitsanreiz wiederum die Frühlingstatsache als die entscheidende erkennen, auch in der deutschen Statistik zeigt der Sprung vom März zum April einen Vermehrungswert der sexualkriminellen Begehungen um rund und reichlich ein Drittel; der Juni weist das mehr als Doppelte des Februars und des Novembers auf.

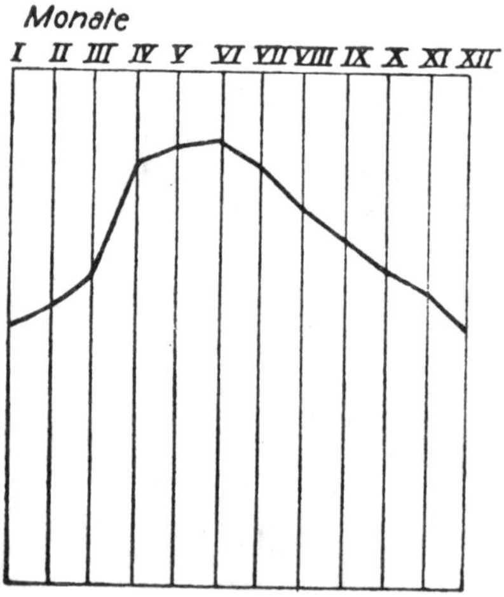

Fig. 4: Jahreskurve der Selbstmorde in Preussen.

84. **Selbstmord.** Erstaunlicherweise nehmen nun den gleichen Lauf die Jahreskurven des (heute zweckmäßiger als „Freitod" bezeichneten) Suicids. Von 1000 jährlichen Selbstmorden entfallen in Preußen, Frankreich und Italien auf den Januar zwischen 60 und 70, auf den September zwischen 75 und 85, auf den Dezember gar nur 60, aber auf die Monate April bis Juli zwischen 100 (mindestens 98) und 110. Die Höchstziffern weisen in allen drei Ländern Mai und Juni auf. Erstaunlich nennen wir das, weil erstens überhaupt die Kurve der Lebensselbstvernichtung, also der Lebensohnmacht, mit der Kurve der höchsten Vitalität, der Zeugung, und ihrer exzessiven Übersteigerung, der sexuellen Gewalttat, parallel geht, weil zweitens doch ohne Frage die Winterszeit für die von Alltagssorgen belastete Masse der Bevölkerung die härtere ist, in der einer eher den Lebensmut durch Kälte, Obdachlosigkeit, Hunger verlieren kann, und weil drittens der Hochfrühling und Frühsommer die fürs Gemüt besonders erfreulichen Zeiten des

Jahres sind, mit ihrer Lichtfülle und milden Wärme, ihrer Blütenpracht und ihrem vielfältigen Tierleben; der Mai hat ja von da her geradezu die Charakteristik als „Wonnemond" empfangen. Für die frühjährige und frühsommerliche Selbstmordhäufung kann also gar keiner der Gelegenheitsreize verantwortlich gemacht werden, die in die Sexualbetätigung hineinspielen mögen, hier kommt die reine ausschließliche Frühlingstatsache zum Ausdruck.

85. Geisteskrankheiten. Die gesteigerte Einweisung von seelisch Erkrankten in die Irrenanstalten während derselben Monate, vor 50 Jahren schon von Lombroso für Italien zahlenmäßig belegt, etwas später auch aus den Aufnahmeziffern der Heidelberger psychiatrischen Universitätsklinik ablesbar, sowie anderwärts bis zur Gegenwart fortbeobachtet, ist zwar von einzelnen Psychiatern auf den soziologischen Gelegenheitsumstand der häuslichen Bewahrung ländlicher Kranker während der Erntezeiten (wo alles auf dem Felde sein muß und niemand daheim auf einen unruhigen Irren achtgeben kann) zurückgeführt worden. Immerhin, möge ein solches Motiv hineinspielen; es reicht nicht aus, um die erhebliche Regelmäßigkeit der Kurven zu erklären. Vielfältige, immer wiederholte Befragungen durch die Jahrzehnte hindurch haben mir so gut wie sichergestellt, daß auch innerhalb der Anstalten, wie Ärzte und Wärter bezeugen, der Frühling und Sommer als unruhigere Zeit empfunden werden, wo Erregungszustände sich häufen und jäher hervorbrechen. Sorgfältige statistische Bearbeitungen in dieser Richtung wären dringend erwünscht.

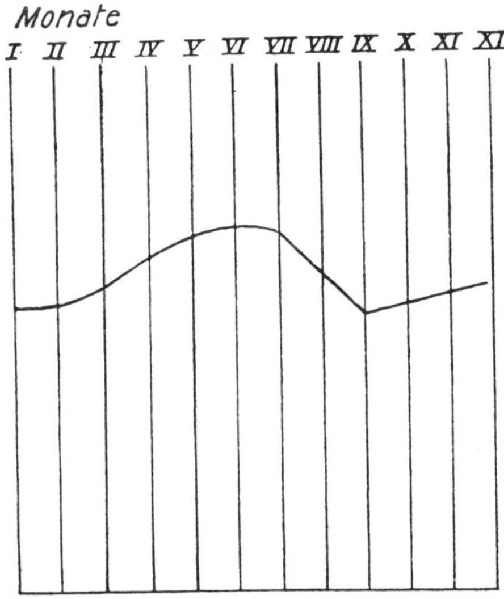

Fig. 5: Jahresverteilung der Aufnahmen in die Heidelberger Irrenklinik.

Gerade für das im engeren Begriff „periodische Irresein" freilich (zyklisches, manischdepressives Irresein, Zyklothymie in den leichteren Störungsformen: Wechselmut, aus Phasen von Schwermut und Leichtmut bestehend) hat sich bisher kein faßlicher Zusammenhang mit jahreszeitlichen Schwankungen ergeben. Es kommen vereinzelte Fälle vor, die ihre leichte Depression immer wieder im Frühling, aber ebensooft im Herbst oder Dezember zeigen. Nur Beobachtungen über sehr ausgedehnte Zeiten hin können dabei vor Irrtümern schützen: einer der allerersten Patienten meiner jungen Nervenpraxis schien mir eine klassische jahreszeitliche Bindung seiner manischen und depressiven Attacken darzubieten, aber nach einiger Zeit wurde deutlich, daß es sich immer um reichlich 7 Monate der einen und knapp 6 Monate der andern Stimmungsfarbe handelte, so daß nach wenigen Jahren die jahreszeitlichen Deckungen genau vertauscht waren, im Unterschied von der ersten Beobachtung nunmehr die depressiven Lagen in den Sommer und die hypomanischen in den Winter fielen! Am ehesten scheinen noch ganz leichte, kaum ins eigentlich Pathologische fallende Stimmungsschwankungen bei vielen Naturellen jahreszeitlich gebunden zu sein. Hierher gehört etwa Goethes Dezembermißmut und Schillers Frühlingstraurigkeit (s. S. 127). Doch ist es schwierig, in solchen Fällen landschaftliche Eindruckswirkungen auszuschließen. Für mich selber kann ich eine ganz leichte seelische Herabminderung mit Tätigkeitsunlust, Neigung zu (namentlich hypochondrischen) Grillen und „nervösen" Verdauungsstörungen um beide Sonnwenddaten herum bis in meine Jugend zurück verzeichnen; ihr folgt regelmäßig sofort im Januar und im Juli ein Wiederanstieg zu normaler Arbeitsfreude und Gesamtbefindenslage.

86. **Leibseelische Leistungsschwankung.** Lombroso, als einer der Bahnbrecher für die Naturgeschichte des Genies, hat in der jahreszeitlichen Verteilung schöpferischer Einfälle eine Häufung im Hochfrühling mit dem Höchstwert im Mai und ein nochmaliges verhältnismäßiges Optimum im September feststellen wollen. Der geniale „Schaffensrausch" würde danach in den Anstieg der Gesamtfrühlingskrise fallen. Abgesehen von der Vorsicht, mit der alle Statistiken dieses Forschers zu nehmen sind, legt gerade schöpferisches Leisten außerordentliche Schwierigkeiten in den Weg, seine einzelnen Phasen, die sich über Monate und Jahre hindehnen können, zeitlich zuverlässig zu fixieren. Immerhin möchte ich aus eigener Vertrautheit mit der Geniekunde bestätigen, daß dort, wo überhaupt klar bezeugte, umschriebene „Einfälle" eine bahnbrechende Leistung eingeleitet haben, Hochfrühling und Frühsommer eine besonders erhebliche Zahl derselben auf sich vereinigen.

Praktisch wesentlicher ist die Alltagsleistung des Menschendurchschnitts. Ihrer Untersuchung bietet sich insbesondere der kindliche Organismus dar, an welchem der Jahreslauf augenfällig regelmäßige Schwankungen setzt, die überdies durch die Schulleistungspflicht einer unvergleichlich stetigen und teilweise meßbaren Beobachtung zugänglich werden.

Das kindliche Körperwachstum geht in regelmäßiger Abwechslung derart vor sich, daß die Streckungen in die Länge auf die Monate April bis Juli fallen, während unter Stillstand des Längenwuchses der Herbst, etwa vom September bis zum Dezember, das Massenwachstum besorgt, das durch die Körpergewichtszunahme gemessen wird; im Spätwinter und Vorfrühling läßt dann das Massenwachstum nach und tritt das Längenwachstum wieder allmählich, wenn auch mehr zögernd, in Funktion. (Das Massenwachstum setzt sich bekanntlich, auch ohne übermäßige Verfettung, nach der Beendung des Längenwachstums bis in die Rückbildungsjahre fort: knapp sitzende Kleidung, wie Uniform, Halskragen, Schuhwerk aus dem 25. Jahre pflegen uns 10 oder 20 Jahre später zu eng geworden zu sein; erst die Vergreisung bringt eine Massenreduktion zugleich mit einer Längenabnahme).

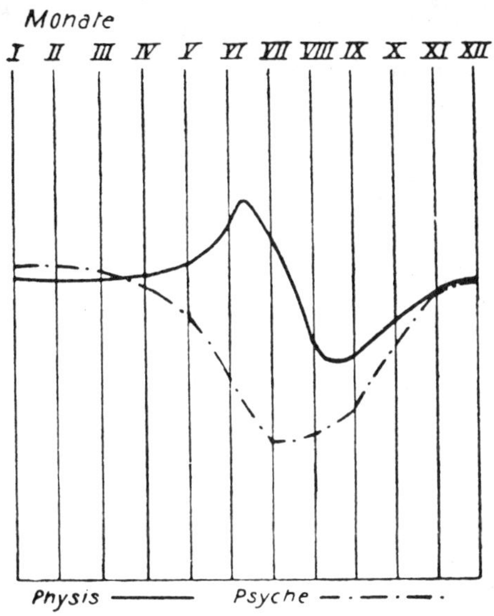

Fig. 6: Jahresgang der psychophysischen Leistung.

Vielfältige Untersuchungen der Schulleistungen und besonders Experimente an Schulkindern zeigen nun, bei mancherlei Verschiedenheiten ihrer Resultate im einzelnen, doch ziemlich genau folgendes Gesamtbild. Der späte Hochsommer, von der Julimitte bis zum Septemberanfang führt ein Leistungstief nach der körperlichen und geistigen Seite herbei. (Die empirisch übliche Großferienzeit wird dadurch als vollkommen zweckmäßig ausgewiesen.) Vom Herbst bis in den Januar hinein erreicht unter mehr oder minder raschem Anstieg vom September an die körperliche und geistige Leistung ihre Bestwerte, deren Gipfel durchschnittlich in den Frühwinter fällt. Vom April bis in den Juli hinein aber vollzieht sich etwas sehr Merkwürdiges, nämlich eine Art Aufspaltung der Gesamtleistung: die rein körperliche Kraftleistung ist in diesen Monaten auf ihrer Höhe, ja, der Antrieb sich körperlich zu betätigen, ist vermehrt („psychomotorische" Steigerung), aber die geistigen Spannungsleistungen jeder Sorte (Lernfähigkeit, Aufmerksamkeit, Sorgfalt) sinken vom Vorfrühling bis in den Frühsommer hinein ununterbrochen und bleiben dann auf der Talsohle des Hochsommertiefs liegen. Die Jahreskurve der jugendlichen Leistung enthüllt uns also ein körperliches und geistiges Tief im Hochsommer, ein körperliches und geistiges Hoch im Frühwinter, ein körperliches Hoch mit einem geistigen Tief im ganzen Frühling, schon im Spätwinter sich anbahnend und in das Hochsommerdoppeltief einmündend.

87. Frühlingskrise als Einheit. Gerade die in den Abschnitten 82 und 86 dargestellten Frühlingswirkungen helfen uns dazu, den scheinbar klaffenden Widerspruch zwischen den Empfängnis- und Notzuchtshäufungen auf der einen und der Selbstmordhäufung auf der andern Seite einigermaßen zu überbrücken. Die Psychopathologie zeigt uns, daß Selbstmorde bei Gemütskranken besonders gern verübt werden, wenn nach einer Schwermut die psychomotorische Hemmung weicht und sogar vielleicht einer psychomotorischen Erregung Platz macht, während Spuren von Depression unter mangelnder Krankheitseinsicht noch fortbestehen. Kurzum, ein Mangel an geistiger Übersicht zusammen mit einem gesteigerten Betätigungstrieb führt dann zur Selbstvergewaltigung des Lebens. Dieses Beieinander kehrt, nur mit anderm Objekt, in der Sexualvergewaltigung wieder; es ist aber auch das allgemeinste Kennzeichen jeder Art von „Rausch", denn alles Berauschtsein setzt sich aus der Erregtheit einer Seite des Seelenlebens und der Ausschaltung einer andern zusammen, vornehmlich (wie im typischen Alkoholrausch) aus motorischer Erregtheit (Gesprächigkeit, Umsichschlagen, Zerstörungslust), mit intellektueller Minderfunktion, namentlich Ziel- und Planlosigkeit. In den Rauschzuständen kommt das Urtriebhafte der Natur hemmungsloser zum Vorschein, dies ist ja das Körnchen Richtigkeit in der Sentenz, daß „im Wein Wahrheit" sei. Der Liebesrausch auf der einen Seite, der zur bedenkenloseren Aneignung oder Hingabe verführt, also die Empfängnisaussichten steigert, der Schaffensrausch auf der anderen Seite, in welchem die Einfälle aus der Phantasie hemmungslos strömen, ohne noch in eigentliche intellektuelle Ordnung gebändigt zu sein, teilen diese Zweiseitigkeit des Rauschzustandes schlechthin. Auch diejenigen Phasen geistiger Störung, in denen die Versorgung in Anstaltspflege nötig wird, kennzeichnen sich durch triebhafte motorische Erregung („Toben") unter besonders starker geistiger Verdunkelung („Umnachtung"). Am leisesten Ende der Reihe, deren krassestes die Tobsucht, die Notzucht und der Selbstmord besetzt halten, steht jene unbestimmte erotische Unruhe, oder Unruhe überhaupt, mit der Unlust oder Unfähigkeit zu vernünftiger Bemeisterung etwa durch disziplinierte Arbeit, wie die „Frühlingsgefühle" des Volksmundes sie uns kundtun. Die Mitte füllen Steigerung der Gattungslust und nur experimentell entschleierbare Schwankungen der Leistung des Alltages, die letzteren fügen im jugendlichen Organismus mit dem stärksten Wachstumstriebe in die Länge (der ja die eigentliche Wachstumsvitalität darstellt) der Frühlingsphase gesteigerter Motorik und gesenkter Intellektualität sich ein. Der Frühling geht zugunsten einer seelischen Thymose und zu Lasten seelischer Noëse, d. h. zugunsten der Trieb-, Leidenschafts- und Phantasieseite des Seelenlebens und zuungunsten der zuchtvollen Denk-, Urteils- und Willensseite unter gleichzeitiger Begünstigung der körperlichen Vitalität (Längenwachstum) und Benachteiligung der körperlichen Konsolidierung (Massenwachstum).

88. Bioklimatische Erklärung der Frühlingskrise. Diese Einwirkung des Frühlings und Frühsommers auf den Organismus ist in ihren Elementarursachen mehr „einleuchtend", als exakt nachgewiesen. Erwägt man, daß der Spätherbst und Winter für die gesamte Pflanzen- und Tierwelt eine relative Ruhestellung bedeuten, insbesondere für die Gattungsfunktion, so scheint die physische Seite der hominiden Frühlingskrise sich unschwer aus denselben Elementarfaktoren zu erklären, die jene Ruhestellung im Winter und das „Erwachen der Natur" im Frühling überhaupt verursachen, nämlich aus den Licht- und Wärmeverhältnissen. Der Frühling der gemäßigten Erdzonen (und der Arktis) ist durch die rascheste Lichtzunahme, der Frühsommer durch den Lichtdauergipfel charakterisiert. Der Wärmegipfel fällt allerdings erst in den Hochsommer, aber der Frühling bringt die rascheste Wärmezunahme, und zwar bis zu solchen Graden, die noch keine eigentliche „Hitze", d. h. dem menschlichen Befinden noch nicht widerwärtig und abträglich sind. Licht und Wärme sind die beiden lebenerweckenden Großmächte der irdischen Natur. Pflanzliches und tierisches Leben verödet und verkümmert um so sichtlicher, je mehr sie fehlen, je kälter und dunkler es wird. Wollen wir dies aber in seiner Nutzanwendung auf den Menschen prüfen, so ergibt sich die befremdliche Folgerung, daß die höchsten Verstandes- und Willenstätigkeiten in einer Art Gegensatz zur ursprünglichen kreatürlichen Vitalität erscheinen! Doch sind auch sonst Tatsachen bekannt, die Ähnliches bezeugen. Steigerung der Verstandesbildung bei den Massen geht mit Abnahme der Geburtenziffer einher. Bei genialen Menschen sind Ehelosigkeit, Asexualität, Kinderlosigkeit oder lebensschwache Nachkommenschaften überdurchschnittlich häufig. Trieb und Verstand empfinden wir ganz elementar als Gegensätze. Die Bändigung der Triebe gilt als ein Hauptziel des sittlichen Willens, ja oft ist ihm ihre völlige Unterdrückung auferlegt worden. Alles dies erwogen, ist es also gar nicht so verwunderlich, daß auch jahreszeitlich ein Wechselverhältnis zutage tritt: die große Ruheperiode der Natur kommt den höheren geistigen Funktionen zustatten, dagegen leiden sie unter dem Einbruch der Periode des „Treibens", die sich selbst beim Zivilisationsmenschen noch statistisch als echte Trieb-, nämlich Brunstzeit ausweist.

Ob dabei Einzelzurechnungen überhaupt erlaubt sind, ist fraglich. Es ist offenbar nicht die absolute Temperaturhöhe und, trotz absolut stärkster Strahlungsintensität der Sonne im Mai, wohl auch kaum die Lichtdauer, die brunsterregend wirkt, denn wäre es so, dann müßten viel größere Schwankungen der Kurven je nach der Einzeljahreswitterung hervortreten: es gibt ja oft genug kalte Spätfrühlinge und Sommerwärme bis in den Herbst hinein mit entsprechender Bewölkung dort, Himmelsklarheit hier. Sondern es ist die Dynamik des Licht- und Wärmeanstiegs, die sich ja über alle Monatswetterschwankungen dennoch im Wesen jahraus jahrein gleichförmig wiederholt und in der lebenden Natur jahraus jahrein denselben Lauf vom Keimen und Sprossen übers Wachsen zum Blühen, Reifen und Welken auslöst. Wir kennen Wärme und Licht als die sinnfälligsten Wirkungsmächte; die einzigen sind sie gewiß nicht, von noch unbekannten Energien zu schweigen, mag der Jahresgang der Ultraviolettstrahlung oder der kosmischen Ultrastrahlung das seinige zum Gesamterfolg beitragen; wir wissen es noch nicht.

Ein ähnliches gilt von der Zufuhr der im Winter ausbleibenden Vitamine, welche vom Frühling ab unmittelbar (durch das „Grünzeug" der Nahrung) und mittelbar (durch das Frischgrünfutter der Viehnahrung in Milch, Butter, Käse) wieder zugeführt werden.

Dies spielt sicher, aber in höchst verschiedenem Ausmaße, mit; denn die sozialen Ernährungslagen in den verschiedenen Besitzklassen gehen hinsichtlich des Gemüse-, Butter-, Milchgenusses so weit auseinander, auch sind die nationalen Ernährungsgewohnheiten und Ernährungsmöglichkeiten (etwa zwischen Norddeutschland und Südfrankreich) derart unvergleichbar, daß die alles Nationale und Soziale übergreifende Einförmigkeit der Frühlingskrisentatbestände aus der bloßen Wiederzufuhr bestimmter Vitamine unmöglich allein oder auch nur vorwiegend hergeleitet werden kann. Gerade vor Modeerklärungen sollte die Wissenschaft auf der Hut sein.

Zusammengefaßt: mit April und Mai beginnt der Ausbruch der Frühlingskrise, ob die Monate relativ kühl oder schon recht warm sind; ein besonders warmer Frühling verstärkt manche Tendenzen, z. B. die geschlechtlichen, teils wohl unmittelbar, teils auch durch die Vermehrung der Gelegenheit zur Ausübung, ebenso wie naßkalte Witterung Trieb und Gelegenheit verringert. Ende Juli und im August erfolgt der psychophysische Absturz zum Leistungstief, unabhängig davon, ob es regnet oder heiß ist; daß große und langwierige Hitze die Ermattung verschärft, ist natürlich, aber das Tief ist auch in kühlen und regnerischen Hundstagen da. Der Frühwinter ist für geistige Arbeit eine günstige Jahreszeit, ob er Frost und Schnee oder Sudelwetter bietet; daß eine Häufung von Föhntagen diese Gunst verringern kann, ist selbstverständlich, aber das steht auf keinem andern Blatt als ein um dieselbe Zeit auftretender Grippeeinbruch; diese singulären Störungen verschwinden im großen Zuge der ewigen Wiederkehr des hauptsächlich Gleichen vollständig.

Wahrscheinlich ist, daß in der Entfaltung der Frühlingskrise die Erregungskomponente überwiegend auf die Lichtzunahme, weniger wahrscheinlich, daß die Ermattungskomponente ebenso auf die Wärmezunahme entfällt. Streng erweisbar sind bis heute alle solchen Zurechnungen nicht gewesen; die Interpretation von Statistiken ist bekanntlich sehr vielseitig. Eine geradezu klassisch grundlegende Untersuchung auf diesem Gebiete, wie die vor einem Menschenalter veröffentlichte der dänischen Forscher Lehmann und Pedersen, konnte für die Wärmeeinwirkung auf die menschliche Arbeitsleistung wesentlich nur das Bestgesetz der Wärme (s. o. Abs. 27) bestätigen. In den Monaten Mai bis Julianfang der gemäßigten Zone dürfte aber geradezu ein Wärmebestwert gegeben sein, der im Winter unter- und in den Hundstagen überschritten wird. Es ist nicht recht wahrscheinlich, daß aus solch optimaler Temperatur die spezifische Frühlingsmattigkeit hervorgehen sollte. Da der Hochfrühling und Frühsommer auch die Jahreszeit des raschesten Anstieges der Gewitterhäufigkeit ist (die im Spätsommer schon ganz wesentlich absinkt), so muß man gerade für die Frühlingsermattung auch an luftelektrische Faktoren denken; „Aprilwetter", d. i. böiges Wetter, zeigt ja eine ausgeprägt gewitteräquivalente Wesensart, die eigentlich subjektive Ermattungszeit liegt im Hochfrühlingseingang, schon früher wurde darauf hingewiesen (z. B. S. 4!), daß diese subjektive Mattigkeit oft in einem Kontrast zu der subjektiven Annehmlichkeit der Frühlingswärmezunahme stehe.

Eine weitgehende Klärung der elementaranalytischen Zurechnungsmöglichkeiten für die biopsychischen und kosmoklimatischen Bestandteile der Frühlingskrise und der jahreszeitlichen Befindens- und Leistungsverläufe überhaupt würden genauere Untersuchungen der Jahresverläufe außerhalb der gemäßigten Zonen, vorzüglich in den Tropen und Subtropen liefern, an denen es leider noch immer so gut wie ganz fehlt.

II. Tagesperiodik des Seelenlebens.

89. Wachen und Schlaf. Der kosmisch bestimmte Wechsel von Hell und Dunkel beherrscht die ganze Erde, nur in sehr verschiedenartigen Verteilungen. Das ungefähre tägliche Halb-und-Halb, das zwischen den Wendekreisen waltet, wird zu einem ungefähren jährlichen Halb-und-Halb jenseits der Polarkreise, die von Wendekreisen und Polarkreisen eingerahmte Globuszone aber zeigt das Halb-und-Halb nur noch um die beiden Tag-und-Nacht-Gleichen, sonst wird vom Wendekreis zum Polarkreis hin das Dunkel immer einseitiger auf die eine, das Hell ebenso auf die andere Jahreshälfte verlagert. Die gesamte Lebewesenwelt ist weitgehend darauf eingerichtet, indem sie mit Ruhezuständen dem Dunkel, mit höchster Tätigkeit dem Hell entspricht. Doch ist diese Anschmiegung nur annäherungsweise gültig, am genauesten wohl bei den Vögeln, und es gibt viele Ausnahmen und Durchlöcherungen: sogar die Vögel zeigen nächtlich singende und beutende Gattungen, die übertags vorwiegend ruhen, bei den Insekten sind die Dämmerungsgeschöpfe besonders massenhaft, zahlreiche Säugetiere, wie Nage- und Raubtiere, schlafen und wachen bei Nacht wie bei Tag phasenweise. Auch das Verhalten des Menchen ist nur ein ungefähres. Weder verschläft er die ganze Nacht, noch durchwacht er (z. B. im nordischen, subpolaren Sommer) den ganzen Tag, aber im großen ganzen ist er ein Nachtschläfer und Tagwacher; sogar im polaren Jahreszyklus hat er durchaus das Bedürfnis und die Fähigkeit bewahrt in *eigenperiodischer* Abwechselung von den täglichen 24 Stunden einen größeren Teil zu durchwachen und einen kleineren zu durchschlafen (s. a. S. 140/141).

Der Schlaf ist ein offenkundiger Ruhezustand der willkürlichen Muskeln, der Sinne, besonders der Augen, und des Bewußtseins. Alle andern Funktionen arbeiten weiter, die meisten wohl mit Veränderungen, teilweise unter Steigerungen ihres Quantum und Quale, hierüber bleibt wissenschaftlich noch vieles aufzuhellen; die neuerliche, immer subtilere Ermittlung von Nervenzentren der Schlafsteuerung im Zwischenhirn verspricht hierfür wichtige Klärungen. Das Einschlafen schaltet jedenfalls die Willenstätigkeit, das Sehen, das Situations- und das Ichbewußtsein blitzartig aus: geschieht es im Gehen oder Stehen, so knicken wir um, die Augen fallen jedem Enschlummernden zu, das Bewußtsein erlischt. Bewegungsreste, Wahrnehmungsreste und Bewußtseinsreste bleiben erhalten; sie tun sich kund in Unruhe des Schläfers, in der Fähigkeit, durch Sinnesreize zu erwachen, in den Träumen. Das Erlöschen des eigentlichen Wachbewußtseins offenbart sich u. A. in der Unmöglichkeit anzugeben, wie lange wir geschlafen haben; bekanntlich unterliegen wir hierüber den schwersten Selbsttäuschungen.

90. Tiefengang des Schlafes. Ganz kurze Schlafzeiten (Minuten, Bruchteile einer Stunde) können gelegentlich unabstellbar und sehr erquickend sein, reichen aber niemals zur Wiederherstellung der wachen Volltüchtigkeit aus. Hierzu wird der Regel nach ein zusammenhängender Nachtschlaf von 6—9 Stunden erfordert. Auf den Mittelwert von 7—8 Stunden sind die Lebensordnungen der menschlichen Zivilisation durchgehends zugeschnitten. Diese Schlafzeit fällt unter einigermaßen natürlichen Lebensverhältnissen (auf dem Lande) während der hellen Sommerzeit ungefähr in die Stunden zwischen Abend- und Morgengrauen, deckt sich also mit der Nacht, während sie ebendort während des dunkelreichen, nachtlangen Winters ungefähr in die Mitte des Nachtdunkels (9—4 Uhr) zu liegen kommt. Je gekünstelter das Dasein wird, also je städtischer, desto später pflegen die Menschen ihre Schlafzeit anzutreten und zu beenden: sie wachen dann tief in die Nacht und schlafen tief in den Tag hinein. Diese Gewohnheit ist naturwidrig und zieht fast immer Schlafstörungen, Leistungsstörungen und Gesundheitsstörungen nach sich. Vor allem zerrüttet sie den Schlaf und seine Erholungskraft. Auch daraus ergibt sich, daß doch eine innere Beziehung zwischen Nachtdunkel und Menschenschlaf besteht, die nicht ungestraft ausgeschaltet werden kann.

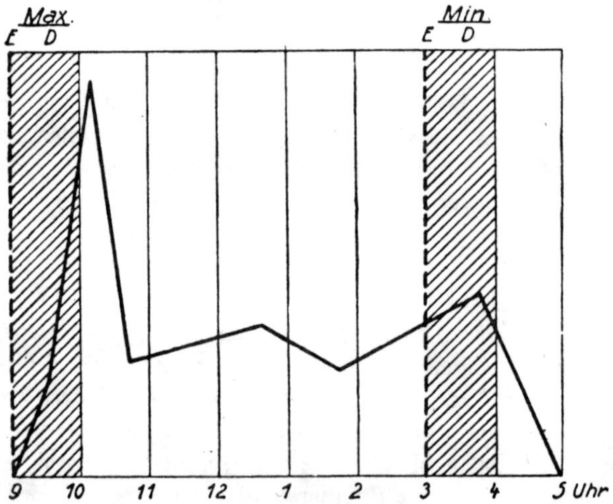

Fig. 7: Normale Schlafkurve

gestrichelt: Maximum und Minimum von Luftelektrizität (E) und Luftdruck (D)

Der normale Schlaf ist keineswegs von Anfang bis zu Ende gleich tief. Unter der Schlaftiefe versteht die Wissenschaft den Grad der Widerstandsfähigkeit gegen Weckversuche, und sie mißt die Schlaftiefe durch die Schallstärke, welche aufgeboten werden muß, um einen Schläfer aufzuwecken; für diese Schallstärke bietet wiederum die Fallhöhe von Kugeln, die auf eine Metallplatte aufschlagen (desto lauter, aus je größerer Höhe sie fallen) einen Maßanhalt. Mit derart konstruierten Weckapparaturen ist es gelungen, die Tiefe des Schlafes zu den verschiedensten Nachtzeiten zu bestimmen. Das Ergebnis ist recht überraschend, obwohl es mit gewissen uralten Volkserfahrungen in manchem gut übereinstimmt.

Die Schlaftiefe in einer normal durchschlafenen Nacht ist höchst ungleichartig. Sie ist am größten im ersten Drittel (der „Schlaf vor Mitternacht", dem die Volksweisheit so große Erholungskraft beimißt!). Dann vermindert sie sich rasch und beträgt während der etwa 4. bis 6. Schlafstunde nur noch die knappe Hälfte der Eingangstiefe. Erst in der vorletzten oder letzten Stunde tritt eine Wiedervertiefung („Morgentiefe") ein, die aber bestenfalls Zweidrittel des Eingangswertes erreicht. Sie ist es, die bei vielen Schläfern künstliches Wecken erwünscht und das „Aufstehen" schwierig macht; bei andern geht sie aber von selber ins Erwachen mit dem Bedürfnis aufzustehen über.

Fig. 8: Berufliche Verschlechterung der normalen Schlafkurve.

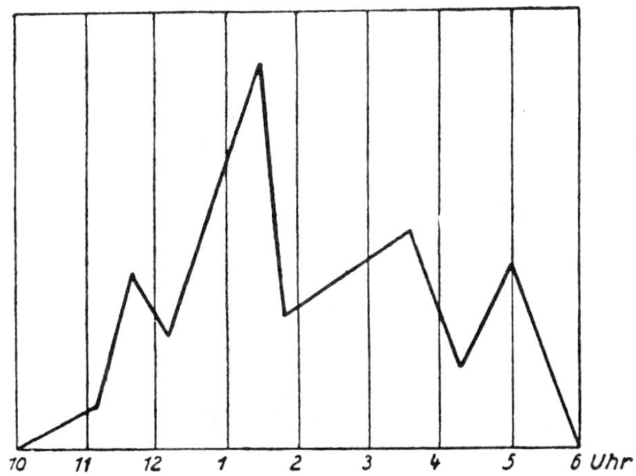

Fig. 9: Leicht abnorme Schlafkurve.

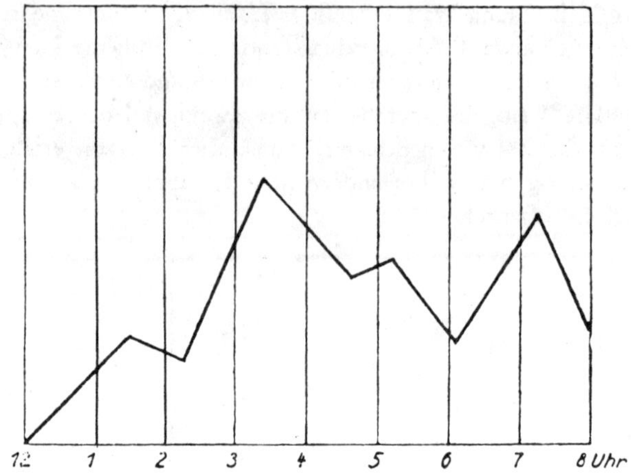

Fig. 10: Typisch abnorme Schlafkurve.

Von dieser Normalkurve des Schlafes zeigen gewisse Menschen schon in früher Jugend eine Abweichung. Bei ihnen erreicht die Anfangstiefe überhaupt nie den hohen Wert, wie bei den andern; die Schlaftiefe wechselt während der ganzen Nacht unruhiger, die Vertiefung gegen Morgen hin aber fällt besonders intensiv und langwierig aus; sie kann gelegentlich die Eingangstiefe erreichen oder selbst überbieten. Schätzungsweise dürften 10 bis 20 % der Menschen von Haus aus zu solcher Schlafweise veranlagt sein. Bei einem viel größeren Hundertsatz aber entnormt sich die gesunde Schlafkurve zu dieser anormalen durch Lebensgewohnheiten, wie sie vor allem die Großstadt, das Genußleben und vorwiegende Geistesarbeit mit sich bringen. Indem unter lebhafter Beanspruchung der Sinne oder des Intellekts in die Nacht hinein gewacht wird, bleibt der erste Schlaf flach und unruhig; die Morgendauer und Morgentiefe versucht offenbar nachzuholen, was die Abendspäte und Abendflachheit schuldig geblieben sind. Unter den Stadtmenschen und geistig Schaffenden dürfte schätzungsweise mindestens ein Drittel diesen unnormalen Schlafgang aufweisen.

Fast alle Tagesschlafformen sind wesentlich flacher, als der nächtliche Eingangsschlaf es ist. Dahin gehören (außer Gelegenheitsschläfchen, „Nickerchen") der Mittagsschlaf (für den wir ein elementares Bedürfnis auch bei grob und ländlich arbeitenden Menschen, ja schon bei Tieren finden, der also an sich durchaus keine „schlechte Angewohnheit der Überkultur" ist) und die Tagesschlafweisen der zu Nachtberufstätigkeit genötigten Menschen.

Jahreszeitlich verringert sich die Schlaftiefe ein wenig in den Sommer- und nimmt zu in den Wintermonaten. Diese Unterschiede steigern sich erheblich in den subarktischen Zonen, in denen der hellen Nacht ein viel flacherer Schlaf (auch bei künstlicher Verdunkelung) und dem dunklen Tag (im Winter) ein viel tieferer parallel geht. Das zwingende tägliche Schlafbedürfnis bleibt aber ungeändert bestehen, und auch die Schlafdauer sinkt bei den Einheimischen in den „weißen Nächten" kaum unter 6, steigt in den Winterdunkelzeiten kaum über

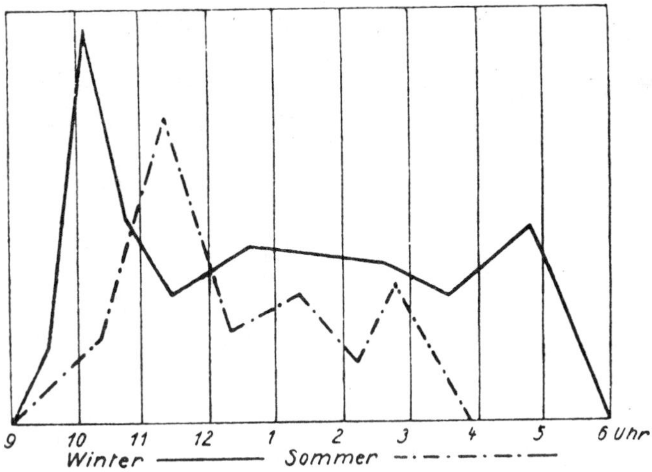

Fig. 11: Jahreszeitliche Schlafkurve.

9 Stunden. Alledem sind begreiflicherweise durch den beruflichen Pflichtalltag Grenzen gesetzt.

91. Determination der Schlaftiefe. Zwischen Dunkel und Schlaf, Helle und Wachen besteht nur ein allgemeiner Zusammenhang; es entspricht aber weder etwa die größte Schlaftiefe der tiefsten Nachtdunkelheit, noch die rascheste Schlafvertiefung am Schlafeingang der raschesten Tagesverdunklung. Abgesehen davon, daß die Nachtdunkellage von den Lichtgestalten des Mondes weitgehend mitbestimmt wird, findet die rascheste Sonnenlichtabnahme unmittelbar nach Sonnenuntergang statt, in den Tropen bekanntlich besonders unvermittelt; während vieler Monate im Jahre liegt die rascheste Schlafvertiefung um Stunden später. Gerade auf der Höhe der Nacht, um Mitternacht, findet trotz tiefsten Dunkels der Beginn der Schlafverflachung statt. Umgekehrt tritt um die Zeit der raschesten Nachtentdunklung, gegens Morgengrauen hin, eine nochmalige Schlafvertiefung ein. Der Gang des Nachtdunkels hat also mit dem Tiefengang des Menschenschlafes nichts zu schaffen.

Ebensowenig ist ein Zusammenhang mit dem Temperaturgang festzustellen. Die Nacht bringt eine (mannigfach schwankende) Luftentwärmung, deren tiefste Temperatur kurz nach Sonnenaufgang fällt.

Luftdruck und Luftelektrizität zeigen Tag für Tag die sog. „Wendestunden", nämlich zwei Maxima und zwei Minima. Das barometrische Abendhoch fällt auf 21 bis 22 Uhr, das barometrische Morgentief auf 3 bis 4 Uhr. Man könnte den Eindruck haben, daß der normale Schlaf von diesem Tief und jenem Hoch gleichsam eingerahmt sei, wobei dem Abendhoch das Schläfrigwerden und Einschlafen, dem Morgentief das Erwachen entspräche. Ein wirklicher Zusammenhang ist aber mehr als fraglich. Luftelektrisch liegt die stärkste tägliche Leitfähigkeit der Atmosphäre abends um 21 Uhr (und vormittags um 8 Uhr), die geringste (außer um

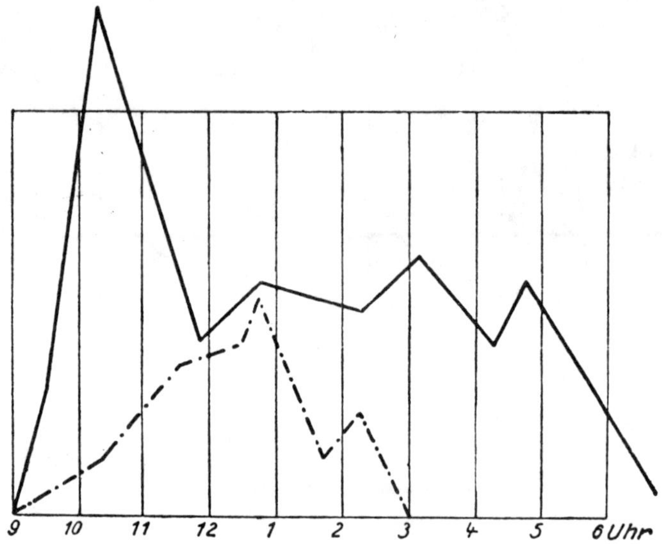

Fig. 12: Arktische Schlafkurve.

12 Uhr mittags) um 3 Uhr früh. Die Sache verhält sich wie beim Luftdruck, das Zusammentreffen von Leitmaximum mit Einschlafzeit, von Leitminimum mit ungefährer Aufwachzeit ist allenfalls da, aber der Zusammenhang ist durch nichts bewiesen. Vorsichtshalber kann man die Beziehung: größtem Druck und größter Leitfähigkeit folgt rascheste Schlafvertiefung, kleinstem Druck und kleinster Leitfähigkeit folgt das Erwachen — als offene Forschungsfrage stehen lassen.

Viel wahrscheinlicher ist, daß der Nachtschlaftiefengang eine Eigenperiode darstellt, die sich, aus der zu bewältigenden Erholungsaufgabe des Organismus heraus, phasenhaft entfaltet hat. Der biochemische Zustand der Ermüdung, ein höchst verwickeltes Ergebnis aus Stoffverbrauch und Ansammlung lebensgiftiger Stoffe (Ermüdungsgifte), führt nach einer Tagesleistung von rund 15 Stunden zum elementaren Schlummerbedürfnis, und was der Schlafzustand biochemisch ab- und aufzubauen hat, das durchläuft eine verwickelte Phasenreihe, in welcher aus noch unbekannten biochemischen Ursachen die Schlaftiefe den beschriebenen Wandel zeigt. Die immer betriebsamere „Rhythmenforschung" hat gerade von der Medizin her eine Fülle von „Tagesgängen" physiologisch-chemischer Prozesse aufgedeckt, welche den periodischen Wechsel der „Tagesvitalität" anzeigen,wie er eben auch den Wechsel zwischen Wachen und Schlafen als einen Teilbestandteil von sich darbietet. Dies schließt keineswegs einen engeren Zusammenhang zwischen Nacht und Schlaf aus! Viele biologischen Erfahrungen lehren uns ja, daß gesicherte Naturabhängigkeiten im Verhalten der Lebewesen dennoch starke eigenperiodische Gestaltung im einzelnen erlauben. Daß, nach allgemeiner

Anpassung an die Dunkelzeit des Tages, der Schlaf dennoch wesentlich s e i n e n Gesetzen folgt, geht auch daraus hervor, daß die ganz andere Wechselverteilung von Dunkel und Helle in der Arktis und Subarktis aus den dort einheimischen Menschen ohne Unterschied der Rasse keine Halbjahresschläfer und -wacher gemacht, sondern an dem täglichen Schlafbedürfnis und seinem Umfang (rund ein Drittel des Gesamttages) nichts zu ändern vermocht hat.

92. Tagesgang der Leistung. Die Erholungskraft des Nachtschlafes bewährt sich nicht etwa in einem sofortigen Höchst an Leistungsfrische nach der Schlafbeendung. Abgesehen von den subjektiven Müdigkeitserscheinungen („Verschlafenheit"), mit denen viele (auch gesunde) Schläfer nach dem Erwachen noch geraume Weile zu kämpfen haben, zeigt auch die objektive Leistungsfähigkeit einen zögernden Anstieg, der erst etwa 4—5 Stunden nach dem Aufstehen seinen V o r m i t t a g s - g i p f e l erreicht. Getrübt werden alle Feststellungen durch die Gewöhnung so vieler Menschen an künstliche Auffrischungen nach dem Erwachen, unter denen die Waschung und das Frühstück, insbesondere wenn es leistungsteigernde Genußmittel wie Kaffee, Tee, Kakao enthält, an erster Stelle stehen. Der Drang zu sofortiger Nahrungsaufnahme ist nach der etwa zehnstündigen Eßpause keineswegs sehr heftig; er fehlt bei vielen zunächst so gut wie ganz und meldet sich erst nach einiger Tätigkeit. Auch wo man sich jener Stimulantien entwöhnt, ist empirisch feststellbar, daß die Gewinnung der vollen morgendlichen Leistungsfähigkeit erst im Laufe der Stunden, frühestens wohl nach 1—2 Stunden erfolgt. Bei „Frühaufstehern" (zwischen 5 und 6 Uhr) dürfte gegen 9—10 Uhr die Leistung auf der Höhe sein, auf der sie sich dann bis gegen 12 Uhr hält.

Genau um die Mittagszeit geschieht ein jäher Absturz, ganz gleichgültig, um welche Beschäftigung es sich handeln möge. Zwischen 12 und 15 Uhr zeigt jede

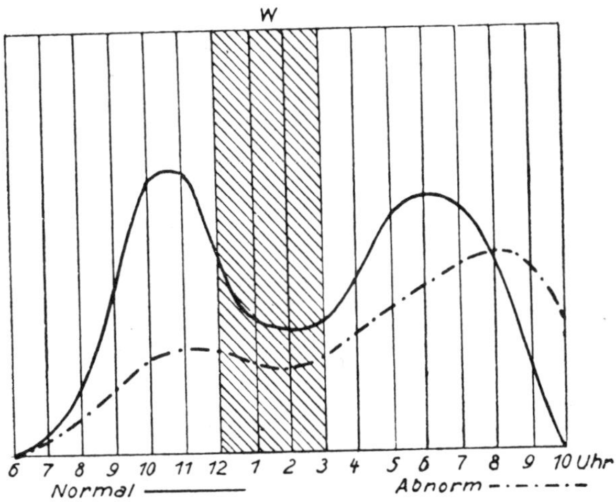

Fig. 13: Tagesleistungsgang.
Gestrichelt: Stunden des täglichen Wärme-Maximums

Tageskurve eine Zeitstrecke geminderter leibseelicher Leistung, sie wird als Mittagssenke oder Mittagssattel bezeichnet. Die tiefste Stelle (das „Leistungspessimum") fällt in die Zeit zwischen 12 und 2 Uhr. Allmählicher als der Absturz dazu vollzieht sich der Wiederanstieg der Leistung zu einem Nachmittagsgipfel, der etwa zwischen 17 und 19 Uhr erreicht wird. Gewöhnlich kommt er der Höhe des Vormittagsgipfels nicht gleich, doch kann die subjektive Aufgelegtheit zur Tätigkeit größer sein. Von diesem zweiten Leistungsbest her entwickelt sich stetig die abendliche Ermüdung, die normalerweise noch lange vor Mitternacht zum Einschlafen drängt.

Dieser gesamte Tagesleistungsgang erscheint auf den Kopf gestellt bei allen denen, deren abnorme Schlafbedürfnisse oder Schlafgewohnheiten vorhin (S. 138) geschildert wurden. Sie erwachen spät und bleiben während des ganzen Vormittags „unausgeschlafen"; zwar steigt auch ihre Leistung allmählich an, aber es wird nicht der Gipfel des Gesunden erreicht; der Mittagssattel pflegt sehr tief zu sein, dann jedoch bringt der späte Nachmittag die eigentliche Leistungshöhe, die nun oft bis in die Nacht hinein dauert, als subjektive Aufgelegtheit sogar sich immer mehr und bis zu einem wahren nächtlichen „Arbeitsfieber" steigern kann. Nicht selten tritt die Veranlagung zu solcher Tagesumkehrung schon in ganz früher Kindheit hervor. Derartige Kinder sind schwer zu wecken, bleiben vormittags abgespannt und verdrießlich, dagegen möchten sie abends nicht zu Bett, sondern erwachen erst da zu unstillbarer Spiellust, sie liegen, zur Ruhe gebracht, oft lange wach und zeigen in den ersten Nachtstunden einen unruhigen, von Auffahren, Aufschrecken oder Schlafsprechen begleiteten Schlummer („Nyktopathen", s. S. 10 u. d. Anm. z. Abs. 8).

93. Eigenperiodik der Tageskurve. Wiederum ist die allgemeine Tatsache des Wach- und Tätigseins die einzige sichere Verknüpfung unseres Tageslebens mit der kosmischen Tatsache des hellen Tages. Im übrigen stellt das zweimalige Auf und Ab der täglichen Leistungsentfaltung wohl einen so gut wie rein eigenperiodischen Tatbestand vor. Es ist der aus der Arbeitswissenschaft bekannte vielfältig verschlungene Gang der Leistungsdynamik in Übung und Ermüdung, den die Tageskurve spiegelt. Offenbar erzeugt die ermüdungfortschaffende biochemische Funktion des Schlafes selber organische Stoffe, die erst durch längeres Wachsein wieder beseitigt werden müssen, ehe die volle Leistung einsetzen kann. Daraus würde sich die seltsame Morgenmüdigkeit nach dem Erwachen erklären; wir wissen freilich von solchen Stoffen noch gar nichts. Am ehesten könnte der Mittagssattel mit dem relativen Wärmegipfel jedes Tages in Zusammenhang gebracht werden. Doch spricht dagegen die außerordentliche Verschiedenheit der absoluten Wärmegrade in den verschiedenen Jahreszeiten und Erdzonen, welche mit der Einförmigkeit der Leistungssenke um die Mittagsstunde schwer in Einklang zu bringen ist. Der mittägliche Leistungsnachlaß ist annähernd derselbe, ob die Temperatur im Winter -10^0 oder im Sommer $+20^0$ um 12 Uhr zeigt. Daß noch höhere Wärmegrade besonders heftige Mittagsermüdung mit sich bringen, ist nicht verwunderlich, wir werden ja auch in überheizten Binnenräumen hochgradig übermüdet. Auch die Lichtfülle und die Lichtzusammensetzung sind während des relativ höchsten Sonnenstandes ja nach Klarheit oder Bewölkung, Sommer oder Wintersonne ganz verschieden.

Das elementare Nahrungsbedürfnis der Menschen, welches überall um diese Zeit zur Einrichtung irgendeiner Art von Mahlzeit geführt hat, zeigt an, daß nach stundenlanger Tätigkeit (und bestehe diese auch nur im Wachsein selber) eine bestimmte Stoffwechsellage erreicht ist, die außer im Eßverlangen auch in der Leistungssenke ihren Ausdruck findet. Durch besonders reichliche Nahrungsaufnahme (Hauptmahlzeit am Mittag) wird die Sattelung noch vertieft, da solche Nahrungsaufnahmen eine Zeitlang ein ausgesprochenes Ruhe-, ja Schlummerbedürfnis des gesättigten Organismus nach sich ziehen, auch schon bei Tieren.

Die Verlegung der Tageshauptmahlzeit auf den Mittag trägt der Erfahrung Rechnung, daß um diese Zeit der Organismus sowieso einer Leistungspause bedürftig ist. Die „englische" Arbeitszeit (durchgehende Arbeitszeit) setzt an diesen Tagespunkt nur eine kleine Stärkung und beendet die Pflichtleistung ungefähr dort, wo der Nachmittagswiederanstieg der Leistung beginnt. Ihre Hauptvorzüge liegen in der Berücksichtigung großstädtischer Lebensverhältnisse, unter denen sie dem arbeitenden Menschen eine angemessene zusammenhängende und verhältnismäßig frische Zeitspanne für sich (seine Familie, seine Mußebeschäftigungen usw.) sicherstellt. Rein leistungsmäßig angesehen, dürfte sie nachteilig sein, da sie einen erheblichen Teil der Leistungspflicht in den Mittagssattel zwingt. Sie ist bezeichnenderweise eine städtisch-gewerbliche Errungenschaft, also künstlichen Daseinsumständen entsprossen, unter denen der Mensch seine unmittelbaren Bindungen an die kosmischen Rhythmen und an die Eigenperiode seiner organischen Natur weitgehend aufgibt.

94. Kritische Tageszeiten. Ähnlich wie gegenüber den Jahreszeiten gibt es auch im Verhältnis zu den einzelnen Phasen des Tages menschentypenmäßige Bevorzugungen, man möchte sagen Wahlverwandtschaften. Sie hängen teilweise mit der Gesamtstruktur der Psyche, namentlich mit den innerseelischen Bedingungen ihres Schaffens zusammen. Wie aus demselben Grunde die empirische Alkoholwirkung von der experimentell erforschten im einzelnen mannigfaltig abweicht, so gibt es z. B. auch Naturen, deren Vormittagsleistungsgipfel zweifellos objektiv höher ist als der nachmittägliche, dennoch arbeiten sie praktisch am Nachmittag, etwa gegen Abend, nicht bloß lieber, sondern auch besser, weil die stärkere subjektive Aufgelegtheit ihnen zugute kommt, die im psychophysiologischen Experiment so gut wie ausgeschaltet wird. Oder es macht sich der Unterschied geltend (wie z. B. bei mir selber), daß mehr mechanische Ausführungsleistung am Vormittag, dagegen eigentliches „Schaffen" am Nachmittag besser wegkommt: letzteres die vollkommene Parallele zu der Frühlingssituation. Wie sich diese Typen verteilen, ist noch so gut wie unbekannt. Die Meinung, geistige Arbeit besser (oder überhaupt nur) nachts bewältigen zu können, ist oft eine Selbsttäuschung, die aus schlechter Gewohnheit oder aus dem ganz andern Umstande entspringt, daß vielfach der Abend im Hause erst die Ruhe (namentlich in geräuschlicher Hinsicht) bringt, die der geistigen Sammlung nottut. Zahlreiche Geistesarbeiter müssen sich vor drohender Schlafzerrüttung das Nachtschaffen wieder abgewöhnen, ohne daß die Qualität ihrer Hervorbringungen darunter litte.

Es gibt aber außer dem Mittagssattel mit seinem Leistungssturz noch zwei

Tageszeiten, die sich zunächst physiologisch markieren und häufig auch psychologisch als etwas Besonderes bewußt werden. Die eine ist das Ende der Nacht, in das eine Häufung der Sterbefälle, wie es scheint auch umgekehrt eine solche der Geburtsakte fällt. Sie ist, durchschnittlich zwischen 4 und 7 Uhr morgens liegend, auch als die Phase der objektiv niedrigsten Körpertemperatur bekannt. Um diese Zeit ist ferner eine bestimmte Art lästiger Schlafzerrüttung gelagert, das vorzeitige Erwachen und Wachliegen, und merkwürdigerweise ist seit alters eine besondere geschlechtliche Wolluststeigerung zu den gleichen Stunden der Volksmeinung geläufig. (Das ist ein gleiches Umkehrverhältnis zwischen Lebenstrieb und Lebensermattung, wie früher im Verhältnis von Begattung und Selbstmord, s. Abs. 84). Goethe hat diese Sexualität des Morgengrauens in der „Achilleis" und im „Tagebuch" poetisch verklärt. Die andere kritische Tageszeit ist der Vorabend, Spätnachmittag: er ist, umgekehrt wie die Spätnacht, seit jeher wegen der Fieberanstiege bei Kranken gefürchtet. Es scheint auch recht zahlreiche Menschen zu geben, welche um diese Stunden von einer Art unbestimmter Unruhe erfaßt und „umgetrieben" werden, die sich mit dem Kommen des eigentlichen Abends wieder verliert.

Demnach ließen sich 3 kritische Tageszeiten aufstellen, in denen jähe Funktionsschwankungen, vielleicht kann man wagen zu sagen: „vitale Extremlagen" auftreten, nämlich der Mittag, der Vorabend und die Spätnacht. Unmittelbar kosmische Abhängigkeiten sind nicht nachweisbar. Die Abstände voneinander sind, wie man sieht, höchst ungleich: der Reihe nach etwa 4—5, 10—12 und 7—8 Stunden. Wesentlich zur Aufhellung der Ursächlichkeiten würde die Ermittlung an großen Beobachtungsreihen beitragen, ob Sterbehäufung und Temperaturtief immer auf die astronomisch selbe Stunde (Uhrzeit) fallen oder mit dem Morgengrauen wandern; für die Spätnachmittagskrise glaube ich, allerdings nur aus eindrucksmäßig gewonnenen Beobachtungen, beide Vorkomnisse festgestellt zu haben, uhrpünktlichen Eintritt bei der einen, Gebundensein an die Dämmerungstatsache (und d. h. Wanderung mit den Jahreszeiten) beim andern.

III. Der Mondeinfluß.

95. Volksmondglaube und Wissenschaft. Unausrottbar ist der gemeine Mann von einer steten und starken Einflußnahme des Mondwechsels auf irdisches Geschehen überzeugt. Ein Teil solcher Vorstellungen gibt sich schon an ihrer widerspruchsvollen Verworrenheit als Aberglaube zu erkennen. Anderes erscheint wert, auf seinen Erfahrungsgehalt nachgeprüft zu werden. Gegenüber dieser Aufgabe hat sich die Wissenschaft des vorigen Jahrhunderts völlig ablehnend verhalten. Durch die Falbsche Wetterprognostik wurde sie darin eher noch bestärkt. Gegens Jahrhundertende nahm sich ein Physiker von Weltruf, der Schwede Arrhenius, des Problems an. Er glaubte, eine regelmäßige Einwirkung des Mondumlaufes auf die Verteilung von Gewittern, Nordlichtern und magnetischen Stürmen, auf den Eintritt der Menstruation und der Fallsuchtsanfälle bejahen zu dürfen. Im wesentlichen suchte er in der Luftelektrizität die Brücke, welche vom Mondwechsel zu jenen Erscheinungen herüberführe; sie zeige eine mondabhängige regelmäßige Periode, man könnte von luftelektrischen Gezeiten sprechen. Die Versuche von Arrhenius haben wenig Anklang in der Wissenschaft gefunden. Zwar steht die heutige Luftkörper- und Frontentheorie einer atmosphärischen Gezeitenlehre entschieden näher als die früheren Wetterentstehungsauffassungen; zwar ist die Wesentlichkeit der polaren Atmosphäre, in welcher ja die elektromagnetischen Phänomene höchst eindrucksvoll sinnfällig sind, seit den Forschungen von Birkeland und Bjerknes gesichert; aber zur Rückbeziehung auch nur eines Teils dieser Geschehnisse auf den Mondlauf verhält sich die Wissenschaft gerade jetzt wieder so frostig wie nur je. Hier wie in der Heilkunde klafft ein Riß, der sich nicht schließen will, zwischen wissenschaftlicher Zunft und ketzerischer Volksmeinung. Wer der Überzeugung ist, daß niemals in solchen Fällen der eine Teil ganz recht und der andere ganz unrecht habe, darf es sich nicht verdrießen lassen, die Tatsachen immer wieder nachzuprüfen.

96. **Mondsucht.** So nannte das Volk in einer Art magischer Scheu eine Veranlagung, die durch den Mond desto unwiderstehlicher „angezogen" werde, je voller er seine Lichtgestalt entfalte. Die Erscheinung der „Noktambulie", des Nacht- oder Schlafwandelns, bot dafür die Hauptfundgrube an Belegen. Der schlummernde Mondsüchtige, so legte man es sich zurecht, werde vom Monde „magnetisch" angezogen, das Bett zu verlassen und sich dem Monde so weit wie möglich zu nähern; darum klettere er zum Fenster hinaus, immer höher, auf Dächer und Türme. Das Geheimnisvolle an dieser „Selenopathie" ist die Fortdauer des Schlafzustandes während solcher gewagten Ausflüge; ja, so lehrte man, es sei lebensgefährlich für den Mondkletterer, etwa geweckt zu werden (z. B. durch Anruf), dann stürze er rettungslos ab, sonst kehre er von selber wieder nach einiger Zeit zu seiner Schlafstätte zurück. Außer diesen noktambulen Zuständen brachte man Fallsuchtsanfälle, Wahnausbrüche bei Geistesgestörten, Quartalstrinkerei, nächtliches Umherstreunen und selbst Neigung zur Nachtarbeit mit der „Mondsucht" in unklare Zusammenhänge. Was davon hält wissenschaftlicher Nachprüfung stand?

Die Psychopathologie hat eine Zeitlang selber die noktambulen, überhaupt die nyktopathischen Zustände, also auch Aufschreien aus dem Schlaf, Traumsprechen u. dgl., als nahe Verwandte der echten Epilepsie angesprochen, als verhältnismäßig milde „epileptische Äquivalente" oder „Epileptoide". Es war die Zeit, in der Lombroso sogar die geniale Eingebung als ein Epileptoid deuten wollte. Diese Anschauung hat keinen zureichenden Boden. Ein Teil der nyktopathischen Attacken zeigt gar keinen Zusammenhang mit dem Mondwechsel, sondern mit ganz andern Umständen, wie abendlicher Lektüre, Gruselgeschichten, zu langem erregenden Spiel am Abend, Schulfurcht vor dem Morgen, kindlichen Sexualvorspielen, Genuß schwerverdaulicher Speisen u. a. Andere Fälle häufen sich um Vollmond herum, aber nur, weil *jeder* Lichteinfall ins Schlafgemach den Schläfer erregt; die Noktambulie schwindet dann bei genügender Abdunklung;

es lassen sich durch Aufstellen einer Lampe im Nebenzimmer geradezu künstlich Schlafausflüge hervorrufen, die dann in der Richtung auf diese Lichtquelle sich hinbewegen, wie sonst in der Richtung auf das Fenster, durch das der Mond hereinscheint. Wir haben leider noch immer keine zureichende Übersicht, wieviel nach Abzug dieser Fälle an solchen übrig bleiben mag, die unter Ausschaltung des schlafstörenden Lichts dennoch eine regelmäßige Bindung an die Mondphasen zeigen. Wir verschweigen nicht den Eindruck, daß es solche Fälle gibt, aber für einen Beweis reichen die Erfahrungsunterlagen nicht aus.

Dagegen kann ein Zusammenhang der epileptischen Krampfanfälle (die bekanntlich mit einer tiefen Bewußtseinstrübung einhergehen) mit den Mondphasen heute bejaht werden. An den Einzelheiten mag noch manches zurechtgerückt werden, im großen ganzen fällt eine Häufung unmittelbar vor den Neumond, dann folgt eine Nachlaßsattelung ums erste Viertel und ein Wiederanstieg zu einer zweiten, aber weniger ausgeprägten Vollmondhäufung, die durch ein Anfälleminimum ums letzte Viertel abgelöst wird. Hiernach ist die Woche vom letzten Viertel bis zum Neumond als die eigentliche schärfste Gefahrenzone für den Epileptiker anzusprechen. Das ist eine so einfache Formel, daß es nun nicht mehr schwer sein müßte, sie an den Materialien der ganzen Welt zu bestätigen oder zu widerlegen. Auf die Nachprüfung dieser eigentlichen „Krisenwoche" (kritische Woche) vor dem Neumond käme jetzt alles an.

97. **Mondwechsel und Fortpflanzungstrieb.** Säendürfen, weil Keimen („Aufgehen"), Wachsen, Gedeihen daran hängt, bringt der Volksglaube auf dem Lande in die vielfältigste Beziehung zu den Mondphasen. Man kann sich auch überzeugen, daß die Rolle, die der Mondschein im Kalender der Verliebten spielt, nicht bloß auf die romantischen Stimmungen des Mondlichtes geschoben wird, sondern auf eine Art erotischer Unruhe, die mit zunehmendem Monde sich der jungen Menschen bemächtigt, man könnte geradezu sagen einer „Mondbrunst". Unleugbar hat die magische Anziehung, die der Vollmond immer wieder auf den liebenden Goethe ausübt, den jungen und den greisen („Überselig ist die Nacht": Mondliebeslied des ins 80. Lebensjahr Tretenden!), etwas Elementares, das wie aus einer unmittelbaren Erregung des sinnlichen Eros zu stammen scheint. Dennoch ist eine Parallele zur Frühlingskrise und deren triebsteigerndem Einfluß für den Mondwechsel noch niemals wirklich aufgedeckt worden.

Wenigstens gilt das fürs männliche Geschlecht. Etwas anders liegen die Dinge beim Weibe. Hier haben wir eine immerhin durchschnittliche Bindung der geschlechtlichen Ansprechbarkeit, der Triebstärke, an die Menstruation (lebhaftestes Triebverlangen im Anschluß an die jeweils beendete Periode) und eine mittlere ungefähre Deckung des Menstrualzyklus mit dem Mondumlauf hinsichtlich der Dauer: der Monat ist ursprünglich ja die Mondeinheit, und die „Menses" sind die Mondregel. Nie hat die Frau des Volkes es sich nehmen lassen, daß ihre „Regel" etwas mit dem Mond zu tun habe. Doch gehen die exakten Nachprüfungen, seit Arrhenius die Fragestellung als solche wieder „wissenschaftsfähig" gemacht hat, in ihren Ergebnissen bis auf diesen Tag recht auseinander. Der Frankfurter Gynäkologe Guthmann kam an einem Material von über 10 000 Frauen zur Bejahung einer deutlichen Bevorzugung des Vollmond- und des Neumondtages selber mit einer Art Sperre an dem Vortage dort wie hier. Man hat sich auch dabei die Bevorzugung nicht überwältigend vorzustellen: wären ohne Mondeinfluß im Laufe von 4 Wochen jeden Tag um 370 Menstruationen herum zu gewärtigen, so sind es statt dessen an den übrigen Tagen nur etwa rund 355, am Neu- und Vollmondtage aber beträchtlich über 500 (im Mittelwert 540) und an den Vortagen dafür unter 300, im Mittelwert etwa 245. Der Holländer Bramson hingegen fand an einem gleich großen Material eine entschiedene Bevorzugung des 11. Tages nach dem Neumond und eine weniger ausgeprägte wieder kurz vor dem Neumond. Hier läge also die Häufung gerade v o r Neu- und Vollmond. Man könnte sich fragen, ob der Unterschied etwa auf die größere Nähe der Weltmeeresgezeiten in Holland zu schieben ist? Bei Nachprüfungen des von den friesischen Inselbevölkerungen und ihren Hebammen fest geglaubten Zusammenhanges zwischen Flut- und Weheneintritt erwies sich eine solche Deckung in bescheidenem Maße wohl an der Nordsee, aber nicht mehr an der Ostsee (Kiel) als auffindbar. Aber wenn daraus gefolgert wird, daß die Geburtsaktseröffnung unmittelbar von den Meeresgezeiten, nicht jedoch vom Mondwechsel selber bewirkt werde (weil der sie ja überall bewirken müßte), so bleibt erst recht dunkel, wie die Tatsache der Flut an sich eine solche Wirkung hervorbringen sollte, ohne daß man an atmosphärische Faktoren denkt, die an Ebbe und Flut gebunden wären.

Es handelt sich bei alledem zunächst um rein körperliche Funktionen, und man könnte fragen, was sie mit „geopsychischen" Erscheinungen zu schaffen haben. Aber es wäre schon viel gewonnen, wenn überhaupt mit Bestimmtheit biologische Mondeinflüsse erwiesen werden könnten; die Tür in die Fragenbezirke der „Selenopsyche", seelischer Mondabhängigkeiten, wäre damit aufgestoßen — ganz abgesehen davon, daß ja eben schon die weibliche Geschlechtstriebschwankung an den Menstrualzyklus selber gebunden ist und sich mittelbar als mondparallel erwiese, wenn dieser monddeterminiert wäre. Sonderbarerweise decken sich die neuerdings behaupteten Bevorzugungstage für die objektive Konzeption ganz und gar nicht mit den erfahrungsmäßigen subjektiven Haupttriebsteigerungszeiten: diese fallen unmittelbar nach der überstandenen Menstruation, jene aber erheblich weiter in die Mitte zwischen zwei Regeln. Und schließlich verwickelt sich alles durch die Schwierigkeit, daß man sich entscheiden müßte, ob man dem siderischen oder dem synodischen Mondumlauf die wesentliche Wirkung zurechnet: der Rückkehr unseres Trabanten an den gleichen Bahnpunkt oder der Wiederkehr der nämlichen Mondlichtgestalt. Beide weichen ja um rund $2^1/_6$ Tage voneinander ab, der Mond steht nach $27^1/_3$ Tagen wieder an derselben Bahnstelle, aber er erreicht erst nach $29^1/_2$ Tagen wieder dieselbe Lichtgestalt. Stellt man sich eine aerodynamische Wirkung des Mondumlaufs auf die Atmosphäre vor, welche die biologische vermittle, so drängt sich naturgemäß der synodische Wert als der gravitative Einflußträger auf, denn er bezeichnet ja die Wiedererreichung des gleichen Massendreiecks Mond-Erde-Sonne. In Untersuchungen von Arrhenius über die Schwankungen der Luftelektrizität (der Gewitter und Nordlichter) mit dem Mondumlauf ergab sich aber als Hauptperiode ein Wert, der sich ziemlich mit dem siderischen deckt. Hingegen sind neueste Berechnungsversuche der „biologischen Schwangerschaft" beim Menschen (also der Zeit von der wirklichen Befruchtung bis zum Geburtsbeginn) zu der Zahl von rund 265 Tagen gelangt — das sind fast genau 9 synodische Monate: die „neun Monde" der uralten Volksmeinung.

Auch das einzige animalische Phänomen, welches bis heute eine astronomische „Mondpünktlichkeit" erwiesen hat, richtet sich exakt nach der Lichtgestalt des Mondes, also dem synodischen Umlaufswert: die Palolo-Schwärme. Diese bestimmteste und seltsamste Tatsache einer sexuellen Lebewesenbindung an den Mond stellt die Fortpflanzungsweise eines in den Südseekorallenbänken hausenden Tieres aus dem Stamm der Würmer, der Eunice viridis dar. Der Wurm vermehrt sich sowohl geschlechtlich wie vegetativ. In der Sexualkrise reißen die Hinterenden der Leiber ab und schwärmen an die Meeresoberfläche aus, wo sich ihre ausgestoßenen Keimstoffe, die weiblichen und männlichen, wie bei den Fischen einfach durch Mischung im Wasser befruchten. Gleichzeitig wächst aber das im Korallenriff steckengebliebene Kopfstück wieder zu einem Vollindividuum aus. Von jenen schwärmenden Leibteilen nun behaupten die Eingeborenen (die sie als „Palolo" fischen und verzehren), sie träten jährlich nur zweimal in lohnender Masse auf, in eigentlichen „Schwärmen", nämlich im Oktober und November, und auch dann nur in den beiden Nächten, wo der Mond sein letztes Viertel vollendet. Lange hielt man das für einen mythisch bestimmten Mondglauben. Gegen Ende des vorigen Jahrhunderts aber hat eine ganze Anzahl von Forschungsreisenden den Nachweis erbringen können, daß die Eingeborenen recht haben. Die Eunice schwärmt in der Tat nur in den Letztviertelsnächten des Mondumlaufes in den beiden genannten Monaten, die ja Frühlingskrisenmonate der südlichen Erdhalbkugel sind, dem April und Mai der nördlichen entsprechen. Die Mondpünktlichkeit des Wurmes ist überraschend exakt. Ihr häufigster Fall scheint das Schwärmen in den Morgendämmerungen am Tage des letzten Mondviertels zu sein, daneben gibt es zwar Vorboten und Nachzügler, aber ihre Zahl ist so unbedeutend, daß sie den Fang nicht lohnt. Von Bewölkung und Witterung überhaupt ist das Erscheinen der Palolo unabhängig. Im Atlantischen Ozean hat die polynesische Eunice eine Verwandtensippe, deren Schwärmen in den Juni und Juli fällt, also in die zweite Hälfte der Frühlingskrisenzeit, aber so, daß es schon beim ersten Mondviertel losbricht, wenn das letzte Viertel zu spät im Juli eintritt. Die Mondpünktlichkeit ist etwas lässiger. Andere Parallelen sind im Tierreich nicht bekannt geworden. Es ist unwahrscheinlich, daß sie nicht existieren sollten. Biologische Spürkunst findet hier ein Feld von unabsehbarer Tragweite für unsere Einsicht in die kosmische Kettung der lebendigen Welt.

Eine Erklärung, wie die Mondviertel wirken könnten, ist bisher in befriedigender Fassung nicht gefunden. Es lag nahe, eine solche auf dem Umweg über die Gezeiten zu suchen: das beim letzten Viertel herrschende Flutstärkemaß führe das Zerreißen des durch die Sexualaufgabe zum Bersten gespannten Wurmkörpers herbei. Dagegen spricht, daß die Schwärme sich als völlig unabhängig von der durch den Wind erzeugten Bewegtheit der See erwiesen haben. Gewiß ist Flutstand und Windbewegtheit etwas Verschiedenes, und die Gezeiten an sich müssen als Erklärungsmöglichkeit offen bleiben; von der Wirkung der Ebbe und Flut auf die Lebewesen des Meeres wissen wir im einzelnen leider noch recht wenig. Eine andere Erklärungsmöglichkeit böte die Luftelektrizität, wenn sie nämlich den Synodalgang mit den Mondphasen hätte. Schließlich könnten auch noch unbekannte Mittelsfaktoren im Spiele sein; z. B. die Ultrastrahlung, deren einzig gesicherte biologische Wirkung ja gerade an den Wuchsvorgängen stattfindet (s. Abs. 33, S. 46 u. d. Anm. z. Abs. 33). Wie dereinst die Erklärung auch lauten möge — das Palolophänomen ist ein Tatbestand, der die Mondbindung einer niederen Tiergattung in ihrem Fortpflanzungstriebgebaren aufdeckt. Dadurch ist erwiesen, daß es exakte psychophysische Mondbestimmtheit bei Lebewesen gibt.

IV. Sonstige „kosmische Rhythmen".

98. Kosmosophie. Wesentlich Spekulation ist der Versuch geblieben, die Einheit von 28 Tagen als eine lebenbestimmende Elementarperiode schlechthin aufzustellen. Am umfassendsten ist er von dem Arzt Wilhelm Fließ unternommen worden. Danach soll alles „Weibliche" in der lebendigen Substanz sich in Vielfachen dieser Einheit, also in n × 28 Tagen, abspielen. Dem stehe eine „männliche" Ureinheit von 23 Tagen gegenüber; da jedes tatsächliche Lebewesen bisexuell aufgebaut sei, M-Substanz und W-Substanz gemischt zeige (das Geschlecht bedeute nur das Überwiegen der einen oder anderen), so seien die Abstände der „kritischen" Ereignisse im praktischen Dasein von der Geburt und untereinander immer ein verwickeltes Vielfaches von 28 und 23. Schon damit ist eine Hauptwunde der Hypothese aufgezeigt, da sich auf solchem Wege mit Rechenkunst alle Abstände, die größer als 600 Tage sind, in 23 und 28 auflösen lassen. Die wünschenswerten einfachen Belege (also solche von 1mal oder 2- oder 3mal 28 oder 23) sind in dem Fließ'schen Werke äußerst dürftig an Zahl und manche höchst fragwürdig in ihrer Herkunft. Doch hat uns eine sorgfältige Durchmusterung der 13 Bände von Brehms Tierleben gezeigt, daß jedenfalls im Brunst- und Fortpflanzungsverhalten Abstände, die sich zwischen 25 und 30 Tagen etwa in der Mitte bewegen, eine unverkennbare Rolle spielen, die wohl über die bloße Zufallsmöglichkeit hinausgeht. Nur wissen wir von einer Bindung an den Mond, wie im einzigen Eunicefalle, dabei nichts. Es bleibt nur der Tatbestand, daß die zeitliche Mondumlaufseinheit sich in den generativen Einheiten des Tierlebens und des weiblichen Menschenlebens mit großer Häufigkeit wiederfindet. Wenn sie oft nur annähernd ist, so muß daran erinnert werden, daß etwas anderes kaum erwartet werden kann, nicht bloß wegen der in allem Lebendigen beträchtlichen zeitlichen Schwankungsbreiten, sondern auch kosmisch darum, weil ja die Mondlaufseinheit selber gar keine ist, sondern in die siderische und die synodische Tatsache zerfällt (s. o. S. 147). Und da wir noch nicht wissen, ob wirklich nur eine davon für die biologischen Reaktionen in Frage kommt, so müssen wir vorerst mit dieser Spannbreite der Mondzeit für unsere Fragestellungen rechnen.

Auch was man und was sich „Astrologie" nennt, wissenschaftlich einleuchtend zu machen, ist von wesentlichen Verhaftungen an eine vorwissenschaftliche Denkweise nicht ernstlich losgekommen. Zu ihr gehört u. a. die Bindung an die Geburtsstunde (günstigenfalls Geburtstagegruppen) und die Unbekümmertheit im prognostischen Ausgriff ebenso wie um den Einwirkungsweg. Es bleibt bei einer geheimnisvollen Fernwirkung, die von „Konstellationen" am Firmament sich auf — nun worauf erstreckt? Nicht etwa auf Befinden, Leistung u. dergl., sondern auf „Schicksal"; denn Schicksalsprognose ist ja das mystische Etwas, das die Menschen astrologiegläubig macht. Eine wirklich forschende Bemühung hätte etwa zuerst einmal zu erfassen, ob bestimmten jahreszeitlichen Geburtstagegruppen bestimmte Konstitutionstypen, namentlich in seelischer Hinsicht, also „Naturelle", entsprechen. Mit dieser mühseligen Arbeit wäre zu beginnen; freilich kann sie nicht durch kindische Analogien zu den bildlichen Bezeichnungen der Tierkreisgestirne erspart werden.

Es gäbe einen kosmophysikalischen Tatbestand, an dem sie ihren ersten Stützpunkt finden könnte: die periodischen und unperiodischen Sonneneruptionen (s. d. folgd. Abs.) könnten bei der Labilität der Sonnensubstanz auch mit solchen Spannungsänderungen im Sonnenball oder an seiner Oberfläche zusammenhängen, die durch die wechselnde astronomische Stellung der großen Planeten bedingt werden. Das systematische Studium des Ab- und Zunehmens der „Solarkonstante", d. h. der Strahlungswärmemenge, welche die Erde an der Grenze ihrer Atmosphäre von der Sonne empfängt, der Sonnenfleckentätigkeit, der Eruptionen, welche einer 27tägigen Periode unterworfen zu sein scheinen (s. Abs. 99), der Nordlichter und Magnetstürme im Hinblick z. B. auf große Massenerregungen in der Menschheit wäre, wenn es mit kritischer Umsicht und unter Meisterung der tauglichen statistischen Verfahrungsweisen in Angriff genommen wird, durchaus des wissenschaftlichen Ernstes und der forschenden Mühe wert.

Das „Horoskop" aber ist eine entweder dilettantische oder gar geschäftstüchtige Weissagerei, die mit den ernsten prognostischen Bemühungen der Charakterologie, der Psychotechnik, der Wetterkunde und der Heilkunde nichts mehr zu schaffen hat. Prophetie liegt außerhalb des Bezirks jeder möglichen wissenschaftlichen Erkenntnis, auch wissenschaftlicher Erkenntnis des Kommenden.

99. Sonnenrotation. Unsere Sonne dreht sich um ihre eigene Achse. Ihr unfester Körper läßt aber für verschiedene Breitengrade der Sonnenkugel verschieden lange Umdrehungszeiten zu. Man hat für den Sonnenäquator etwa 25 Tage, für die Polgegend bis zu über 30 Tagen und für die mittleren Breiten (von 35 bis 55°) zwischen 27 und 29 Tagen berechnen wollen. Die für unsere Fragestellung wichtigsten Phänomene auf der Sonne, die an dieser Drehung teilhaben, sind die Sonnenflecken und die solaren, besonders die sog. „hellen chromosphärischen" Eruptionen; bei letzteren werden ungeheure Elektronenmassen in den Weltraum hinausgeschleudert, von denen ein winziger Betrag die Erdatmosphäre erreicht und an den erdmagnetischen „Stürmen" ursächlich Anteil hat. Für diese Eruptionen haben B. und T. Düll den statistischen Erweis einer Parallelität der irdischen Menschensterbefälle an Tuberkulose mit ihnen zu führen versucht. Sie erfolgen in einem Wiederkehr-Rhythmus von knapp 27 Tagen. Sollte die geomedizinische ebenso wie die heliophysikalische Fachforschung in ihren Nachprüfungen einen solchen Zusammenhang bestätigen, so wäre damit freilich ein außerordentlicher Beleg für die Bedeutung elektrokosmischer Geschehnisse fürs Erdenleben geliefert. Es verdient immerhin verzeichnet zu werden, daß ein so vorsichtiger Forscher wie de Rudder den Düllschen Untersuchungen sehr entschieden positiv gegenübersteht. Derselbe Autor aber stellt fest, daß ein irgendwie gearteter Zusammenhang biologischer Geschehnisse mit der Sonnen*flecken*periodik einwandfrei bisher nicht aufgedeckt sei. Bei den Sonnenflecken gibt es auch Monatsperioden, wichtiger und eindrucksvoller ist aber bei ihnen die Rhythmik von 11 1/8 Jahren, in der sie zu- und abnehmen, so daß also in jedem 12. Jahre ein Höhenkamm ihrer Erscheinungsweise liegt. Damit hat sich die Wetter- und Klimawissenschaft vielfältig befaßt; für die Lebensrhythmik der Organismen stehen beweisende Untersuchungen in dieser Hinsicht noch aus.

100. Das Siebenjahr. Von Gestirneinflüssen außer Sonne und Mond ist uns nichts sicher bekannt, was über den starken Eindruck hinausginge, den ihr Bild auf viele Gemüter macht. Der gestirnte Himmel als Ganzes, einzelne Gruppierungen, welche „Sternbilder" heißen, unter den Planeten vorzüglich Venus zur Zeit ihres stärksten Glanzes — alles das übt immer wieder eine „magische" Erlebniskraft auf uns aus, ähnlich derjenigen, die vom sturmbewegten Meere, einer Gletscherlandschaft, dem flammenden Nordlicht, der unendlichen Wüste ausgeht. Venus leuchtet zeitweilig so hell, daß sie zarte Schatten erzeugt, was schon eine ansehnliche Lichtwirkung vorstellt; ob das Sternlicht irgendwie für die Beeinflussung von Lebensprozessen in Frage kommt, kann aber nicht daraus entschieden werden, daß es vorhanden und sichtbar ist. Es existiert keine bekannte Periode des Lebendigen, die mit irgendeinem Sternenumlauf (die Planeten eingeschlossen) in Verbindung gebracht werden könnte — es ist noch kein siderisches Palolophänomen als Seitenstück zu dem lunaren (s. o. Abs. 97), keine Planetenmenstruation und keine Kometenepilepsie aufgedeckt. Ausrichtepunkte der wissenschaftlichen Forschung sind aber immer nur Tatbestände, nicht bloße Möglichkeiten aus bestechenden Analogieschlüssen.

Man kann also höchstens das Fragezeichen „kryptokosmischer Perioden" hinsetzen, d. h. solcher, die an Lebewesen vorkommen, ohne mit den von Sonne und Mond gesetzten sich zu decken. Unter ihnen steht, nachdem für die Fließschen 23 Tage kaum ein bündiger Beleg erbracht ist, die Siebenjahrperiode obenan.

Ein siebenjähriger Rhythmus des Menschenlebens wird seit alters in vielfältigen Abwandlungen als eine Art Lebensurgesetz unterstellt. Solon hat darauf eine berühmte Einteilung der Lebensalter gegründet. Beim Landvolk wird der Glaube, daß „siebente Jahre" für die weibliche Empfängnis besonders günstig seien, heute noch vorgefunden, wobei es oft vieldeutig bleibt, von woher das „siebent" gezählt wird, ob von der Geburt oder Hochzeit. Die wissenschaftliche Wiedererwekkung des Siebenjahres als einer Periodeneinheit hat gerade in psychophysiologischer Hinsicht der Nervenarzt P. J. Moebius vollzogen, als er (1898) bei Goethe einen rund siebenjährigen Rhythmus des poetischen Schaffens und erotischen Erregtseins aufdeckte, dessen unverkennbare Wellenberge auf die Jahresdaten 1767, 1773/74, 1780/81, 1786/88, (1794/97, von Moebius übersehen), 1800/01, 1807/08, 1814/15, 1822/23 und 1830/31 fallen. Niemand, der Goethe in seinem Lebensablauf als Mensch und Dichter wirklich kennt, kann sich der Betontheit dieser Daten verschließen. Wir finden, daß in ähnlicher Weise der Lebens- und Schaffensablauf bei einigen großen Naturforschern des 19. Jahrhunderts, bei Robert Mayer, Helmholtz, Gregor Mendel, teilweise auch bei Leibniz, Darwin, Häckel siebenjahrrhythmisch gegliedert ist, und Bismarcks Leben bietet besonders exakte Belege in derselben Richtung. Auf die außerordentliche Wichtigkeit des etwa 28. Lebensjahres, vorsichtiger gesprochen: der ungefähren Mitte zwischen 25 und 30 hatte sehr überzeugend der Physikochemiker Wilhelm Ostwald in seinen Naturforscherbiographien „Große Männer" zuerst aufmerksam gemacht. Dann hat H. Swoboda auf genealogischem Wege den umfassenden Beweis antreten wollen, daß überhaupt jedes (von der Geburt, vielleicht von der Erzeugung gerechnete) siebente Jahr jedes Menschen ein „Hochjahr" an körperlicher und geistiger Zeugungskraft sei, dem die Zwischenzeiten als „Brachjahre" gegenüberstehen. Wo diese Welle nicht auf den ersten Blick erkennbar sei, dort laufe sie manchmal von den Geburtsdaten der Eltern oder überhaupt Vorfahren her. Für eine ansehnliche Anzahl von Fällen ist der Swobodasche Rhythmus unverkennbar. Auch bei Goethe läuft der Möbius-Rhythmus von den Geburtsjahren beider Eltern her (die um 21 Jahre auseinanderliegen) und schürzt ein von den männlichen Muttervorfahren, den Textors, herkommender „Siebenjahrpuls" sich mit dem persönlichen Schaffens- und Liebenspuls des Dichters aufs eigenartigste, und zwar über die Mutter Goethes, was zwischen 1794 und 1797 als ein „Störungsknoten" in Erscheinung tritt.

Es kann an der großen Verbreitung siebenjähriger biologischer Wellenbewegungen in den Menschenlebensabläufen kaum ein Zweifel sein. Die Wissenschaft wird das Belegmaterial unbeirrt zu erweitern und zu durchleuchten haben. Wenn hier außer Jahreszeiten, Tageszeiten und Mondgezeiten ein weiterer Grundrhythmus der Menschennatur *oder der Natur überhaupt* vorliegen sollte, so erhebt sich die Frage, ob er einer und welcher kosmischen Periode er entspricht — von der her er noch heute determiniert wird oder vor Zeiten einmal determiniert worden ist. Denn auch die letzte Möglichkeit kann nicht von der Hand gewiesen werden: daß längst verflossene kosmische Perioden dereinst sich in die Menschennatur (z. B. zur Zeit der Menschwerdung) eingeprägt haben und in ihr eigenperiodisch fortschwingen, während sie im Weltall abgelaufen sind. Ist doch erst jüngst für die Höhenstrahlung die Frage aufgeworfen worden, ob es sich bei ihr nicht etwa um eine nur zeitweilige kosmische Strahlungsmasse handle, die eines fernen Tages wieder schwinden möge. Aber irgendeinen konkreten Anhalt für eine Periode, die dem Siebenjahr zugrunde liegen könnte, haben wir bisher nicht. Die Sonnenfleckenperioden gehorchen einem ganz anderen Zahlengesetz (s. Abs. 99 u.), und mit der einzigen (noch dazu neuerdings wieder bestrittenen) Einheit, in der die 7 wenigstens enthalten ist, der 35jährigen Brücknerschen Periode des irdischen Klimawechsels ist eine Beziehung schwerlich konstruierbar. Unentmutigt muß die Forschung in dieser Hinsicht einfach weitersuchen. Daß sie wegen seines vielfachen Mißbrauchs das Wörtchen „kosmisch" überhaupt nicht anwenden solle, wie B. de Rudder es jüngst in einer temperamentvollen Streitschrift verfochten hat, wäre wohl eher ein ungerechtfertigter Rückzug vor den Unfugstiftungen des Feuilletonismus. Man müßte die gleiche Forderung dann auch auf Ausdrücke wie „Dynamik", Feld und noch andere ausdehnen, die unter ähnlicher Abnutzung zum Alltagsschlagwort leiden. Es genügt unseres Erachtens, daß die Forschung solche Begriffe für sich sauber und klar begrenzt halte.

D. Das künstliche Klima

101. Domestikationsklima. Schon Tiere halten sich nicht immerfort in der „freien Natur" auf. Viele Arten bewohnen Nester, Stöcke, Baue, die sie selber herstellen. Doch sind alle solchen wohnlichen Selbstversorgungen triebhaft, gehorchen oft ebenso sicheren wie verwickelten Instinkten und werden nicht etwa als „Selbstdomestikation" aufgefaßt. Von domestiziertem Dasein spricht man erst, wo praktische Überlegung eine der triebhaften Lebensform entrückte Existenz herrichtet. Dies tut der „Homo Faber", der Werkzeuge herstellende und benutzende Mensch auf recht frühen Stufen schon, und auf dieser Linie gibt es dann kein Halten. Die Selbstdomestikation der Menschen, die sich „Zivilisation" nennt, hat sich im Laufe der Jahrtausende immer verwickelter gestaltet. Sogar ihre bewußte „Rückkehr" zur Natur, z. B. im heutigen Freiluftleben, Badewesen, Sport, geschieht dann auf technischen Wegen und mit vielen durchdachten („rationellen") Maßnahmen. Planmäßiger als unsere Großeltern noch, die zur Erholung einfach in die „frische Luft" vor den Toren ihrer Stadt gingen, gestaltet sich die Bevölkerung des 20. Jahrhunderts ihre klimatischen Lebensumstände künstlich, dem Stadt- und Stubenklima stellt sie Liegekuren, Sonnenbäder, Höhenwechsel gegenüber. Immer lückenloser wird unsere klimatische Existenz „domestikationsklimatisch". Aber den eigentlichen Gegensatz zum Naturklima bilden doch jene Wohnräume, in denen wir uns vorwiegend oder zunehmend aufhalten: Stuben und Städte. Sie erzeugen teilweise ein völlig neues, künstliches Klima, in welchem zahllose Millionen von Menschen ihre Tage (und Nächte) verbringen. Es ist wahrscheinlich von viel tieferer Einwirkung auf den Organismus, als wir uns heute noch vorstellen, auch dort, wo es „hygienisch" gestaltet worden ist. Man kann eine Fülle von Schädlichkeiten beseitigen, dennoch bleibt die Lebensform des berufstätigen Städters in seiner großen Masse eine völlig andere, als die des Bauern, des Försters, des alten Pferdefuhrmanns, die alle „Wind und Wetter", wie sie sind, während zwei Dritteln ihres Daseins hinnehmen. Auch sie freilich bekleidet! Denn noch vor der Stadt und in den ersten Vorläufern der Stube (im Zelt etwa) ist das Kleid der gewaltige Zivilisations-, also Selbstdomestikationsfaktor, der den Menschen immer wieder von einer rein animalischen Existenz entfernt.

102. Kleidung und Bett. Zwischen Körper und Gewand bildet sich eine Luftschicht, deren Eigenschaften von denen der freien Atmosphäre sehr verschieden sind. Wir wissen, daß der Mangel an einem Gefieder oder Fell beim Hominiden ganz veränderte Stoffwechselbedingungen schafft. Wärme- und Wasserhaushalt sind für den bekleideten Körper, und zwar je nach der Beschaffenheit der Kleidung, von dem Ablauf am nackten verschieden. Wie sehr unrationelle Kleidung unser Befinden und unsere Leistung zu beeinflussen vermag, ist schon aus der groben Erfahrung jedem geläufig. Unser Körper ist durch seine Bekleidung, die ja selten nur einschichtig bleibt, meist mehrere Lagen übereinander schichtet, von einem ganzen System von „Atmosphären" umgeben, die man angesichts ihrer scharfen Abgrenzung voneinander mit mehr Recht, als manche atmosphärischen Luftballungen, geradezu „Kleidungsluftkörper" nennen könnte. Die „Fronten" werden hierbei von den selbst lufthaltigen („porösen") Kleiderstoffen gebildet, und eine wesentliche Aufgabe der Bekleidungshygiene besteht ja darin, zu ermitteln, welches die besten Luftkörperwechsel am bekleideten

Menschen sind. Freilich gibt es auch für dieses Kleiderklima eine ansehnliche Breite von Akklimatisation: unsere Generation kleidet sich viel leichter als frühere, insonderheit das weibliche Geschlecht, und hat sich daran verhältnismäßig rasch gewöhnt. Für neue Gesamtklimen das zweckmäßigste Kleidungsklima herzustellen (im Hochland, in den Tropen, der Arktis) ist eine sehr verwickelte, aber wichtige Aufgabe der allgemeinen Klimahygiene.

Während ungefähr eines Drittels des Daseins umgibt uns der Bettluftkörper. Seine eigentlich klimatische Struktur steht erst in den Anfängen der Erforschung. Im wesentlichen stellt er einen abgewandelten Kleidungsluftkörper vor; Überwärmung und Unterkühlung, als unerwünschte Wirkungen, hängen (wie bei der Kleidung) weitgehend von zivilisatorischen Gewöhnungen ab — es ist erstaunlich, wie warmes und wie kaltes Schlafen Menschen ohne ersichtliche Befindensstörungen aushalten können. Den günstigsten „Schonwert", den der Organismus für sein Ausruhen im Schlaf zur besten Restitution der leibseelischen Frische braucht, zu ermitteln wäre eine lohnende Forschungsaufgabe am Bettluftkörper.

103. Stubenluft. Um die Kleidungsluftkörper herum legt sich die Atmosphäre unserer geschlossenen Wohnräume. Von gewerblichen Zumischungen, denen viele Menschen nicht entrinnen können, sei hier abgesehen. Aber auch noch so viel Lüftung und Lichteinfall kann nicht und soll ja teilweise auch gar nicht die Verschiedenheit der Luft geschlossener Räumlichkeiten von der freien Atmosphäre aufheben. Vor deren Windigkeit wollen wir unbedingt geschützt sein. Das Lichtquantum bleibt hinter dem des Freien weit zurück. Die Strahlungsstruktur ist verändert: auch bei geöffneten Fenstern gelangt in die Tiefe eines Zimmers nur noch ganz wenig, meist gar keine ultraviolette Energie mehr. Die Wärmeverhältnisse werden durch die Er- und Entwärmung der Wände, der Decke und des Bodens weitgehend modifiziert; oft herrscht in (gelüfteten) Räumen bei gleichen Thermometergraden eine „unbehaglichere" Temperatur als draußen im Freien. Das hängt vorzüglich auch mit der Verschiebung der Feuchtigkeitsfaktoren zusammen. Und nun nehme man erst den beheizten Binnenraum! Auch bei offenen Fenstern hat er einen Luftkörper von ganz anderm Aufbau als das Draußen. Tabakrauch ändert die Ionenverteilung von Grund auf, aber schon unser Fensterglas versperrt auch bei reichstem Sonneneinstrom dem Ultraviolett so gut wie gänzlich den Zutritt. Es ist übertrieben, wenn gesagt worden ist, bei geschlossenen Fenstern befinde man sich in einem Hotelzimmer zu St. Moritz in keinem wesentlich andern Klima als in einem ebensolchen Hotelzimmer zu Norderney; aber von der Besonderheit der Wohnraumluftkörper (die durch den altbekannten Ausdruck „Stubenluft" am besten bezeichnet werden) gibt ein solch überspitztes Wort immerhin eine annähernde Vorstellung. Von allen klimatischen Elementen folgt uns eigentlich nur der Luftdruck überallhin in wesentlich denselben Werten, die er im Freien hat; doch dürfte für die Unruheformen des Luftdruckes, die „Oszillationen", auch dies noch fraglich sein — und das sind ja vielleicht gerade die befindensmäßig wichtigsten (s. o. S. 49 o.). Bekannt ist, daß der Stubenluftkörper fühlbare Veränderungen je nach dem benutzten Heizungsverfahren zeigt: in Zentralheizungsräumen herrscht eine andere Atmosphäre als in ofengeheizten, schon dank der hier ausgiebigen, dort fehlenden Feuerventilation, die am merklichsten der offene Kamin besorgt. Entsprechendes gilt für das Wändematerial. Die Innenräume von Betonbauten verraten sich dem ersten Eindruck durch eine stickigere Luft gegenüber den Stubenluftkörpern der Ziegelbauten. Ebenso ist innerhalb von Holzwänden die Luft, und wahrscheinlich nicht bloß dem Geruch nach, anders. An den Fronten zur Freiluft und zu Nachbarräumen entsteht gern „Zugluft", (s. S. 37) die von vielen als um so unbekömmlicher empfunden wird, je leiser sie ist. Plätze in einer geöffneten Tür oder dicht am offenen Fenster lassen oft kein Behagen aufkommen, aber das ist individuell sehr wechselnd: wir finden hier im Bereich der Stubenluftkörper die verschiedene Reaktivität auf Luftkörperfronten überhaupt wieder.

104. Stadtklima. Durch die geschlossene Bauweise werden mit zunehmender Bautenhöhe Höfe und Straßen gebildet, die so hoch und eng von Mauern umschlossen sind, daß in ihnen sich Luftkörper besonderer Beschaffenheit von der Freiluft absetzen. Sie sind wesentlich wärmer (zuweilen auch kühler), trockener, unbewegter, lichtärmer, alles dies desto mehr, je näher sie dem Boden liegen; auch ist ihre Zusammensetzung anders. Ultraviolett dringt in die Tiefen von Höfen und Gassen kaum noch hinein. Durch die enormen Staubteilchenmassen wird die Ionisation gerade in der Geosphäre eine von der freiatmosphärischen weit abweichende. Wir wissen, wie außerordentlich sich schon grob sinnfällig innere Großstadluft z. B. in einer Sommernacht, von Freiluft unterscheidet: bis zur subjektiven Unerträglichkeit. Die Abweichung der Stadtluft von der Freiluft ist früher wissenchaftlich unterschätzt oder einseitig auf die grob gesundheitschädlichen Atembestandteile hin beurteilt worden. Die Geschlossenheit von Stadtluftkörpern tut sich, von Erhöhungen aus gesehen, oft schon durch die vermehrte D u n s t bildung kund. Der Dunst ist es übrigens, der auch dörfliche Atmosphären als Luftkörper gegen die Freiumgebung vielfach abgrenzt. Das Dunstproblem steht für die Meteorologie und Klimatologie noch ganz in den Anfängen der wissenschaftlichen Erfassung (vgl. S. 67).

Besonders bedarf die L i c h t f i l t e r u n g durch die verschiedenen Strukturen, welche die Dunsthauben über den Ortschaften je nach dem Vorwiegen des Wasserdampfes oder des Heizrauches darbieten, noch vieler klärender Untersuchungen. Während z. B. Büttner eine gleichmäßige Schwächung aller Spektralenergien dabei feststellen zu müssen glaubt, kommt P. Kratzer zu dem Ergebnis, daß die kurzwelligen Sorten stärker aufgeschluckt werden, als die langwelligen. Auch wir neigen zu dieser Auffasung; im gegenteiligen Falle dürfte das Endergebnis dennoch sein, daß absolut mehr gelbrötliche und ultrarote Energie übrigbleibt, als blauviolette und gar ultraviolette, die aus der städtischen Geosphäre weithin so gut wie völlig verschwindet. Da nun die rötlichen Lichter psychisch erregend, die blauen psychisch beruhigend wirken (s. Abs. 114: eine noch gänzlich unaufgeklärte Antinomie zu der photochemisch aktiveren Rolle der gelbroten Farben, wie sie ja jedem aus der Photographie bekannt ist), so läßt sich daran denken, daß auf diesem Wege der stadtlebige Organismus seelisch erregbarer, reizsamer, zugleich physisch unfrischer werde, während der landlebige beim ungehinderten Freilichtzutritt seelisch ruhiger und körperlich frischer bleibt. Wir tragen diese Deutung mit aller Behutsamkeit vor; aber wie man sieht, deckt sie sich immerhin mit dem, was wir auf dem Lande suchen und in der Stadt leiden. Außer Frage steht, daß dem „Lichtklima" ein ganz vordringlicher Anteil an der leibseelischen Wirkung der Stadtgeosphäre zukommt; keiner der anderen Elementarfaktoren der Atmosphäre dürfte, namentlich in der Industriegroßstadt gegenüber dem Lande so tiefgreifend verändert sein wie die Strahlung.

Hinzu tritt überdies, daß Straßen und Plätze, Arbeitsräume und Wohnbehausungen immer durchgehender in Fluten künstlichen Lichts getaucht sind. Seine biologische Einwirkung ist hauptsächlich nur nach der Seite der örtlichen Schädigung des Sehorgans hin beachtet. Neben der Tendenz der Übergrellung („Taghelle" zu erzielen) und der farbtonmäßigen Annäherung ans natürliche Tageslicht („künstliches Tageslicht") ist der Gesichtspunkt der allgemeinen Erträglichkeit dieser Strahlungen lange Zeit hindurch kaum zu seinem Recht gelangt. Alle praktisch verwendeten Kunstlichtarten sind auch in ihrer qualitativen Struktur vom Sonnenschein und zerstreuten Tageslicht recht verschieden. Subjektiv werden die gelblicheren durchgehends als die erwünschteren, Behagen spendenden empfunden („warmes Licht"), während die technische Entwicklung auf immer „reiner" weiße Sorten zustrebt. Über deren organische Wirkung wissen wir noch so gut wie nichts. Das Kunstlichtklima nötigt sich aber dem Städter während so ausgedehnter Tagesabschnitte in wachsender Gleichmäßigkeit und Grelle, und auch dem Dörfler in immer umfänglicherer Unerbittlichkeit auf, es hat den einstigen Wechsel zwischen Tageslicht und vom Kunstlicht spärlich in engen Leuchtbezirken erhellten Dämmerstunden bereits so weitgehend vernichtet, daß es zu den ganz wesentlichen, Gesundheit, Wohlbefinden und Leistung mitbedingenden Faktoren unserer physikalischen Umwelt gerechnet werden muß. Es wäre hohe Zeit, seinen psychophysiologischen Wirkungen die forschende Aufmerksamkeit zuzuwenden.

Daß an alle Stadtluft meistens Akklimatisation stattfindet, besagt nicht, daß sich dies nicht unter Abänderungen des Organismus vollziehe (s. o. Abs. 73). Einer der volkswissenschaftlich fundamentalsten Unterschiede zwischen Stadt und Land ist überall das geringere Fortpflanzungsmaß der Stadtbevölkerungen. Gewiß hängt es wohl hauptsächlich mit der Schädigung der Fortpflanzungslust durch die Stadtzivilisation zusammen, weniger durch die vielberufene „Verwöhntheit" des Städters (man kann die besitzlosen Großstadtmassen des 19. Jahrhunderts nicht gut als verwöhnt bezeichnen, der Bauer lebt in Wohnung und Kost meist besser als viele Fabrikarbeiter) als dadurch, daß Vielkinderaufzucht in der Stadt schwieriger ist, als auf dem Lande. Darum sind gerade die wertvollen, aufstrebenden Stadtbevölkerungsschichten am stärksten von der Schrumpfung der Nachkommenschaften betroffen, während im sozialen „Schlamm" des Städtertums ungebrochene Vermehrungstendenz obwaltet. Es ist aber nicht von der Hand zu weisen, daß im Stadtleben auf die Dauer auch die objektive Fortpflanzungskraft sich vermindere, denn dazu bietet jede Domestikation, die über ein gewisses Maß an Künstlichkeit der Daseinsbedingungen hinausgetrieben wird, Parallelen, in der Pflanzen- wie in der Tierzucht; Stadtleben ist ja sozusagen menschliches Treibhaus- oder Stalldasein. Es ist z. B. möglich, daß die Stadt a t m o s p h ä r e , dies Wort im eigentlich klimatischen Sinne genommen, die intellektuellen Funktionen auf Kosten der vitalen (vgl. Abs. 88) steigert, jedenfalls relativ, indem sie die vitalen durch die Entrückung aus der Natur und die Zusammenballung der Gelegenheiten für einseitige Geistinanspruchnahme zurückdrängt, vielleicht aber doch auch absolut durch die klimatobiologische Änderung der organischen Gesamtkonstitution. Tragik aller Völkerverstädterung in der Geschichte ist es ja, gleichzeitig blendenden Kulturaufstieg und schleichenden Niedergang der volklichen Naturkräfte zu bedeuten.

Dritter Hauptteil.

Boden und Seele

105. **Lebensraum.** Es bleibt das Verdienst des Geographen Friedrich Ratzel, nicht als erster überhaupt, aber auf besonders planmäßige Weise in seinen Werken über Anthropogeographie, Biogeographie, politische Geographie, Völkerkunde, sowie in kleineren Schriften über den Lebensraum und die Landschaft unsere Aufmerksamkeit auf die grundlegende Wichtigkeit der lebensräumlichen Tatbestandswelt für Pflanze, Tier und Mensch, insbesondere auch für ihr Miteinanderleben in Gemeinschaften gelenkt zu haben. In der Praxis hat Carl Hagenbeck erwiesen, daß Wohlbefinden und Leistungsfähigkeit gefangener Tiere viel weniger von nachgebildetem Heimatklima, etwa geheizten und durchfeuchteten oder geeisten und durchwindeten Käfigen, als von den lebensräumlichen Bedürfniserfüllungen, wie Springweite, Laufraum, vor allem auch Spielraum im wörtlichen Sinne abhängig ist. Zahlreiche wichtige Tierinstinkte sind lebensräumlich ausgerichtet, wie Nestbau und Zugtrieb. Das Dasein der Zugvögel wechselt periodisch zwischen Nestseßhaftigkeit und Unruhe in die Weite; vermutlich sind Wandertrieb und Bleibetrieb auch für manche Menschenspielarten Ureigenschaften, die sich immer wieder durchsetzen.

Das Kernstück alles Lebensraumes ist der Boden, jedenfalls für den Menschen, der ein gehendes und lagerndes Wesen ist, im Unterschied etwa von den Vögeln, denen er immer nur vorübergehend zum Aufenthalt dient, und den Fischen, die auf ihm nicht zu existieren vermögen. W i r s i n d e r d b o d e n g e b u n d e n e G e s c h ö p f e. Darum kann die Beschaffenheit des Bodens für uns nicht gleichgültig sein. Noch Nomadenvölker (die doch an sich schon die hominide Ausnahmeerscheinung sind) bleiben auf ihren Zugstraßen und Rastplätzen den Bodeneigenschaften verhaftet. Das normale V ö l k e r s c h a f t s d a s e i n des Menschengeschlechts ist die Zugehörigkeit eines bestimmten Bodenareals zu einem Stamm, Clan, Volk (oder einer ähnlichen ethnischen Gemeinschaft) und seine Verteidigung, sobald es bestritten wird. Dabei spielen allerdings (außer der Zufälligkeit des herkömmlichen Wohnsitzes) Bodeneigenschaften wie Abgelegenheit, Bewässertheit, Fruchtbarkeit, Verteidigungsmöglichkeit u. ähnl. die ausschlaggebende Rolle. Unbewußt empfängt jedoch der Organismus vom Boden her mit an

Gewißheit grenzender Wahrscheinlichkeit Einwirkungen, die denen von der Atmosphäre her ebenbürtig sind. Nur kennen wir sie noch außerordentlich wenig. Das ist eigentlich recht sonderbar, da der Boden ein viel greifbareres Stück Naturumwelt zu sein scheint, als die Luft. Trotzdem ist seine Rolle in der Wetter- und Klimagestaltung erst in den Anfängen gewürdigt. Es ist wahrscheinlich, daß z. B. die Gewitterentfaltung (wovon die Volksmeinung stets überzeugt geblieben ist) vom örtlichen Boden weitgehend abhängt; beim Blitzschlag tut sich das sehr eindrucksvoll kund; die Unterschiede in der Blitzgefährdung der Baumarten (s. S. 50 u. d. Anm. z. Abs. 35) lassen sich schwerlich auf eine verschiedene Leitfähigkeit der Holzsorten oder der Rindenbeschaffenheit allein zurückführen, sondern dürften auch mit der Bodenbeschaffenheit zusammenhängen, die sich im Bereich des Wurzelwerks herausbildet. Die erst ganz junge „Mikroklimatik" der Pflanzen zeigt uns, wie sehr sich die bodennahe Geosphäre infolge der Bodeneinflüsse von der Freiluft hoch überm Boden unterscheidet; auch von ihr ließe sich sagen, sie bilde einen bodennahen Luftkörper (Bodenluftkörper) für sich. Wie hoch dieser emporreicht, ist eine grundlegende Frage; sind für das Wetter gerade die höchsten Luftschichten bis hinauf in die Stratosphäre sehr wichtig, so geht den kaum 2 Meter über den Boden hinaufragenden Menschen klimatobiologisch wesentlich das an, was sich in der „Geosphäre" von rund 1 m Lufthöhe überm Erdboden zuträgt: im Grunde müßten alle bioklimatisch erheblichen Messungen in dieser bodennahen Region vorgenommen werden. Die fast ganz von vorn zu beginnende Aufhellung der Bodenwesenhaftigkeit des Menschen wird eine der großartigsten wissenschaftlichen Aufgaben des 20. Jahrhunderts sein.

A. Tellurische Elementareigenschaften

106. Bodentemperatur. Ein für den menschlichen Organismus überaus schwer erträglicher Zustand ist jede Art von Bodenkälte. Schutz vor ihr wird selbst unter primitivsten Daseinsbedingungen so impulsiv gesucht oder künstlich bereitet, daß vielleicht sogar die Erhebung des Menschen zum aufrechten Gang und Stand entscheidend mit dieser Anfälligkeit seines Organismus zusammenhängen mag. Denn es liegt nicht bloß eine subjektive Empfindlichkeit und Scheu, sondern eine objektive Anfälligkeit vor — wozu noch zu bemerken wäre, daß primitiverweise solche Scheuformen fast immer der Instinktausdruck einer richtigen Schädlichkeitswahrnehmung sind: wilde Tiere nehmen ja auch keine ihrer Verdaukraft unzuträgliche Nahrung, keine Giftpflanzen u. dgl. Längere Bodenkälte zerrüttet die Gesundheit; das heute erst wissenschaftlich auch in seiner volksgesundheitlichen Tragweite erkannte Heer der „Rheuma-Leiden" hängt weitgehend mit ihr zusammen. Erfahrungsgemäß genügt schon das Erlebnis „kalter Füße", um subjektiv stärkstes Unbehagen und objektiv eine Art leichter Lähmung der Leistungsfähigkeit hervorzurufen. Für überwiegend geistige Arbeit gilt das ganz besonders und hat das Losungswort der volkstümlichen Arbeitskunde „Kopf kühl,

Füße warm!" seine spezifische Richtigkeit. Über die Nachteile der Bodenkühle in ebenerdigen Räumen ist von Kopfarbeiten seit jeher Klage geführt worden. Offenbar erleidet dabei der früher erörterte Unterschiedsbestwert (Differenzoptimum: s. o. Abs. 27) schwere Beeinträchtigungen. Bodennebel gilt als eine besonders heimtückische, ja gesundheitsgefährliche Naturerscheinung.

Umgekehrt erzeugt Bodenwärme einen ausgesprochenen Lustzustand, der sich (im sonnenwarmen Sande, in der besonnten Heide u. dgl.) zu einer wollustartigen Euphorie steigern kann, wenn die Wärme solches sehr trockenen Bodens im Lagern genossen wird. Alles Hinlagern des Menschen sucht daher solche Unterlagen oder bereitet sie sich in Gestalt von Streu, Decken, Kissen u. a. m. Längere Einwirkung von Bodenwärme erzeugt einen Schläfrigkeitszustand, in den die allgemeine euphorische Behaglichkeit allmählich übergeht.

Die Wohnungstektonik der Völker ist durch die geopsychische Wirkung der Bodentemperatur weitgehend beeinflußt: Holzdielung, Matten und Teppiche sind Abwandlungen des Bedürfnisses, die Bodentemperatur „wohnlich" zu machen. Kühlende Böden dienen wesentlich der Aufgabe, in heißen Klimaten die Luft von Wohnräumen kühl erhalten zu helfen; Fliesenboden an sich hat bekanntlich für den an warmhaltende Böden Gewöhnten leicht etwas „Unbehagliches". Bezeichnend ist auch, daß von allen **Bäderformen** die Abkühlung rein von unten her so gut wie keine Verbreitung gefunden hat. Bloße Rückenbäder kennt man nicht, kalte Eintauchung der Füße wird fast nur von Kindern als gelegentliches „Plantsch"vergnügen vorübergehend geübt oder ist eine spezifisch kurmäßige Verordnung. Abkühlungen durch Wasser werden überwiegend in Gestalt von Vollbädern oder Waschungen des Gesichts, der Stirn, der Schläfen, der Brust und Hände getätigt. Es scheint, daß in jeder Körperlage eine von unten aufsteigende Kälte dem Organismus instinktiv zuwider ist.

107. Schwerkraft und Fliehkraft; Bodenbewegung. Mit der Erhebung über den Erdboden nimmt die Schwerkraft ab. Ebenso nimmt sie, dank der polaren Abplattung des Erdballs, vom Äquator auf die Pole hin zu. (Allerdings unter merkwürdigen Unregelmäßigkeiten: es bestehen zwischen ganz nahen Landstrichen immerhin ansehnliche Differenzen der Schwerkraftwerte, die zu den eigentümlichsten Befunden der Geophysik gehören.) Umgekehrt vermindert sich aber um ein viel beträchtlicheres die Fliehkraft (Zentrifugalkraft), welcher alles an der Erdoberfläche Befindliche unterliegt: die Drehgeschwindigkeit jedes Oberflächenpunktes wird ja eine um so geringere, je weiter wir uns vom Äquator polwärts entfernen, an den Polpunkten selber ist sie gleich Null. Die Resultante zwischen Schwerkraft und Fliehkraft ändert sich also polwärts auf jedem Längengrade erheblich. Es liegt völlig im Dunkel, ob dies eine organische Bedeutung besitzt; unseres Wissens ist es nicht einmal für die Pflanzen untersucht, bei denen doch der Geotropismus diese Fragestellung z. B. für Ast- und Blattstellungen nahelegt. Es ist keineswegs unmöglich, daß diese erdmechanischen Tatsachen z. B. für Unruheerscheinungen bei Tieren und Menschen, Fluchten und Züge, mitbestimmend sein könnten. Zum Bewußtsein gelangen sie nicht. Wo Erdbewegungen bewußt werden, dort erregen sie dem Menschen (und vielen Tieren) ausgesprochenes Unbehagen.

Man kann das schon bei leisen Schwankungen beobachten, wie unbedeutende Erdbebenstöße sie erzeugen; ein immer wieder behauptetes Vorfühlen von Erdbeben ist aber für keinen wissenschaftlich nachprüfbaren Fall sicher bezeugt. Ebenso ist uns die Erschütterung des natürlichen oder künstlichen Bodens, durch schweres Fuhrwerk, Maschinenanlagen u. dgl. peinlich. Bei nicht wenigen Menschen werden dadurch leichte Übelkeitsgefühle erregt. An die Schraubenvibrationen der modernen Schiffe gewöhnt man sich nur sehr allmählich. Die krasseste bekannte Form der Bodenschwankungswirkungen ist die Seekrankheit. Langes Bahnfahren ruft verwandte Zustände, namentlich ein passives Hindämmern unter starkem Schwund des Zeitmaßbewußtseins, hervor. Erwachsene scheinen gegen alles dies empfindlicher zu sein als Kinder, vertragen z. B. Schaukeln meist schlechter. Praktisch haben diese Dinge bloße Gelegenheitsbedeutung, als Dauerzumutungen kommen sie in der Natur gar nicht und in der Zivilisation nur als berufliche Ausnahme vor. Ob sie beim seefahrenden Personal, bei Arbeitern usw. auf die Länge das Leibseelenleben verändernd beeinflussen, ist bisher unbekannt.

108. Bodenzusammensetzung; Wünschelrute; Erdstrahlen. Das umstrittene Problem der Wünschelrute weist darauf hin, daß viele, darunter auch wissenschaftliche Menschen von einer psychophysiologischen Fernwirkung unter der Erdoberfläche befindlicher Materien, von Wasser, Metalladern, Kohlenflözen u. a. m. wenigstens auf gewisse Menschen überzeugt sind. Man könnte solche Menschen erdfühlig nennen. Unter ihnen haben die „Rutengänger" praktisch die größte Bedeutung gewonnen. Wenn sie einen gegabelten Stab, die Hände um die Gabelenden, das ungegabelte Ende waagerecht oder etwas bodenwärts geneigt, dahintragen, so zeigt dies ungabelige Ende einen leichten, manchmal auch heftigen Ausschlag, sei es nach unten, sei es nach oben, angeblich sobald Wasseradern der Erdtiefe überschritten werden. Dadurch sollen Wasserläufe auch in Gegenden ermittelt werden können, in denen sie vorher unentdeckt und teilweise auch fachmännisch an solchen Stellen nicht vermutbar waren.

Manche Rutengänger reagieren nur auf Wasser. Andere machen sich anheischig, die verschiedensten Adern, also Erze, Kohle, schließlich überhaupt alle namhaften Änderungen der tieferen Bodenstruktur, nachzuweisen. Die „Rute" in der hergebrachten Form wird jetzt aus den verschiedensten Materialien hergestellt, es ist so gut wie allgemein anerkannt, daß sie weiter nichts als einen sehr sichtbaren Anzeiger der Nerven- und Muskelreaktion des Suchers bedeutet; ihre einstigen magischen Bezüge, die früher eine sehr vordringliche Rolle spielten (denn der Rutengänger von heute ist der Schatzgräber von einst), sind fallen gelassen. Ich selber habe einen Rutengänger begleitet, der sich sein Instrument aus Korsettstäben zusammengebunden hatte. Eine Abart der Rute ist das „magnetische Pendel"; solange es am Finger schwingt, bedeutet es nichts weiter, als einen Erregungsanzeiger, wie die Rute; vielfach ist es aber auch in einer Aufstellung ohne Zusammenhang mit dem menschlichen Körper probiert worden — was es dann etwa bedeuten will oder kann, hat mit unserm Thema nichts mehr zu schaffen. Uns geht ja nur die psychophysische Reaktionsfähigkeit des Organismus auf Änderungen der Erdzusammensetzung an.

Eine neueste Abwandlung des Gegenstandes brachten die „Erdstrahlen", insbesondere wurden ihnen krankmachende Wirkungen zugeschrieben: Krebs sollte nur dort ausbrechen oder besonders häufig auftreten, wo Wohnungen oder Werkräume über strahlenden Erdtiefenschichten gelegen sind. Zeitweilig sind durch solche Hypothesen geradezu panische Beunruhigungen in Einwohnerschaften entfesselt worden. Auch die Wasserfernwirkung auf den landläufigen Rutengänger gerät aber, will man sich ein wissenschaftliches Bild von ihr machen, unter den Oberbegriff der „Strahlenwirkung", sei es, daß von solchen „Adern" Energien oder Emanationen noch unbekannten Wesens ausgesandt werden, sei es, daß umgekehrt die verschiedensten Stoffe auf dergleichen abschirmend wirken und dadurch eine psychomotorische Reaktion (Armzuckung o. dergl.) ausgelöst wird. Selbstverständlich ist es durchaus im Bereich des Möglichen, daß aus der Erdtiefe Strahlungen heraufdringen, von denen die Wissenschaft noch nichts weiß. Nur hat die Wissenschaft es nicht mit bloßen Möglichkeiten zu tun, sondern immer mit Tatsächlichkeiten, die nachgewiesen werden müssen, und es ist unweigerlich die Aufgabe derer, die solche Dinge behaupten, den wissenschaftlich strengen Beweis dafür zu führen, nicht aber die Aufgabe der Wissenschaft, bloße Behauptungen zu „widerlegen". Auch kann die Forschung niemanden von der Strenge der wissenschaftlichen Beweisführung entbinden. Ihre Anforderungen an die Exaktheit solcher Experimente müssen aufrechterhalten und dürfen nicht von vornherein als „Schikane" abgelehnt werden.

In dieser Hinsicht ist ein großer Teil der unternommenen Nachweisversuche sehr unbefriedigend. In einem Falle, dem ich beigewohnt habe, war es trotz der Anwesenheit eines hervorragenden hydrologischen Fachmannes nicht möglich, auch nur die einfachsten wissenschaftlichen Sicherungen gegenüber dem Rutengänger durchzusetzen. Von der positiv voreingenommenen Seite ist aber nachträglich auch dieser Versuch als „mit allen wissenschaftlichen Kautelen" umgeben dargestellt worden. Bei Einspruchsversuchen schließen sich gewöhnlich erregte Empfindlichkeiten mit entsprechenden unerfreulichen und unsachlichen Auseinandersetzungen an. Kurzum, die Lage erinnert immer wieder bedenklich an diejenige im Gebiet der „parapsychologischen", „okkulten" Phänomene überhaupt. Die eine Partei ist von vornherein überzeugt, und die andere wird als ein quengelnder Störenfried betrachtet, der schikanöse und die „Medien" lahmlegende Forderungen stelle. Röntgenstrahlen, Radioaktivität, Ultrastrahlung oder wie die z. T. auch praktisch höchst weittragend und segensreich gewordenen Strahlungen, die in den letzten Jahrzehnten entdeckt wurden, heißen mögen, sind sämtlich unter allen strengsten Sicherungen der exakten Forschung nachgewiesen und in ihren Eigenschaften technisch ausgewertet worden. Davon kann auch für die „Erdstrahlungen" nichts nachgelassen werden.

Leider muß der Autor der „Geopsyche" feststellen, daß in dem vollen Menschenalter seit dem Erscheinen der ersten Auflage dieses Werkes die „Wünschelrutenfrage" so gut wie keinen gesicherten Fortschritt auf eine positive Lösung hin gemacht hat. Das Problem steht weiterhin bei einem „Non liquet". Der ganze „Erdmediumismus" schmilzt im Grunde vor den methodischen Forderungen auf die Wahrscheinlichkeit zusammen, daß eine Gruppe sehr sensitiver Naturelle aus der Atmosphäre wie vom Erdboden her Einwirkungen spürt, die dem Durchschnitt der Mitmenschen nicht spürbar werden. Über die ursächliche Zurechnung dieser Einwirkungen kann nur nüchternste Weiterforschung uns aufklären.

109. Erdelektrizität. Die Erde stellt ein riesiges negatives Feld gegenüber der positiv geladenen Atmosphäre („Schönwetter-Elektrizität", s. o. Abs. 35 und 43) vor.

Zwischen beiden flutet dauernd, aber in wechselnder Stärke und Art ein Ausgleichsstrom, der für die Erdoberfläche (als Produkt aus Feldstärke und Leitfähigkeit) etwa 1500 Ampere beträgt. Ihm entgegen wird, da sonst das Fortbestehen des negativen Erdfeldes unerklärlich bliebe, ein Strom angenommen, welcher, unbekannten Ursprunges, dem Erdkörper immer wieder negative Ladung zuführt; vielleicht kommt er aus dem Weltall, vielleicht aber auch nur aus den Wolken, besonders aus den Gewitterlagen. Sicherlich rufen Wolken und Dunst, namentlich im Tieflande und bis zu 1500 m Seehöhe hinauf, in der B o d e n n ä h e vielfältige Störungen des Spannungsgefälles hervor. Außerdem wird die bodennahe Luft fortwährend durch die radioaktive Emanation des Bodens ionisiert; dabei überwiegt in der Bodennähe, zumal in der Stadt, die Bildung schwerer Ionen infolge der zahlreichen Anlagerungskerne, welche die Staub- und Rußpartikelchen liefern; die Bodenluft ist im Tieflande etwa 100mal so radiumemanationsreich, wie die Freiluft, im Hochgebirge kann sie 10 000mal so reich sein. Eine (kropfbildende) Einwirkung der Radium-Emanation des Bodens auf das Schilddrüsensystem der Bevölkerung und damit auf die Hormonbilanz (s. Abs. 48) überhaupt ist nach neueren Forschungen sehr wahrscheinlich.

In dieser höchst verwickelten Situation stellt der Menschenkörper zwar einen Teil des Erdkörpers vor, aber zugleich einen (infolge seines starken Wassergehaltes) guten Leiter; vielleicht kann man ihn mit einem schlechten, aber doch nicht unwirksamen Blitzableiter vergleichen. Vom Einschlagen in ihn bis zum Strömen sicht- und hörbarer Feinentladungen (Glimm- und Knisterentladungen) finden wir alle wahrnehmbaren Übergänge in seiner Auseinandersetzung mit dem atmosphärischen Felde. Jene Feinentladungen kommen ebensowohl zwischen Haut und Kleidung, namentlich Unterwäsche, wie zwischen Haut und (metallenen) Außengegenständen (Türklinken u. dgl.) vor. Ihr Auftreten ist aber personenmäßig und situationsmäßig ebenso launisch, wie die Gewitterbildung überhaupt und die Zahl der Einschläge in irdische Objekte, namentlich auch in organische, wie Bäume (s. o. S. 50). Es besteht jedenfalls gar keine erkennbare Beziehung zwischen Gewitter- oder Föhnfühligkeit und dem Auftreten solcher Entladungen. Vielleicht sind es die in der Bodennähe besonders heftigen und raschen S c h w a n k u n g e n sowohl der Ionengeschwindigkeit als auch der resultierenden Stromstärken, welche den Organismus beeinflussen. Die Forschung befindet sich gerade im letzten Jahrzehnt auf diesem Gebiete rein geophysikalisch im lebhaftesten Fluß, und jede Hypothese, welche dem Niederschlag gesicherter Erkenntnis psychophysiologisch voraufeilen wollte, wäre im unfruchtbaren Sinne v o r e i l i g. Wir bescheiden uns bei der Feststellung, daß auch an diesem Punkte das bodennahe Klima der Geosphäre besonders labile und von der hohen Freiluft verschiedene Lebensbedingungen darbietet, die sich auf dem von Stadtluftkörpern (s. o. Abs. 104) überlagerten Boden noch verschärfen.

Über Einwirkungen der elektromagnetischen Stromschwankungen im Erdkörper, wie sie ursächlich in die „magnetischen Stürme" und Nordlichter miteingehen, ist nichts Verläßliches bekannt.

B. Raum und Volk

110. Gauschläge. An jedem neuen Standort erfahren die Lebewesen gewisse Änderungen ihres Erscheinungsbildes (des „Phänotypus"). Unsere Kenntnis davon reicht heute immerhin so weit, daß wir diese Änderungstendenz als eine durchgehende bezeichnen dürfen. Da nun der Boden das stabilste Stück des Standortes ist, während die atmosphärische Lage, also das Klima im engeren Begriff, einem viel unbeständigeren Hin und Her unterliegt, eben dem „Wetter" — so hat es etwas Verlockendes, die lebensräumlichen Formungen der Lebewesen aus Bodeneinflüssen herzuleiten. Für die Pflanzenwelt liegt allein schon die Beziehung ihrer Gautypen auf den Chemismus des Bodens nahe, aus dem sie in unmittelbarem und festverwurzeltem Kontakt ihre Nahrung holt. Für die animalische Natur einschließlich der Hominiden gestaltet sich die Annahme schwieriger. Die meisten Tiere und der Mensch sind mit dem Boden nicht fest verkettet, der Kulturmensch zumal ernährt sich von vielen Erzeugnissen fremden Bodens, und auch rein erscheinungsmäßig ist eine Deckung ethnischer Gautypen mit gleichartiger Bodenbeschaffenheit bisher nicht erwiesen. Stammesformen umfassen teilweise Bodenanteile, die nach Gestalt und innerer Struktur sehr verschiedenartig sind. Das gilt in Deutschland jedenfalls durchgehends; man denke an die verhältnismäßige Einheitlichkeit und Wohlabgegrenztheit des alemannischen Habitus in Hochgebirge, Mittelbergland und Flachland, oder an die nach Bodenbeschaffenheit und Klimatik höchst verschiedenen Landstriche, über die sich der noch immer sehr homogene fränkische Menschenschlag von der Maas bis ins Fichtelgebirge hinein ausdehnt.

In größtem Maßstabe ist der Versuch, die standräumliche Besonderung des Phänotypus zu erfassen, von Franz Boas unternommen worden. Er hat sich dazu der Kopf- und Antlitzmessungen bedient und ist zu dem Ergebnis gelangt, daß alle europäischen Einwanderergattungen in den Vereinigten Staaten ihre Größenproportionen am Kopf verändern, und zwar in der Richtung, daß die Kopfformen ihre Extreme an Länge oder Kürze einbüßen und einem Ausgleichswert zustreben, während die Gesichter schmäler werden. Die Antlitzverschmälerung soll auch dann eintreten, wenn Kinder vor dem etwa 10. Lebensjahre Europa für immer verlassen haben, die Umformung des Kopfes dagegen zeige sich erst an der auf dem nordamerikanischen Boden geborenen Nachkommenschaft. Eine wirkende Ursache hat Boas nicht angeben können. Seine (vielumstrittenen) Untersuchungen und die seiner Schule fanden diese Abänderung auf eine neue „amerikanische" Kopfgestalt hin bei Einwanderern jeder Herkunft.

Schon Otto Ammon hatte in Baden darauf hingewiesen, daß die Gauformung der Schädelmaße in bestimmten Bezirken sich auch auf die einsässige jüdische Bevölkerung erstrecke. Die Beobachtung des Schöpfers der „Anthropologie der Badener" ist darum bemerkenswert, weil sie für seine sozialanthropologischen Grundanschauungen eine wissenschaftliche Unbequemlichkeit darstellen mußte. Der erchte Forscher verschließt eben vor noch so schweren Unbequemlichkeiten niemals die Augen. Eugen Fischer hat auf dem gleichen Schauplatz die Rundköpfigkeit sonst durchaus nordisch genormter Bevölkerungselemente wesentlich auf im einzelnen noch unbekannte Umwelteinwirkungen („Peristase") zurückführen zu sollen geglaubt. Am eindeutigsten auf den Bodeneinfluß des Standraumes weist der Thyreotypus vieler Gebirgsgegenden hin, die im Kropf („Gebirgshals") am augenfälligsten zutage tretende Konstituierung der Gesamterscheinung, die bis zu lebensfunktionellen Beeinträchtigungen führen kann; ihre Erklärung als Jodmangelfolge wird gegenwärtig durch diejenige aus der übermäßigen Radiumemanation der Gebirgsböden bestritten, möglicherweise ergänzt im Sinne eines Zusammenwirkens beider Faktoren. v. Eickstedt und Schwidetzky glauben als eines der Ergebnisse ihrer „Rassenuntersuchung Schlesiens" die Bevorzugung bestimmter Böden durch bestimmte anthropologische Typen feststellen zu können: „dabei erwies sich die Konstitution der Bewohner bei an sich gleichbleibendem Rassengehalt als verschieden in Löß- und Waldgebieten oder in Berg- und Taldörfern". Ob, diese Mitteilung als gültig angenommen, bestimmte Konstitutionstypen bestimmte Standorte aufsuchen, weil sie auf ihnen den „adäquaten Lebensraum" instinktiv finden, oder ob die Ansiedlung von ganz andern Motiven geleitet war, der betreffende Boden dann aber „seine" Konstitution ausformt, bleibt die letzte und schwierigste Frage; ehe sie jedoch beantwortet werden kann, bedarf es noch vieler geduldiger tatbeständlicher Untersuchungen, wie der vorher erwähnten, um überhaupt einmal die „Korrelation" von Boden und Volksschlag sicherzustellen.

Es darf heute als theoretisch wahrscheinlich und durch vielfältige Tatbestände gestützt gelten, daß der Boden, auf dem wir leben, uns morphologisch und funktionell, nach Erscheinung und Wesensart, m i t gestalten hilft. Nur diese vorsichtige Formulierung ist gegenwärtig erlaubt. Insbesondere steht eine Abgrenzung der atmosphärischen und tellurischen Einwirkungsfaktoren voneinander noch gänzlich aus. So wissen wir gar nicht, ob die verschiedenen „Regeln", welche die Tierbiologie für die phänotypische Änderung von Körpergröße, Endgliedergröße, Fell- und Gefiederfarbe aufgestellt hat (Bergmannsche, Allensche, Glogersche Regel), bodenabhängige oder luftabhängige Variationen aussprechen. Das gegendliche Auftreten sogenannter Melanismen, d. h. Schwärzungen vordem hellerer Tierfärbungen, in rußreichen Industrierevieren weist auf atmosphärische Wirkungen (vermutlich durch die Tracheen der Larve oder Puppe hin); aber das Vorkommen solcher Schwarzformen auch in geschlossenen Bezirken, die so gut wie industriefrei sind, reißt doch wieder ein Loch in jene Erklärung. Nach der p s y c h o physischen Variationsseite hin wissen wir erst recht nicht mehr als das grundsätzlich Gültige, daß phänotypische Umformungen des Gesamthabitus (nicht bloß von Einzelmerkmalen) an der seelichen Wesensart nicht spurlos vorübergehen k ö n n e n.

111. Bodenständigkeit. „Keine Hominidenform verläßt ungestraft ihre angestammte Umwelt". In diesem radikalen Satz v. Eickstedts ist sozusagen die ganze Problematik der zeitweilig gedankenlos abgeleierten Formel „Blut und Boden" zusammengepreßt. Es erhebt sich die Frage, ob der Tatbestand des „a d ä q u a t e n K l i m a s" (s. o. Abs. 74) auch den „a d ä q u a t e n B o d e n" einschließe? S o nämlich muß das Gesamtproblem gefaßt werden; daß dank seiner massiveren Sinnfälligkeit und Greifbarkeit für die vulgäre ebenso wie für die symbolische Ausdrucksweise dem Boden meist ein Vorrang bereitet wird, erlaubt keine Zurückdrängung des eigentlichen, atmosphärischen Klimas in der wissenschaftlichen Fragestellung.

Völkerpsychologisch angeschaut ist die Frage ebenso weittragend wie verwickelt. Voraussichtlich gehört sie zu denen, die sich wissenschaftlich immer nur annäherungsweise und mit einem beträchtlichen Deutungsspielraum beantworten lassen. Es handelt sich ja um die Ermittlung, ob Hominidengruppen (und als einheitlich handelnde Gruppen kommen so gut wie nur Völkerschaften in Betracht) stets in dem starren Sinne Gauschläge sind, daß jedes Sichlosreißen oder Losgerissenwerden von ihrem Boden dauernd nachteilig wirkt, z. B. eine immerwährende Unruhe schafft, die überhaupt keine Bodenständigkeit mehr aufkommen läßt. Wäre es so, dann gäbe es streng genommen überhaupt keine vollgültige Akklimatisation (s. o. Abs. 73, 79, 80). Die meisten Erfahrungen der Biologie an Pflanze und Tier sprechen jedoch gegen eine solche „Bodenhörigkeit" der Lebewesen. Jene „Gestraftheit" der ihre angestammte Umwelt verlassenden Hominiden wird sich in vielen Fällen als eine zeitweilige erweisen, als langwierige und schwierige Umgewöhnung, die doch schließlich eine vollgültige Inklimatisation erreicht. Aber schon frühere Abschnitte haben uns gezeigt (Abs. 79), daß dies für verschiedene Rassen, Spielarten und Schläge recht verschieden liegt, z. B. daß die nordische Rasse gesundheitlich sehr eng an ihr Klima gebunden ist, daß die mongolide klimatisch „ubiquitär" ist, am Äquator sich genau so wohl fühlt wie am Polarkreis, und die mediterrane die Mitte hält, eher etwas näher an die klimatische Intoleranz der nordischen herankommend (S. 117). Fraglos spielt dabei der Gesamtcharakter großer Klimazonen die ausschlaggebende Rolle, nicht die Beschaffenheit des lokalen oder regionalen Bodens.

Wieweit diese mitwirkt, liegt völlig im Unerforschten. Getrennt davon muß jedenfalls die Frage werden, ob Bodenbürtigkeit eine subjektive Bodenständigkeit einschließt, d. h. ob die „angestammte Umwelt", soweit sie Boden ist, die in ihr Geborenen oder Erzeugten seelisch festhält, obwohl sie in einer andern ungeschmälert gedeihen könnten. Wir möchten glauben, daß hierfür Typenunterschiede gelten, daß es also innerhalb der Bevölkerung überall, vielleicht in der einen mit anderer prozentualer Verteilung als in der andern, und zu jeder Zeit „unruhige", wandersüchtige, „schweifende" neben sässigen, beharrsamen, bodenfesten Menschen gibt. Beides ist übrigens nötig für das Aufkommen dessen, was wir „Kultur" und „Geschichte" nennen, wobei die Geschichte mehr von den Unruhigen entfesselt, die Kultur mehr von den Beharrenden bewahrt wird. Ob nun ein funktionales Verhältnis der Art existiert, daß sehr langes Verharren in einem Wohnsitz bodenständiger macht, so daß Bodenständigkeit eine abhängige Variable der generativen Bodenbürtigkeit wäre (je mehr Generationen auf dem gleichen Boden zur Welt gekommen sind, desto bodenbestimmter wird ihr Gauschlag und desto subjektiv bodenverbundener fühlen sie sich) — das ist wissenschaftlich nicht erwiesen. Keinesfalls dürfen wir heute noch in dem mechanischen Sinne darwinistisch folgern, daß wir die unleugbare Tatsache von physiopsychischen Abänderungen der Organismen auf einem neuen Boden ohne weiteres als „Anpassungen" auffassen. Sie können durchaus auch gleichgültige oder gar (vom Ganzen der Vitalität her gesehen) unvorteilhafte Abänderungen sein, deren vitales Verhängnis sich vielleicht erst nach Geschlechtern entscheidend auswirkt: Entartungen. Aber jeder Gärtner und Züchter weiß, und jeder Erzieher sollte es wissen, daß viel unruhiges Herumprobieren an den Lebensbedingungen von Organismen nicht günstig wirkt. Leben braucht ein Maß von Ruhe und Stetigkeit in seiner spontanen Entfaltung, für seine „Aussichheit". Unaufhörlicher Ortswechsel, wo er nicht wie bei den meisten echten Nomadenvölkern innerhalb einer sehr gleichförmigen Gegend (Steppe, Wüste) stattfindet, dürfte psychophysisch auf die Dauer nachteilig sein.

Bei alledem darf „Boden" nicht ausschließlich mit „Land" gleichgesetzt werden. Verführt auch Stadtleben zur stärkeren Unrast, zur „Fluktuation", ja, stammt es wohl großenteils hieraus, so gibt es doch seit jeher in Städten höchst bodenständige Geschlechter, und die Geschichte zeigt viele davon als Träger nicht nur feiner Geisteskultur, sondern auch außerordentlicher Willenskraft und Willensschöpfungen. Nicht die Städte auszurotten, aber Stadtmensch und Stadtleben wieder natürlicher mit dem Boden zu verbinden, städtische Bodenbürtigkeit und Bodenständigkeit (wie sie übrigens noch für Millionen kleiner Leute sogar in den größten Städten Geltung hat) zu pflegen, sollte eine Zielsetzung geopsychologisch gegründeter Bodenpolitik werden, welche der Fürsorge für ein gehöriges Gleichgewicht zwischen Ackerraum und Bauernvolk ebenbürtig ist.

Es steht außer Frage, daß unser Abschnitt von den psychophysischen Wirkungen des Bodens recht dürftig anmutet; schon sein äußerlicher Umfang scheint in einer Art Mißverhältnis zu den drei andern Hauptteilen dieses Buches zu stehen. Und doch darf uns dieser unbefriedigende Erkenntnisstand von heute, der fast nur ein Fragenstand ist, weder zur subjektiven Entmutigung noch zur objektiven Unterschätzung dieser Gruppe geopsychologischer Probleme gegenüber veranlassen. Alle Wissenschaft muß einmal resolut a n f a n g e n. Wer hätte ahnen können, daß der zuckende Froschschenkel in der Küche Galvanis ein Jahrhundert danach als der wissenschaftsgeschichtliche Beginn einer ungeheuren zivilisatorischen Umwälzung des Menschendaseins vor uns stehen werde, von dem her, nach zögernden Anfangsschritten, in einem wahrhaft atemlosen technischen Tempo der Verwertung dieser neuen Energiegestalt Fernsprechen, Fernschreiben und Fernhören (demnächst gewiß auch das Fernsehen), eine zeitliche Raumüberwindung von vordem nie für möglich gehaltener Vollkommenheit, Lichtfluten von Tageshelle, elektrische Bahnen und ozeandurchquerende Kabel, Radiowellen, und die geheimnisreichen Strahlensorten der Hittorf und Becquerel, Hertz, Röntgens und der Curies, von Heß und Kolhörster, die alle ja an die bahnbrechende Leistung Galvanis und Voltas sich erst anschlossen, die Folge jener unbeträchtlichen Beobachtung sein würden? Es ist niemals vorauszusagen, wo eine noch so bescheidene Einsicht in Wirklichkeitszusammenhänge dereinst landen möge. In dieser Ungewißheit liegt Mysterium und Mirakel der sonst so rationalen Wissenschaft beschlossen. Es gilt nichts als unverdrossene Arbeit, mit Goethe zu sprechen: „ein redliches Bemühen", um auch die Einsichten in den Zusammenhang zwischen den Lebenserscheinungen (einschließlich der seelischen) und dem Lebens b o d e n, unbeirrt durch verfälschende Eintagstendenzen und wohlfeile Eintagshypothesen, geduldig zu vermehren und zu verbessern — und damit ein künftig ansehnlicheres Kapitel vom Boden und der Seele vorbereiten zu helfen, als es heute verantwortbar geschrieben werden kann.

Vierter Hauptteil.

Landschaft und Seele

112. Boden und Landschaft. Wann heißen wir ein Stück Erde „Landschaft"? Gewiß nur, wenn wir es sehen; der Blinde hat keine Landschaft, sie fällt für ihn auf die Verlustseite seines Lebens. Aber auch nicht immer, wenn wir es sehen: der Bauer sieht seinen Acker, den er pflügt, nicht als Landschaft, der Ingenieur ebensowenig das ungebärdige Wildwasser, das er zu regulieren hat. Nur dann wird die Natur für uns Landschaft, wenn wir sie ohne puren Nutzzweck als hauptsächliches Sinnenerlebnis hinnehmen oder aufsuchen, als Eindruck auf uns wirken lassen. Und bildet auch das Sehen ein unverrückbares Mittelfeld dieses Sinneneindrucks, so erschöpft er sich doch keineswegs darin. Den landschaftlichen Eindruck der Natur bauen auch Miterlebnisse der andern Sinnesorgane mit auf: Klänge und Geräusche (der Vogelsang, das Meeresrauschen), Gerüche, namentlich Wohlgerüche (Düfte) — Wiesenduft, Laubgeruch (im Herbst), „Wassergeruch"; selbst die Hautsinne können wichtig mitbeteiligt sein: Windformen („Mailüfterl", der Sturm an der See), sodann die Luftwärme (etwa über der Heide, an einem Vorfrühlingstag oder Spätherbsttag), die „Weichheit" oder „Strenge" der Luft, wie überhaupt alles das, was uns als „Luftton" (s. S. 63) bekannt geworden ist und die „atmosphärische Stimmung" herstellen hilft, endlich die mechanische Sinnesempfindung vom Boden her, Härte felsigen Grundes, ein moosiger Waldpfad, der Sand in Düne und Wüste, steiniges Geröll — alles das geht zuweilen in das charakteristische Landschaftserlebnis mit ein. Es gehört zu ihm freilich mehr am Rande; es verbindet sich als Zutat mit der Hauptsache, der geschauten Natur, die uns als Schaubild Landschaft wird. Einzig der Schmecksinn ist am Aufbau von Landschaftserlebnissen so gut wie niemals beteiligt (ganz flüchtig und spurenhaft etwa beim Schmecken von Salz im Bereich der Meeresbrandung).

Wir verstehen also unter Landschaft den sinnlichen Gesamteindruck, der von einem Abschnitt der Erdoberfläche samt dem darüber befindlichen Abschnitt des Himmels im Menschen erweckt wird. Daß dieser Himmelsabschnitt dazu gehört, bedarf kaum einer Erörterung; tiefe Bläue ist etwa für die Mittelmeer- und oft für die Hochgebirgslandschaft ebenso bezeichnend wie der blaßblaue Himmel für die nordische oder der graue Himmel für die holländische oder bestimmte Wolkengruppierungen für die sommerliche Landschaft. Aber es gilt für den Himmel etwas Ähnliches, wie vorhin für die Sinnesorgane außerhalb des Auges: er steht am Rande, er gehört dazu, er allein jedoch bedeutet uns niemals „Landschaft". So wie uns ein nur geschautes Stück Natur schon vollgültig Landschaft sein kann, nicht aber ein nur belauschtes, nur gerochenes, nur gefühltes — so vermögen wir auch bei indifferenter Himmelsbeschaffenheit, z. B. abends bei bezogenem Himmel, lediglich von der Schau des Erdbodenstückes her, das wir überblicken, ein vollgültiges Landschaftserlebnis zu haben.

So erkennen wir, daß der Boden zwar das Hauptstück in der Landschaft ist aber als solches in einem ganz andern Sinne als dem früher betrachteten auf uns wirkt. Es ist das Bild des Bodens, das als Landschaftshauptstück in unser Schauen eingeht, nicht seine physikalische oder chemische Beschaffenheit. Der Eindruck, den die Bodengestalt und die Bodenbedeckung („Vegetation") auf uns macht, ist „landschaftlich" oder mindestens kann landschaftlich sein oder werden, d. h. zu einem reinen Sinnenerlebnis sich gestalten (derselbe Eindruck kann auch unlandschaftlich bleiben oder werden, z. B. wissenschaftlich oder ackerbaulich oder wasserbaulich), wir wollen sagen: jener Eindruck von Bodengestalt und Bodenbedeckung ist landschaftswertig. In unserem vorigen Hauptabschnitt war es hingegen der Einfluß (nicht der Eindruck!), den wir als (möglicherweise) von der objektiven Bodenbeschaffenheit auf den Organismus ausgeübt zu betrachten hatten. Dafür konnten — möglicherweise — die Eigenschaften der Bodentiefe ebenso wichtig oder wichtiger sein als die der Bodenoberfläche. In das Landschaftserlebnis geht nur der Eindruck der Bodenoberfläche ein.

Und endlich: jene Bodeneinflüsse auf den Organismus bleiben möglicherweise diesem selber in ihrem Ursprung gänzlich unbewußt, die Alltagserfahrung kommt gar nicht dahinter, daß sie vom Boden ausgehen, sondern erst die wissenschaftliche Ergründung. Ja, solche Bodeneinflüsse, genau wie manche Wetter- und Klimawirkungen, wachsen sich auch seelisch an sich nicht zu bewußtem Erlebnis aus, sie bewirken z. B. eine Herabsetzung der Leistungsfähigkeit ohne subjektive Befindensstörungen und selbst ohne ein Merken davon, daß die Leistung geringer wird; auf diese Art sahen wir ja (Abs. 82—88) die seelischen Tatsachen der Frühlingskrise auftreten. Wohl für die Mehrzahl der Wetterwirkungen bei der Mehrzahl der Menschen gilt ihr unbewußtes Vorhandensein, und nur bei einer Minderzahl der Wetterfühligen oder in einer Fälleminderzahl, bei sehr krassen Wetter- und Klimawechseln, gelangen die Wirkungen ins subjektive Erlebnis. Umgekehrt liegen die Dinge für die Landschaft. Landschaftliches Erleben der umgebenden Natur ist dem Regelfalle nach bewußt, wenn auch in oft primitiven Formen des Erlebnisses; es kann freilich das Landschaftserleben auch unter der Bewußtseinsschwelle bleiben oder unter sie sinken, aber das ist die Ausnahme. Selbstverständlich dürfen wir dem schlichten Menschen nicht das raffinierte Landschaftsgenießen des künstlerischen oder intellektuellen Naturbetrachters unterstellen und dann alles einfache Beeindrucktsein von der Natur „unbewußt" oder unlandschaftlich nennen. Der Landmann oder Berghirte oder Fischer hat durchaus auch sein naives Landschaftserlebnis, freilich kein sentimentales wie der Städter. Er empfindet die Weite des Ebenenhorizonts oder die Großartigkeit der Bergriesen oder die Ruhe eines Stromes, mag sich ihm dies alles auch immer wieder mit unmittelbar praktischen Gedanken durchkreuzen und vermengen; im „Heimweh" nach seiner Landschaft bringt die Fremde es ihm zum Vollbewußtsein, aber es ist im Alltag nicht so, daß er überhaupt nicht darum wüßte.

Wer psychologisch halbwegs Bescheid weiß, dem braucht kaum gesagt zu werden, daß solche Unterscheidungen nur eine relative Gültigkeit haben. Eine Fülle von halbbewußten (nur eben ihrer Herkunft nach nicht klar zugerechneten) Störungs- und Beeinträchtigungsgefühlen ist auch bei sehr vielen Menschen, die nicht bewußt wetterempfindlich sind, dennoch vor Gewittern, bei Föhn, vor Schneefällen oder Wetterwechseln da. Eine Fülle von halbbewußten, dunklen Schauerlebnissen geht von Enge oder Weite, Helle oder Düsternis, Buntheit oder Einförmigkeit der Natur auch in all den Stunden aus, in denen sie nicht mit Bewußtsein daraufhin und somit landschaftlich erlebt wird. Dieses Zwischenreich vom klar Bewußten zum echt Unbewußten hin ist ja sehr ausgedehnt, beherrscht geradezu unsern praktischen Alltag und modelt unser Wesen entscheidend mit, obwohl es seiner Natur nach für die Untersuchung schwer faßbar und damit der wissenschaftlichen Aufhellung seines schattenhaften Erlebnisgewimmels weitgehend entzogen ist.

A. Primitiver Naturgenuß

113. **Landschaftseinzelheiten.** Sie im wesentlichen nimmt das naive Erleben der Natur als Landschaft wahr. Von ihnen so gut wie ausschließlich wird es beeindruckt und (in der Fortwirkung des Eindrucks, s. Abs. 32) auch beeinflußt. An ihnen gibt es einem Entzücken oder seiner Enttäuschung Ausdruck. Unübertrefflich schlicht spricht das ein Satz des Erzählers Rudolf Hans Bartsch aus, dessen poetische Stärke die Schilderung der Landschaft deutscher Südlande ist: „Die junge Kött gehörte zu den Hunderttausenden, die für Landschaft wenig andere Gefühle haben, als was zu einem freien Sonntag gehört: staubloses Grün, Ruhe, Hahnenkrähen und ein Mahl im Freien". Die Sommerfarbe der Pflanzendecke und ein dörfliches Geräusch (der Hahnenschrei) auf dem Hintergrund der Naturstille sind hier die beiden Elemente, auf die sich der Naturgenuß begrenzt. Für andere Hunderttausende ist der landschaftliche Lohn einer Wanderung die „Aussicht" von einem Gipfel, mit andern Worten (neben den interessanten Einzelheiten, die kein Naturerlebnis sind, wie Städte, Türme, Stauwerke usw.) die Weite und Fülle der Schau, im wesentlichen ein Formeindruck, desto stärker, je „unermeßlicher" er ist. Bei wieder anderen, das darf nicht verkannt werden, kommt es überhaupt

noch zu keinem Erleben der Natur als Landschaft, sondern es ist die bloße Freude an „frischer Luft", an der Einsamkeit, kurzum an den Lebenskontrasten zum Alltag der Stadt, die ihren Naturgenuß ausmacht, und nur ganz gelegentlich mischt sich etwa das augenblickskurze Entzücken über eine blühende Wiese, einen glitzernden Wasserspiegel, einen imposanten Berggipfel oder ein melodisch flötendes Vögelchen hinzu. Gerade an solchen Menschen läßt sich die elementare (im zwiefachen Sinne dieses Wortes: die unzusammengesetzte und die unwiderstehliche) Wirkung des Landschaftlichen sehr eindeutig feststellen.

I. Die Schaubestandteile der Landschaft.

114. Landschaftsfarben. Grün und Blau sind die beiden Farben, welche die Landschaft beherrschen; ihnen reihen sich das Weiß (der Winterlandschaft) und das Grau (oder Graubraun) der Gewässer, weiter Hochlandspartien, der Wüste, Dünen, der Wolkendecke des Himmels usw. an. Alle andern Farbtöne sind Gelegenheitserscheinungen, wenn auch dann manchmal sehr lebhaft und ausgebreitet (wie die Dämmerungsfarben), oder nur verstreuten Vorkommens. Die gemeinsame Wirkungsart jener vier Hauptfarben der Landschaft ist eine beruhigende. Die Beruhigung hat beim Grün und Blau einen ausgesprochen lustvollen Gefühlston; dagegen eignet ihr beim Grau leicht etwas Unlustvolles, nähmlich Bedrückendes, manchmal geradezu Lähmendes. Die Gefühlswirkung des Weiß schwingt zwischen diesen Möglichkeiten, je nach dem Grad der Weiße, ihrer Tönung ins Graue, Gelbliche oder Bläuliche, ihrer Ausdehnung und ihrer Zeitdauer. An dem beruhigenden Effekt einer Winterlandschaft kann kein Zweifel sein, wir empfinden ihn zunächst angenehm, aber bei langer Dauer (z. B. in der Arktis) schlägt die Wirkung in eine Art Lähmung, jedenfalls in ausgeprägte Bedrückung des Gemüts um.

Aus diesen Feststellungen ergibt sich die höchst wichtige Summa, daß die Natur in ihrer Färbung vorwiegend gemütsberuhigend einwirkt. Wir dürfen hierin geradezu eine psychologische Achse alles Naturgenusses und aller Natursehnsucht erblicken. Im Grün der Fluren und Blau des Himmels erschöpft sich für unzählige Menschen die Landschaftsschönheit; es ist sehr wesentlich, daß es nicht eine erregende, sondern eine beruhigende Lust ist, die davon ausgeht. Denn als solche entfaltet sie ihre besonderen Erholungswerte von der Unrast des Werktags und der Städte, auch des meisten städtischen „Erholungs"wesens und Genußunwesens.

Es ist möglich, daß die beruhigende Einwirkung von Blau und Grün auf den Organismus durchs Auge (d. h. durch das Seherlebnis der Farben hindurch) zwar am stärksten, aber nicht darauf beschränkt ist, sondern daß (s. o. S. 43) die gesamte Haut, den Blau- oder Grünstrahlen ausgesetzt, darauf mit einer Beruhigung des Nervensystems reagiert. Dann würde also Aufenthalt in blauer und grüner Umgebung auch den Blinden zu beruhigen vermögen. Manches spricht dafür, gesichert ist dieser Tatbestand aber keineswegs.

Schon wenn Grün oder Blau ins Grau hinüberspielt, verändert die Beruhigung ihren Gefühlston aus der lustvollen Art hin, macht sich eine bedrückende Wirkung geltend. Das findet etwa für viele Nordländer in der südälpischen Landschaft statt, deren Pflanzendecke (Ölbäume, Agaven) vielfach ausgesprochen graugrün ist, ferner bei langer Dürre, bei bezogenem Himmel; es gibt auch Wasserflächen, deren Graublau etwas elementar „Melancholisches" hat. Das Weiß hängt, wie gesagt, in dieser Hinsicht von der Beleuchtung ab, die es empfängt; bei grauem Himmel haben große Schneeflächen (auch wenn sie selber noch nicht „schmutzigweiß" geworden sind) etwas trübe Bedrückendes, liegen sie aber im Sonnenschein, so wandelt sich dies ins lustvoll Ruhige, ja es kann sich ins leicht Erregende steigern.

Erregend sind ja ganz allgemein die Hauptfarben der „warmen" Regenbogenhälfte, die langwelligen Lichtstrahlen, R o t und G e l b. Die am elementarsten erregende Kraft eignet dem Rot, und zwar, wie es scheint, an zwei Stellen seines besonderen Farbtons, im Carmoisin und im Scharlach, also im Blaurot u n d im Gelbrot. Beide spielen weniger in der Bodenlandschaft, wohl aber als Dämmerungsfarben und in den Nordlichtern der Arktis eine Rolle. Die lustvoll erregende Wirkung des Rot ist an primitiven Menschen allgemein bekannt und unbestreitbar. Carmoisin und Scharlach sind bevorzugte Farben bei allen „Wilden", desto mehr, je leuchtender sie dargeboten werden. Der Feuerschein, die lohende Flamme, bengalisches Licht, aber auch prächtige Morgen- und Abenddämmerungen üben schon auf Kinder einen tieferregenden Zauber aus. Viele pathologisch sensitiven Naturelle (Hysterische, Epileptiker, Tuberkulöse) zeigen geradezu eine Wahlverwandtschaft zu brennend roter Farbe, z. B. in der eigenen Kleidung, bei der Tapetenwahl. Die wissenschaftliche Seelenkunde spürt seit längerem (namentlich war E. Jaensch mit seiner Schule im Zusammenhang mit dem von ihm vertretenen Menschen-Grundtypen-System darum bemüht) der Frage nach, ob sich ganze Menschengattungen durch die besondere Eingestelltheit auf Rot oder Blau wesensmäßig unterscheiden — etwa z. B. die dunklerfarbigen Typen mehr „rotsichtig", die hellerfarbigen mehr „blausichtig" seien; ausgemachte Ergebnisse dürfen wir in dieser Hinsicht noch nicht erwarten, es ist daran sehr Wesentliches noch ungeklärt und umstritten. Auch muß Erregungskraft und Wohlgefälligkeit auseinandergehalten werden. Man kann, von Kindheit auf, an den Blautönen mehr Freude haben, der Erregung durch grelles Rot aber doch unterworfen sein. Bei mir selber geht eine von frühauf ausgeprägte Vorliebe für tiefes Blau mit schwächerer Unterscheidungsfähigkeit für die Blaustufen (auch ihre leichte Verwechselung mit Grün und Grau bei undeutlichem oder künstlichem Licht) und starker Erregbarkeit durch Rot nebst feinerer Unterscheidungsfähigkeit im Rot und Gelbgebiet der Farben zusammen. Die elementare Erregungskraft der Rot-Gelb-Seite der Farbenordnung erlischt keineswegs mit der Zunahme der Geschmacksentfaltung an der Blau-Veil-Hälfte. Es ist gewiß, daß bei so außerordentlichen Dämmerfarben, wie sie zum letzten Male das Jahr 1883 (als Folge des Krakatau-Ausbruches in der Sundastraße) an den Abendhimmel gezaubert hat, das Fremdartige der

Naturerscheinung als solches miterregend wirkt, aber es ist ebenso wahrscheinlich, daß dabei auch die elementare Roterregung zu ihrem Rechte kommt. Ähnliches gilt vom Blute. Mythus und Magie des Blutes haben sicher aus der erregenden Kraft des Blutrot einen Anteil ihrer Nahrung gezogen. Es ist nicht allein die Gefahr des strömenden Blutes, die seinen Anblick erregend gestaltet, denn viele, auch reichliche Blutungen, führen nicht zum Tode, der Tod tritt auch unter völkerprimitiven Umständen sehr oft aus ganz andern Ursachen und ohne jeden Blutverlust ein. Die innige Assoziation des Blutes mit den Lebenskräften und der „Seele" gründet zu einem Teil darin, daß Blutrot wie alles leuchtende Rot unmittelbar eine vitale Erregung erzeugt. Rot ist die Hauptfarbe des ungebrochenen Lebensgefühls, seine Vorherrschaft als Färbefarbe kennzeichnet alle urtümlich naiven Zustände; die Farben der „kalten" Regenbogenhälfte gewinnen erst in vergeistigteren Kulturen eine vielfältigere Bedeutung, für sie fehlen früher sogar oft unterscheidende sprachliche Bezeichnungen. Man kann vielleicht so weit gehen zu sagen, das Nordlicht sei es, was dem subarktischen Menschen seine winterlich trübe oder nachtdunkle Natur immer wieder zur „Landschaft" mache. Es ist ein letzter Erregungsfaktor, den die Polarnacht in ihre lähmende Lichtlosigkeit oder einförmig niederstimmende Schneeweiße mischt.

Verdünntes Rot, „Rosa", ruft nur noch jene leichtere Erregung hervor, die es zu einer Farbe der festlichen Heiterkeit macht, ebenso läßt die Roterregungskraft im Gelb erheblich nach. Leuchtendes Gelb läßt sich am richtigsten wohl in seiner Gefühlswirkung als ausgesprochen anregende Farbe kennzeichnen. Schon wiederholt haben wir die „Anregung" als eine mildeste Form der Erregung kennengelernt. In dieser Hinsicht wirkt nun eben das Sonnenlicht als Eindruck ganz unwiderstehlich auf unser Gemüt ein, und zwar desto lebhafter, je ausgesprochen gelber („goldener") es auftritt. Das ist am Morgen und gegen Abend der Fall, während die Mittagssonne mit ihrem grelleren Weiß (abgesehen von den Lichtverteilungsumständen, s. d. folg. Abs.) uns die Natur „stumpfer" erscheinen läßt. Geographisch ist die Goldgelbwirkung der Sonne in den südlicheren Breiten der gemäßigten Zone und bis in die Subtropen hinein besonders kräftig, es hängt mit ihr gewiß ein Stück des Südlandsrausches der Nordländer zusammen; wer einmal im Spätnachmittag oder Frühmorgen an einem Sonnentage durch den Gotthard gefahren ist, der hat diesen Abstand im Gelbleuchten zwischen Nord- und Südseite der Alpen (unter Umständen ganz überwältigend) erlebt. Die Wirkung ist aber von der des Rot deutlich verschieden. Niemals haftet ihr das Unheimliche, Aufregende an, das ausgedehntem, starkem Rotleuchten oft zukommt; immer ist es eine Art Aufgeräumtheit, eben einfacher „Angeregtheit", eine schlicht-frohe Erhöhung des Lebensgefühl, die vom Gelbleuchten ausgeht. Das alte Volkssprichwort „Morgenstunde hat Gold im Munde" vereinigt die Weisheit von der steigenden Leistungsfähigkeit am Morgen (Abs. 92) mit dem sehr schön geschauten Bilde von seiner Grundfärbung, der goldgelben.

Rot und Gelb treten in der Natur ganz überwiegend als Himmelsfärbungen und „Licht" auf. Als Gesteins- oder Bodenfärbung kommen sie gegendlich vor, für die Vegetation ist das Blütengelb und Gelbgrün namentlich in der gemäßigten Zone eine Hauptfrühlingsfarbe: die Frühlingswiese der Maler schwelgt fast immer in Blütengelb. Dann aber kehrt die Mischung von Gelb und Rot in den herbstlichen Lauborgien wieder, und auch daran läßt sich die elementare Gemütswirkung dieser Farben feststellen; es sind vielfach ganz einfache Menschen, die sich Herbstlaub in großen Büschen als Zimmerschmuck heimholen, und oft brechen Kinder schon beim Anblick der „brennenden" Wälder in ungestümes Jauchzen aus. Gerade junge, vitale Menschen empfinden den Eintritt der Herbstfärbung als etwas froh Anregendes, ja froh Erregendes nach dem meist ein wenig stumpfen Graugrün des späteren Sommers.

Mit dem Braun kommen wir zur Gruppe der mehr indifferenten Färbungen, deren eigentlichste Vertretung die Graustufen darstellen. Graubraun ist eine überaus verbreitete Naturfarbe, man kann sie die Hauptfarbe des Erdbodens nennen. Je grauer sie ist, desto eher geht ihre Wirkung ins Niederdrückende; je bräunlicher, desto mehr bleibt jede Gemütswirkung aus. Aus eigenem Erlebnis weiß ich, welch entzückte Erregung der vorher unbekannte erste Anblick „roter Erde" (z. B. Böhmen) in einem Kindergemüt entfesseln kann. Grau ist außerdem der Regenhimmel, der Nebel, die Dämmerung nach dem Abklingen der Sonnennachwirkungen; in Grau getaucht erscheint die „Schlechtwetternatur". Es ist die eigentliche Farbe der bedrückenden Einförmigkeit. Als solcher dürfen wir ihr auf die Menschenseele, nämlich derer, die jahraus jahrein vorzugsweise von dieser Naturfarbe umgeben sind, gewiß keinen geringen Einfluß zuschreiben, der sich aus dem ständigen Grau-Eindruck entwickelt und befestigt. Diesem Grau sich zu entziehen, ist ein wesentliches Motiv der jahrtausendealten Südlandssehnsucht nordländischer Bevölkerungen, namentlich ihrer seelisch-sensitiven, erlebnisfühligen Elemente

115. Farbeninduktion und Lichterspiel. Im ganzen praktischen Leben hängt aber Farbenwirkung weniger vom absoluten Farbton, als von Farbenbeziehungen und -anordnungen ab. Das gleiche gilt für die Landschaft. Und zwar sind es für den schlichten Naturgenuß die beiden Erscheinungen der Buntheit und des Glanzes in all ihren Abstufungen, welche jeder andern Wirkung einzelner Farben, einzig ausgenommen diejenigen des wolkenlos blauen Himmels und weitgedehnter grüner Flächen (Wiesen), voranstehen. Beide rufen eine ausgesprochen lustvolle Erregtheit hervor, deren bezeichnendste Gemütsäußerung das Entzücken ist. Frühsommerliche Gebirgswiesen, die Blumenfelder der holländischen Kulturlandschaft, aber auch prächtige Sonnenauf- oder -untergänge, sodann glitzernde Wasserspiegel und die frostfunkelnde besonnte Schneelandschaft vermögen solches Entzücken gerade bei sehr undifferenzierten Menschen, namentlich auch bei Kindern, zu entfesseln. Diese einfachen Gemüter werden nicht müde, sich an Buntheit und Glanz in der Natur immer aufs neue zu weiden. Farbenverwöhntere Augen erliegen leicht dem Überdruß an so primitiven Genüssen, wie auch der Übermüdung an grellem Rot oder Gelb. Ihr Anspruch geht vom einfachen Kontrast der Gegenfarben (wie ihn der schlesische Stamm in die Sentenz „Rot und Grien stiht wunderschien" zusammengefaßt hat) zu raffinierteren „Induktionen", d. h. wechselseitigen Beeinflussungen von einander nachbarlichen Farbqualitäten im Neben- und im Nacheinander hin, verlegt sich überhaupt mehr auf die Farbwerte der kalten Spektrumsseite und auf getönte, gedämpfte, gedunkelte (die von W. Ostwald sogenannten „dunkelklaren"), die im verfeinerten Geschmack eine bedeutende Rolle spielen. Dem funkelnden und glitzernden Glanz zieht er die zarteste Glanzform vor, die als Schimmer bezeichnet wird. Es ist nicht mehr das naive, sondern zunehmend das eigentlich ästhetische Landschaftserleben, das sich an diesen feineren Stufungen von Farbe, Licht und Dunkel entfaltet (s. Abs. 126).

Den schlichten Kontrast im Nebeneinander von Hell und Dunkel empfindet aber an der Verteilung von Licht und Schatten fraglos auch das einfache Gemüt. Diesem Kontrast ist ja die erfreuende, abwechselungsvolle Wirkung der besonnten Natur (im Gegensatz zur sonnenlosen) mitzuzuschreiben. Ganz besonders vielfältig entfaltet er sich im bergigen Gelände und im Wechsel von Flur, Wald, Büschen, Einzelbäumen, Baumgruppen. Darauf beruht ein gut Teil des elementaren Entzückens, das hügelige und bergige Gegend im Unterschied von flacher, und in dieser am ehesten eine baumgruppenreiche Ebene („Parklandschaft") hervorruft. Auch die bewegte See bietet oft ein sehr vielfältiges und wirkungsvolles Lichter-Schatten-Spiel dar. Die sensitivere Seele wird dabei wiederum auf raffiniertere Abstufungen, etwa auf gewisse Größenverteilungen zwischen Licht- und Schattenflächen reagieren; in dieser Hinsicht erzeugen die Morgen- und Vorabendbeleuchtungen bekanntermaßen ein viel genußreicheres Landschaftsbild, als der die Schatten verkürzende und eine Überfülle von ungegliedertem Licht ausgießende sonnige Mittag. In alle solche Effekte spielen schon, wie man erkennt, die reinen Formverhältnisse der Natur entscheidend hinein.

Besondere Eigenart nimmt der Hell-Dunkel-Unterschied mit dem Schwinden des Tageslichts, also in der dämmernden Natur, bei Nacht und im Mondlicht an. Zwar pflegen die Beleuchtungsreize dieser Landschaften nur dem differenzierteren Schauen zugänglich zu sein, während das primitive Gemüt im wesentlichen unheimlich davon berührt und mindestens ein Unbehagen nicht los wird, wo nicht geradezu Furcht, Sorge, Grauen es erfüllen. Diese Gemütslage wird außer durch die Lichtunsicherheit noch durch die Formverschleierungen und Formverzerrungen ins „Gespenstische" unterstützt, welche namentlich das Mondlicht, aber auch jedes Halbdunkel schon hervorruft (s. S. 188). Auf höchst wechselnde Art geht als Krönung des nächtlichen Hell-Dunkel-Kontrastes in alle Arten des Nachterlebnisses der Sternenhimmel ein. Sein tausendfältiges Funkeln aus dem Tiefdunkel heraus vermag schon die völlig naive kindliche Seele aufs höchste zu entzücken; selbst nüchterne Menschen, sonst dem Naturgenuß wenig zugänglich, werden durch diesen Anblick manchmal zu einer Art Andacht gestimmt (s. a. S. 203); für viele sind seine Einzelheiten wesentlich: Sterne und Sternbilder, der Abend- oder Morgenstern, dieser und jener Einzelfixstern, Orion als Künder des Winters; welche symbolische Wertigkeit das „Kreuz des Südens" für zahlreiche Menschen als Kennzeichen der andern Halbkugel unseres Erdballs gewonnen hat, ist bekannt. Auch hier ist es also oft die Form, die Gestalt, die etwas Vordringliches gewinnt, zumal wenn sie bildhaft gedeutet werden kann, Ähnlichkeitsfindungen anregt.

116. Formen und Maße der Landschaft. Es zählt zu den einfachsten Reaktionen im Naturerleben, daß eine Gegend als „eng" und damit als bedrückend, beklemmend, niederstimmend empfunden wird. Bei Flachlandbewohnern, die ins Hochgebirge versetzt werden, ist das geradezu die Regel. Umgekehrt hat für den Hochlandgewöhnten die Ebene in ihrer Grenzenlosigkeit etwas Schwermütiges, Niederstimmendes. Dasselbe gilt vom Meer; hier zeigt sich die Reaktion entweder im Anfang oder sie tritt erst nach längerer Zeit des Verweilens ein. Das Heimweh der Hochlandsmenschen in der Ebene beruht, soweit es überhaupt landschaftlich ist, vorwiegend auf dem Mangel an Gliederung, Wechsel, Bewegtheit der Sehformen, welche die Natur darbietet. Umgekehrt findet der Ebenenbewohner in den großen einförmigen Linien und Flächen *seiner* Natur eine besondere Schönheit und „Stimmung", die ihm das allzu „unruhige" Bergland schuldig bleibt. *In der Wirkung des Naturerlebens auf ganze Bevölkerungen dürfte Form und Maß der Landschaft eine bedeutendere Rolle spielen als die Farbe.*

Die Bezeichnungen „ruhig" und „unruhig" geben selber die psychologische Reaktion wieder, welche von den einen oder andern Formen und Maßen hervorgerufen wird. Alle ausgedehnten einfachen Linien (Kämme, der Horizont des Flachlandes, Wasserläufe, namentlich der kulturlandschaftlichen Kanäle, Stratuswolken) und Flächen (die Ebene, breite Hochtäler, flache Mulden u. dgl.) wirken beruhigend, manchmal und je nachdem lähmend, nämlich *abspannend*. Die Beruhigung selber kann eine *Entspannung* sein, wenn sie nach der Anregung durch vielfältige Formenfülle genossen wird. In dieser Richtung wirkt etwa jedes Heraustreten aus dem Gebirge ins Flachland, namentlich wenn dieses noch von erhöhtem Sehstandort aus erblickt wird, wobei ganz gewaltige Flächeneindrücke zustande kommen: die niedersächsische Ebene vom Brocken aus, der Rheintalblick von den Heidelberger Höhen, Schlesien vom Riesengebirgskamm, die Poebene vom Südfuß der Alpen her, am allergroßartigsten aber Höhenblicke aufs ruhige Meer: die Ostsee vom Rügener Königstuhl, das Mittelmeer von vielen Bergpunkten der Küstengebirge. Umgekehrt bietet jedes Bergland ununterbrochene Abwechselung, eine Vielfalt und Fülle der buntesten Formen, liniger und flächiger, Wellen, Zacken, Winkel, Kuppen, ein Gemisch von senkrecht, waagerecht und schräg, Erhöhung und Vertiefung, Abhang, Schlucht, Fältelung, Vorsprung.

An dieser Stelle mischt sich nun freilich gern eine ganz andere Art des Naturerlebnisses ein, die weitab von der elementaren seelischen Wirkung des formal Einfachen oder Verwickelten liegt: die analogische (richtiger: „homöotrope") oder *ähnlichkeitsuchende*. Lange einförmige Linien und gewaltige Flächen sind sozusagen nichts als eben sie selber. Bunte Formenfülle aber weist immer eine Zahl von Einzelgebilden auf, die an tierische, menschliche, pflanzliche Wesen, an Geräte oder derlei „erinnern". Es stammen von da viele Namen, die der Volksmund den Felsbildungen, Zacken, Schluchten, Baumstümpfen beigelegt hat. „Bizarre"

Landschaften, wie das Elbsandsteingebirge oder die Adersbacher Felsen, legen in den Benennungen ihrer sonderbaren Gebilde Zeugnis von der unerschöpflichen und manchmal ausbündigen Phantasie ab, die von ihnen in den besuchenden Menschen angeregt worden ist. Die Volksseele bleibt in diesen Dingen, wenn auch auf bescheidene Weise, m y t h i s c h gerichtet, solche Gebilde erzählen ihr Geschichten, in denen die unausrottbar geglaubten Träger geheimer und zauberkräftiger Mächte aufleben. Wir verzeichnen damit eine Art der Landschaftsbetrachtung, die gerade für den „höheren" Naturgenuß des Menschen eine wesentliche Vorstufe darstellt und auch in ihren primitivsten Äußerungen sich bis in viel verwickeltere Arten, Natur zu erleben, fortsetzt (s. u. Abs. 127).

Nicht unerheblich ist die Dimension, die Raumrichtung g r o ß e r e i n f a c h e r Naturformen. S e n k r e c h t e Wände, Abhänge, sehr hohe wuchsgerade Bäume, riesenhafte „Hörner" in der alpinen Formenwelt haben alle etwas „Überwältigendes", das entweder „erhaben", „majestätisch", oder geradezu niederdrückend, beklemmend, ja atemraubend empfunden wird. Auch im Majestätischen, Feierlichen, Erhabenen ist ja das Erlebnis der eigenen Kleinheit gegenüber einem übermannend Größeren schon eingeschlossen. Davon ist die Eindruckswirkung großer h o r i z o n t a l e r Ausdehnungen verschieden. Sie bewegt sich mehr aufs Abspannende oder Beruhigende, ja Einschläfernde hin. Es kehrt in diesem Unterschied jener gleiche wieder, der den Hochlandmenschen die Ebene als „leer", „öde", langweilig, den Flachlandsmenschen aber das Hochgebirge als beklemmend, ja unheimlich empfinden läßt.

117. Bewegte Landschaft. Kaum jemals verhält sich die von uns geschaute Natur vollkommen regungslos. Am Himmel z i e h e n die Wolken, die Laubblätter zittern oder pendeln im Winde, Stämme und Stengel biegen sich hin und her. Träger unerschöpflicher Bewegung aber ist vorzüglich alles W a s s e r, sei es, daß es läuft, strömt, rinnt, rieselt, sich schlängelt, Wellen wirft, sich kräuselt, wogt, fällt, springt, schießt; selbst ein Teil der sich bewegenden Tierwelt „gehört" fürs Auge unmittelbar zur Landschaft, etwa fliegende Vögel, spielende Mücken, Schmetterlinge, Libellen, Hummeln über Halde, Teich und Heide. Durchs Gras und Getreide zieht „der Wolf", dieses Wogen der reifenden Felder ist ein unfortdenkbarer Bestandteil der äckerlichen Kulturlandschaft; im „Waldweben" ist auch die leise wiegende Bewegung der Wipfel (außer dem akustischen Bestandteil) mitenthalten. Das Herabrieseln des Regens oder sein flaches Peitschen, vor allem aber das Schweben, Fallen, Wirbeln, Tanzen der Schneeflocken, das Zucken der Blitzschlangen bei fernem Gewitter sind bewegte Wettererscheinungen, die oft in höchst charakteristischer Weise als „Witterungsbild" zum Landschaftseindruck werden oder in ihn eintreten.

Auch hier hält der primitive Naturgenuß sich an das Einzelne und Einfache. Ganz unwiderstehlich nimmt dichtes S c h n e i e n das Kindergemüt gefangen; lange können Vierjährige, Siebenjährige in den Schneefall schauen, dabei kommen die beiden Hauptbewegungswirkungen charakteristisch zum Ausdruck: gleichmäßiges, stilles Fallen des Schnees hat etwas tief Beruhigendes, wirbeln und tanzen aber die Flocken bunt durcheinander, so tun laute Freudenausbrüche, Jauchzen, Händeklatschen die frohe Erregung kund. In etwas sanfteren Ausmaßen wirkt entsprechend etwa ein ruhig und langsam dahinziehender Strom im Unterschied von einer „lustig" hüpfenden Quelle oder einem in vielfach gebrochener Linie „schießenden" wirbelnden, sprudelnden Wildwasser. Während das zarte Waldweben uns in eine Art Hindämmern einwiegt, ebenso die mäßige und gleichmäßige Brandung an einem Seestrande, der stumme Wolf, der durchs Korn zieht, kann schon der Anblick ungeregelter Windigkeit in den Geästen der Bäume oder an den Gräserhalmen etwas unangenehm Erregendes, reizbar Stimmendes haben, und wild bewegtes Meer ruft schließlich selbst dort Erregung hervor, wo es anfangs durch seine akustischen Reize einzuschläfern schien.

Alles dies entspricht nur den allgemeinseelischen Wirkungen von Bewegungswahrnehmungen überhaupt. Zwei Haupteigenschaften entscheiden die Wirkungsart: Geschwindigkeit und Gerichtetheit einer Bewegung. Wir wissen schon vom Anblick eines schwingenden Uhrpendels, daß Langsamkeit einschläfert, Raschheit (bald heiter, bald unangenehm) erregt; das Bewegungsrichtungsdurcheinander in einem Uhrmacherladen kann einem den „Kopf ganz wirr" machen, es gibt Menschen, die sich da nicht lange aufhalten können; das gleichmäßige und getragene Sichbewegen einer frommen Menge (etwa im Hinknien oder Armheben) hat etwas tief Beruhigendes, man fühlt sich „wie geborgen". Es sollte aber nicht übersehen werden, daß die Bewegungsanblicke dabei sehr häufig von bewegungbegleitenden Geräuschen oder vom Spüren der Bewegung am eigenen Körper unterstützt werden.

II. Landschaftsreize für Gehör, Geruch und Getast.

118. **Töne und Geräusche.** Es gehört zu den unverwüstlichen Kräften der Romantik, wie vielfältig sie die Natur klanglich belebt und damit gerade dem schlichten Gemüt nahebringt. Denn für dieses ist eine völlig „stumme" Natur tot, sie spricht es nicht an, ja hat leicht etwas Unheimliches, jedenfalls Ödes und Leeres. Der Vogelgesang gehört beispielsweise gerade fürs Volk so untrennbar zum Naturgenuß, daß der schlichte kleine Mann in der Stadt sich mit ein paar Blumenstöcken und einem gefangenen Singvogel sozusagen den Inbegriff der „Natur" in sein denaturiertes Städterdasein zaubert. Dem einfachen Wohlgefallen stehen die Wohllaute des Vogelgesanges obenan. Eine aufmerksame Betrachtung ergibt aber, daß in viel größerer Mannigfaltigkeit Geräusche zu unsern Landschaftseindrücken gehören. Schon das Summen der Insekten an einem Sommertage, das abendliche Zirpen der Grillen oder Quaken der Frösche gehört in diese Gattung; durchgängiger noch ist es das Weben der Waldwipfel, das Heulen des Windes, das Rauschen des Wassers, ob als Bachmurmeln, Regenrieseln, Meeresbrandung, Getöse eines Sturzwassers (Wildbach, Wasserfall, Wehr), das auch dem differenzierten Gemüt schwer abtrennbar von bestimmten landschaftlichen Erlebnissen bleibt.

Die weitaus meisten dieser klanglichen Erlebnisse haben etwas Beruhigendes in ihrer Wirkung — bis zu sehr starken, manchmal fast narkotischen Graden hin. Die Eintönigkeit rauschenden Wassers vermag uns in eine Art Dämmerzustand einzuwiegen, man kann dieses Hindösen am Seestrande, bei einem Wehr, einem Wasserfall schon zu den „Hypnoiden" rechnen, es geht bis zu einer Art (leichtester) Lähmung der aktiven Spannungsfunktionen von Seele und Leib. Selbst das viel zartere Waldweben verführt uns, stundenlang ruhig zu liegen und uns entweder dem passiven Strömen unserer Vorstellungen oder gar einer eigentümlichen Bewußtseinsleere hinzugeben, in der nur noch ein ganz blasses, gegenstandsloses Erleben statthat. Die Unregelmäßigkeit von Sturmstößen leitet zu den mehr gespannterregten Geräuschwirkungen hinüber. Zu ihnen dürfen wir etwa noch das Schreien der Käuze, das Rören brünstiger Hirsche, das hochalpine dumpfknallende Bersten des Firneises, das Donnern von Lawinen oder Steinschlag zählen — aber alle diese Eindrücke stehen schon am äußersten Rande der Möglichkeit, noch als Landschaftsbestandteile erlebt zu werden, sie lösen sich äußerst labil aus dem eigentlichen Natureindruck ab und gewinnen eine unheimliche, ängstigende, weil gefahrkündende Note für sich.

Sehr eigenartig zwischen Beruhigung und Erregung hin- und hervibrieren kann die tonlose Natur in ihrer sinnlichen Beeindruckung. Wir nennen diesen Schwebezustand „beklemmend". Stumme Natur erscheint wie eine Unnatur, sie hat etwas Unheimliches, und jedes Geräusch, das in ihr auftritt, bringt sie uns näher, macht sie wieder heimlicher. Solche Situationen kennen wir vor Gewittern (wenn Vögel und Insekten verstummt sind und jede Luftbewegung aufhört), in der tiefen Nacht und am hohen Mittag. Ihre beklemmende Note ist ein immer wieder ergriffener Vorwurf künstlerischer Gestaltung geworden: Böcklins „Schweigen im Walde", Heyses Novelle „Mittagszauber", Gustav Falkes Mittagsgedicht aus den Watten, die Pan-Sage u. a. m., nie zu vergessen des Alexander v. Humboldt klassische Schilderung der Mittagstille im tropischen Urwald, die zu dessen nächtlichem Lärm so übermannend kontrastiert. Doch verarbeitet wohl nur ein sensitives Gemüt die Stille wirklich landschaftsmäßig. Es macht mit die Volkstümlichkeit der romantischen Poesie aus, daß es in ihr unaufhörlich rauscht und murmelt und webt, zirpt und kräht, flötet und schmettert, singt und hallt.

119. Gerüche. Unter ihnen sind die Wohlgerüche, die Düfte, ähnlich dem melodischen Vogelgesang, für viele schlichte Menschen ein sehr fester Bestandteil des Genusses von Natur. Auch da steht die Einzelheit am Anfang: bestimmte Blütendüfte sind es, die das Entzücken erregen, Linde, Akazie, Veilchen, wenn wir von den Gartengewächsen ganz absehen. Dann die Duftwogen frühsommerlich blühender Wiesen — in alpinen Mittagssonnenstunden oft von unbeschreiblicher Stärke; schließlich Wiesen-, Heu-, Heide-, Waldduft schlechthin, dem naturfernen Städter wohl mehr „Natur" bedeutend als dem Landbewohner, dem sie alltägliche Berufsdaseinsstücke sind. In diesem Sinne empfindet der im Alltag naturferne Mensch dann auch Undüfte als Naturboten: Holzgeruch, „Wassergeruch" (der leise oder kräftige Geruch faulender Pflanzen im Wasser), „Erdgeruch", z. B. vom herbstlich welkenden und verwesenden Laub ausgehend.

Die seelische Wirkung von Geruchserlebnissen ist beim Menschen sehr primitiv und bewegt sich meistens nur in den Kategorien „angenehm" und „widrig", duften und stinken. Bestimmten Gerüchen scheinen ausgeprägte Sexualerregungen zu entsprechen, die in der Landschaft vorkommenden stellen dazu kaum eine Vertretung (allenfalls die „schwül"-süßlichen, wie Linden- und Akazienblüte). Eine gewisse Gattung können wir am besten „charakteristisch" nennen, das sind eben die naturverkörpernden, wie Wassergeruch, Erdgeruch und ähnliche; sie bewegen sich schon hart an der Grenze des Unlustvollen, sowie sie stärkere Grade annehmen, werden sie Gestank. Aber kein Gestank geht ins Landschaftserleben ein. Das elementar sinnlich Abstoßende verscheucht jede Genußmöglichkeit. Das spüren wir, wenn Gestank faulenden Aases (von Tier oder Kraut in Wald oder Feld) aufsteigt, Dunggeruch, Fellgeruch u. dgl. mehr; derlei „stört" nur noch den Landschaftseindruck, fügt sich ihm auf keine Weise mehr ein. Doch bleibt zu beachten, daß die vorhin so genannten „charakteristischen" Gerüche zugleich „ambivalent", zwiewertig in ihrer Wirkung zu sein pflegen, je nach der Einstellung, in der sie uns erreichen. Wie der gleiche Sexualgeruch vor dem Sexualakt geradezu sinnenberauschend, nachher aber abstoßend widerlich wirken kann, so halten wir uns vor Stallgerüchen bald die Nase zu, bald atmen wir sie als Zeichen der „Ländlichkeit" in vollen Zügen ein. Der landsässige Mensch tut weder dies noch jenes. Ihm bedeuten überhaupt nur Wohlgerüche Naturgenuß, und auch an ihnen ist ihm oft ihre praktische Bedeutung (etwa beim Heu, im Forst) wesentlicher, sie sind ihm Nutzanzeichen, Berufssignale, ein Teil seiner Arbeit, und nicht seines Genusses.

120. „Körperlichkeit" nennen wir am sachdienlichsten den unentwirrbaren Knäuel von Sinneserlebnissen, die teils auf unsere Hautfläche, teils auf unsere Muskeln, Gelenke und Innenorgane bezogen werden und in jedem Augenblicke unser „Befinden" ausmachen. Es sind Wärme, Kälte, Kühle, Milde, Härte, Weichheit, Nachgiebigkeit, Widerstand, Bewegtheit, Starre; man kann sie auseinanderzusondern versuchen (und Wärme-Kälte nehmen ja eine verhältnismäßig selbständige Stellung in dem Gesamtkomplex ein), im nächsten Augenblick fließen sie doch wieder in das einheitliche Körperlichkeitserleben zusammen, einem Gewebe vergleichbar, dessen Fäden nur mit dem bewaffneten Auge, der Lupe, unterscheidbar sind. Sie alle, in höchst wechselndem Anteil, werden auch von Natureindrücken her erregt. Das linde Empfinden der Luft im Gesicht oder umgekehrt ihre Strenge, ihre Rauhigkeit, das Brennen der Hochsommersonne, das Angewehtwerden vom Winde, das Federn der Gelenke beim Dahinschreiten auf einem moosigen Waldpfad, das Stapfen im frischen Schnee, das Dahingleiten auf einem ruhigen Wasser, die Kühle des Waldschattens oder einer bachdurchrauschten Schlucht, das Waten im Sande der Dünen — all derlei k a n n jedenfalls zum Eindruck von einer Landschaft gehören, manchmal fast untrennbar damit verknüpft sein. Es sind teils beruhigende, teils leicht anregende, zuweilen auch (wie bei frischem Wind) stärker erregende Wirkungen, die davon auf uns ausgehen. Sie können sogar w o h l i g e r m a t t e n d auftreten, wie manche Art warmer Sommerluft, dann gehören sie zum Naturgenuß, solange wir sie entsprechend aufzunehmen vermögen, etwa im stillen Lagern; müssen wir freilich mit einem Ziel wandern, so werden sie uns vielleicht beschwerlich und hören auf, Landschaftsbestandteile zu sein, sie sind dann „störend". Das Nämliche gilt von jeder Art Wind, von der Kühle und dem Frost. Frostempfindung auf den Wangen gehört geradezu zum vollkommenen Winterlandschaftsbilde, etwa auf dem Eise oder im Schlitten oder beim Bretterlauf; aber eigentliches Frieren ist kein Landschaftsfaktor mehr, sondern stört oder zerstört den Naturgenuß. Ungewohnte Empfindungen solcher Art stehen daher anfangs dem Landschaftseindruck im Wege; die Reize der unendlichen Ebene vermag der Hochlandsmensch, wenn überhaupt, so zuerst nur im beschaulichen Ruhen zu genießen, Wandern im Tiefland ermüdet ihn dermaßen, daß die davon ausgehenden Anstrengungsempfindungen es ihm verwehren, in dieser Art Natur überhaupt „Landschaft" zu erleben. Das Umgekehrte tritt für den Tieflandsmenschen oft genug beim ungewohnten Steigen auf noch so schöne Höhen ein. Viele Menschen übrigens bleiben während der Steiganstrengung dauernd naturgenußunfähig und erleben Berg*landschaft* nur auf Gipfeln, oder bei der Kammwanderung und im Bergabgehen. Das Dahingleiten im Nachen vollendet für so manchen erst den Genuß eines Sees, auch rein landschaftlich; sie sagen etwa, auf einem See (oder auf dem Meere) müsse man *fahren*, um wirklich zu erleben. Aber sehr zahlreiche andere verlieren wegen noch so leiser „Seekrankheitsempfindungen" auf diese Art jeglichen Naturgenuß und besitzen ihn nur bei ruhiger Schau vom Ufer her. Dies gilt übrigens auch von andern Fortbewegungsmitteln. Der eine erlebt Natur im Wandern am stärksten, der andere benutzt eben dies Wandern lediglich als Selbstgenuß oder als Mittel, um im Ausruhen an immer wieder neuen Punkten Natur in sich aufzunehmen. Es gibt Menschen, denen das Autofahren eine völlig neue Art von Landschaftserlebnis (nämlich den bewegten Wandel des Landschaftscharakters zu immer neuen Gestalten) geschenkt hat, aber andere haben während der Fahrt gar nichts von der Natur. Dasselbe ließ sich übrigens schon fürs Bahnfahren feststellen, als seine gröbsten Genußstörungen, das beständige Rütteln, der Lärm, der Qualm, gebessert waren. Es ist in allen diesen Beispielen die im einzelnen kaum greifbare Masse der Bewegungsempfindungen unseres Körpers, die in das Landschaftserlebnis eingehen — oder es im Gegenteil auflösen. Die Muskelempfindungen des Auges spielen dabei eine wichtige Rolle. Jeder weiß aus der Erfahrung von Ausstellungen, Galerien usw., wie hochgradig angestrengtes längeres Schauen ermüdet. Die Natur bietet den Vorzug, daß wir ihre großen Bilder so gut wie mit unangespanntem Blick („ins Unendliche") erfassen, das Auge „ruht" in seinen groben wie in seinen feinsten Muskelapparaturen.

Hier ist freilich auch der Punkt, an dem diese Wirkungen aus dem Landschaftlichen hinüberfließen ins „Tonische": es ist die Zwischenwelt der *sensutonischen* Effekte, welcher wir schon früher begegnet sind (s. o. Abs. 32) und die uns hier wieder, zumal in ihrem engen Zusammenhang mit dem „*Luftton*" (S. 63), in ihrer Wesentlichkeit und doch Schwergreifbarkeit aufstößt. Sie erzeugt vor allem nicht selten zwiespältige Wirkungen. Denn dieselbe linde Frühlingsluft, die unserer Haut wohltuend schmeichelt, ermattet uns *auch auf diesem* Wege, echt sensutonisch, nicht bloß durch ihre unsinnlichen Einwirkungen auf unser zentrales Nervensystem. Wie viele Menschen bieten ihr Gesicht dem Strandwinde zuerst jauchzend, aufs höchste erquickt und ganz unersättlich dar, bis sie merken, daß dieser heftige Reiz sie erregt, reizbar und müde macht! Die scheinbare Mühelosigkeit einer aussichtsschönen Höhenwanderung kann uns an dem Rhythmus des Schreitens so nimmersattes Wohlgefallen fassen lassen, daß wir alle Ermüdungssignale unseres Körpers überhören, bis wir überreizt, zerschlagen, unerfrischt versagen. Andererseits gibt es Empfindungen „wohliger" Müdigkeit, die wir geradezu in den „Lohn" einbeziehen, den eine anstrengende Höhenersteigung uns in der Rast auf dem Gipfel beschert. Es geht hier die Dynamik eines nie faßbaren ununterbrochenen Spiels von Erlebnissen zartesten Grades herüber und hinüber, bald unser Landschaftsbild mitaufbauend, bald aus ihm heraustretend in unsere bloße Körperlichkeit und jenes dann nicht selten störend, ja zerrüttend.

III. Landschaftsbild und Landschaftscharakter.

121. Heimat und Fremde. Es ist ein schlagendes Zeugnis für die Rolle des Unwirklichen gerade auch in der einfachen Menschenseele, daß eine Art von synthetischem Naturerlebnis für viele schlichte Gemüter erst in der Entfernung aus der gewohnten Landschaft aufbricht. Im H e i m w e h stecken zwar auch andere als landschaftliche Elemente, ja oft überwiegen diese andern: fremde Sprache oder Mundart, anderes Gebaren, andere Sitten und Gebräuche, andere Kost. Es ist etwa beim Kinde die Ganzheit dieser Ungewohntheiten, die sein Heimweh nach dem Eltern- und Geschwisterhause erregt. Schon hier kann übrigens mit solchem Heimweh der packende Reiz des Neuen wechseln, ringen oder es ganz verdrängen. Landschaft spielt noch keine wesentliche Rolle dabei. Jenseits der Pubertät jedoch tritt sie mächtig ins Spiel (s. Abs. 129). In der Erinnerung schließt sich die heimische Natur zu einem übermannenden Bilde zusammen, dessen Realität schmerzlich vermißt wird. In dieser Art hat sich namentlich das Heimweh der ins Tiefland versetzten Älpler oft als so bezwingend erwiesen, daß Reiche wie die einstige österreichische Monarchie in ihrem militärischen Einstellungsverfahren damit ernstlich rechneten. Ähnlich schwer kann das Naturheimweh nach Wasser (Strom oder Strand), Ebene, Heide werden, besonders in neuen Gegenden, die sehr eng bergumschlossen sind. Sehr oft erlebt der schlichte Mensch erst in der Fremde die Heimat mit Bewußtsein, und sehr oft steht die heimatliche Landschaft durchaus im Vordergrunde dieses Erlebnisses.

Unter den Arten von Fremde ist es die e x o t i s c h e Landschaft, die das einfache Gemüt am elementarsten packt und seinem Heimweh eine oft siegreiche Widerkraft entgegenstellt. Der Begriff des Exotischen ist dabei fließend; immer handelt es sich um ein vom heimisch Gewohnten stark abstechendes Gesamtbild mit zahlreichen völlig neuartigen Einzelzügen (Bäume, Blumen, Tiere, Felsen, Bodenfarbe, aber auch Bewohnerrasse und Besiedlungsformen). Dem Unverwöhnten machen schon die Adersbacher Felsen oder der Spreewald einen exotischen Eindruck, vor hundert Jahren wirkten noch die hochalpine Natur, ob Gletscherregion oder Dolomitenformation, und der mittelmeerische Süden auf die meisten nordländischen Wanderer fremdartig. Wüste, Tropen, Arktis, nordische Sommernächte, Japan, Yellowstonepark, Island, Neuseeland haben bis heute ihren exotischen Zauber bewahrt. Der psychologische Ausgangseffekt der exotischen Wirkung jeglichen Grades ist das Staunen. Es spielt im einfachen, unkomplizierten und unraffinierten Naturerlebnis überhaupt eine überragende Rolle, z. B. auch im Genuß großartiger „Aussicht" von hohen Gipfeln. Auch eine unheimliche Zumischung tut ihm keinen Abbruch, im Gegenteil: wir wissen (Kino; Kriminalroman; Maskerade), daß das einfache Alltagsmenschengemüt vom Unheimlichen unwiderstehlich angezogen wird. Oft schließt sich auch hier erst in der Wiederentfernung das Bild des staunend in seinen Einzelheiten Geschauten zusammen. Es gibt eine Art Heimweh nach exotischen Landschaften, sei es, daß sie im Fluge vorüberzogen, sei es, daß man sich in ihnen wie in einer neuen Heimat eingerichtet hatte; viele Nordländer sind das Fernweh nach Sonnigkeit und Farbigkeit der Mittelmeernatur oder nach Tropennächten auf der südlichen Halbkugel (wobei die fremden Sternbilder ins Landschaftserlebnis eingehen können) nie wieder losgeworden.

122. Charakteristische Landschaft. Trotz stärkster Gemütswirkung bleibt ein Erinnerungsbild, gar wenn es sich erst in der Erinnerung „bildet", an sinnlicher Unmittelbarkeit weit hinter der Wirklichkeit zurück. Es ist in allem einzelnen unbestimmter, dafür wird es immer mehr, je zeitlich weiter es sich vom Urbild entfernt, auf seine wesentlichen Züge reduziert. Man könnte sagen, es verwandle sich (seelisch gemeint) aus einem Bild in eine Zeichnung. Daß Höhen fehlen, Gipfel, Täler, oder umgekehrt die Schauweite, der unendliche Horizont, Wasserflächen — dies ist nun das Kernfeld des Vermissens, der Heimwehleidende weiß, daß ihm etwas abgeht. Das Charakteristische seiner heimischen Landschaft wird ihm immer stärker bewußt und gegenwärtig. In etwas krasser Ausdrucksweise ließe sich geradezu von einer „Begriffssehnsucht" sprechen, zu der das Naturheimweh um so mehr wird, je länger es währt. Es ist die, bildhaft oft schon recht blasse, aber wissentlich desto zähere Sehnsucht nach „Bergigkeit", „Wasser", „Weite", „Sonne", „Farbe", „Stille", kurzum nach den jeden konkreten Wandel (auch des Wetters, der Jahreszeiten) überdauernden charakteristischen Eigenschaften der Landschaft in jener zusammengefaßten Ganzheit, die wir eben den Landschaftscharakter nennen.

Je länger nun dieses Charakterbild einer Landschaft ein bloßes Erinnerungsbild bleibt, von der Charakterwirklichkeit getrennt, desto mehr webt die Seele selber ihre Stimmungen, wie sie aus ihrem neuen Alltag herkommen, ihr Grübeln, ihr Erleben hinein. Es dient das Erinnerungsbild diesem Gegenwartserleben und wird unwillkürlich selber damit umgebildet. Das Einerlei des heimatfernen Alltags sucht sich einen Sehnsuchtskontrast in der Fülle und Buntheit der heimischen Natur, das Kleine und Lärmende in deren Größe und Stille; sie wird sinnbildlich, symbolisch, für alles, was dem Alltagswidrigen entgegengestellt werden kann, wobei längst vergessen ist, daß dort der Alltag nicht weniger Widriges, Kleinliches, Peinliches brachte. Der Landschaftscharakter wandelt sich damit aus einem objektiven Eigenschaftenbegriff in ein Phantasie-Ideal, in eine Sehnsuchtswesenheit. Im primitiven Naturgenuß wird diese Stufe nur ganz dumpf und dunkel erreicht. Mit ihr betreten wir die Bezirke des subjektiven Beseelens der Natur und damit jener Art von Landschaftserlebnis, dem sich in seiner ganzen Fülle, Weite und Verfeinerung erst die jüngsten Jahrhunderte recht erschlossen haben

B. Die Beseelung der Landschaft

123. Urdreiheit der Natureindrücke. Was die umgebende Natur der Sinneswahrnehmung darbietet, kann drei urtümliche Arten von Gemütswiderhall hervorrufen: Wohlgefallen schlechthin (Lust, Frohsinn, Freude, Hochstimmung) — oder Furcht (Grauen, Unheimlichkeit, Beklemmung, Angst, Schrecken, Zagen) — oder Staunen (Verwunderung, Überraschung, Belustigung). Darauf beschränkt sich im naiven Durchschnitt das Landschaftserlebnis, damit kommt und geht es. Augenblicksweise und zeitweilig (besonders in der reifenden Jugend) hat aber auch der schlichte Mensch bereits sentimentale Anwandlungen. Die Volkslieddichtung bezeugt es, und überhaupt, was das Volk singt, liest und gerne sieht. Sentimental, das heißt: es wird eine persönliche Stimmung in etwas, das sich außerhalb unserer Person befindet, hineingelegt, ohne daß sie darin ursprünglich vorhanden wäre. Auf diese Art hat der Mensch gelegentlich immer wieder Tiere (namentlich seine Haustiere) sentimentalisiert. Der Antrieb dazu ist übrigens völkisch sehr verschieden stark, wahrscheinlich aus genetischen Erbteilen oder konstitutionellen Eigenheiten heraus: die Mittelmeerrasse ist viel weniger sentimental (dafür viel pathetischer) als die nordische, dagegen neigt der alpine Schlag besonders zur Sentimentalität. Diese ist außerdem von Bildungsgrad, Erlebnisschatz und namentlich dem Lebensalter abhängig; zwischen 15 und 25 ist jeder Mensch eher sentimental als in der Kindheit und nach 30, in den Rückbildungsjahren (nach 50) kehrt die Sentimentalität gern wieder ein (s. Abs. 129).

Die Landschaft bietet den sentimentalen Regungen ein besonders dankbares Objekt dar, weil sie keine Abwehr dagegen leistet, abgesehen etwa von den Elementarexzessen der Naturgewalten (ein Schneesturm in den Firnenhöhen läßt auch dem die Sentimentalisierung vergehen, der sie sonst ans „Heulen" und „Wüten" des Sturms gern heranträgt). Sie hält sozusagen still zu allem, was wir in sie hineinstimmen. Das tun bekanntlich unsere lieben Mitmenschen keineswegs und auch das sonstige „Leben" selten — obschon es Naturelle gibt, deren Sentimentalität durch keinerlei Nackenschläge ernüchterbar ist.

I. Umstimmung der Landschaft.

124. Der Irradiationsprozeß. Wir sprechen von Irradiationen (wörtlich: Einstrahlungen), wo irgendein seelisches Erlebnis seine Gefühlsfarbe auf andere Erlebnisse überträgt, deren eigene Gefühlsfarbe ursprünglich ganz anders oder ganz unbestimmt ist. Trifft uns nach einem sehr traurigen Erleben, etwa dem Verlust eines geliebten Mitmenschen, ein freudiges, etwa ein großer beruflicher Erfolg, so nimmt dieses die Färbung der wehmütigen Beglückung an; in diese Gemütslage der Wehmut tauchen ja auch die frohen Erinnerungen unter, die wir an den Verlorenen haben und hegen. Es ist uns allen geläufig, wie stark ein Ärger irradiiert; er läßt uns auch harmlose Mitteilungen ärgerlich aufnehmen, er treibt uns manchmal geradezu, gleichgültige vergangene Dinge hervor- und in die Verärgerung hineinzuzerren. Umgekehrt sehen wir in einer großen Freude die ganze Welt so rosig, daß es der Umgebung ganz unverständlich sein kann.

So irradiiert der Frohsinn des arbeitsfreien Tages ein wenig auf alle Dinge, vorzüglich auch in die Natur hinein, besonders beim Städter, dem sie ein Seltenheitserlebnis ist. Er wird „aufgeschlossen" für das „Schöne" in ihr; richtiger, er färbt aus sich heraus auch sonst Gleichgültiges in Wohlgefälliges um. Verstärkt wird diese Fähigkeit besonders durch an sich erfreuende Eindrücke, in deren Lustwirkung auch das Indifferente mit eintaucht. Mildwarme Sonne, tiefes Himmelsblau und Mattengrün, Blütenbuntheit, glitzernder Seespiegel, die wir früher als ganz elementare Lusterzeuger kennen gelernt haben, (s. Abs. 113 u. 115) machen „einen schönen Tag", in dessen Rahmen nun auch Mückenschwirren, Bienensummen, Grillenzirpen, Wasserrauschen, Hahnenkrähen, an und für sich wahrscheinlich ziemlich gleichgültige Eindrücke, zu frohmachenden Erlebnissen werden. Psychologisch gesprochen: die Irradiation des Hauptgefühls führt zur „Assimilation" aller sonstigen Eindrücke, zur (wörtlich übersetzt) A n ä h n e l u n g derselben an die herrschende Grundfarbe unseres Innern. Damit wird eine sehr schlichte S y n t h e s e des Landschaftseindrucks erreicht; auch was eigentlich keine besonderen Gefühlswirkungen hätte, geht nunmehr ins G a n z e d e r L a n d s c h a f t mit ein.

So haben umgekehrt auch Schrecken, Zagen, Abscheu ihre irradiierende und assimilierende Wirkung. Ein klassisches Beispiel dafür ist die jahrtausendelange Scheu vor dem eigentlichen Hochgebirge, dessen unwirtliche, felsstarrende oder eisgepanzerte Einsamkeit alle Lieblichkeit und Schönheit in ihm übersehen ließ. Erst mit fortgeschrittenerem Wege- und Straßenbau, dichterer Besiedelung, also auch gesicherteren Unterkünften, wurde seine landschaftliche „Entdeckung" möglich. Genießende Hingabe an die Schönheit der alpinen Gipfel und Grate wäre auch heute noch ohne die T e c h n i k des Alpinismus, einschließlich seines Hütten- und Führersystems, für die Masse der Menschen unmöglich. Das gleiche gilt von der Hochsee, deren Genuß erst durch die Dampfschiffahrt erobert worden ist. Vorher war sie ein Ungeheuer, jeden Augenblick bereit, den zu verschlingen, der sich auf sie hinauswagt, für den Fischer und Lotsen ist sie es noch.

Im durchschnittlichen Naturgenuß ist S c h ö n w e t t e r begreiflicherweise eine Hauptquelle lustvoller Irradiation der eigenen Stimmung (des Wandernden oder Lagernden) in die Landschaft. Es ist, darauf muß einmal hingewiesen werden, nur teilweise so, daß bei gutem Wetter die Natur auch objektiv „schöner", nämlich in ihren Farben satter, leuchtender, schimmernder sei. Ja, das trifft großenteils überhaupt nur für den raffinierteren Naturgenuß zu. Die dem naiven Genießer so wichtige und ihn begeisternde „Aussicht" z. B. ist bei sehr schönem Wetter oft mangelhaft, schleierig, ein leiser Dunst hüllt alles ein, die Bergketten erscheinen undeutlich fern. Das Landschaftsbild vor schweren Wetterstürzen, insbesondere vor dem Föhn, kann über die Maßen großartig sein, an Form und Farbe, im Einzelnen und als Ganzes. Wenn es trotzdem sehr oft nicht so empfunden wird, so trägt (außer dem Wissen um die wetterungünstige Vorbedeutung solcher Szenerie) die innere Herabstimmung in uns, welche sich aus meteorologischen Einflüssen vorbereitet oder schon vollzogen hat, die Schuld daran. Wir sind bereits gedrückt, gereizt, beklommen, unlustig; wir sind es aus den (wie wir früher sahen, noch nicht aufgehellten) Ursachen der Föhnlage heraus; d a r u m „sagt" uns diese Natur nichts, wir stehen ihr stumpf, apathisch, abweisend gegenüber und finden sie selber „stumpf", nichtssagend — es geht uns mit ihr nicht anders, wie mit einem Buch, das wir in dieser Stimmung vornehmen, wie mit guten Freunden, die wir treffen, auf alles strahlt unsere unlustige Föhnstimmung aus und zieht es in ihren Bannkreis.

Auf solche Art entsteht das, was wir am richtigsten „sympathische Landschaft" heißen würden, wenn nicht das Fremdwörtchen einen unbedingt günstigen Sinn enthielte, der auf unliebsame Irradiationen nicht recht passen will; darum nennen wir es besser (und noch dazu gut deutsch):

125. Stimmungslandschaft. Im seelisch gesunden Durchschnittsmenschen haben nur sehr kräftige Gemütslagen eine wesentliche Irradiationskraft auf Dinge, die mit der bestehenden Grundstimmung nicht unmittelbar zusammenhängen. Je verfeinerter aber das Seeleninstrument wird, je empfindsamer es anklingt und mitschwingt, desto zartere Stimmungen reichen hin, um desto wesenlosere Dinge in i h r e Färbung zu tauchen. Hier spielt dann das „Stillehalten" der Landschaft zu solcher Irradiation und Anähnelung eine ganz entscheidende Rolle. In diesem Sich-Stimmenlassen nach uns selber sind E b e n e und W a s s e r die gefügigsten Naturszenerien, weil sie nicht annähernd so konkret wie das Hochland Entzücken, Staunen oder Furcht erregen, sondern in der Regel recht indifferent sind, und gerade darum sich auf unsere Innenzustände so oder so stimmen lassen. Natürlich hat diese Abstimmbarkeit ihre Schranken. Die einförmige Weite der Tiefebene taugt wenig dazu, die Irradiationen lebhafter Gemütsbewegtheit aufzunehmen, dagegen spricht sie auf die Stimmungen der Sehnsucht nach unbestimmten Zielen, der Verlassenheit, der Schwermut ohne weiteres — und überhaupt eher auf leise,unbestimmte Gemütsverfassungen an, als auf heftige, rasch veränderliche; daher denn die „Entdeckung der Ebene", nämlich ihrer Reize, ihrer Stimmungswerte, ihres ästhetischen Zaubers in Zeitläufte fällt, die überwiegend in solchen Stimmungen leben und der kräftig bunten Gemütsbewegungen ermangeln.

Ein weiterer Vorgang ist die bewußte oder unbewußte Kontrastierung der a u s der Landschaft herwirkenden Gefühlstendenz zu der eigenen, inneren. Ein grauer, stürmischer Regentag mit wirbelndem Laubfall ist „zum Abschiednehmen just das rechte Wetter" —; wie jedoch, wenn zum Abschiednehmen die Sonne leuchtet? Wir lesen wie oft im Lokalbericht der Zeitung, daß sie dann (etwa bei einem Begräbnis) „wehmütig" geschienen hat. Ihr Gegensatz zur Trauerhandlung unterstreicht noch deren bedrückte Grundstimmung, und diese, durch den Kontrast in ihrer Färbung geradezu verstärkt, irradiiert nun auf den kontrastierenden Vorgang und schleiert seine Freudigkeit in Wehmut ein. Auf diesem Wege macht sich unsere

Seele gleichsam zum Herrn der Landschaft; mag die Natur uns nun gegenübertreten wie sie will, stumpf oder farbig, düster oder licht, im Einklang oder im Gegensatz finden wir einen Rückhalt für unser Inneres, das sich bestärkt, indem es mit ihr geht oder gegen sie steht. Wir begegnen darin einer seelischen Tendenz viel allgemeinerer Art, nämlich dem T r i e b , u n s e r n G e f ü h l e n e i n O b j e k t z u s u c h e n , a n d e m s i e s i c h a u s l a s s e n k ö n n e n , indem sie es zu ihrer Ursache oder Mitursache machen. Die Landschaft bedeutet hier ein Stück der Wirklichkeit schlechthin mit ihrer lösenden und lindernden Kraft zumal für Innenzustände, die (wie so häufig in sensitiven, nervösen, überkultivierten Naturellen) keine ergründbare Ursache haben, sondern „Stimmungen" und desto mehr des Ausströmens bedürftig sind.

126. Ästhetische Versinnlichung. Den weitesten Abstand vom naiven Naturerleben, auch von den naiven Formen der Sentimentalität, bedeutet die künstlerische B i l d w e r d u n g der Landschaft, wie sie in der lyrischen Naturpoesie, in der Landschaftsmalerei und am ausschließlichsten im landschaftsmalerischen Impressionismus sich vollzieht. Die Natur wird von ihm auf eine koloristische Komposition gebracht, womit für den schlichten Menschen so gut wie nichts Wesentliches mehr von ihr übrigbleibt. Denn ihm ist sie niemals ein bloßes Geleuchte von Farbwerten und Geflirre von Licht, weder wo er ihr praktisch, noch wo er ihr genießend gegenübersteht. Die Naturbeziehung gerät in eine artistische Sackgasse. Sie bringt unter Umständen sehr feine und hohe Kunstwerte hervor, die aber kulturunproduktiv sind, nämlich den Massen der einfachen Menschen, ohne deren Mitergriffensein, Gepacktsein, Hingerissensein, Gefesseltsein es nirgends echte Kultur gibt, völlig fernliegend und nur noch einem Klüngel von raffinierten Feinschmeckern zugänglich. An diesem Punkte, ist er erreicht, gibt es fürs Landschaftserlebnis überhaupt kein Weiter mehr, sondern nur noch einen Umbruch: in der Regel geschieht er aus der Stimmungsvorherrschaft und Versinnlichung fort und auf Vergeistigung — zurück oder hin.

II. Vergeistigung der Landschaft.

127. Mythische Naturbeseelung. Der Glaube, daß in der Natur Wesen mit übernatürlichen, zauberischen und nur durch Zauber zu bannenden (zu gewinnenden oder abzuwehrenden) Kräften hausen, in Schluchten, Quellen, Flüssen, Weihern, Büschen, Hainen, Bäumen, Blumen, Felsen, Grotten, Bergen, in allem erdenklichen Gestein, Gewächs und Getier — dieser „mythische" Glaube ist nicht etwa ein Hineinlegen solchen geisterhaften und halb- oder vollgöttischen Wirkens und Treibens in die Natur, sondern ein leibhaftiges Erfülltsein davon, daß derlei in der Natur sei. So vieles die schrankenlose Phantasie der primitiven Seele immer neu hinzutut, niemals kommt sie sich dabei erdichtend oder ersinnend vor, sondern sie hält sich durchaus für wahrnehmend, sie erlebt Offenbarung. Jeder echte Mythos ist von der, nur selten harmlosen und in diesem Sinne „poetischen", sondern meist übermächtigen, gefährlichen und deshalb mindestens immer unheimlichen W i r k l i c h k e i t und W i r k s a m k e i t seiner Gestalten und ihres Gehabens durchdrungen. Ist er das nicht mehr, so hat er sich zu Sage oder Märchen verflüchtigt, verharmlost, „sublimiert". In Fetzen seiner einstigen Wirklichkeitswucht lebt er am Rande von

Religionen, die ihn nicht mehr gelten lassen, als Aberglaube fort, von dem der Naturaberglaube ein unausrottbares Erbstück im einfachen Volke ist.

Mythische Faktoren haben in der Entwicklung des Landschaftsgefühls fraglos eine wichtige Rolle gespielt. Sie öffneten dem Menschen die Augen für viele Einzelheiten der kosmischen und irdischen, der belebten wie der unbelebten Natur. Man mußte auf solche Einzelheiten achten lernen, da sie eben Wichtiges, Nützliches oder Schädliches, für sich oder von sich weg zu Bannendes bedeuten konnten. Efeu und Veilchen am Eingang der Grotte der Kalypso in der Odyssee sind nicht prangender Pflanzenschmuck in unserm Sinne, sondern die Attribute des Todes, diese Grotte ist eigentlich ein Grab mit trügerischer Unsterblichkeitsverheißung, dem der in ihm Gefangene entrinnen soll. Viele Benennungen volkstümlicher Art, von Gipfeln, Schluchten, Flüssen, Tümpeln, Felsgebilden, Bäumen und Büschen weisen noch immer auf die Lebhaftigkeit hin, zu welcher sie die furchtsame Aufmerksamkeit angespornt haben; das meiste Anschauliche in alten landschaftlichen Namengebungen stammt aus dieser Quelle. Wenn das Licht schwindet, kann es selbst dem heutigen Menschen zustoßen, daß Leibhaftigkeiten einer Erlkönigstimmung von Windweben, Weidenstümpfen und Nebelbrauen her ihn unbestimmt anwandeln. Naturgenuß ist freilich etwas anderes; aber jenes mythische und halb- oder viertelsmythische Verhältnis zur Natur baut außer dem schlichten Genuß des schlechthin Wohlgefälligen eine zweite, nicht minder wesentliche Seite des Landschaftserlebens auf, die durchgeisterte und damit vergeistigende.

128. Vermenschlichung der Landschaft. Der „Geist" nun ist für den lebensvollen Durchschnittsmenschen niemals eine abstrakte Intellektsfunktion, sondern stets willenserfüllt; gegenüber Gefühl und Gemüt, Erinnerung und Phantasie bedeutet er im Grunde den Inbegriff des Festen, Stetigen, Unbeirrbaren, Dauerhaften im Seelenleben, bis zum geradezu Unsterblichen hin: die „Geister", und der höchste Geist, Gott. Die schlichte Vergeistigung der Natur ist also nicht auf so philosophische Folgerungen ausgerichtet, wie die, daß etwa die Erde oder ein Stern „denke", oder daß ein Strauch ein überlegendes Wesen sei. Derlei käme dem gemeinen Manne höchst ungereimt vor. Wohl aber legt er den Naturwesen und den sie bergenden oder beherbergenden Gebilden die Absichten von gut und böse unter. Sie kommen ihm drohend oder lockend, gefährlich oder hilfreich vor. Auch wo der mythisch leibhaftige Glaube, daß sie es seien, geschwunden ist, erregen gewisse Szenerien in unserm Gemüt einen Widerhall, der sie uns als „starrend", „grausig", „höllisch" (eine Charakteristik, die ich auf dem Falzaregojoch in den Dolomiten ausstoßen hörte), „erhaben", „überwältigend", feierlich, majestätisch, stolz, finster, aber auch friedlich, heiter, lustig, sanft, rauh, was immer es sei, erleben läßt. Wo solche Charaktereigenschaftswörter (denn das ist ja die Mehrzahl der ebengenannten) nicht ausreichen, muß oft das Tätigkeitswort herhalten: dann tobt, rast, wütet das Meer, der Sturm, die Felswand schweigt, droht, starrt, der Mittag brütet, der Frost fällt einen an, der Regen peitscht uns, die Sommerluft kost oder schmeichelt. Manchmal können wir ein merkwürdiges Hin und Her feststellen, das sich an solchen Begriffen vollzogen hat. Brüten ist eine mit der Vorstellung der hohen Wärmespendung verknüpfte animalische Betätigung; in diesem Sinne ist auch ihre

Übertragung auf den Mittag gemeint; aber der andere Sinn, der gleichfalls vom echten Brüten her genommen ist, das Dahocken, Sichnichtrühren, dumpfe Schweigen und Stillhalten, dieser einen über seiner Gedankenarbeit oder einem Racheprojekt „brütenden" Menschen charakterisierende Sinn, der auch drittens hierbei noch den Ausreifungsprozeß mit einbegreift, wird ebenfalls auf die Mittagsschwüle übertragen, der Reifungsgesichtspunkt fällt dabei wohl ziemlich ab, wesentlich ist die dumpfe Regungslosigkeit bei reichlicher Wärmespendung. „Knorrig" ist zunächst eine echt pflanzliche Charakteristik, rein physisch auf die Knorren bezogen, wird dann bildhaft auf einen seelisch so gebauten Menschen übertragen und wandert von da auf die Charakteristik etwa der Eiche in einem vergeistigten Sinne zurück: sprechen wir von knorrigen Eichen, so meinen wir oft nicht nur die physischen Knorren in ihrem Geäst, sondern sie erscheint uns als ein Abbild menschlicher Knorrigkeit (auch wohl: trotzig oder so ähnlich), die wir in sie hineinlegen, nachdem sie einstens aus ihr entnommen und auf menschliche Eigenschaften übertragen worden ist. „Streng" ist ein von Haus aus rein menschlicher Charakter- oder Haltungszug, den wir auf den Winter gleichnishaft übertragen und nun von ihm her auf uns zukommen wähnen. „Rauh" ist die physische Beschaffenheit einer Oberfläche, wird dann auf menschliche Wesensart gleichnishaft angewendet, von dort aufs Wetter übertragen und von uns nun bildlich auf der Haut und in der Seele erlebt, kalter Wind scheint unsere Wangen in den Zustand der Rauhigkeit zu versetzen und er faßt uns an, wie ein „rauher" Geselle.

Neben dem schlicht Wohlgefälligen ist diese Ausstattung der Landschaft mit ethischen Zügen oder noch allgemeiner mit Gesinnungs- und Haltungswesenszügen, ihre Vermenschlichung, die wichtigste Art des Verhältnisses zur Landschaft, die wir kennen. In ihren Kategorien, manchmal nur in ihren Bezeichnungen, oft aber doch auch in der darin zum Ausdruck kommenden Erlebnisweise, vollzieht sich das weitaus meiste Landschaftserleben auch unserer Tage. Es ist (auch für den schlichten Menschen) in dem Sinne abstrakt geworden, daß es jene Züge in die Natur hineinlegt oder aus ihr herausfühlt, ohne sie noch ernstlich von ihr zu fürchten. Wo dies eintritt, dort hört diese Natur sogleich auf, „Landschaft" zu sein: im lebenbedrohenden Schneesturm, der den Alpinisten überfällt, wie im schiffbedrohenden Sturm auf hoher See. Erst mit einem gewissen Maße von Sicherheit vor den Elementen wird der Weg zur genießenden Vermenschlichung der Natur als Landschaft frei.

C. Landschaft und Schicksal

129. Lebensgipfel der Naturempfänglichkeit. Es gibt bei allen persönlichen und kulturmäßig bedingten Verschiedenheiten einen Zeitabschnitt in jedem Menschenleben, welcher zur Durchseelung der Natur ganz besonders gestimmt ist. Das sind die Entwicklungsjahre der Geschlechtsreife. Oft genug ist ihre psychologische Eigenart gerade von dieser Seite her geschildert worden. Auch Menschen, deren Landschaftserlebnisfähigkeit später ganz einschrumpft, um einer völligen Stumpfheit oder dem puren Nutzstandpunkt gegenüber der Natur Platz zu machen, haben in jenen Lebensjahren vorübergehend ein innigeres Verhältnis zum „Freien", zu Feld und Wald, Blumen und Wind, Laub und Wolken. Bei vielen stellt sich ein elementares Getriebensein zur Vermenschlichung und zur Anstimmung der Natur an eigene Stimmungen ein. Es wird Zwiesprache mit ihr gehalten, die Seele lauscht dem Sturm, dem Waldweben, dem Gesang der Vögel und legt alledem Deutung und Bedeutung unter; stundenlang vermag der jugendliche Mensch im Angesicht einer Naturszenerie, sei sie an sich noch so bescheiden, dahinzudämmern und gewissermaßen in ihr aufzugehen. Mondlicht, Nacht, Sternenhimmel bergen besondere Geheimnisse. Zum ersten, oft zum einzigen Male im Leben werden sie mit dunklen Ahnungen von einem tiefinnerlichen Daseins*schicksal* verwoben, nicht selten verworren. Das unbestimmte Suchen nach einem Unbekannten und Unbedingten erfüllt die erwachende Seele; dieser Suchtrieb selber kommt wie etwas Transzendentes, das vorher nicht da war, über den Jugendlichen; es ist begreiflich, daß religiöse Schwärmerei verflochten mit religiöser Krise auftritt und wenn je, so um diese Lebenszeit, gern pantheistische, naturvergottende Gestalt annimmt. Niemals wieder empfindet sich der Mensch mit der Gottheit, mit übermenschlichen Schicksalsgewalten, *durch* die Natur hindurch so eins oder auch so zerfallen, jedenfalls aber so befaßt, wie in der reifenden Jugend.

Wo die Ausreifung ihre natürlichen Ziele nicht findet, sondern Pubertätsstimmungen ungelöst chronisch werden, dort geht oft auch die Naturempfänglichkeit in eine Art Naturverstiegenheit über, die wie eine verkrampfte Pubertätssentimentalität anmutet. Die Naturschwärmerei alternder Mädchen (Altjüngferlichkeit: der Zustand, der das Nichtgefundenhaben oder Nichtfindenkönnen des natürlichen Schicksals der Frau bedeutet) hat oft etwas von dieser Beschaffenheit. Im späteren Leben können Liebesleidenschaften vorübergehend immer wieder den Trieb mitbeleben, die Natur als Stimmungsspiegel und in Vermenschlichung zu ergreifen. Er tut sich dann manchmal in sentimentaler Dichterei kund, aber auch bei den großen Poeten besteht jener Zusammenhang: alle Landschaftspoesie Goethes kommt und geht mit seiner erotischen Aufgeschlossenheit, noch sein letztes großes Natur- und Liebesgedicht, das Mondlied des 79jährigen („Überselig ist die Nacht") zeugt dafür.

Zwei psychologische Tatbestände der Pubertät kommen dem Landschaftserlebnis mächtig entgegen: die allgemeine „Thymose", die Erregbarkeit der emotionalen Seite des Innenlebens, die manchmal bis zur chaotischen Gemütswirrnis gesteigert sein kann, und eine als „Eidese" bekannte Steigerung der optischen Schaukraft, welche dem Schwelgen in Eindrücken ein willkommenes Material zuführt. Beide hängen mit physiologischen Umstimmungen des gesamtkörperlichen Systems zusammen und schwinden mit deren Erledigung wieder. Die Landschaftsempfänglichkeit der Pubertät ist also weitgehend ein biologisches Phänomen, das sich selber rein psychologisch gar nicht zu motivieren vermag; gerade damit hängt wohl auch die eigentümliche Fremdartigkeit zusammen, mit der es oft dem davon Befallenen gegenübertritt, ebenso wie die Raschheit, mit der es wieder verschwinden kann.

Die Umkehrung der Geschlechtsreife, das Altern, bringt vielfach eine zweite Steigerung der Naturempfänglichkeit. Sie offenbart sich aber mehr in der Dankbarkeit für die schlichten Freuden der Natur, sie stellt eine Wiedersteigerung primitiven und naiven Landschaftsgenießens vor. Sonne, Wärme, Grünen und Blühen, Duft und Wohllaut machen Wesentliches in ihr aus. Freilich spielen namentlich in die wachsende Frühlingsempfänglichkeit alternder Menschen vermenschlichende Regungen hinein. Die Miterinnerung an den eigenen „Lebensfrühling", die Jugendzeit, das wehmütige Sichhingeben an die Erinnerung und das Sichklammern an eine ewige Wiederkehr dessen, was im eigenen Dasein nur einmal erlebt werden kann — alles dies sind ja Erlebnisweisen, die im Altern überhaupt das Übergewicht gewinnen und in der Natur mit ihrem jährlichen „Auferstehen" eine willkommene Spiegelung suchen. Es ist eine zwiespältige („ambivalente") Grundstimmung, die in der Naturseligkeit des geschlechtsjenseitigen Alters zum Vorschein kommt. Der Gedanke an den Tod, ob bewußt erfaßt oder im Gegenteil krampfhaft ferngehalten, spielt in sie entscheidend hinein, auf der Folie des eigenen Hinwelkens klammert sich das Gefühl desto inniger an das ewig sich erneuernde Leben der Natur. Damit hängt es in letzten Untiefen unseres Empfindens zusammen, wenn überhaupt erschütternde Sterbefälle, insbesondere sobald sie wirkliche Schicksalsheimsuchungen sind (Tod Nahestehender), auch auf der oft recht berufsnüchternen, naturentfremdeten Lebenshöhe den Menschen zeitweilig wieder naturempfänglich, ja naturbedürftig machen. Schönstes Zeugnis dessen ist der germanische Gräberkult. Im Gegensatz zu den lateinischen Völkern, deren Kirchhöfe steinerne Leichenstädte sind, verwandelt der abendländische Nordländer die Ruhestätten seiner Verstorbenen in grünende und blühende Haine, und Begriffe wie Waldfriedhof, Bergfriedhof, Strandfriedhof bedeuten ihm gleichsam die vollkommenste Verwirklichung des Sinnes einer Begräbnisstätte: unser aller letztes Erdenschicksal soll ein Zurückgegebenwerden an die Natur sein, die als gestaltete Landschaft diejenigen aufnimmt, welche zum ewigen Schlummer eingehen.

130. Landschaft und Volksseele. Bedeutet immerhin die Landschaftsseligkeit der Entwicklungsjahre und die Heimkehr der Lebensspäte zur Natur mehr ein reflektierendes Erleben, dessen seelisch formende Kraft individuell höchst verschieden und oft nicht beträchtlich ist, so gilt zwar zunächst ein ähnliches für die Spiegelungen des Volkstums in seiner umgebenden Natur und dieser in ihm (z. B. in Lied und Bild, Flur und Garten). Aber darüber hinaus ist doch die Frage, ob solche Spiegelung mehr als eine Reflexion, ob sie eine Modellierung der Volksseele durch die Landschaft, in der ein Volk lebt, bedeute — niemals verstummt, auch in der Wissenschaft und an ihrem Rande nicht.

Im Antwortversuch auf sie tritt uns die Pflicht einer reinlichen Scheidung der Zwiefalt unserer Naturumwelt nochmals unabweisbar entgegen. In den mannigfachen Theorien, welche vom Altertum an Völker, Kulturen, Geschichte, Staatsform, Geistigkeit, Gesittung, Religion, Kunstart wesentlich als Ergebnisse der Naturumgebung zu erklären versucht haben, sind sehr selten die physiologischen Einflüsse der Klimatik und die psychologischen Eindrücke der Landschaftlichkeit auseinandergehalten. Und doch ist es gerade im Angesicht dieses Völkerproblems etwas sehr Verschiedenes, ob wir auf das ausgehen, was der Menschenleib von seiner Umwelt her erleidet (und was unter Umständen auf diesem Wege auch seine psychischen Elementarfunktionen beeinflußt) oder auf das, was die Menschenseele (wenn auch durch die Sinneswerkzeuge ihres Leibes) an dieser Umwelt erlebt. Wir haben an verschiedenen Stellen gezeigt, wie sehr sich die beiden Wirkungslinien durchkreuzen, wie oft sie gegeneinander laufen können. Und wir versuchen es hier noch einmal anschaulich zu machen, um welchen Unterschied es sich handelt: mag ein Klima etwa das Bewegungstempo, die Leistungsintensität, das Mühsalmaß oder die Behaglichkeit der in ihm Lebenden bestimmen, vielleicht nur mitbestimmen, so nehmen von der Landschaft Inhalte des Daseins ihren Ursprung, zunächst einmal ihre Kargheit oder Fülle, dann aber auch ihre Gegenständlichkeit

Hiernach liegt es nahe, in Gemüt und Phantasie einer Bevölkerung die wesentlichen Einwirkungen der Landschaft aufzusuchen. Da gibt es nun einen sehr gesicherten Tatbestand: alle Bergvölker der Erde sind in Volkssitte, -kunst und -glauben von einer reicheren, bunteren, bewegteren Phantasie, verglichen mit den Ebenenbewohnern. Selbst dort, wo ethnische Urbeschaffenheit (Schotten) oder politisch-kirchliche Schicksale (Schweizer) an sich eine beträchtliche Nüchternheit setzen, bleibt ein starker Phantasieeinschlag erhalten, der in Glaube oder Dichtung oder Brauchtum an den Tag tritt. Sentenzen wie das „Frisia non cantat" dürfen gewiß nie zu wörtlich genommen werden und bergen doch uralte Erfahrungen, die sich in ihnen verdichtet haben. In einem Lande wie Schlesien mit sehr vielförmiger Gebirgswelt und einem z. T. sehr fruchtbaren Tieflande (also keinem „kargen", das auch Innenkargheit der Menschen erzeugen könnte) ist der Kontrast zwischen der phantastischen Erlebnisfülle der Bergbewohner und der etwas dünnen Nüchternheit der Ebenenmenschen unverkennbar. Ein anderes Beispiel dieser Art bietet der Unterschied zwischen dem bayrischen Älpler und dem Volk auf der Hochebene um München bis an die Donau hin. Die bergländischen Stämme der Deutschen bilden bis auf diesen Tag das Verdichtungsfeld volkskünstlerischer Produktivität, während Staat und Wirtschaft im norddeutschen Tiefland ihre großartigsten Entfaltungstriebe bezeigt haben. Man wird es auch kaum als eine ausschließlich politische Wirkung deuten können, daß der größte Teil des bergländischen Oberdeutschland wieder dem barocken Katholizismus zufiel, welcher der Verstandes- und Willensnüchternheit des Protestantismus so bunte und kräftige Appelle an Phantasie und Gemüt entgegenstellte.

Es ist nun besonders wichtig festzuhalten, daß diese Nüchternheit und jene Fülle mit Temperament und Charakter nichts zu schaffen hat, welche beide viel stärker teils anthropologisch (aus der Erbmischung), teils durch geschichtliches Schicksal bedingt und geformt sind. So sind in beiderlei Hinsicht alemannische und bajuwarische Älpler höchst verschieden geartet, und man hat mit einem Körnchen Richtigkeit die alemannische Haltung des inneren Menschen geradezu mit der niedersächsischen verglichen; die Fülle der im brauchtümlichen, kultischen und künstlerischen Volksgut niedergeschlagenen Phantasie aber verbindet die beiden Gebirgsstämme. Eigenschaften wie „leichtblütig" und „schwerblütig" liegen auf einer ganz andern seelischen Ebene, als Fülle und Nüchternheit. Der alemannische Volksstamm ist für die Verbindung von Schwerblütigkeit mit Phantasiefülle ebenso beispielhaft, wie etwa im mittelrheinisch-pfälzischen Volkstum leichtes Blut mit innerer Nüchternheit beieinanderwohnt (und im zungenflinken Witz sich vereinigt).

Eine wirklich wissenschaftlich arbeitende Volkskunde wird diese Dinge ins einzelne hinein aufsuchen und zu belegen haben. Selbstverständlich ist der Respekt vor der Tatsächlichkeit dabei Voraussetzung für die Eroberung wirklicher Einsichten. Im beschreibenden und sammelnden Stadium gibt es für die Wissenschaft keine andern Kategorien als richtig und unrichtig (so wenig sich die letzte Aufgabe des Forschens darin erschöpft). Besonders versucherisch ist im Gebiet unserer Fragestellungen die Leichtigkeit, mit der gleichnishafte Begriffe vom einen ins andere übernommen werden können, ohne das geringste wirklich zu erklären. Ein Monograph von Labrador wollte z. B. einen angeblich den Tropenvölkern weit überlegenen Farbensinn der Eskimos aus den großen Lichtgegensätzen der Subarktis herleiten, während offenbar die bunte Fülle der Tropen das Auge abstumpfe. Aber wer erinnert sich nicht, daß man seit jeher die malerische Kultur der Mittelmeervölker gern gerade aus der Schulung ihres Auges an der farbensatten Fülle ihrer Landschaftsumwelt, dem Fehlen eines wirklichen Winters, dem Tiefblau des Meeres, dem Sattgold ihrer Sonnenuntergänge zu erklären versucht hat? Derlei ist unwissenschaftlich-voreiliges Folgern, mit dem man alles und nichts beweisen kann.

131. Landschaft und Volksschicksal. Dennoch ist, unvoreingenommen betrachtet, keine seelische Seite des Volkscharakters für die Schicksalsentwicklung unwesentlich, wohl auch das Naturerleben nicht. Vermutlich lassen sich mit überwiegend musischen oder schwärmerischen Völkern keine riesigen Reiche gründen oder erhalten, weil eben dabei ihr innerstes Bedürfnis nicht mehr auf seine Rechnung käme. Unseres Wissens liegt kein Beispiel vor, daß langwährende Großreiche jemals vom Hochgebirge her beherrscht worden seien, obwohl gewiß eine schwer zugängliche Höhenlage einer Hauptstadt große Vorzüge des natürlichen Schutzes darböte. Man wird vielleicht es so ausdrücken können, daß die sozialpsychische Lebensform aller Berglandschaften zur Absonderung ihrer Bevölkerungen in begrenzten und umhegten Wirkensräumen führt, während die Ebenen viel wahlloser dem Zusammenströmen und Zusammenschweißen großer Massen günstig sind. Und es ist keineswegs bloß die objektive Naturgliederung, die jenes und dieses setzt, sondern durchaus auch ihre Spiegelung in der Sinnesart ihrer Bevölkerung: schon Tiere schweifen in großen Tiefländern viel weiter umher, nicht nur, weil das unbeschwerlich ist, sondern weil die grenzenlose Ebene auch seelisch diesem Weitausgreifen keinen Damm setzt, ebenso wie Bergwände nicht nur das optische, sondern auch das seelische Gesichtsfeld einhegen und einschränken. Jeder weiß ja, daß eine bergige Umgebung selbst im nächsten Umkreise an Fülle des zu Bewältigenden schier unerschöpflich ist, die Ebene bleibt immer dieselbe und zieht schrankenlos den Blick in die Weite. In dieser Weite liegt ihre eigentliche Großartigkeit — die Großartigkeit des Berglandes liegt in seiner Fülle.

Es ist also auch die Natur als Landschaft, die unter Umständen geschichtlich entscheidende Wesenszüge herausformt. Wir stehen aber erst in den Anfängen einer Erforschung geschichtlichen Lebens, das die Völker nicht mehr ausschließlich als Objekte, sondern auch als Subjekte, als mittreibende und mithemmende Kräfte des Geschichtsprozesses durchschaut. So vieles Unfertige und Voreilige sich unter den Losungen einer politischen Geographie auch breitmacht (wie immer in den Anfängen neuer wissenschaftlicher Betrachtungsweisen), so bergen sie doch ernsthafte Verheißungen einer Erkenntnis von Kräften, die bisher in der Ergründung der geschichtlichen Menschheit zu kurz gekommen sind. Die biologische Untersuchung von Volk und Völkern wird uns aufhellen, welche Wirkungstragweite (neben andern Faktoren) die klimatischen Daseinsbedingungen für die Erscheinungsform, für den Erscheinungswandel, für Gauschlag und vielleicht sogar Rassenabzweigung, für Leistungsfähigkeit und -zähigkeit einer Bevölkerung haben. Die Kenntnis der Landschaften, in denen sich Geschichte abgespielt hat, wird uns darüber belehren (wenn auch immer mit einem gewissen Unsicherheitsfaktor, aber welche Einzelwissenschaft wäre ohne diesen Rest?), wie das geschichtliche Werden und Vergehen, Empor- und Niedersteigen von den seelischen Eigentümlichkeiten her mitbestimmt wird, welche aus dem Erlebnis der Natur als Landschaft stammen und an ihm sich entfalten. Rechnen wir es aber in einer verinnerlichten Fassung des Völkerbegriffes auch zum Völkerschicksal, welches Maß und welche Art von Sitte und Glaube, Kult und Brauch, Dichtung und Darstellung ein Volk beisteuert (und allein das Beispiel der Griechen bezeugt, daß bei politisch erbärmlichstem Geschick ein Volk dadurch unverlierbaren Wert für alle kommenden erwerben kann; sie werden jedenfalls dem Abendlande immer ebenso wichtig sein wie die staatsgewaltigen Römer) — dann steht es außer Zweifel, daß die Landschaft und ihr Erleben einen wesentlichen Beitrag in die Ausformung dieser Leistung beisteuert. Hier liegt für die Forschung eine Überfülle ungehobener Erkenntnisschätze, gerade in diesen Beziehungen auf ihre umgebende Landschaft und deren Erlebtwerden ist die Volksseele noch so gut wie wissenschaftlich jungfräuliches Erdreich.

132. Naturgefühl und Kulturstand. Damit Natur zu Landschaft werde, ist ein gewisses Maß ihrer Bändigung nötig. Den Schneesturm, der mich am Leben bedroht, vermag ich höchstens in später Rückerinnerung landschaftlich zu erleben (und dann etwa landschaftlich packend darzustellen), aber nicht in der Gegenwart seines Wütens. Erst mit seiner Einbeziehung in den irdischen Zivilisationsraum („Ökumene"), durch Wegebau, Ortschaften, Verkehrseinrichtungen, Unterkünfte für Vieh und Mensch hat das Hochgebirge sein Grauen verloren; erst die Dampfschiffahrt hat das Meer den Menschen als Landschaft zugänglich gemacht. Kurzum, nur vom sicheren Port einer verhältnismäßigen, unter durchschnittlichen Umständen fast wagnisfreien technischen Geborgenheit vor den „Elementen" läßt sich Natur als Landschaft erleben. Denn im Grunde ist die landschaftgewordene Natur ein Schauspiel, dessen Wirkung gerade darauf beruht, daß es den Schauenden nicht wirklich bedrängt. In allem Landschaftserlebnis, vom primitivsten Naturgefühl bis zur raffinierten Kunstwerdung von Szenerien, steckt die Achse des Genießens, um die es kreist.

Daher hat sich im Laufe der menschheitlichen Entwicklung der Landschaftsgenuß gleichsam am Gerüst des zivilisatorischen Fortschritts, d. h. der wachsenden Herrschaft des Menschen über Naturschätze und Naturkräfte, emporgerankt und verzweigt. Die Neuzeit ist seiner Entfaltung besonders hilfreich gewesen, eben weil sie einen unerhörten zivilisatorischen Fortschritt brachte. Und die stärksten Nutznießer desselben, die Wohlhabenden, finden wir wie schon im späten Altertum, so auch nun wieder als die Träger des sich zunehmend raffinierenden und differenzierenden Landschaftserlebens. Aber auch für den Menschendurchschnitt ist sein schlichter Naturgenuß umfassender und alltäglicher geworden, einfach weil er ungestörter sein kann. Blitzschlag und Seesturm, Raubtier und Seuche sind großenteils gebändigt oder ausgeschaltet. Alle harte Mühsal an der Natur ist leichter geworden, Motorpflug und Eisenbahn, elektrisches Licht und Versicherungstechnik haben vieles verharmlost, was noch vor einem Jahrhundert tägliche Strapaze und stündliches Risiko einschloß. Daß heute immer breitere und einfachere Volksschichten in den Naturgenuß hinausdrängen, ist ein am Tage liegendes Zeugnis dieses Zusammenhanges.

Aber der Kulturstand erschöpft sich nicht in der Zivilisationshöhe. Es ist ein Zeichen des tiefen Bedeutungsgewissens unserer deutschen Sprache auch dem Fremdwort gegenüber, wie sorgfältig sie zwischen Kultur und Zivilisation unterscheidet. Erst dort kann von echter Kultur die Rede sein, wo Völker (oder Völkerkreise) ihre Lebensinhalte und Lebensformen einem unbedingt höchsten geistigen Wert unterordnen und nach ihm gestalten. In diesem Sinne haben sehr zivilisationsarme Menschheitszeitalter hohe Kultur besessen und braucht eine hochzivilisierte Epoche keineswegs eine „Kultur" vorzustellen. Ob nun unterm Gesichtspunkte jenes obersten Wertes die Natur überhaupt oder gar als Landschaft eine wesentliche Bedeutung gewinnt, das entscheidet die Art der kulturbeherrschenden Wertordnung. Ist die Natur, wie in den großen Erlösungsreligionen, etwas zu Überwindendes, so wird Recht und Kraft, sie zu genießen, gleichsam nur trotz oder im Zerfall der herrschenden Grundanschauungen sich zu entfalten vermögen. Steht sie als göttliche Schöpfung im Vordergrunde oder gilt sie als vollbürtige Offenbarung eines Höchsten, ja wird sie gar selber zur Gottheit, so kann die Versenkung in sie, die Zwiesprache mit ihr, Beziehung ihrer Erscheinungen auf den Menschen und Hineinpflanzen der Menschenseele in sie geradezu zum Mittelpunkt aller Geistigkeit und Sinnlichkeit werden. Es ist außer Frage, daß unser Jahrhundert sich in einer entschiedenen und entscheidenden Wende von Jenem zu Diesem hin befindet. Es strebt einer Vernatürlichung der Geistigkeit ebensosehr wie einer Wertwerdung der Naturmächte des Menschendaseins zu. Damit öffnet es auch dem Landschaftserleben der Menschenseele neue Sichten, die freilich noch weithin im Schleier des Ahnungsvollen dämmern.

Das höchste, freilich auch schwerste Problem in diesem Fragenkreise bietet der geniale Mensch dar. Je nach der Richtung seiner schöpferischen Kraft und Besessenheit wird naturgemäß sein landschaftliches Erleben eine sehr verschieden weittragende Bedeutung für sein Schaffen haben. Moltke d. Ä. war, wie seine Briefe bezeugen, ein landschaftlich höchst feinempfindender Geist, dennoch ist es unwahrscheinlich, daß dies jemals seine strategische Auswertung der Landschaft beeinflußt habe; wir würden das bei einem Feldherrn als eine unsachliche und gefährliche Sentimentalität tadeln. Auch der Führer einer Kolonisation wird kaum je das „Hier ist's gut sein, hier laßt uns Hütten bauen!" anders als im Nutzbarkeitssinne seiner Landschaft gemeint haben. Schöner Blick oder bezaubernde Stimmungen, prachtvolle Sonnenuntergänge oder satte Meeresbläue sind keine Siedlungsgesichtspunkte. Auf den handelnden Genius werden wir den möglichen Einfluß landschaftlicher Eindrücke als unwesentlich beurteilen dürfen. Anders steht es mit dem ersinnenden und darstellenden Schöpfertum. Religiöse Konzeption ist, namentlich in bestimmten Entfaltungsphasen, z. B. im einsamen Sichabsondern, sehr häufig von landschaftlichem Erlebnis stark gefärbt worden (Wüste; Hain; Polarnacht, Nordlicht; Sturm usw.). Wesentliche Bestandteile der Mystiken und des schwärmerischen Pantheismus sind seit jeher ein Schwelgen in landschaftlichen Vergeistigungen und Umstimmungen oder Einfühlungen gewesen. Ein Wort wie „Bergpredigt" oder „heiliger Hain" verewigt gleichsam den Anteil, den die Entstehungs- oder Kultlandschaft an dem Eigentümlichen einer Glaubensform genommen hat. Noch weit mehr gilt dies aber für die Poesie und Malerei, begrenzter wieder auch für die Musik. Hier hat das Landschafterleben ja geradezu neue Kunstgattungen geschaffen, welche das Kunsterleben im ganzen wesentlich umgestaltet und erweitert haben, so daß es heute im abendländischen Schaffenskreise jedenfalls kein Zurück mehr hinter die Entdeckung und Bewältigung der Natur als Landschaft gibt. Der Deutschen volkstümlichste Oper, der „Freischütz", ist eine ausgesprochene Landschaftstondichtung; unser volkstümlichster Poet, Eichendorff, lebt und webt mit seinen Liedern in der Landschaft; Caspar David Friedrich und Ludwig Richter, die Düsseldorfer und Hans Thoma sind bildgewordene Landschaft, wenn wir die großen Niederländer, Franzosen, Schotten ganz aus dem Spiele lassen. Welches Stück Kunstgeschichte umspannt ein Namenpaar wie Ruisdael und van Gogh! In der neuzeitlichen Malerei ist die Landschaft ein Stück neuzeitlichen Menschentums schlechthin geworden. Mehr läßt sich im Grunde von der inneren Schicksalskraft einer Erlebnisform überhaupt nicht aussagen. Noch nie zuvor war ein schöpferisches Schaffen in der Menschheit so erdnahe.

133. Erholungswert und Läuterungskraft. Was sich von den Wechselbeziehungen zwischen Kulturstand und Naturgefühl heute wissenschaftlich schon packen läßt, scheint auf den ersten Blick recht hausbacken zu sein und mit der Schicksalstragweite von Landschaft in keinem rechten Zusammenhang zu stehen. Es bedeutet dennoch den empirischen Zipfel, der uns faßbar ist: die erholende Kraft, welche in einem noch nie zuvor gekannten Ausmaße der Mensch dieses Jahrhunderts in der Natur und auch in ihr als Landschaft sucht. Denn dieses Vertrauen kommt aus den Urtiefen der Seele und ist nicht etwa eine der vielen, noch so wertvollen wissenschaftlichen Einsichten hygienischer und therapeutischer Art, mit denen die rationale Naturwissenschaft uns bereichert hat.

Noch einmal erweist sich an diesem Punkte die wesentliche Verschiedenheit zwischen klimatischen Einflüssen und landschaftlichen Eindrücken. Klimatische Hygiene und Therapie, alle „Geomedizin", ob sie sich am Gesunden (z. B. Kolonisierenden), am Erholungsbedürftigen oder am Kranken betätige, ist gewiß desto besser, nämlich erfolgssicherer, je unbedingter sie zunächst sich an die rationale Einsicht in die physiologischen und psychophysischen Wirkungen der Klimafaktoren und Klimaganzheiten hält. Diese Einsicht ist im beständigen Fortschreiten, und es läßt sich manches veranstalten, um diesen Fortschritt zu unterstützen. Die Würdigung des Wertes einer rationellen Klimaverwertung zugunsten der Menschengesundheit und Menschenleistung hat bei allen verantwortlichen Stellen und auch in der öffentlichen Meinung immer fester Wurzel gefaßt (s. Abs. 135-138).

Die Erfahrung lehrt aber auch, welch bedeutende Rolle selbst in der Anwendung ausschließlich materieller Heilfaktoren das seelische Erlebnis spielt, z. B. hoffnungsfroher Glaube an die Heilkraft des Verordneten, sympathische Hingabe an die Persönlichkeit des Arztes, Suggestionen der pflegenden Umgebung, die Gesamtheit der bewußten und unbewußten „Psychotherapie". Arbeits- und Übungsbehandlung wirken halb durch ihre physische Kräftigung von Muskeln, Gelenken, Sinnen, Nerven, aber zur andern Hälfte durch das Selbstvertrauen in die wiederkehrende Leistungsfähigkeit, durch die Tätigkeitsfreude und Schöpfungsbefriedigung, kurzum durch das Leistungserlebnis. Die klimatische Anwendung nun hat ihre sinnfälligste Erlebnisseite in der Landschaft, welche ein Klima darbietet. Sonnenhelle an sich ist erheiternd und könnte zu den eigentlich klimatischen Faktoren gerechnet werden, aber ihre höchste Belebungskraft entfaltet sie doch erst in der tausendfältigen Verteilung von Licht und Schatten, in der Wandlung von Farbe und Form, die sie an der Landschaft vollzieht. Für diese Seite von „Aufenthaltstherapie" wird nun der Mensch desto empfänglicher, je mehr sein kollektives Daseinsschicksal ihn von der freien Natur entfernt. Die Verstädterung und Vergroßstädterung des Lebens stellt ihn der Natur in einer neuen Beziehung gegenüber, läßt sie mit ganz andern Stimmen zu ihm sprechen. Die synthetischen Prozesse der Landschaftsstimmung und -vergeistigung entfalten sich wesentlich erst auf dieser Daseinsstufe der gewerblichen Zivilisation. Das immer schwerer denaturierte Arbeitsschicksal der ihren Maschinen sich versklavenden Menschheit treibt eine wachsende Sehnsucht nach immer reinerer Natur hervor. Auch der noch so schöne Park, die reizvollste Kulturlandschaft gemahnen dann zu sehr an die gesamte Verkünstelung des Lebens; je unberührter von ihr die Natur (Hochgebirge, Meer, Wüste, Urwald), desto größer ihr Erholungswert. Jedenfalls wird er um so lieber gesucht. Ob er dann immer sich ebenso bewährt, ist eine andere Frage. Nicht nur können klimatische Zumutungen mit solchen Landschaften verbunden sein, welche der zermürbten Psychophysis nicht dienlich sind, sondern sie überreizen; auch das Landschaftserlebnis als solches kann übergroß, übermannend, seelisch zu aufwühlend sein, um erholend zu wirken. Hier hat die Regel der zarten Reize (s. Abs. 70 u. 72) ihre Geltungen, welche die Erfahrung herausfinden muß. Die Forstpolitik kommt heute dahinter, daß ein natürlich wachsender Wald seine Nutzungsvorzüge hat, und damit rückt die Aussicht näher, dicht bei den Städten wieder Natur zu hegen, die verhältnismäßig unberührt wirkt und nur in einem diskreten Maße „Kulturlandschaft" vorstellt.

Die Reaktionsfähigkeit der Menschen auf Landschaft ist überaus verschieden, auch unter den Städtern sind die einen kaum und die andern mimosenhaft ansprechbar dafür. Nicht immer kommt das zum Bewußtsein; mancher klimatisch richtig gewählte Erholungsaufenthalt aber wird durch ein beklemmendes, überstarkes oder umgekehrt durch unzureichendes, wesenloses Landschaftsbild beeinträchtigt. Es sind nicht wenige, welche die wochenlange Übergroßartigkeit der Nordsee oder der Hochalpen einfach zu stark „mitnimmt", obwohl ihnen die „Luft" dort vorzüglich bekäme. Umgekehrt „sagt" so manchem, der starke Ablenkungen von seinem Berufsschicksal braucht (braucht! nicht nur sucht!), eine liebliche Hügellandschaft zu wenig, sie ist ihm zu geringfügiges Erlebnis. Die Reinigungskraft neuartiger Natur von schwerem Lebensleid war früher schon wohlbekannt; wohlhabende Söhne wurden auf „Weltreisen" geschickt, wenn sie eine unerfüllte Liebe verschmerzen sollten. Es handelt sich nicht nur um Vergessen und Verdrängen; es geht eine Umstellung des Innern vor sich, die Wertakzente erfahren eine Neuverteilung, vor gewaltigen oder auch vor sanft-stillen, „gelassenen" Landschaften wird vieles klein, was im Alltag übergroß erschien, und Ewiges tritt wieder klarer dem Flüchtigen gegenüber. Landschaft, richtig gewählt, hat gerade dank der Verfeinerung des modernen Naturgefühls eine hohe Läuterungskraft. Für den Großstädter kann schon das Erleben einer Nacht im Freien, der Wiederanblick des gestirnten Himmels, eine sommerliche oder tiefwinterliche Mondlandschaft seelische Erschütterung bringen. Mancher ist wohl dafür verdorben; aber man sieht doch immer wieder recht verhärtete Berufssklaven, deren Seele nur angesichts der stadtfernen Natur „schmilzt", nicht vor Kunstwerken und nicht unter religiöser Erbauung. Die Kirche selber hat sich dazu entschließen müssen, für Gottesdienst im Freien Sorge zu tragen, nicht bloß, weil das junge Geschlecht den Wandersonntag nicht mehr missen mag, sondern auch, weil es Gestimmtheit für ewige Werte am ehesten in der Landschaft erfährt. Vieles von dem, was heute als Krise und Kampf im Gelände der Glaubensfragen sich abspielt, sollte von den Kirchen unvoreingenommener als die Ausströmung einer neuen Mensch-Natur-Beziehung begriffen werden, die sich unter so explosivem Druck vollzieht, weil gerade die amtliche Religion (auch im Unterricht) die seelischen Ventile dafür nicht rechtzeitig zu öffnen verstanden hat. Mit bloßem Lamento über „Pantheismus" und „Naturvergottung" schafft man die außerordentlichen psychologischen Tatsachen nicht aus der Welt. Und sollte es gerade einem schlichten Gottesglauben so schwer sein, die Läuterungswerte der Schöpfung zu begreifen und mit zu ergreifen?

Auch die Heilkunde und Heilkunst steht hier vor neuen Lagen. Nach einem Jahrhundert unerhörter exakter Errungenschaften, welche zahlreiche Krankheiten überwunden und die Dauer des Menschenlebens erheblich verlängert haben, meldet sich bei ihr ungestüm der geistige und sittliche Mensch und verlangt sein Recht neben all den exakten Erkennungs- und Behandlungsweisen. Unvermeidlich spreizt sich das „Irrationale" dabei oft in seltsamen und bedenklichen Formen. Das segensreiche Rationale muß sich manchmal sehr überheblich abfertigen lassen. Dennoch nimmt sich alles Elementare in der Menschheit sein Recht, ohne abzuwarten, ob die vernünftigen und oft ja bloß vernünftelnden Rechnungen es ihm zubilligen oder nicht. Ein großer Teil der abendländischen Menschen leidet unter seinem Berufsschicksal. Neue Gesellschaftsordnungen sind am Werk, hierin Heilungsprozesse einzuleiten. Aber in der langen schweren Wehenzeit solcher Ordnungen läßt sich der Leidende nicht mit der Ermahnung zu Geduld abspeisen. Auch im genesenwollenden, ja im erholungsuchenden Menschen des zwanzigsten Jahrhunderts ist der ethische Faktor wieder viel stärker, sucht die sittliche Seele nach Entspannungen und Lösungen, die kein rein physisches Therapeutikum ihr darbieten kann. Genesung und Erholung empfinden sich (wenn auch oft ganz unbewußt, dumpf und dunkel) als Läuterung, jedenfalls als nicht erzielbar ohne Läuterung. Und dies nicht zuletzt im Angesicht der Natur! Die Erholungswerte des Klimas gehören durchaus jener rationalen Sphäre an, die dem kranken Menschen im 19. Jahrhundert so unermeßliche Segnungen beschert hat, und unverdrossene wissenschaftliche Erkenntnisarbeit wird sie immer exakter herausstellen, auch zuteilen lehren. Die Erholungswerte der Landschaft verdichten sich im irrationalen Erlebnis der Natur; sie sind vorzüglich Läuterungskräfte, ihnen kehrt sich ein in seinem Sinn verdunkeltes, in seiner Ganzheit zerfetztes, an uralten Wertordnungen irregewordenes Daseinsschicksal zu — gerade seit es wach geworden ist zu der Aufgabe, sich selber tatkräftig zu überwinden.

Ausblick:

Aufgaben einer Geurgie

134. Angewandte Wissenschaft. Ist auch alles Forschen in seinem Einzel*verfahren* völlig autark, selbstherrlich *und* selbstgenügsam, so sind doch viele und gerade die wesentlichen wissenschaftlichen Problemstellungen ebenso entschieden durch außerwissenschaftliche, sei es lebenspraktische, sei es weltanschauliche Faktoren in Bewegung gesetzt worden, wie ja umgekehrt auch die wissenschaftlichen Ergebnisse in ihrer Tragweite über den Kreis der Forschung hinauszureichen und (je nachdem) lebenspraktisch oder weltanschaulich bedeutungsvoll zu werden vermögen. Kein noch so lebensnahes Forschen löst an sich religiöse oder philosophische, politische oder technische Fragen. Aber kein noch so lebensabgewandtes Forschen bleibt ohne Folgen für die Lösung solcher Fragen. Nicht dort, wo sie kurzschlüssig auf unmittelbare Nutzbarkeit *ausging* oder Weltanschauung zu *sein* beanspruchte — sondern gerade dort, wo sie sich der Grenzen ihrer Antworten streng bewußt blieb, hat Wissenschaft unser technisches und unser ethisches Weltbild verändert. Es gehört noch durchaus zum guten Recht des Gelehrten, die Resultate seines Wissensgebietes ins lebenspraktische Licht zu rücken. Ihre Aufarbeitung für die Umgestaltung persönlicher oder gemeinschaftlicher Daseinsführung hat er den praktischen Gestaltern zu überlassen, und wo er selber an ihr teilnimmt, sollte er nicht vergessen, daß er damit den Boden der reinen Wissenschaft verläßt und deren Autorität ihn nicht mehr deckt. Diese Dekkung gewährt sie ihm nur, solange er die Zurückhaltung einer informierenden, allenfalls gutachtenden Instanz übt.

Nicht darüber hinaus vermißt sich unsere Schlußbetrachtung, Aufmerksamkeit und Geltung in Anspruch zu nehmen. Sie will nur an ein paar lebendigen Beispielen zeigen, was die geopsychologische Erkenntnis über ihren reinen wissenschaftlichen Erkenntniswert hinaus zu bedeuten vermag. Hat sie selber doch sehr wichtige Antriebe aus praktischen Wandlungen der Lebensführung, aus gesundheitlichen Fragestellungen, aus dem gesellschaftlichen Aufstieg neuer breiter Bevölkerungsschichten empfangen. Sie forschte oft, *weil* Welt und Menschen sich änderten; was sie erforschte, verändert selber Welt und Menschen mit. Es hat seit jeher eine „*Geurgie*" gegeben, eine Gestaltung der uns tragenden Erde, um besser mit ihr zurecht zu kommen, sie uns dienstbar zu machen oder uns ihr anzupassen. Sie hat von einem bestimmten Entwicklungszeitpunkt das Recht, ja sie kann gar nicht umhin, sich mit wissenschaftlicher Einsicht zu befestigen. Wenn nicht alle Zeichen trügen, ist sogar die Gegenwart besonders gestimmt und gerüstet, die Arbeit an solchen Aufgaben in die Hand zu nehmen und dafür die Forschung aufs vielseitigste zu befragen.

Wissenschaftlich grundlegend für alle Art geürgischen Tun und Lassens wäre eine möglichst exakte Uebersicht sämtlicher für eine Oertlichkeit kennzeichnenden meteorischen, klimatischen und landschaftlichen Merkmale in Gestalt eines Geogramms. Ich habe hierzu ausführliche Vorschläge veröffentlicht, und ihr erfreulich positiver Widerhall von Kurärzten bis zu Städtebauern hinüber zeigt, daß damit ein wirkliches Bedürfnis befriedigt werden würde. Selbstverständlich ist strengste Tatsachenrichtigkeit die erste Voraussetzung für die Anfertigung solcher Geogramme. Durch ein international vereinbartes Chiffern- und Sigelsystem ließen sich auf engstem kartographischem Raume alle wesentlichen Merkmalsbezeichnungen unterbringen. Auch die klimatographische Forschungsarbeit selber könnte durch die dabei zutage tretenden Wissenslücken und -unsicherheiten wichtige Antriebe zu deren Ausfüllung und Klärung empfangen — wir haben solche Mängel, z. B. beim Stromklima, schon berührt. Ich möchte sagen, daß die Sammlung tunlichst zahlreicher, möglichst lückenloser Geogramme eine Grundvoraussetzung rationellen geürgischen Planens und Handelns sei. Angesichts des Wiederaufbaues hunderter von Wohnsitzen, welche die Kriegsfurie bis auf den Grund vernichtet hat, bietet sich in den kommenden Jahren eine geürgische Chance, wie wir sie selten in Händen gehabt haben. Gerade dafür wäre die sorgfältige Vorarbeit an exakten Geogrammen von der größten Wichtigkeit für die Sicherstellung richtigen Handelns.

135. Richtiges Verhalten im Klima. Die einfachste Art, Geürgie zu betätigen, ist die rationelle Anpassung unserer Lebensführung an ein gegebenes Klima und Wetter. Instinktiv besorgt das schon der primitive Mensch, wenn er bei großer Hitze ruht, sich bei strenger Kälte Bewegung macht, aus praller Sonne in den Schatten flüchtet. Losungen wie Abhärtung, Lichtfülle in den Wohnräumen, luftige Kleidung u. a. sprechen ganze Lebensführungsprogramme aus, die auf wissenschaftliche Einsicht oder Teileinsicht gegründet sind. Die Gesundheitspflege wird in diesen Fragen sich noch viel mehr an die geopsychischen Tatbestände zu kehren haben. Die heutige Lebensführung in den Tropen ist planvoller als früher den Einsichten in das dort Zweckmäßige und Schädliche angepaßt. Auch der Alltag der gemäßigten Zone bietet vielerlei Anlaß, sich der Witterung entsprechend einzurichten. Es muß sich nicht immer nur um Kuren und kurgemäße Tagesgestaltung handeln, obwohl dabei ein rationelles Gebaren (an der See, im Hochgebirge) besonders wichtig und oft noch zu wenig gewürdigt ist. Heute stehen wir im Zeichen von mancherlei Übertreibung der Licht- und Luftsuche, nach Generationen eines Stadtpflanzen- und Stubenhockerdaseins nur zu begreiflich. Auch der Sonne gegenüber wird unsere Lebensweise allmählich und gerade unterm Einfluß strahlungsbiologischer Erkenntnis zur richtigen Dosierung des Strahlengenusses **und** des Schattengenusses hinführen. Das Pendel dessen, was üblich ist oder als nützlich gilt, schlägt immer wieder einmal für ein Weilchen nach den Extremen aus und findet allmählich erst seine Gleichgewichtslage. Gegenüber krassen Wettersituationen, wie Schwüle, hatte gerade die harte militärische Anforderung bei allen Nationen längst zu einem rationellen Vorbeugen ihrer gefährlichen Folgen (Hitzschlagverhütung!) geführt. Gegenüber dem Föhn und Schirokko könnte für geistig schaffende Personen, besonders auch Schulkinder, von rationellen Erleichterungsmaßnahmen wie Schonung, Waschungen, vorübergehende horizontale Ruhelage u. ähnl. mehr Gebrauch gemacht werden.

Ein besonders wichtiges Unterkapitel stellt die rechte **Anpassung an die Periodenlehre** dar. In der täglichen und jährlichen Verteilung des Unterrichts, der Freizeitenbestimmung (Pausen und Ferien), dem Stundenplan, namentlich auch der Beziehung zwischen Fächern und Tagesleistungskurve (s. Abs. 92/93), hat das geopsychologische Wissen recht Erhebliches beratend zu sagen. In der Erwägung einer Frage wie der besten Erwachsenen-Arbeitsverteilung auf den Tag („englische Arbeitszeit") fordert die Kenntnis der Tagesleistungskurve, der Mittagssenke, des nachmittäglichen Neuanstieges durchaus ihre Mitberücksichtigung. Die Frühlingskrise hätte längst die frühere süddeutsche Schuljahrseinteilung (mit dem Jahresschluß am Juli-Ende und den höchstgespannten Anforderungen — Versetzung, Reifeprüfung — im Hochfrühling und Frühsommer) als unzweckmäßig erkennen lassen sollen, während die süddeutsche Großferiendatierung (Mitte Juli bis gegen Mitte September hin) ebenso rationell unterm Gesichtspunkte des Hochsommertiefs körperlicher und geistiger Leistungen ist. Die unersetzliche Bedeutung des vormitternächtlichen Schlummers, wie die Schlaftiefenforschung sie herausgestellt hat, nötigt z. B. zu energischer Führung des öffentlichen Kampfes gegen spätabendlichen Lärm in den Städten, der durch Hupverbote eine wohltätige Eindämmung, durch Nachtaufführungen der Kinos und Nachtdarbietungen der Radios aber eine neue bedenkliche „Bereicherung" erhielt. Mit allen Mitteln erheischt unsere Kenntnis von der schädlichen Entnormung des Schlaftypus (s. Abs. 90) und der darein verflochtenen Zerrüttung auch der Tagesleistungskurve eine tunliche Zurückdrängung des „Nachtlebens", in dessen Ausdehnung über die Weltstädte hinaus Deutschland während der letzten Jahrzehnte leider an die Spitze des Abendlandes gelangt war. Das volkssprichwörtliche „Gold der Morgenstunde" ist nicht die Währungsbasis für **alle** Leistungen und **alle** Menschen, aber den vielen, für die es etwas Wesentliches bedeutet, sollten die öffentlichen Einrichtungen nicht ganz die Möglichkeit nehmen, es sich zunutze zu machen. Wir stehen in Gefahr, zwangsweise Langschläfer zu werden, wenn es vor 8 Uhr früh unmöglich ist, etwas anzufangen oder auch nur die Frühstückszutaten zu erhalten. In der vorbildlichen Großstadt Stuttgart beginnt noch heute aller Ämterdienst während der Sommermonate früh um 7 Uhr, gemäß dem gesunden, erdverbundenen Lebensstil, den sich auch der Stadtschwabe in seiner kernhaft bäuerlichen Naturhaftigkeit so glücklich bewahrt hat. Daß in der zweiten Lebenshälfte, spätestens jenseits des 55. Jahres, eine tageszeitliche und jahreszeitliche Arbeits- und Pausendiät besonders wichtig für die Erhaltung der Rüstigkeit, ja des Lebens selber ist, erhöht die Bedeutung der periodenbiologischen Einsichten noch besonders. Jugendgesundheitspflege und Altersgesundheitspflege werden aus den geopsychischen Tatsachen wertvolle Regeln herleiten können.

136. Rationelle Klimasuche. Die Wahl eines Genesungs- oder Erholungsklimas, die Akklimatisationsvorgänge, namentlich -schwierigkeiten, bei Auswanderung, Kolonisation, Forschungsreisen, kurzum alles, was man als Reise- und Umsiedlungsklima bezeichnen könnte, hat während der letzten Jahrzehnte etwas einseitig im Mittelpunkt physiopsychologischer Bemühungen gestanden. Wir kennen nun die Hauptklimaformen der Erde in ihren geopsychischen Eigentümlichkeiten recht genau, diese und jene Meinungsverschiedenheit im einzelnen beeinträchtigt das nicht. Natürlich ist Forschung immer im Fluß, alle Erkenntnisbestände erfahren immer wieder Korrekturen, Einschränkungen und Ausweitungen, aber z. B. einen so emsig durchforschten Tatsachenkomplex wie das Hochgebirgsklima in seinen physiopsychischen Einflüssen und deren Zurechnung zu den elementaren Einzelfaktoren (Luftdünne, Strahlung, Abkühlungsgröße usw.) gibt es im Bereich wissenschaftlicher Umweltkenntnis kaum wieder. Die praktische gesundheitliche Wichtigkeit ist es gewesen, die alledem einen mächtigen Auftrieb verliehen hat. Es spiegelt sich das darin, daß therapeutisch wesentliche Klimen, wie Hochland, Seestrand, Wüste bei jenen Forschungen besonders gut weggekommen sind. Auch die Erholungspraxis und Erholungskunde hat sich etwas einseitig auf sie konzentriert. Mit der wachsenden Zahl der Menschen aber, die erholungsbedürftig sind, und zugleich mit dem sinkenden wirtschaftlichen Wohlstand der Völker, wie er die Gegenwart seit den Weltkriegen kennzeichnet, gilt es Ausschau zu halten nach Klimaten, die erholungskräftig, wohlbekömmlich und doch für bescheidenere Ansprüche näher zur Hand sind. Da trifft es sich vorteilhaft, daß gerade die eindringlichere Erforschung der diffusen Himmelsstrahlung gegenüber der etwas monopolistischen Bevorzugung der unmittelbaren Sonnenstrahlung in den jüngsten Jahren auch den mittleren Berglagen, dem durchschnittlichen Waldmittelgebirge, den Laubhügelländern, ja sogar dem Tieflande zurückgibt, was ihnen an Erholungswerten gebührt; gleichzeitig ist uns auch die Fragwürdigkeit stets stärkster Reizdosen für den erholungsbedürftigen Organismus und zu allermeist für die psychische Seite der Erholungen stärker bewußt geworden; gegen einen wahllosen Strahlentaumel dürfte sich sogar der Schatten sein gesundheitliches Recht wiedererobern — ja selbst das Dunkel, dessen dämmernden Einbruch die deutsche Sprache mit dem sinnvoll schönen Wort „Feierabend" benennt und damit in seiner Erholungskraft würdigt. Ich könnte mir vorstellen, daß die Klimatik der Nacht, verstärkt durch deren ergreifende landschaftliche Eindrücke (Sternenhimmel: dem Großstädter völlig entfremdet; Mondschein), bestimmte Verwendungen in Gestalt von spätabendlichen Liegestunden oder Wanderungen nahelegte. Am strandbedürftigen Organismus rechtfertigt gerade eine geopsychologisch gegründete Géurgie ebenbürtige Berücksichtigung der den geschwächten Organismus mehr „hätschelnden" und weniger „peitschenden", gezeitenfreien, durchschnittlich nach Wasser und Luft, milder bewegten und landschaftlich abwechselungsreicheren, anmutigeren, schlechthin wohlgefälligeren Binnenmeere (Ostsee, Schwarzes Meer, Mittelmeer) neben ihren herberen und härteren ozeanischen Rivalen. Unsere geopsychologische Kenntnis seiner Eigenschaften würde auch eine viel planmäßigere Ausnutzung des subpolaren Sommers zu Genesungs- und Erholungszwecken rechtfertigen, als sie in gelegentlichen Nordlandsreisen gegeben ist; Naturelle, welche alle wesentlichen Hochgebirgsfaktoren benötigen, nur gerade die Luftdünne n i c h t, mögen in ihm finden, was ihnen zuträglich ist. Es wurde schon (Abs. 59) darauf hingewiesen, daß das echte Kontinentalklima eine der zuträglichsten Witterungsformen auf Erden darstellt; seine Benutzung (etwa vom Ostufer der mittleren Elbe ostwärts) ist noch kaum in die Wege geleitet, und doch empfindet elementar der in diesem Punkte sicher nicht günstig voreingenommene Deutsche des rheinischen Westens das Berliner Klima als etwas ganz wunderbar Erquickendes, das Befinden und Leistungsfähigkeit hebt. Endlich verweisen wir auf eine selbst geopsychologisch noch große Unbekannte, deren Erforschung geürgisch dringend erwünscht wäre — das „Stromklima". In einer Zeit bevorzugten Aufenthaltes an und auf Gewässern (Paddeln, Zeltlager, Strandbäder) hat es große Bedeutung gewonnen; wahrscheinlich stellt es eine Art Synthese küstenklimatischer und binnenklimatischer Eigenschaften dar mit dem Zusatz besonderer, namentlich tageszeitlich sehr bestimmter Windperiodik und mit vielen örtlichen Abwandlungen je nach Strombreite, -gefälle, -temperatur, Beschaffenheit der Talsohle und der Uferlandschaft überhaupt. Das Leben und Erleben am Fluß ist auch rein psychisch etwas für sich, dieser landschaftliche Reiz sollte nicht außer acht gelassen werden, wie irrational er auch geartet sein mag.

Noch alltagswichtiger aber, als schließlich Reisen, Auswanderungen, entferntere Klimawechsel überhaupt, sind die Bevölkerungsbewegungen i n n e r h a l b eines begrenzten klimatischen Bezirkes. Worum es dabei geht, läßt sich geürgisch in dem Begriff „B a u k l i m a" zusammenfassen.

Hier hat sich im letzten Menschenalter eine radikale Wandlung der Bauplatzwahl vollzogen: die Welt ist buchstäblich und bewußt aus dem Schatten in die Sonne, ja in die pralle Sonne gerückt! Man kann sich in vielen Städten überzeugen, daß vor einem Halbjahrhundert noch diejenigen, die ihren Wohnsitz frei auswählen konnten, also z. B. die Villenbesitzer, ihn vorwiegend in Schattenlagen suchten, ihn planmäßig (etwa durch Park) umschatteten und wesentliche Wohnräume an der Nordfront anordneten. Jetzt will alles Sonnenlage, und daß Schlaf-, Kinder-, Arbeits-, „Wohn"zimmer auf der Südseite liegen sollten, gilt fast als eine Selbstverständlichkeit. Nun ist in der Kunstlichttechnik die Übergrellungsfrage bereits ernsthaft gestellt, und sie hat wahrscheinlich auch fürs Sonnenlicht ihre Berechtigung. Wir wissen heute, daß das zerstreute Tageslicht daneben auch seine Vorzüge (z. B. in der Strahlensortenmischung) hat, besonders gegenüber der prallen Hochfrühlings- und Hochsommersonne. In dieser und in ähnlichen Fragen ist die Kenntnis der Geosphäre von der allergrößten Bedeutung: sie vermag uns für das richtige

Bauklima die biologischen Unterlagen zu verschaffen. Es geht keineswegs nur um die Himmelsrichtung und den Sonnenlichteinfall. Es handelt sich auch um die psychophysiologische Windrose (s. Abs. 51), um Abkühlungsgrößenwerte, um die Bodentemperaturverhältnisse, die Bodenionisation vielleicht — alles dies liegt gar nicht so erkenntnis- und bedeutungsfern, wie es scheinen mag. Es wird für den zweckmäßigen Einzel- wie Siedlungsbau die rationell auswertbaren Unterlagen schaffen. Und wann wäre überlegtes Bauen so dringlich gewesen, wie gerade in der deutschen (und vielfältig auch nachbareuropäischen) Situation von heute mit ihren unermeßlichen Städte-, Straßen und Häuserzertrümmerungen? Die wirtschaftliche Verarmung fordert erst recht rationelle Bauplanung; Ratio ist ja nicht gleichbedeutend mit Luxus. Hier haben wir es mit einem eben erst sich entfaltenden Stück Geurgie von allergrößter Tragweite für die breite Volkslebensführung, für das physische und psychische Wohl der Stadtmenschen, insbesondere für ihr Wohlbefinden und ihre Leistungsfähigkeit, auch des heranwachsenden Jungvolkes, zu tun. Für die meisten Menschen ist die „Wahl" ihres Lebensraumes äußerst begrenzt, man kann sagen, sie sei auf die soeben dargestellten Faktoren begrenzt; sie sind an ihre Stadt, oft an ihren Stadtteil gebunden, ihr Werkraum ist für sie zeitlebens gegeben. Wie wesentlich, daß er und ihr Wohnraum geurgisch so vollkommen, wie es innerhalb bescheidener Lebensführungsverhältnisse nur möglich ist, gestaltet werde! Das beste Wohnklima für jeden: diese höchst alltägliche Klimasuche, die volkswichtigste schlechthin, wird das ganz breite Fundament aller rationellen Geurgie sein müssen.

Daß für Kurorte, Ruhestandssiedlungen („Pensionopolis"), Erholungsanstalten u. dergl. diese Fragen noch ihre besondere Tragweite haben (und bisher vielfach kaum gestellt worden sind), bedarf keiner weiteren Auseinandersetzung. Auch da wird neben die Sonnenhypnose der jüngsten Vergangenheit die ebenbürtige Mitberücksichtigung von „Wind und Wetter" überhaupt, dieses alten volkstümlichen Inbegriffs von Witterungsdingen, treten müssen, um eine rationelle Wohnklimafindung zu gewährleisten.

137. Künstliche Klimaherrichtung. Das Feuer, das der Primitive sich mit viel Mühsal in einer Höhle oder einem Zelt zurichtet, ist die früheste Form der Herstellung einer künstlichen Atmosphäre — und noch in der raffiniertesten Zivilisation bildet die Heizung den Mittelpunkt aller menschlichen Klimaschöpfung, im Nützlichen wie im Schädlichen. Im Nützlichen, denn um die technische Erwärmung unzureichend warmer Luft kreist das Bedürfnis nach Klimaverbesserung, die Flucht vor allzu natürlicher Witterung; im Schädlichen, denn es ist wiederum die Unzahl von Heizungen, welche das Rauchdunstklima der Fabrikstädte erzeugen. Wir wissen heute, daß wesentlicher für dieses Klima (gerade in Ansehung auch seines andern Wetters) als die vielberufenen 10 Millionen cbm Kohlensäure, welche die Schornsteine von Manchester tagtäglich in die Luft blasen, die Myriaden von winzigen Rußteilchen dieses Rauchodems sind, an denen die Vervielfachung schwerer Ionen zuungunsten der leichten und damit die Enstehung von Kondensationskernen für Nebel-, Regen- und Gewitterbildung sich abspielt. Ist aber das Klima von Menschenhand verschlechtert worden, so hat das Menschenhirn auch die Kraft, es wieder zu verbessern. Planende Klimaschöpfung zugunsten menschlichen Wohlbefindens und Leistenkönnens wird ein kommendes Hauptstück wirklicher Geürgie sein.

Zunächst fällt darunter unsere Kleidung und Wohnung, denn wir sahen ja (Abs. 102—104), wie sie uns mit künstlich geschaffenen Luftkörpern umgibt, in denen wir den größten Teil des Lebens zubringen. Noch wer jahraus jahrein bei offenen Fenstern schläft, macht sich doch mit seinem Bett eine Atmosphäre von besonderen Wärme-, Zusammensetzungs-, Strahlungseigenschaften um seinen Körper herum zurecht. Das Stubenklima (Abs. 103), früher fast nur unterm Gesichtspunkt der Wärme oder Kühle, sowie des Windschutzes betrachtet, hat durch die modernen Erkenntnisse über die Lichtstruktur wichtige Erweiterungen seiner Gestaltungsmöglichkeit erfahren: besonders in England und Amerika spielen die Versuche mit ultraviolettdurchlässigem Fensterglas eine Rolle, auch die Form der Glasscheibe, z. B. Wellung oder Aufrauhung, ist an der rationelleren Zubringung der kurzwelligen Spektralenergien mitbeteiligt. Die Frage, ob nicht für manche Fälle Fensterscheiben aus geöltem Papier zuträglicher sein möchten als gläserne, indem sie weniger Lichtgrelle, aber eine ansehnliche Portion Ultraviolett hereinlassen, stellt sich nach neueren Untersuchungen ganz ernsthaft. In den Höfen, Straßen, Lauben einer (namentlich großen und fabrikdunstüberlagerten) Stadt sind wir klimatisch von einer andern Atmosphäre als im wirklich Freien umgeben. Wahrscheinlich müssen wir sie nicht so hinnehmen, wie sie ist, ihre ungünstigen Gedeihensbedingungen nur durch ausgiebigen Freiluftaufenthalt ausgleichend. Gewiß läßt keine Stadt sich in ein riesiges Dorf umzaubern, so wenig wie ein Garten jemals ein Wald wird; rationelle Zielsetzung ist die Herrichtung eines optimal gesunden Stadtklimas aus dem ureigenen Wesen der Stadtanlage heraus: der Geürg als beratender Mitarbeiter des Städtebaumeisters, eine von Jahr zu Jahr reifere Forderung des 20. Jahrhunderts — erst recht gegenüber den riesenhaften baulichen Neuschöpfungsaufgaben, wie sie die zerstörerischen Wirkungen des zweiten Weltkrieges nunmehr gebieterisch stellen und die großenteils auf eine von Grund auf neudurchdachte Stadtgestaltung hinauslaufen.

In verwandter Richtung ist es als verheißungsvoll zu begrüßen, daß die Forschungen, welche die moderne Hygiene über unsere zivilisierte Kleidung hinsichtlich ihrer Leistung an Wärme- und Wasserhaushalt des bekleideten Körpers und damit an seinem Wohlbefinden vorgenommen hat, im Zuge der sportlich beeinflußten Kleidänderungen, besonders beim weiblichen Geschlecht (das fast unvermittelt aus einer besonders gesundheitswidrigen Tracht in eine wirklich gesundheitsförderliche geschlüpft ist) auch die Beziehung der Kleidungsstoffe auf die Strahlung aufgegriffen und damit neue Gesichtspunkte für die Gestaltung eines erwünschten Kleidluftkörpers über unserer Oberhaut eröffnet haben. Kleid-, Bett-, Stuben- (auch Werkstatt-) und Stadtluftkörper bieten sich als die naheliegenden

Objekte einer rationeller Klimaschöpfung dar, eben weil sie sämtlich menschliche Klima-Umschöpfungen vorstellen.

138. **Klimaturgie im Freien.** Aber auch der natürliche Witterungscharakter ist abänderbar und vielfach abänderns w e r t. Bleibt die „Laune" des konkreten Wetters der Stunde noch unserm technischen Zugriff entzogen (alle „Regenschießereien" u. dgl. haben sich bisher als Illusionen erwiesen), so wissen wir desto sicherer, daß alles, was sich in das Wort „Urbarmachung" (oder ihr Gegenteil) zusammenfassen läßt, seit jeher das gegendliche Klima mitbeeinflußt hat. Entsumpfung, Entwaldung oder umgekehrt Aufforstung, gewiß auch die Tatsache, ob ein Gelände aus Wiesen oder Äckern besteht, die Art der Baumpflanzung (die z. B. blitzschlaganziehend oder -fernhaltend sein kann), Stromregulierung, Entmoorung oder was es sein möge — es gestaltet den Witterungs t y p u s in der davon betroffenen Gegend anders, wenn auch in längeren Zeiträumen. Wir erfahren hier, wie die Art der Klimatik unmittelbar zusammenhängt mit der „Kulturlandschaft", welche der Mensch aus der ihn umgebenden Natur hergerichtet hat und immer weiter in sie hinein ausdehnt. Wer Sinn für weite Sicht hat, der wird sogar die Beeinflussung der Windverhältnisse nicht für eine völlige Utopie halten — wir wissen, welchen Windregulator schon Wald in größerer Ausdehnung darstellt, wie die zarten Baumhecken der Provence deren Gemüsekulturen vor dem Mistral schirmen, und wenn man Gebirge durchtunnelt, damit die Bahn hindurchfahren kann, warum sollte dann nicht die Möglichkeit gegeben sein, das gleiche zu tun, um bestimmte Luftstörungen in einen Kessel, ein Talgelände hereinzuleiten? Die Möglichkeit ist in ihrer Verwirklichung nur von der rationell überlegenden Gewilltheit abhängig, die aus der psychophysiologischen Windrose (S. 81) für solche Planungen künftig vielleicht einmal nützliche Winke ablesen mag. Auf die Wichtigkeit einer systematischen Forsthygiene, d. h. einer bevölkerungsgesundheitlich ausgerichteten Auf-, Durch- und Entforstung ist schon kurz hingewiesen worden (S. 110); die Waldlichtung stellt allein ein Erholungsproblem aus der Gruppe der „stadtnahen Möglichkeiten" dar, dessen wissenschaftlich erkennbare Züge sich uns als höchst bedeutsam für eine hygienische und therapeutische Forstpolitik aufdrängen. Hier hinein nun spielen allenthalben auch die seelischen Erlebnisfaktoren des Wohlgefallens, der Freude, des schauenden, lauschenden, atmenden Genusses — mit andern Worten, die Gesichtspunkte der durch die Kulturlandschaft besorgten Klima-Umgestaltung verflechten sich mit denen der eigentlichen, als Selbstzweck erfolgenden.

139. **Landschaftsschöpfung.** Wahrscheinlich gehört der Drang, an dem Boden seines Standortes Abänderungen vorzunehmen, zu den Ureigenschaften des Menschen. Von Anpflanzungen zu reinen Nutzwecken, also der primitiven Agrikultur, leitet eine Fülle von „Bodenbewegungen", Ebnungen, Hügelungen, Trocknungen, Belaubungen, Pflasterungen u. dgl. (z. B. für kultische, volksfestliche, volkversammelnde Zwecke) hinüber zur Gartenanlage aus Erholungs-, Zier- und manchmal auch nur Prahlbedürfnis. Die Waldumschöpfung wurde vornehmlich von der Jagdliebhaberei bestimmt, soweit sie nicht nur der Holznutzung dienstbar war.

Das geschichtliche Prinzip der „Heterogonie der Zwecke" ist vielfältig sichtbar: Gärten, Alleen, Wiesengründe, die ursprünglich fürstlicher Ruhmsucht, persönlichen Launen, strategischen Rücksichten, sportlichen Bedürfnissen entsprangen, sind inzwischen Gemeinbesitz für Erholung, Städteschmuck, Wanderung oder Massenspiel geworden. Volksparke, „Grüngürtel", Stadtwaldungen bezeichnen das Zeitalter gemeinnütziger Landschaftsschöpfung namentlich für die Großstadtbewohner. (Ein stets denkwürdiges Vorbild großartiger Stadtlandschaftsschöpfung von unvergleichlichem Zauber bleibt die Gestaltung von Hamburg durch Binnen- und Außenalsteranlage.) Es muß unumwunden anerkannt werden, daß Vorbildliches an Landschaftsschöpfung beim deutschen Autostraßenbau in die Wege geleitet worden ist; es wird in seiner eigentlichen Bedeutung durch den Fortfall der militärtechnischen Hintergedanken dieser riesenhaften Anlagen künftig erst recht, und hoffentlich über die Grenzen unseres Vaterlandes hinaus, zur Würdigung, Fortbildung und Nachfolge gelangen.

Über so allgemeine Losungen wie „Lungen der Großstadt" und ähnliche sollte freilich unserere Erkenntnis dessen, was gesundheitlich nottut, heute hinausführen. Man findet noch wohlgemeinte Stadtwaldungen, die an „Lungenemphysem" kranken, d. h. an Buschverdichtung, und vor allem gründliche Durchlichtung nötig hätten. Unverständig zetert oft die „öffentliche Meinung", wenn ein paar Baumexemplare geopfert werden, die Anklammerung des primitiven Naturgefühls an Einzelheiten kommt da charakteristisch zum Vorschein (s. Abs. 113), und doch müßte zwar an vielen Stellen weitausgreifend geforstet, aber an ebenso vielen weitausgreifend gelichtet werden. Namentlich Bergkuppen würden durch resolute Entwaldung erst dem Naturgenuß der Fernsicht wieder zugeführt. Kluge Forstmänner haben im einzelnen manchen Wald und manchen Weg mittels Baum- und Blumenpflanzung fürs Auge freudenreicher gemacht, denn auch die Kleinflora müssen wir nicht so hinnehmen, wie sie wild wächst; die schöpferische Menschenhand könnte darin noch viel mehr tun. Das Strahlungsklima von Park und Forst wird, je genauer wir es durchschauen, der Landschaftsschöpfung an Park und Forst wesentliche Richtgedanken geben müssen. „Durchblicke" sind eine Hauptforderung jeder Landschaftsgestaltung — nichts verlangt so nach Entspannung wie das immer auf Nahsehen eingespannte Auge des Stubenmenschen, ob er Hand- oder Kopfarbeiter sei. Das Lichtzeitalter ist auch wieder farbenfroher, wünscht leuchtendes Grün, Buntheit, tiefe Farbensättigungen. Viele Kurorte und Stadtparke haben damit den fahlenden Spätsommer und Frühherbst in einen wahren Leuchtrausch verwandelt. Wiedergutzumachen ist auch vielerorts der Verarmungsschaden, den die Zeiten der Freilegungen und des Verkehrswahns innerhalb von Städten an alten Alleen, Vorgärtchen, Brunnenbüschen angerichtet haben. Eine neue Gefahr droht von dem gesteigerten Bedarf an Wagenparkplätzen her; man möchte wünschen, daß sie in verständigem Geiste gemeistert werde, so daß Verschönerung, nicht Verwüstung aus dem erwachse, was geschaffen werden muß. Duftblütige Bäume und Gesträuche verdienen höchste Pflege: Linde, Akazie, Holunder, Jasmin, Wildrose. Die Vertechnung der Natur stellt außerordentliche Aufgaben der Landschaftsumschöpfung; Stauseen, Stromregulierungen können, richtig angepackt, ihre Gegend großartiger, mindestens in neuem Sinne schön machen, anstatt sie zu entstellen. Jedes alte Wehr war eine Bereicherung der Landschaft — warum sollten moderne Stauwehranlagen es nicht auch sein?

Wir haben die spielerische Nachäffung der Natur überwunden, aber aus den Epochen, die sich darin gefielen, überall künstliche Miniaturquellen, -wasserfälle, -berge und -schluchten, -felspartien herzurichten (mancher wohlgemeinte „Alpengarten" von heute erinnert bedenklich daran), dürfen wir den Grundsatz bewahren, daß wir die Natur zu meistern auf Erden sind. Die wissenschaftliche Einsicht in das, was an wachsender, grünender, blühender, leuchtender, schattender, kühlender, sonnender, duftender, webender Vegetationsumwelt der Menschenseele des 20. Jahrhunderts not- und wohltut, sollte in diesen Gestaltungsfragen immer mehr beratend mitsprechen. Die so geschaffene, einem höheren als dem bloß ausnutzenden Nutzen dienende Kulturlandschaft bildet eine der schönsten Verkörperungen unserer Vernunftherrschaft über die uns tragende Natur.

Sehr tief hat unsere Zeit auch eine Grenze erkannt, die der Herrschaftswille sich selber stecken soll und jenseits deren er bewußt die Natur so bewahrt, wie sie ist. Alles, was sich unter dem Begriff „Naturschutz" zusammenfaßt, dient ehrerbietig dieser Grenzziehung. Sie kann nirgends absolut sein; ein Naturschutzgebiet ist auch in der Absicht seiner Schöpfer nicht gleichbedeutend mit einer vormenschlichen Wildnis. Auch ihm sind Zwecke gesetzt, ob sie Flora oder Fauna betreffen. Manche solcher Zwecksetzungen sind vielleicht zeitbedingte Liebhabereien, und es gibt allerlei Streit um sie. Letzten Endes ist der Verzicht auf menschliche Landschaftsschöpfung und die Bewahrung unberührter Natur eine Frage, in die schon die weltanschauliche Konsequenz der wissenschaftlichen Géurgie hineinragt.

140. Mensch und Erde. Die neuzeitliche Naturerkenntnis tut uns gerade durch ihre legitime Tochter, die Technik, das zwiefältige und zwiespältige Verhältnis des Wesens Mensch zu der Macht Natur kund. Jeder naturforschende Fortschritt bringt ein Stück Natur in unsere ausnutzende, mindestens bändigende Gewalt, aber jeder offenbart uns zugleich ein Netz neuer Abhängigkeiten, in die wir uns verstrickt erkennen. Darin liegt übrigens ein wesentlicher Mitantrieb für den technischen Fortschritt selber. Denn eine technische Errungenschaft drängt oft gerade dadurch über sich hinaus und zu immer weiteren Verbesserungen hin, daß sie in ihrer Anwendung bald die Grenzen aufdeckt, die uns das in ihr verwertete Naturgesetz selber zieht. Am eindrucksvollsten geschieht das dort, wo es um den Menschen selber, sein Leben und Sterben geht, also in der rationellen Heilkunde. Röntgenstrahlen vernichten nicht bloß krankes, sondern leider auch gesundes Gewebe; darin ist die enge Schranke ihrer Verwendbarkeit gegeben. Die erschreckende Zahl der Verkehrstodesfälle droht an die Stelle der einstigen Seuchensterblichkeit zu treten: jede Geschwindigkeitssteigerung legt die Anpassungsgrenzen unserer Sinneswahrnehmung und Entschlußreaktion samt unserer eigenen organischen Beweglichkeit (Abbremsen, Ausweichen) bloß.

In derselben Richtung bewegt sich auch die Erkenntnis des Menschen von seiner

Erdbedingtheit, seiner geobiotischen Determination. Wetter und Klima, Boden und Landschaft machen uns alle mit zu dem, was wir sind — aber vielfältig und desto mehr, je genauer wir sie erkennen lernen, machen auch wir aus ihnen, was uns gutdünkt. Es ist kein Zufall, daß gerade der technische Mensch des 19. und 20. Jahrhunderts aus seiner wachsenden Herrschaftssphäre über die Naturschätze und -kräfte stürmisch zu „natürlicheren" Lebensformen hindrängt und in Wassersport, Alpinismus, Wanderlust zur verhältnismäßig unberührten Natur flüchtet. Jedoch auch diese Flucht bringt ihn über jenen Zwiespalt nicht hinweg. Die sportlich eroberte Natur schlägt ihn unversehens wie ein wildes Tier seinen Bändiger mit unerbittlicher Pranke nieder, eine Lawine, ein Seesturm, ein Steinschlag offenbart ihre Übermacht. Die Gefahr gehört geradezu unter die Anreize solcher Sports: sie *wollen* ein Sichmessen mit der gefährlichen Natur sein, in der Menschenseele selber ist jener Zwiespalt verwurzelt, auch sie ist Geistwille *und* Naturgesetz in einem, und doch auch wieder nicht in einem, denn ewig liegt beides in Spannung mit- und auf der Lauer widereinander.

Unser irdischer Lebensraum, Boden samt Bodenluft, die *Geosphäre*, ist unsere eigentliche Heimat, die wir nie verlassen können. Ihre Einwirkungen auf uns stellen sozusagen das intimste Stück Natur vor, das uns zugänglich wird. Schwärmerische Denker haben den Menschen geradezu als ein Organ am Leib der Erde, ein Stück ihrer, angeschaut, aber auch der Gläubige, der ihn als ihren vom Schöpfer über sie gesetzten Herren sieht, kann sich der Wucht nicht entziehen, mit der sie dieses Herrn Willkür in Schranken hält. Wir leben mit unserer Mutter Erde sozusagen in einem ewig labilen Modus vivendi, der um so gesicherter für uns ist, je genauer wir ihre Macht kennen und respektieren. Dazu helfen uns die wissenschaftlichen Erkenntnisverfahren ein gut Stück voran. Ihrer Ergebnisse Scherflein zu dem *Weltbild*, das der Mensch immer aufs neue sich aufbaut, ist die vertiefte Einsicht: *daß Herrschaft über die Naturkräfte der Erde erkauft wird mit dem Wissen um die Herrschaft dieser Naturkräfte über uns.* Die Quote zwischen Herrentum und Unterworfensein erscheint in dieser Hinsicht für die Menschheit als unabänderlich. Steigt der Zähler, so steigt auch der Nenner. Jede neu errungene Freiheit deckt neu durchschaute Abhängigkeiten auf. Aber auch jede neue durchschaute Abhängigkeit verheißt Erringung neuer Freiheiten! Unser Verstand und Wille dürfen sich um so erdmächtiger wissen, je menschenleib- und menschenseelenmächtiger wir unsere Erde wissen. Dies ist der bescheidene Beitrag, den die geopsychischen Tatsachen in ihrer wissenschaftlichen Entschleierung dem deutenden und dem glaubenden Geist, der Philosophie und der Religion, darreichen. *Um das Urverhältnis von Erde und Mensch kommt keine Sinndeutung und keine Offenbarung des letzten Wesens aller Dinge herum.* Es trtt in mannigfachen Erscheinungsgestalten vor sie hin, bald als Anthropologie, bald als Ethnologie, bald als Geographie, bald als Ökologie und Ökonomie, bald als Geschichte samt allen ihren Ablegern wie Wirtschaftsgeschichte, Sittengeschichte, Glaubensgeschichte, Kriegsgeschichte, Heimatkunde u. dgl. In jeder davon kommt unser besonderer Gegenstand selber wieder vor: die elementare Einflußnahme der Mächte Wetter, Klima, Boden, Landschaft auf die Menschenseele. Welche Verkettungen, Verstrickungen, Zwecksetzungen und Vollendungen diese hier auf Erden immer eingehen möge — in jeder davon war, ist, bleibt sie, oft vielleicht unmerklich, darum keineswegs unwirksam, erdbestimmte Seele: Geopsyche.

Anmerkungen, insbesondere Quellennachweise

jeweils bezogen auf einen (oder eine Gruppe) der 140 durchgezählten thematischen Abschnitte (Abs.) des Buchtextes.

Abs. 1—5. Gelegentliche Exkurse über die Einwirkung der Naturumwelt auf die menschlichen Verhältnisse finden sich vom Altertum her (Herodot und Hippokrates) bei vielen Autoren; im 18. Jahrhundert gipfeln sie in Montesquieu, welcher in dieser Hinsicht viel ausgesprochener als sein späterer und oft dafür einseitig zitierter Landsmann Taine eine „Milieu-Theorie" vertrat. (Die erste unter Taines „trois forces primordiales", welche das menschliche Wesen determinieren, heißt „Rasse"; welchen Vorrang Taine der Rasse, und zwar völlig im erbbiologischen Sinne, zuweist, dazu vgl. den Nachweis in meiner „Einführung in die Völkerpsychologie", 2. A. 1944, S. 135, Anm. zu Abs. 42). Immer handelt es sich bis dahin um grobe Gelegenheitseindrücke, die spekulativ verarbeitet werden. Leider fehlt es noch ganz an einer wissenschaftlichen Gesamtdarstellung der Entwicklung dieser Anschauungen und ihres Wandels mit den Zeitläuften; sie wäre eine lohnende Aufgabe. Im 19. Jahrhundert setzt die wissenschaftliche Systematik des Gegenstandes ein: Quetelet, Sur l'homme (1835) enthält in Bd. II, Kap. III bereits einen Abschnitt (II u. III) „Influence du climat et des saisons sur le penchant au crime". Einen wichtigen Meilenstein bildet die Schrift des deutschen Nationalökonomen Adolf Wagner (1864) „Die Gesetzmäßigkeit in den scheinbar willkürlichen menschlichen Handlungen", welche die in unseren Abs. 82ff. behandelten Erscheinungen darstellte. Die erste Zusammenfassung des wissenschaftlichen Kenntnisstandes brachte das Buch von C. Lombroso „Pensiero e meteore" (1878), mit allen Verdiensten (weit ausgreifende Sicht, kühne Problemstellung) und Nachteilen (unkritische Zusammenraffung, voreilige Hypothesen) der bedeutenden und in vielem bahnbrechenden Arbeitsweise dieses Autors. Im europäischen Schrifttum auffallend wenig Würdigung hat das vorzügliche, von einem wahren Instinkt für sein Thema zeugende Buch „Weather Influences" von E. G. Dexter (Illinois 1904) gefunden. Dem letzten Jahrzehnt gehören die medizinisch akzentuierten Bücher von B. de Rudder, „Grundriß einer Meteorobiologie des Menschen" (1938; 2. Auflage seines zuerst 1934 veröffentlichten Buches „Wetter und Jahreszeit als Krankheitsfaktoren") und A. Aimes, „Météoropathologie" (Paris 1932) an, desgl. d. „Bioklimat. Beiblätter d. Meteorolog. Ztschr.", seit 1934 herausgg. v. F. Linke u. W. Schmidt, d. vortreffliche Überschau v. E. Oberhummer „Medizinische Geographie" im Sept./Okt.-Heft 1935 v. „Petermanns Mitteilungen"; endlich das von acht Verfassern geschaffene Sammelwerk „Klima, Wetter, Mensch" (1939). Die auf zahlreiche Bände berechnete Veröffentlichung der Amerikaner W. F. Petersen und M. E. Milliken „The

Patient and the Weather" (Tausende von Seiten im Großquartformat) ist durch seine riesenhaften Stoffmassenanhäufungen für die kritische Beurteilung leider etwas undurchsichtig geworden. Es bezeugt aber, welche Mittel in den Vereinigten Staaten auch für die wissenschaftliche Durchschnittsarbeit verfügbar sind. Kaum ein wissenschaftlicher Rang kommt dem französischen, ins Deutsche übersetzten Buch von Missenard, „Der Mensch und seine klimatische Umwelt" (deutsch 1938) zu; es ist ein ziemlich wahlloses, im Plauderstil abgefaßtes Sammelsurium von gesicherten Tatbeständen und hypothetischen Behauptungen; leider charakterisiert es sich auch durch eine so gut wie völlige Ignorierung selbst der wegweisenden deutschen Untersuchungen zu dem Gegenstande.

Jüngste, sehr brauchbare Übersichten des Wissenswerten bieten die Bändchen v. Hellmut Berg, Wetter u. Krankheiten (1948) u. „Einführung i. d. Bioklimatologie (1947); ähnlichen Charakters Emile Duhot, Les climats et l'organisme humain (1948). Soeben hat auch W. F. Petersen dem Vf. d. „Geopsyche" sein 1947 veröffentlichtes Buch „Man-Weather-Sun" übersandt, eine Art Konzentrat seines vielbändigen, oben zitierten Werkes.

Regelmäßige wertvolle Literatur-Übersichten gibt das jährliche Verzeichnis d. Veröffentlichungen d. Schweizer. Forschungs-Instituts f. Hochgebirgsklima u. Tuberkulose zu Davos, hgg. von Dr. W. Mörikofer, sowie die fortlaufende „Medizinische Bioklimatik" von Prof. de Rudder i. d. „Monatschrift f. Kinderheilkunde".

Abs. 6. „Das Zusammenspiel aller meteorologischen Elemente zu einer bestimmten Zeit an einem bestimmten Orte liefert das, was wir das Wetter nennen" (R. Süring, Leitfaden der Meteorologie 1927, Eingang zum V. Buch). In der 3. Aufl. d. „Lehrbuch d. Meteorologie" von Hann lautete der entsprechende Satz: „Das Wetter ist der Totaleffekt der gleichzeitig in einem gegebenen Moment tatsächlich eingetretenen atmosphärischen Erscheinungen". Entsprechend der „Ganzheitstendenz" tritt besonders in der medizinischen Literatur neuestens die Erstbetonung der atmosphärischen Zeitpunktstotalität als das Wesentliche (gegenüber ihrer sekundären Zerlegbarkeit in „Elemente") nachdrücklicher hervor. Dem Unzünftigen bietet die sachkundigste und anziehendste Einführung in die meteorologischen Tatsachen und Erklärungen das Bändchen „Wetter und Wetterentwicklung" von H. v. Ficker (1932; 140 S., Nr. 15 d. Reihe „Verständl. Wissenschaft"). Für jeden, der sich mit Witterungsfragen zu befassen hat, bilden im deutschen Schrifttum die beiden klassischen Werke von J. Hann, das „Lehrbuch der Meteorologie" und das „Handbuch der Klimatologie", jenes von Süring, dieses von Knoch nach Hanns Tode weiterbearbeitet, unentbehrliche Lehrquellen. Eine gute Einführung des ernst bemühten Laien gibt L. Weickmann als „Grundlagen der Klima- u. Wetterkunde" i. d. Sammelwerk „Klima—Wetter—Mensch" (s. d. vor. Anm.).

Abs. 8. Die Definition nach Hann, Lehrbuch d. Meteorologie. Es ist die heute gültige. Eine willkommene Knappdarstellung der gegenwärtigen Lehre vom Gewitter bieten „Die Naturwissenschaften" vom 19. Okt. 1934 (Jahrgang 22, Heft 42) aus der Feder von A. v. Hippel in dessen Abhandlung „Erdfeld, Gewitter und Blitz".

S. 10: Nyktopathen, d. h. Menschen, die im wesentlichen normal sind, pathologische Anwandlungen jedoch vorwiegend im Zusammenhang mit der Nacht und dem Schlaf zeigen: Epilepsia nocturna (die harmloseste Form der Fallsucht, bei der die Krämpfe ausschließlich im Schlafe vorkommen), Schlafwandeln, nächtliches Aufschrecken, Schlafreden, Angstträume bei Menschen, die sonst völlig gesund sind; schreckhafte und furchtsame Phantasietätigkeit mit dem Eintritt der Nacht; Bettnässen und spezifisch nächtliche Formen der Sexualneurasthenie (Übermaß an erotischen Träumen, nächtlichen Erektionen und Pollutionen). Die „Presbyophrenie", der Altersirrsinn, zeigt in seinen Anfängen oft längere Zeit hindurch nur nächtliche Erregungen, Sinnestäuschungen, Wahnbildungen, Angstanfälle, bei noch leidlich normalem, oft unauffälligem Verhalten tagsüber. Vielleicht stellt der Drang mancher Menschen, die Nacht „zum Tage zu machen" (s. Abs. 90) auch eine Art Nyktopathie dar, da sie ja einer wachsenden Unruhe mit einbrechendem Abend entspringt. Ob durch die ganze Gruppe eine innere Einheit geht, ist noch zu klären.

S. 11: Tiere. Zusammenstellungen der wichtigsten Beobachtungen bei J. Bendel, Wetterpropheten (Naturw. Volksbibliothek Bd. VII), und C. Kassner, Das Wetter (i. d. Sammlung „Wissenschaft und Bildung", 2. Aufl. 1918). — Wie wenig die Wissenschaft sich mit dem Verhältnis der Tierwelt zu den Witterungserscheinungen befaßt hat, zeigt ein grundlegendes Werk, wie die „Tierpsychologie" von Hempelmann, die überhaupt nichts über diesen Gegenstand enthält; dasselbe gilt von G. Kafkas Bearbeitung der „Tierpsychologie" in seinem „Handbuch d. vergleichenden Psychologie" Bd. I. Vorzüglich exaktes Beobachtungsmaterial bringt (natürlich nur in Ansehung des engeren Themas) die Monographie „Vom Vogelzuge in Rossitten" von J. Thienemann (1931) in ihrem Abschnitt „Untersuchungen über die Frage: Witterung und Höhe des Vogelzugs" (S. 64—97). Eine Fundgrube sind noch immer die klassischen „Souvenirs entomologiques" von J. H. Fabre (Paris 1877—1912).

Abs. 9. Die geradezu „spukhafte" Erscheinung eines aus lauter donnerlosen Flächenblitzen bestehenden „stillen Gewitters" am 4. Oktober 1934 beschreibt G. Schindler in der Ztschr. f. angew. Meteorologie „Das Wetter" 1935 März (3. Heft, S. 95/96). Das Gewitter dauerte reichlich 1 Stunde (18^{10} bis 19^{30} Uhr), bot überhaupt keinen Linienblitz, dagegen zeitweilig weit über 150 Flächenblitze in der Minute, also mehr als durchschnittlich bei schweren Gewittern Blitze auf die Minute entfallen. Dies lautlose Schwergewitter wurde in ganz Nordböhmen gesichtet. Knoche hat solche Gewitteräquivalente für Südamerika beschrieben, wo sie an der Grenze von Trockenzeit und Regenzeit auftreten. — Sonst über Gewitteräquivalente: Gockel, Das Gewitter. 3. A. 1925.

Abs. 10/11. Der Temperatursprung bei Föhneinbruch ist für 10 Bludenzer Winter (Vorarlberg ist wie Westtirol und die Ostschweiz besonders föhnreich) auf den Mittelwert von 8,2° berechnet worden. Nach dem „Eindruck" würden sicher die meisten geneigt sein, auf einen wesentlich höheren Wert zu schließen, m. a. W. der Föhn kommt uns noch wärmer vor, als er ist. Da bei der Trockenheit des Föhns genau das Gegenteil zu gewärtigen wäre, nämlich starke Begünstigung der Hautwasserabgabe und damit Abkühlungsgefühl, so läßt jene Empfindung auf hauterregende Faktoren sensutonischer Art (vgl. Abs. 32 u. 46) schließen, die wir noch nicht kennen. Ein berühmter Föhn vom 25. Nov. 1870 hat den Bludenzern freilich eine Wärme von +22° beschert; die Luftfeuchtigkeit ging in einem extremen Partenkirchener Fall am 27. Januar 1890 auf 6% herunter, was schon eine Wüstentrockenheit der Luft darstellt. Bei einem Bludenzer Föhn von 1896 betrug die Temperatur am 1. Tage (28. X.) 1,1°, am 2. Tage 23°, am 3. Tage 1,2°. Keineswegs fällt die Föhnwirkung auf den Organismus mit dem Erwärmungsgipfel zusammen. Wann sie eintritt, darüber ist auch in der neuesten Forschung noch keine Einigkeit sichtbar. Während Petschacher (Münchener Med.

Wochenschrift Nr. 8, 1932, „Studien ü. d. physiolog. Wirkung d. Föhns", 1. Mittlg. „Die Föhnkrankheit") wesentlich zu dem früher schon in unserem Buch vertretenen Ergebnis kommt, daß die Föhnkrankheit „sich zu einer Zeit bemerkbar macht, in der der eigentliche Föhn noch gar nicht nachweisbar ist", konnte H. Rohden (Archiv f. d. gesamte Psychologie 1933, Bd. 89, Heft 3/4 „Einfluß des Föhns auf das körperlich-seelische Befinden") bei seinen Innsbrucker Studenten (164 Personen, davon 100 männliche, aus allen Teilen Deutschlands stammend, größtenteils also an Föhn nicht gewöhnt, Lebensalter zwischen 19 und 23 Jahren) trotz durchschnittlich positiven, wenn auch nicht sehr kräftigen Wirkungsergebnisses eine Vorfühligkeit für erst kommenden Föhn nicht ermitteln. Es bestand eine direkte Proportion zwischen der Windstärke und Wärme des Föhns und der Wirkung, der Hauptwirkungstag war immerhin auch hier der erste Föhntag; die zurückebbende Wirkung an den folgenden Föhntagen faßt der Verf. als eine Gewöhnungserscheinung auf. Bei den Männern soll die geistige, bei den Frauen die körperliche Mattigkeit vorwiegen (was sich mit klimatischen Erfahrungen deckt: s. im Buchtext Abs. 76). Der klassischen bahnbrechenden Arbeit aus früherer Zeit sei auch heute nicht vergessen: es sind W. Traberts „Innsbrucker Föhnstudien" (Denkschr. d. Kais. Akad. d. Wiss. zu Wien, 1907), namentlich der Teil III „Der physiologische Einfluß von Föhn und föhnlosem Wetter". Später hat H. v. Ficker (s. bes.: „Der physiolog. Einfluß d. Föhnwinde", Meteorol. Ztschr. Bd. 28. 1911) auf die Luftdruckoszillationen als ein möglicherweise für die organische Föhnwirkung wesentliches Element hingewiesen, ein Erklärungsversuch, an dem er m. W. noch heute festhält (s. S. 48/49 u. d. Anm. z. Abs. 34).

Eine Übersicht der föhnartigen Windformen auf der ganzen Erde gibt die 4. Aufl. des Hannschen Handbuches der Klimatologie, bearb. v. Knoch, S. 333—340. Der Schirokko ist zuweilen ein echter Föhn, also trockenwarm, namentlich an der Südküste des Mittelmeeres, wo er (vom äußersten Westen bis in den äußersten Osten) zum trockenheißen Sturm, ja Sandsturm werden kann; viel öfter (also der Regel nach, „typisch") ist er ein feucht-warmer, fast immer westlicher oder südwestlicher Wind, der seine höchsten Feuchtigkeitsgrade (also seinen extrem schirokkalen Charakter) an der Ostküste der Adria (Dalmatien) erreicht. Vent du midi: vorwiegend Föhntypus (Rochaix, Atmosphère et climats 1929: Le vent d. M. dessèche les feuilles des arbres etc.). Nach Aimes, Météoropathologie S. 73, bleibt die rel. Luftfeuchtigkeit unter 70—40 nachts, unter 30 tagsüber. Die Temperatur ist oft nur unbedeutend erhöht, der Luftdruck unbedeutend erniedrigt. Die Lyoner Beobachter wollen das „Syndrome du vent du midi" als „Déhydratation" (übermäßige Wasserabgabe) erklären. Mit Vorbehalt verzeichne ich aus der persönlichen Erfahrung, daß die ersten Schirokken, die ich am Mittelmeer erlebt habe, den körperlichen Gesamtbefindenszustand mir stärker in Mitleidenschaft zu ziehen schienen (namentlich die Appetit- und Schlaffunktion), während der mir seit längerem vertraute Föhn mich seelisch, insbesondere affektiv, stimmungsmäßig heftiger heimsucht. Um es in einen Formelkontrast zu bringen: ich fühlte mich „schirokkokrank", aber ich habe mich meist nur föhnerregt, -gereizt, unlustig gefühlt. Ähnlich die Beobachtungen von Mouriquand (Lyon) u. Gen. in „Syndrome du vent du midi" an Säuglingen: die „formes moyennes" u. „f. graves" zeigen Fieber, Durchfälle, Erbrechen u. dgl. m. Sollte sich eine solche Unterscheidung allgemeiner bestätigen, so wäre sie durchaus verständlich: die hohe Feuchtigkeit schirokkaler Luft, also ihre Schwüle, ist eine rein physisch sehr schwere Zumutung an den Organismus (s. im Buchtext d. Abs. 28), die Föhnwirkung aber ist ja eben rein physisch überhaupt nicht ohne weiteres verständlich (denn warum setzt uns eine trockene, mäßig warme Luft dermaßen zu?), sie weist auf einen noch unergründeten Faktor hin, der unmittelbarer auf das seelentragende Organ, das Nervensystem geht. Der Föhn ist nicht schwül, seine Wirkung muß eine andere als die Schwülewirkung sein. Daß sie sich weitgehend erscheinungsmäßig dennoch mit dieser deckt, besagt nichts gegen die Verschiedenheit der Ausgangselemente und der Angriffspunkte im Organismus: wir können uns ja durch einen „Kater" (nach Alkoholgenuß), im Anfang einer Infektion (leichte Grippe u. dgl.) ganz ähnlich mißfühlen, wie bei Föhn, Gewitterluft, Schwüle oder Schirokko, worauf schon Petschacher (in unserer Anm. z. Abs. 10/11 o. zit.) hinweist, der die Analogie mit der Nachwirkung übermäßigen Alkoholgenusses ins einzelne hinein ausführt. Es setzen u. U. recht verschiedenartige Schädlichkeiten recht einförmig ähnliche Störungen des organischen Wohlbefindens. Ub. d. sog. „freien Föhn" s. Herm. Flohn, D. bioklimat. Bedeutg. d. freien Föhns (D. Balneologe, 1941, 1.) ferner: H. v. Ficker, Wetter u. Wetterentwicklung, S. 66—70, bes. v. d. Satz ab: „Auf jeden Fall ist das Föhnprinzip auf alle Teile des Kreislaufs, in denen Luftmassen in der Senkrechten versetzt werden, anwendbar" (S. 67 o.). Nach Fr. Linke (Frankfurt) entsteht der freie Föhn „beim Zusammensacken einer (meist) Kaltluftmasse" als „Luftströme, die durch Aufklaren u. hohe Temperaturen sowie entsprechend geringe Feuchte in Erscheinung treten, aber nur selten bis zur ebenen Erdoberfläche herabreichen". Vgl. L. Schulz i. d. Bioklimat. Beiblättern d. Meteorolog. Ztschr. 1937 a. Grund v. Registrierungen i. Harz. Briefliche Mittlg. v. Prof. Linke: bei einem in die Geosphäre herabreichenden freien Föhn von wenigen Stunden sei in einer Privatklinik während dieser kurzen Spanne eine Häufung v. Schlaganfällen u. Blutdruckstörungen beobachtet worden.

Mit einer eigenartigen Föhnwirkungshypothese v. E. Regener (Naturwissenschaften 1941, 29/30), welche d. meteorobiolog. Föhnwirkung auf eine Verschiebung d. Anteile von O u. OH_2 i. d. Atmosphäre zurückführen will, hat sich F. Linke ablehnend auseinandergesetzt. Regener's Arbeit enthält aber immerhin beachtenswerte Einsichten, z. B. für die Wirksamkeit von Wasserdampf a. d. Organismus (Vgl. unseren Text Abs. 28) u. für die „Luftton"beschaffenheit (Text S. 63).

Eine drastische Schilderung der Schirokkowirkung in Rom gibt d. Diplomat u. Historiker Niebuhr i. e. Briefe v. Weihnachtstag 1819:

„Heute ist wenigstens der fünfte Tag des allerscheußlichsten Scirocco, und wenn der so lange angehalten hat, dankt man dem Himmel, wenn man sich nicht permanent blödsinnig fühlt, und billige Leute machen alsdann keinen Anspruch, daß man etwas arbeite, und man müßte sehr unverschämt sein, wenn man sich herausnähme, etwas zu schreiben, was vernünftige Leute lesen sollen. Aus der Vermählung des Scirocco mit dem italienischen Gehirn entstehen die Sonette ..." (D. letzte Satz, obwohl ironisierend, enthält doch d. Beobachtung d. produktiv anregenden Wirkung milder, südländischer Wetterlagen im Gegensatz zu ihrer arbeitschädigenden. Vgl. a. i. Text Abschn. 78 u. 86, 1. Abs.).

Abs. 12. Hierzu vor allem de Rudder, a. a. O., bes. Abschn. II, Wettervorgänge und Krankheit; sowie die i. d. Anm. z. Abs. 1—5 schon angeführten Bücher von Dexter und Aimes. Uber den Gesang der Singvögel: Albrecht Schwan, Uber d. Abhängigkeit d. Vogelgesanges v. meteorolog. Faktoren (Verhdlg. d. ornitholog. Gesellsch. i. Bayern, Bd. 15, Heft 1/2); V. Haecker, Ub. Föhn u. Vogelzug a. selben O. 1925, dort auch die andern Veröffentl. dess. Autors zitiert; ist der Vogelsang wesentlich ein

Ausdruck der Brunst, so wäre seine Erregung durch warme, ja schwüle Wetterformen durchaus folgerichtig (s. a. Abs. 82 u. 88).

Abs. 13. Über d. physikal. Vorbedingungen u. Vorgänge b. d. Entstehung von Nebel s. den Artikel „Disperse Gebilde" im Handwörterbuch d. Naturwissenschaften Bd. II, S. 1084, Abs. 3 a „Nebel" sowie eine (i. d. Ztschr. f. angew. Meteorologie „Das Wetter" 1930 deutsch ausführlich referierte) Untersuchung über „Nebel und Dunst, ihre Ursachen, Verteilung und Vorhersage" von H. C. Willett, Los Angeles, Univ. of South. Calif. in Monthly Weather Review v. Nov. 1928; zur kurzen Unterrichtung v. Ficker, a. a. O. u. Stichwort „Nebel". „Ein Nebelland (Niflheim) als Ort des Grauens spiegelt ebenso die häufige Naturplage u. Daseinsgefahr nordischer Küstenmenschen wider, wie usw." (Hellpach, Übersicht d. Religionspsychologie, 1939, S. 34).

Abs. 14. Es scheint, daß der „Geruch nach Schnee" manchmal dem „Föhngeruch" (vgl. S. 75) ähnlich sei. Die vulgären Schilderungen lassen am ehesten an den von der Funkenerzeugung der Elektrisiermaschinen ausgehenden Geruch (in zartester Andeutung) denken. Durchaus möglich wäre eine sensutonische (s. Abs. 32) Reizung der die Riechzellgebilde tragenden Nasenschleimhaut durch den allen diesen Wetterformen gemeinsamen (elektrischen? s. Abs. 42/43 bes. S. 66ff) Faktor.

Vgl. auch W. Hellpach, Ztschr. f. angew. Psychologie, Bd. VII, S. 272ff: „Geopsychologische Mitteilung", u. damit wohlübereinstimmend A. Aimes, Météoropathologie, S. 90—92: „Influence de la formation de la neige": „... homme de 60 ans, qui était réveillé, au cours de son sommeil, par un malaise indéfinissable et qui, après avoir certifié que la neige devait tomber, se relevait et constatait sur le sol la présence d'une couche blanche."

Abs. 15. Der „ideale Wintertag" ist als Idealtypus der wetterlichen Frische zuerst umrissen in Hellpach, Der Hochlandswinter als psychophysisches Erlebnis („Arzt und Skilauf", Vorträge a. d. 2. südwestdeutschen sportärztl. Ausbildungskurs a. d. Feldberg 1.—7. III. 1926, Jena bei Gustav Fischer, S. 52ff.); vgl. a. Hellpach, Der ideale Wintertag in „Der Sport i. Wissenschaft u. Praxis" 1927, bei Georg Thieme (Leipzig).

Abs. 19 und 20. Streng wörtlich heißt das griechische θεωρια: das Anschauen, die Schau. Für den Sinn des Fremdworts „Theorie" ist hiernach die Übersetzung in Schaulehre die gemäßeste. Über die Gefahren eines gewissen Grades von Unanschaulichkeit wissenschaftlicher Theorien sehr wesentliche Ausführungen bei H. Driesch, Relativitätstheorie u. Philosophie (1924), bes. S. 30ff. und 46ff. Trotz höchstgradiger Abstraktion kommt auch die moderne Physik von so massiv anschaulichen Bezeichnungen wie Welle, Feld, Atommodell u. ähnl. nicht los. Kirchhoffs radikaler „Positivismus", der als wissenschaftliche Erkenntnisaufgabe lediglich das genaueste „Beschreiben" setzt, läuft auf einen Streit um Worte hinaus: das „Erklären" ist eben das Zurückführen der „Beschreibung" auf äußerste Elementenbeschreibung, ganz gleichgültig, ob es sich dabei um Elementargebilde oder Elementarprozesse handle.

Abs. 21. Die aus der vorhandenen Luftwärme und der aus allen jeweiligen Strahlungen (Sonnenstrahlung, diffuse Himmelsstrahlung, Erdbodenstrahlung, Wasserspiegelrückstrahlung usw.) stammenden Wärme resultierende Wärmesumme heißt „klimatische Temperatur". Sie wäre doch wohl erst exakt bei Hinzurechnung der Temperatur der Erdbodenoberfläche, auch soweit sie keine (dunkle) Strahlung aussendet.

Abs. 22/25, S. 23f. Die Wellenlänge der spektralen Energien wird hier immer in Millimikren (mμ), d. h. Millionstelmillimetern angegeben. Die international vereinbarte

Ångström-Einheit (Å) rechnet mit dem Zehnmillionstelmillimeter. Sie ist durch ihre überwiegend vierstelligen Zahlen etwas unbequemer für den landläufigen Gebrauch. Verwirrend ist es, daß gegenwärtig beide Maßeinheiten nebeneinander gebraucht, ja, nicht selten in einer und derselben wissenschaftlichen Abhandlung abwechselnd benutzt werden. Auch die Schreibweise schwankt noch immer zwischen $\mu\mu$ und $m\mu$; die letztere hat heute das Übergewicht; sie ist auch die philologisch korrektere, da „mill"" ein lateinischer, „mikr" ein griechischer Wortstamm ist.

S. 23f. Über die Wärmestrahlung: C. Dorno, Physik d. Sonnen- u. Himmelsstrahlung (1919), rein physikalisch; die biologische Einwirkung bei C. Dorno, Die physikal. Grundlagen der Sonnen- u. Himmelsstrahlung und ihre Anwendung i. d. Therapie, Ref. a. d. Innsbrucker Naturforscher- u. Ärzteversammlung 1924, ferner desselben Autors „Bioklimatische Probleme", in „Beiträge z. Physik d. freien Atmosphäre", 1929 Hergesell-Festschrift; A. Loewy, Physiologie d. Höhenklimas (1932), bes. XV—XVI. C. Sonne (Kopenhagen), Physiologische u. therapeutische Wirkungen d. künstlichen Lichtes (Verhandlgen d. klimatologischen Tagung in Davos 1925 (Basel), S. 382 — der erste Untersucher, welcher das bloß oberflächliche Wirken der dunklen und die enorme Tiefenwirkung der rotleuchtenden Wärmestrahlung aufdeckte; Loewy u. Dorno, in „Strahlentherapie" 1925, Bd. 20, Hill u. Campbell im „Lanzet", Bd. 204, S. 15 (1923). Endlich im „Handbuch d. Klimatologie", Bd. I, Teil E, Einfluß d. Klimas a. d. Menschen, W. Borchardt, Medizinische Klimatologie, S. 32f. B. de Rudder, Meteorobiologie 1936, „Bioklimatik d. Dornostrahlung", S. 152ff.; ferner d. entspr. Abschn. i. „Klima, Wetter, Mensch" v. Weickmann u. de Rudder. Die Sonne im Zenith strahlt eine Intensität von 78 auf eine Horizontalfläche, gegen 65 bei einem Himmelsstande von 60 Bogengeraden, 31 bei 30, 17 bei 20 und nur noch 5 bei 10 Graden. Zur Sonnenstichfrage (S. 25) bemerkenswert d. agnostische Feststellung i. Handb. d. Klimatologie, Bd. I, E, S. 10: „Es ist bis heute nicht völlig klar, ob allein die Wärme- oder z. T. auch die Ultraviolett-Strahlen den Sonnenstich hervorrufen". Über d. sog. kalorischen Psychosen s. Finkh, Allg. Ztschr. f. Psychiatrie, 1906. Die häufigen Erregungs-, Verwirrungs- oder Stupor-Erscheinungen nach übermäßiger Kopf- und Leibbestrahlung in praller Sonne kommen bei ihrer kurzen Dauer leider fast nie i. d. Beobachtung psychiatr. Fachärzte; eine wissenschaftl. Monographie über diese „ephemeren Insolationspsychosen" wäre überaus verdienstlich!

S. 26ff. Bahnbrechend und grundlegend f. d. Wärmebilanz und ihre Befindenswirkungen die Arbeiten Max Rubners (Hdb. d. Hygiene, Bd. I: D. Wärme u. d. entsprechenden Abschnitte in seinem Lehrbuch d. Hygiene; ferner Rubner i. Handb. d. physikal. Therapie, Bd. I, 1). Vgl. a. d. Darstellungen v. O. Kestner in den Handbüchern d. normalen u. patholog. Physiologie, und d. vergleich. Physiologie, sowie A. Loewy, a. a. O. Über d. Wichtigkeit d. Temperaturgefälles s. Dorno, a. a. O.

Abs. 26. Über den Versuch, die „strenge" Kälte vom Wind her exakt zu erfassen, s. d. Anm. z. Abs. 29/30. Eine Autorität wie Hellmann in seiner Abhandlung „Über strenge Winter" (Sitzgsber. d. preuß. Ak. d. W. 1917, 52) gebraucht den Begriff „streng" gemäß dem Sprachgebrauch im Sinne von harter Kälte.

Abs. 27. Hierzu die i. d. Anm. z. 22—25 zit. Rubnerschen Ermittlungen: zum Differenzoptimum namentlich Rubner, „D. Kleidung" i. Rubner-Gruber-Ficker, Hdb. d. Hygiene 1911 Bd. I; Ders. i. seinem „Lehrb. d. Hygiene", „D. Funktion d. Kleidg v. hygien. Standpunkte".

Abs. 28. Wesentlich die zu 22—25 angeführte Literatur; bez. der Entwärmung durch

Feuchtluft: „Wärmeverlust durch Strahlung und Leitung ist wesentlich abhängig von der Luftfeuchtigkeit. Je feuchter die Luft, um so mehr Wärme wird auf den genannten Wegen abgegeben ... Steigt die relative Feuchtigkeit bei niederen Temperaturen um 25%, so hat dies für die Wärmeentziehung durch die Haut dieselbe Bedeutung, als wenn die Lufttemperatur um 2° gefallen wäre. Bei hohen Temperaturen vermehrt die Feuchtigkeit auf ähnliche Weise das Wärmegefühl" (Rubner, Lehrb. d. Hygiene, III, Abschn., 1. Kap., Abs.: Die Wege der Wärmeabgabe). Es nimmt m. a. W. bei niederen Temperaturen der Wärmeverlust des Körpers durch Steigerung der relativen Luftfeuchtigkeit dank der erhöhten Wärmeleitung in feuchterer Luft zu, obwohl der Wärmeverlust durch Verdunstung bei Steigerung der rel. Feuchtigkeit abnimmt.

Abs. 29/30. Zur Abkühlungsgröße (S. 38): C. Dorno, Üb. physikal. Grundlagen d. medizin. Klimatologie. Ztschr. f. d. gesamte physikal. Therapie 1929 (Bd. 36); dort d. wesentl. Literatur; ferner W. Mörikofer, Z. Klimatologie d. Abkühlungsgröße (in Acta Davosiana. 1934, eine vortreffliche Zusammenfassung).

Auf die wissenschaftlichen Kontroversen über den schwierigen Begriff und Tatbestand der „Äquivalenztemperatur" und des damit zusammenhängenden Versuches, ein physikalisch-objektives unbedingtes Maß der „Schwüle" zu finden („Schwüleformel"), geht auch die 6. Auflage dieses Buches nicht mehr ein, da die theoretische Übereinstimmung der Fachmänner noch zu sehr fehlt und (z. T. infolgedessen) auch die praktische Brauchbarkeit für bioklimatische, insbesondere psychologische und kurphysiologische Zwecke noch ganz ungesichert ist. S. d. 3. Aufl. d. „Geopsych. Erscheinungen" S. 90—92, sowie Petermanns Mittlgen 1935, Sept./Okt.-Heft, mit der wichtigen Abhandlung von W. Meinardus, Die Äquivalenztemperatur usw. — Von den Versuchen einer exakten Formel für die „Strenge" kalter Luft (Bodmann u. a.) gilt übrigens das gleiche: s. 3. Aufl. d. „Geopsych. Erschgen", S. 67 — wo sich auch schon die Warnung vor mechanistischen Illusionen in Fragen der Reaktionen und Befindenslagen von Organismen findet. Nach knapper Darstellung der Grundbegriffe folgert auch E. Rodenwaldt, Hygiene in ihren Grundzügen (1949) S. 20: „Aus alledem folgt, daß es eine mathematische Einteilung des Globus in Sinne der Breitengrade nach Klimazonen nicht geben kann ..."

Wind (S. 35—37): Vorzügl. Darstellgen jetzt in „Klima, Wetter, Mensch", meteorologisch durch Weickmann, Luft in Bewegung S. 55—69 u. de Rudder, Luftbewegung S. 168f. Überaus aufschlußreiche Photogramme von heftigen sensutonischen (s. Abs. 32) Windwirkungen auf Physiognomie und Mimik gibt Ruff-Strughold, Grundriß d. Luftfahrtmedizin (2. A. 1944) S. 144. — Die „Zugluft" ist noch immer ein Stiefkind d. wissenschaftl. Forschung; insbes. ist d. völkisch so verschiedenartige Reaktion darauf (Indifferenz d. Angelsachsen, hohe Sensitivität d. Deutschen) ganz ungeklärt.

Hitzschlag (S. 39): A. d. großen, überwiegend militärärztlichen Literatur s. d. „Gedenkschrift f. M. Leuthold" (1906), 2. Bd. — Am Sonntag 9. Aug. 1914 machte ich als Militärarzt d. Eilmarsch d. 28. Inf.-Div. aus Oberbaden zur Schlacht von Mühlhausen mit. Es herrschte sengende Hitze bei wolkenlosem Himmel, keine Schwüle, im Schatten war es ein „idealer Sommertag", wie unser Abs. 16 („Schönwetter") ihn charakterisiert. Die Zahl der „Ohnmachten" war außerordentlich, doch war keinerlei Regelzusammenhang mit Lebensalter, Beruf u. dgl. festzustellen. Bedrohliche Fälle gab es ganz wenige, die meisten erholten sich durch Lagerung im Schatten, Gepäckentlastung, Durststillung sehr rasch.

Abs. 31. Durchschnittlich gelten für die Freiluft folgende Anteilswerte: O 20,93%,

N samt Edelgasen 79,04%, CO_2 0,03%, O_3 (Ozon) 0—0,01%, O_2H_2 0,00004%, NH_3 0,003—0,02%. Die Edelgase sind in winzigen Spuren vorhanden: Helium 0,0004%, Xenon weniger als 0,000000001%. Der O-Gehalt steigt mit der geographischen Breite: 20,44% am Äquator, 20,94% am Polarkreis; er beträgt in London 20,86%, an der freien Nordsee 20,99%, am Ganges angeblich nur 20,30%. Die prozentuale Änderung der Luftzusammensetzung mit der Seehöhe (durch die verschiedene Dichteverringerung der einzelnen Gase entsprechend ihrem verschiedenen spezif. Gewicht) wird von einer Autorität wie Hann (Lehrb. d. Meteorologie 3. Aufl.) bis zu 11 km überm Boden als praktisch unwesentlich geschätzt. Davon ist aber der Ozongehalt auszunehmen: er beträgt schon bei 1000 m das 1½fache, bei 3000 m das 5fache von den Werten am Meeresniveauboden. Auch jahreszeitlich schwankt der Ozongehalt: in Wien wurden 8 mg in 100 cbm Luft im Hochfrühling, dagegen nur 5½ mg im Spätherbst ermittelt. Lalesque fand auf 100 cbm Luft in Paris an Ozon so gut wie 0 mg, in Chamonix 3,5 mg, am offenen Meer rund 4—5½ mg, in Nadelwaldungen 6—9 mg. Thierry maß im August zu Paris (Observatorium Montsouris) 2,1 mg auf 100 cbm Luft, dagegen in 1050 m Höhe (Montblanc-Gebiet) 3,7 und in 3000 m Höhe 9,4 mg (s. P. Götz, „D. atmosphär. Ozon" i. d. Ergebn. d. kosm. Physik, Bd. I, S. 219 unter „D. Ozon d. bodennahen Luftschichten"). Ehe die Curry'schen (vgl. S. 40 u. 75) Thesen auf eine Ebene mit dieser früheren Ozon-Literatur gestellt werden können, müßte ihr Verfechter die chemische Natur der „Ozonide", deren Komplex er „Aran" nennt, befriedigend klären. — Der Wasserdampfgehalt beträgt im Mittel in den Tropen 70%, in der Arktis 30%, in der gemäßigten Zone 45—65%. Beherzigenswert bleibt der klassische Satz des verstorbenen Hann (Klimatologie, 2. Aufl., I. Bd., S. 85): „Wenn man bedenkt, welch ungeheure Mengen von Luft der Mensch täglich zu sich nimmt (etwa 10 000 Liter), so wird man es nicht erstaunlich finden, daß auch nur Spuren von gewissen Substanzen, der Luft beigemengt, für die Gesundheit des Menschen von Bedeutung werden können, namentlich da ihre Wirkung bei dauerndem Aufenthalt in solcher Luft sich von Tag zu Tag summiert." Das letztere ist freilich nur bedingt richtig; ob Summierung eintritt, hängt von der Intensität und Dauer der Wirkung und von der Ausscheidungsgeschwindigkeit im Organismus ab. Die oben als Beispiele gegebenen Ziffern angenommen, würde z. B. der Mensch bei einem täglichen Luftwechsel von 10 000 Litern am Nordseestrande 13 Liter Sauerstoff mehr einatmen als in London. In diesem Sinne würde es auch keineswegs von vornherein belanglos sein, wenn „Stadtluft" an Kohlensäure „nur" 0,038% gegen 0,032% der „Landluft" (im runden Mittel) enthält. — Zur Luftverderbnis d. Auspuffgase d. Kraftwagenverkehrs: W. Hellpach, Mensch u. Volk d. Großstadt (1939), S. 60/61; üb. d. CO-Vergiftg.: H. Dibelius, Dtsche. Ztschr. f. Nervenheilk., Bd. 135, 1-4.

Abs. 32. G. Jägers „Die Entdeckung d. Seele" (3. Aufl. 1885) enthält, nach Abzug alles Schrulligen, eine Fülle von Beobachtungen. Das Geruchsleben ist geradezu ein Stiefkind der wissenschaftlichen Psychologie geblieben; eine verhältnismäßig erschöpfende Darstellg. d. Erkenntnisstandes i. Elsenhans, Lehrb. d. Psychologie, 3. Aufl. (bearb. v. Gruhle u. Dorsch) § 9. — Zu S. 42 u. f.: W. Hellpach, Sinne u. Seele. Zwölf Gänge in ihrem Grenzdickicht (1946).

Abs. 33. Über die Physik der Strahlungen unterrichten am knappsten (angesichts der unermeßlichen Fachliteratur) die entsprechenden Artikel im Handwörterb. d. Naturwissenschaften.

Eine Übersicht der Wärme- und Lichtwerte für die Spektrumsfarben gibt

Langleys photometrische Tabelle.

λ	750 mμ	700	650	600	550	500	450	400	350
Farbe (braun?)	tiefrot		rot	orange	gelb	grün	blau	violett	(grau?)
Wärme	20,7	21,4	22,2	21,9	20,7	17,3	11,9	5,3	1,8
Licht	0	0,5	12,3	66,5	82	25	2,8	0,8	0

De Rudder gibt (in „Klima-Wetter-Mensch", S. 133) folgenden Aufriß (die Zahlen bedeuten die Wellenlängen in m)

unter 280 – 280	Ultraviol. C (i. künstl. Licht)		
280 – 320	Ultraviol. B (chem. wirks. Strahlg.)		
320 – 400	Ultrav. A, sichtbar (lavendelgrau), sonst keine Wirkg. bekannt.	Sichtbares Licht	
400 – 450	Violett	Sichtbares Licht	Strahlen m. Wärmewirkg. („Wärmestrahlung" i. ihrer Summe)
450	Blau	Sichtbares Licht	Strahlen m. Wärmewirkg.
780	Rot	Sichtbares Licht	Strahlen m. Wärmewirkg.
780 – 3000	Inneres Ultrarot		
über 3000	Äußeres Ultrarot (Temperaturstrahlg. v. Körpern)		

In diesem Schema fehlt aber die wichtige photo-chemische und in bio-chemischer Hinsicht doch wohl schwerlich indifferente Rolle des kurzwelligen sichtbaren Spektrums (Grau-Violett-Blau bis ins Grün hinein); wäre sie nicht auch unter Ausschluß des Ultraviolett vorhanden, so könnten wir ja hinter Fensterscheiben nicht photographieren! Die Biologie des violettblauen Lichtes scheint uns in der Physiologie u. Pathologie d. Menschenorganismus vor derjenigen des ultravioletten ungerechtfertigt in den Hintergrund gedrängt zu sein. Im Pflanzenreich „... assimilieren die meisten Pflanzen mit den sichtbaren Strahlen" (Seybold, „Pflanze, Klima u. Wetter", in „Klima, Wetter, Mensch" S. 363; im Zuge einer vorzüglichen Gesamtdarstellung des Problems der Strahlung in botanischer Hinsicht, S. 359—372).

Aus der diffusen Reflexion (Dispersion) an den Gasmolekülen und Trübungspartikelchen der Luft entsteht das diffuse „Tageslicht", reich an kurzwelligen Strahlen, da die Zerstreuung umgekehrt proportional der (4. Potenz der) Wellenlänge ist. Das Licht im Schatten und bei bedecktem Himmel ist also „kälter", arm an Wärmeenergien, aber relativ reich an chemischen Energien (Blau bis Ultraviolett).

Die Frage, ob und wie Licht und Farben auch unter Ausschluß des Sehens bei Hautbestrahlung auf Leib und Seele entsprechend einwirken (so daß also auch bei Hautbelichtung blaues Licht beruhigt, rotes erregt), ist noch immer nicht eindeutig beantwortet. „Teils anatomisch, teils im physiolog. Experiment sind Nervenbahnen zwischen der Sehbahn d. Auges u. d. Inkretorgan zentralster Bedeutung, dem Hirnanhang (Hypophyse) nachgewiesen worden. Es konnte gezeigt werden, daß Lichtperzeption durch d. Auge Änderungen i. d. Hormonproduktion d. Hypophyse nach sich zieht" (B. de Rudder, Grundzüge d. Bioklimatik d. Menschen, i. Sammelwerk „Klima-Wetter-Mensch" S. 148). Eine Übersicht des Wesentlichen hierzu bei A. Jores. Änderungen d. Hormongehalts d. Hypophyse m. d. Wechsel v. Licht u. Dunkelheit (Klin. Wochenschr. 1935, 48). In d. Zusammenfassg. d. Ergebnisse heißt es: „Auf d. Bedeutg. dieser

Änderung d. Hormongehaltes d. Hypophyse mit der Dunkelheit für die Steuerung d. 24-Stunden-Rhythmus wird hingewiesen" u. „insbesondere findet d. Häufung d. Geburtseintrittes i. d. Nacht durch diese Befunde eine zwanglose Erklärung". (S. a. d. Anm. z. Abs. 89—93.)

Im weiteren Zuge der Darstellg. v. de Rudder tritt freilich die Ungeklärtheit dieser ganzen Problematik zutage. Es „scheint" d. Hormon d. Hypophysenhinterlappens i. d. Dunkelheit zuzunehmen — Beziehungen z. Tagesrhythmus d. Menschen lassen sich „vermuten" — das „bisher in seiner Funktion ungeklärte Organ" der „Zwischenhirndrüse" besitze „wahrscheinlich" Beziehungen z. vegetativen Nervensystem. Schließlich biete eine bestimmte Anhäufung v. Nervenzellen (d. Nucleus tuberis lateralis, mit der d. Zwischenhirndrüse durch Bahnen verbunden ist), im Sommer „ein wesentlich anderes Bild dar als im Winter" — nämlich nachweislich bei den Fischen. Neurophysiologische Zusammenhänge bei so weit von uns abstehenden Tiergattungen dürfen u. E. aber nur mit der allergrößten Vorsicht als auch f. d. Menschenorganismus gültig angenommen werden. Fische besitzen z. B. auch die v. vegetativen Nervensystem gelenkte Fähigkeit, b. Erregung ihre Oberhaut umzufärben (z. B. d. Stichlinge), ähnlich manchen Reptilien (Chamäleon), die Vögeln u. Säugetieren nicht eignet. Mit Recht faßt de Rudder (a. a. O.) zusammen: „Es hat keinen Sinn, sich heute schon von diesen exakten Feststellungen in Hypothesen z. verlieren". Wir fügen hinzu: es ist wahrscheinlich, daß d. Sehakt als solcher v. d. Netzhaut her Befindens- und Leistungswirkungen übers Zentralnervensystem setzt, die weitergehen, als bei bloßer Hautbelichtung unter Ausschaltg. d. Auges, aber wissenschaftlich gesichert ist es noch nicht. Über die sensutonische Reichweite der Lichteinwirkung: E. Metzger, Exp. Untersuchungen ü. d. Lichttonus (Arch. f. Ophthalmologie 127. Bd. 2./3. Heft). Überdies sind die Wirkungen teilweise botanisch anders als zoologisch: Ultraviolett scheint die Entwicklung zahlreicher Tierlarven und -embryonen zu fördern, dagegen die der Spaltpilze, auch Blühen und Fruchtreife mancher höherer Pflanzen zu verzögern; andererseits werden offenbar hormonale Einzelfunktionen z. B. des weiblichen Organismus durch ausschließliche Rotbelichtung erhöht. Übersichten i. Handb. d. normalen u. pathol. Physiologie, Abschn. „Strahlenbiologie", bearb. v. Bethe, und bei Kestner, a. gleichen Orte „Die physiolog. Wirkungen d. Klimas". Wichtige Einzelheiten in „Klima, Wetter, Mensch" (1038), bes. i. d. v. Seybold bearbeiteten Abschn. „Pflanze, Klima u. Wetter". — Nach den Tabellen von C. Dorno (Physik d. Sonnen- u. Himmelsstrahlung S. 33) ist die Wärmeintensität der Sonnenstrahlung in Potsdam: Mitte Juli mittags 1,261 (grammkalorisch pro min cm²), früh um 7 nur 1,038, abends um 8 nur 0,038; in Davos: Mitte Januar mittags 1,330, vorm. um 9 und nachm. um 3 nur 1,025. Vom Sonnenaufgang bis zur Sonnenmittagshöhe wächst zwar der Wärmestrahlungsanteil an Sonnenlicht nur um 25% (doch kommt diese Zunahme durch den steileren Strahleneinfall zu viel stärkerer Wirkung), das Sonnenlicht wird aber immer „ungelber", denn die roten Strahlensorten nehmen zwar noch um 42% zu, dagegen die Helligkeit um 50% und das Blauviolett um 80% (praktisch: die Sonne wird, je heißer, desto relativ „weißer"), das Ultraviolett um 450% (enorme Zunahme der biochemischen Wirkungskraft). S. Dorno a. a. O. S. 47.

Zu S. 46. Auf dem IV. Internat. Radiologenkongreß in Zürich 1934 ist dieser unbefriedigende Wissensstand dokumentarisch festgelegt. Ob die mitogenetische Strahlung (Gurwitsch, Problem d. Zellteilung, 1926) überhaupt vorkommt, ist noch immer strittig: „Würde es gelingen, die Existenz der Gurwitschstrahlen unbestreitbar zu beweisen ..." (Prof. W. Friedrich). Betr. d. kosmischen Strahlung: „Über die Natur der Strahlung wissen wir nur wenig, über deren Herkunft fast nichts" (Sievert-Stockholm). Versuche an Mäusen in den norwegischen Silbergruben von Kongsberg (Bericht von Dr. Engelstad-Drammen) ergaben, daß vielleicht die kosm. Strahlen einen hemmenden Einfluß „auf das Wachstum oder auf diejenigen biolog. Funktionen haben, deren Resultierende das Körpergewicht ist"; Tiere in Gruben, wo keine kosm. Strahlung hindringt und die Radioaktivität des Bodens gering (!) ist, wiegen durchgehends etwas mehr als gewöhnlich gehaltene, ebenso ernährte Tiere; dies war aber auch der einzige morphologische und funktional beobachtbare Unterschied. J. Eugster-Zürich und W. Hauptmann-Innsbruck fanden, daß die Keimfähigkeit bzw. das Wachstum mit „abnehmender Gesamtintensität der Umgebungsstrahlung zunehmen" (Strahlentherapie 1934, S. 223ff.: „Durchdringende Umgebungsstrahlung und Zellwachstum"). Ob zwischen 1939 u. heute (1949) das Problem in der internationalen Literatur irgendwie gefördert worden ist, entzieht sich unserer Kenntnis; für Hinweise hierauf wäre der Vf. der „Geopsyche" dankbar! — S. 61: B. u. T. Düll (Berlin) „Über die Abhängigkeit des Gesundheitszustandes von plötzlichen Eruptionen an der Sonne und die Existenz einer 27tägigen Periode in den Sterbefällen" (Virchows Archiv Bd. 293. S. 272ff.): „... daß die Symptome, die man bei künstlicher Einwirkung von Kurz- und Ultrakurzwellen auf Lebewesen festgestellt hat, in vielem denjenigen Erscheinungen gleichen, die uns aus der Meteoropathologie bekannt sind. Da Kurz- und Ultrakurzwellen in der freien Atmosphäre tatsächlich vorkommen, ist die Möglichkeit eines ursächlichen Zusammenhanges nicht mehr abzuleugnen". Auf schwere Leistungsermüdung bei Menschen, die sich längere Zeit in der Nähe von Ultrakurzwellensendern aufhalten, haben auch Schliephake u. Gen. (Klinische Wochenschrift, Bd. 1933) aufmerksam gemacht. Als Möglichkeit einer technischen Klimaverderbnis bleibt der Fall nachzuprüfen.

Abs. 34. Das klassische Werk von 1878: P. Bert, La pression barométrique; v. Schrötter u. Gen., Luftdruckerkrankungen (1900). Dann die beiden bahnbrechenden Werke des wissenschaftlichen Alpinismus: A. Mosso, Der Mensch a. d. Hochalpen (1899, italien. Original 1898); Zuntz u. Gen., Höhenklima u. Bergwanderungen (1906). Über die Vielstimmigkeit der Autoren bzgl. der Wirkungen mäßig erniedrigten Druckes in den Kammerversuchen berichtet schon Bert sehr charakteristisch: „Ils (d. h. les auteurs) ne sont pas plus d'accord pour les fonctions intellectuelles. Colladon accuse une excitabilité qui ressemble à l'ivresse; M. Junod affirme que les fonctions de l'encéphale sont activées; M. Foley était atteint d'une surexcitation cérébrale qui le faisait „se surprendre en flagrant délit de bavardage, en dépit de tous ses efforts". G. Lange prétend que constamment, dans l'appareil même, „on éprouve une élasticité et une fraîcheur d'esprit qui n'existait pas auparavant". En sens inverse, le Dr. Français dit qu'on „ressent surtout au début une certaine somnolence, et suivant G. Lange, le seul phénomène qu'on puisse constater est un sentiment de calme auquel succède généralement une tendance au sommeil." So ungeklärt stehen die Dinge auch heute noch; offenbar ist die individuelle seelische Reaktion bei der Luftverdichtung, anders als bei der Verdünnung, sehr verschieden. Bei der Mehrzahl scheint die Erregung zu überwiegen. Junod schilder die „fonctions activées" des näheren folgendermaßen: „... l'imagination est vive, les pensées s'accompagnent d'un charme particulier et chez quelques personnes il se manifeste des symptomes d'ivresse. Ce surcroît d'innervation agit également sur le système musculaire, les mouvements sont plus faciles et plus assurés." Ist das nun nicht genau der Zustand, wie wir ihn beim Aufstieg in mäßige Höhen erleben? Der vielspältige Erkenntnis- und Auffassungsstand hat sich leider an diesem Punkte in einem reichlichen halben Jahrhundert kaum einheitlicher gestaltet. Die Luftdünnewirkung ist jedenfalls ganz außerordentlich von ihrer zeitlichen Dynamik abhängig. In wenigen Minuten den Organismus treffende Luftverdünnungen ergeben ein ganz anderes Bild, als auf Stunden, Tage, Wochen, Monate verteilte. Dies belegen neuerdings besonders schlagend die Bergkrankheitsbeobachtungen: Übereinstimmung scheint wesentlich darüber zu herrschen, daß in den europäischen Alpen eine ausnahmsweise frühzeitige Anfälligkeit für die Bergkrankheit auftritt, manchmal schon um die 4000 m herum. In den südamerikanischen Anden und anscheinend noch mehr im Himalaya erhöht sich diese Grenze erheblich, dort bis an die 6000, hier noch mehr (s. a. Anm. z. Abs. 61—66). Die Himalayabesteigungen haben in den letzten Jahren auf Mitnahme von Sauerstoffapparaten völlig verzichtet und deren Leistung durch eine in langen Wochen erfolgende Akklimatisation an immer größere Höhen ersetzen können. Erstaunlicherweise wurde das Kernsymptom der Bergkrankheit, das Versagen der Muskelleistung (welche auch nach luftschiffahrtlichen Ermittlungen zwischen 5000 und 6000 m rapid abfallen und nach Pneumakammerversuchen bei etwa 300 mm Druck = rund 7000 m Höhe völlig erlöschen sollte), von den Himalayasteigern überhaupt nicht beobachtet. Noch in Höhen von etwa 7000 m wurden dort Steigungen mit bedeutenden Gepäcklasten ohne Muskelkraftnachlaß bewältigt [Lit.: Paul Bauer, Um den Kantsch 1933; darin Dr. Hans Hartmann, Physiologische Ergebnisse (S. 144ff.: nur physische Tatbestände!); G. O. Dyhrenfurt in „Himalaya-Expedition 1930" (1931), darin H. Richter, Ärztl. Beobachtungen S. 243 ff.; R. W. G. Hingston, „The physiolog. difficulties in the ascent of M. Everest" in Geograph. Journal Bd. 45, S. 4ff.]. Es gibt für diese gänzlich neuartige Erkenntnislage nur zwei Erklärungsmöglichkeiten: entweder bieten die verschiedenen Gebirge der Erde völlig unvergleichbare Bedingungen dar — dann stehen wir vor einem neuen Rätsel der Klima- oder der Bodenwirkung (vgl. Hauptteil III), oder alle älteren Ergebnisse fußten auf zu kurzen Anpassungsfristen, dann wäre die ganze Bergkrankheit überhaupt nur eine „Überstürzungskrankheit", die bei vorsichtiger Akklimatisation ausbleibt. Das Zweite spielt wohl auf jeden Fall mit — und belegt auf eine bisher noch nie so eindrucksvoll dagewesene Art die Wichtigkeit der Zeitmaße und Verhaltungsweisen in der Hochlandsakklimatisation (vgl. Abs. 62 im Buchtext). In jedem Falle ist durch die Himalaya-Expeditionen der gesamte Fragenkreis der physiopsychologischen Luftdünnewirkung neu gestellt. Wir führen noch aus P. Bauer, „Im Kampf um den Himalaya" (1931), und zwar aus „Medizinisches" von K. v. Kraus (S. 157ff.) folgende bezeichnende Sätze an: „Eine besondere Energieleistung nur zu dem Zwecke, irgendwelche Muskeln zur Kontraktion zu bringen, hat keiner der Teilnehmer benötigt". „Das Anpassungsvermögen war bei fast allen Leuten gleich gut. Aus all den einzelnen Erscheinungen und Tatsachen ergibt sich folgende Feststellung: Es ist möglich, in Höhen zwischen 6000 und 7000 m mit einem Gepäck von 30 bis 40 Pfund wochenlang ohne Abnahme der Leistungsfähigkeit schwerste Eisarbeit zu leisten" (betr. Schlaf: s. Abs. 62 u. Anm. z. Abs. 73—76). Ein gute und knappe Darstellung d. physiologischen Seite d. Reaktion gibt de Rudder in „Klima, Wetter, Mensch" S. 172—178, vorzügl. unter Anlehng. a. H. Strughold, Flugphysiolog. Studien (Ztschr. f. Flugtechn. u. Motorluftschiffahrt I—III) u. Med. Welt 1937, 49. S. a. Ruff u. Strughold, Grundriß d. Luftfahrtmedizin, 2. A. 1944, bes. Kap. II, Höhenwirkung, S. 9—139.

Die oszillierenden Luftdruckschwankungen werden mit besonderen Apparaten: Variometer, Variograph gemessen. Hierüber s. Kleinschmidts Handbuch d. meteorolog. Instrumente, Abschn. „Luftdruckmessung". Über die physiolog. Bedeutung: H. v. Ficker, Der physiolog. Einfluß d. Föhnwinde, i. d. Meteorol. Zeitschr. Bd. 28 (1911). Weickmann (Klima, Wetter, Mensch S. 55) stellt sich (u. E. übermäßig) ablehnend zur meteorolog. wie biologischen Wirkungsmöglichkeit d. mikrobarometrischen Wellen.

Abs. 35. Für den Nichtfachmann gibt (außer dem größeren Werk dess. Verf. „Einf. i. d. atmosphär. Elektrizität". 1929) das Göschen-Bändchen (649) von K. Kähler, Luftelektrizität, eine gute elementare Einführung. Vgl. ferner die i. Anm. z. Abs 8 angef. Abhandlung von Hippels in den „Naturwissensch." Die LE-Spannung ist am größten an heiteren kalten Tagen im Winter. Das Höchst des Potentialgefälles tritt auf der nördl. Halbkugel ein im Dezember bis Februar, es sinken die Werte im Frühling rasch ab und steigen ebenso an vom Oktober zum November. (München im Januar 265 V/m, vom April bis Juni 133 bis 106, Juli 130, August 145, November 187, Dezember 237. Umgekehrt Buenos Aires im Juli 163, im Februar 67.) — Zu S. 50: C. Dorno, Ein kleiner Beitrag zum Kapitel Physiologische Wirkungen der Luftelektrizität, sowie die Veröffentlichungen der „Umschau" (Jahrgg. 1929) über elektrisches Hören. Auf Grund von Beobachtungen, die gemeinsam mit Dr. Lugeon an der Züricher Meteorologischen Zentralanstalt und auf dem Zürichberg 1929 entnommen wurden, gelangt Dorno zu der Annahme, daß die physiologischen Effekte, individuell sehr verschieden stark, bei Wetterwechsel vielleicht entstehen „durch bei atmosphärischen Störungen auftretende elektromagnetische Wellen, wirksam über das vegetative Nervensystem durch Erregung der sensiblen Hautnerven, unter der Wirkung antennenartig schwingender Härchen und Hautanhänge, welche ein von dem der Oberhaut abweichendes Potential tragen." Dorno spricht gelegentlich von der Doppelnatur des menschlichen Körpers als Halbleiter, als Leiter und Kondensator. — F. Dessauer, Zehn Jahre Forschung auf dem physikalisch-medizinischen Grenzgebiet (Ber. d. Instit. f. physikal. Grundlagen d. Medizin a. d. Univ. Frankfurt a. M. 1931); 1. Abschnitt: Untersuchungen über unipolar beladene Luft (bes. d. Kap. 7 u. 8). Gunnar Edström (Göteborg) „Studies in natural and artificial atmospheric electric ions" (1935 Lund) konnte mit demselben Instrumentarium die Ergebnisse von Dessauer und Genossen großenteils nicht bestätigen. Es reagierten gar nicht alle Versuchspersonen überhaupt auf unipolar beladene Luft, bei derselben reagierenden Person fiel die Reaktion unregelmäßig aus; die Reaktion überdauerte nur ganz kurz das Experiment, was nach E. gegen ihre therapeutische Wertigkeit zeugt. — Bemerkenswert sind auch Sätze aus so autoritativem Munde, wie wir sie bei Meyer und Schweidler in ihrem Werke über „Die Radioaktivität" S. 20) lesen: „... vielleicht wird eine nahe Zukunft gestatten, von einem Kreislauf der Elektronen aus der Umgebung in den Menschen und zur Umgebung zurück zu sprechen, von dessen Wirkungen auf unsere Lebensvorgänge wir derzeit noch nichts ahnen." (2. A. 1927.) — S. 50 o.: Die Zahlen üb. d. baumselektive Blitzschlägeverteilg. diesmal nach Seybold, Pflanze, Klima, Wetter (in „Klima, Wetter, Mensch") S. 387: Fichten u. Tannen 32, Kiefern 15, Eichen 20, Pappeln 15, Buchen 3, d. Rest v. 15% verteilt sich a. alle anderen Sorten. Man erkennt, daß Baumsorten von sonst gänzlich verschiedenen Lebensbedingungen wie Tannen, Kiefern, Eichen, Pappeln sich dem Blitz gegenüber gleichartig verhalten. Verschiedene neuere Beobachter bezweifeln die Tatbestände wieder; u. E. sind sie nicht erschüttert, wohl aber anscheinend auch hier gegendlich recht verschieden.

Abs. 36 u. 37. Aus der unübersehbaren Literatur zur Konstitutions- und konstitutionellen Typenfrage seien nur genannt: J. Bauer, Die konstitutionelle Disposition zu inneren Krankheiten (1927) sowie das (1929) von Brugsch (und Lewy †) 1929 herausgegebene Werk „Biologie der Person. Handbuch der allgemeinen und spezifischen Konstitutionslehre". — E. Kretschmer, Körperbau und Charakter (viele Auflagen). — F. Weidenreich, Rasse und Körperbau. E. Frh. v. Eickstedt, Rassenkunde u. Rassengeschichte d. Menschheit (1939) bes. d. Abschn. „Typus" S. 21—31, m. d. Unterabschn. „Konstitution". Eine knappe u. klare Übersicht des ganzen Problemkomplexes d. Konstitution gibt E. Hanhart i. d. v. ihm verf. Abschn. d. v. G. Just herausgg. „Handbuch d. Erbbiologie d. Menschen, Bd. I (1941).

Abs. 38. Eine zusammenfassende kritische Übersicht der geopsychologischen Forschungsmethodik enthält meine schon a. S. 5 zit. Gesamtdarstellung in Abderhaldens Handbuch der biologischen Methoden, sowie in „Biologie der Person" (vgl. vorige Anm.) der Abschnitt „Die kosmischen Einflüsse auf die Person" von Dr. F. Giese, bes. II, 3: „Forschungsmethoden" — Zu S. 56 f. vgl. die gesamte arbeitspsychologische Forschung der Heidelberger (Kraepelinschen) Schule in den „Psychologischen Arbeiten" der Jahrgänge 1895 ff.; A. Lehmann (u. E. Pedersen), D. Wetter u. unsere Arbeit (1906); ferner E. Atzler, Körper und Arbeit (1927), besonders darin die beiden von A. Durig bearbeiteten Abschnitte „Theorie der Ermüdung" und „Die Ermüdung im praktischen Betrieb"; auch immer noch die klassische Schrift von Kraepelin „Die Arbeitskurve" (1903), endlich das Sammelbuch „Arbeitskunde" (1925 bei B. G. Teubner). D. Schrifttum üb. Schularbeitskunde ist schlechterdings unübersehbar u. überaus ungleichwertig.

Abs. 39. Auf die gesamte „neovitalistische" Literatur hierzu kann nicht eingegangen werden; die Tatsachen müssen für sich sprechen, sie schließen jede mechanische Erklärung aus. Wesentlich wäre eine durchgreifende Revision der Kausalitätskategorie, die in ihrer dem 18. Jhdt. entstammenden mechanistischen Fassung völlig unzulänglich geworden ist; vgl. dazu W. Hellpach, Sozialorganismen (1944, 2. A. in Vorbereitung) S. 77—104. Absch. „Kausalbegriffsverwirrung" u. folgende. — „Behaviorismus": eine von anglo-amerikanischen Gelehrten (Jennings, Watson u. a.) proklamierte Tierbeobachtungsweise, die sich jeder Unterstellung seelischer Analogien enthält und ausschließlich das wahrnehmbare Gebaren genau zu ermitteln für zulässig hält; s. bes. H. S. Jennings, Das Verhalten der niederen Organismen (deutsch 1910) und J. B. Watson, Behavior (New York 1914). Eine kritische Würdigung des B-ismus bei K. Bühler, Die Krise der Psychologie (1929).

Abs. 40/41. Eine auch für den Nichtmeteorologen aufschlußreiche Darstellung der Luftkörperlehre gibt F. Linke in der Zeitschrift für physikalische Therapie (1929, Bd. 37: „Die Luftkörperanschauung"). Sehr ausführlich ist die Lehre erläutert und gewürdigt bei de Rudder, Meteorobiologie, 2. A. II. 3. S. 19 ff. — In der auf diesen Fragegebieten vielseitig forschenden Schule des Pathologen Rob. Rössle (Berlin) hat G. Ortmann die Frage eines Zusammenhanges zwischen Luftkörperfronten und Sterbetendenz positiv beantwortet („Hat das Wetter Einfluß auf den Eintritt des Todes?", Virchows Archiv, Bd. 291, 1933). Er faßt (S. 258 u.) zusammen, daß nach Untersuchung von 16 000 Berliner Sektionsfällen ein Höhepunkt der Sterblichkeit sich ergeben habe für alle Tage mit Kalt- oder Warmfrontdurchzug. Der Gefahrtag ist der Fronteinbruchstag selber. Bei den Herz- und Gefäßkrankheiten sind die Warmlufteinbrüche besonders gefährdend. — Luftton: W. Hellpach, Arbeitsgemeinschaft zw. Natur--

u. Seelenkunde usw. I. Der Luftton als geopsychisches Urerlebnis. (Neue Heidelberger Jahrbücher 1941, S. 12—19). Dort d. Versuch einer „Tafel“:

Tafel der Benennungen des Lufttones

	durchdringend		
schneidend beißend scharf streng hart rauh	Kältetöne	Hitzetöne	stechend sengend kochend brütend stickig
	rauhschwül		
zehrend angreifend belebend frisch prickelnd	Frischetöne	Mildetöne	bleiern lastend drückend schlaff weich lind
	erquickend		

Wir vermessen uns nicht, mit dieser „Lufttonleiter“ etwa alle Töne, die es gibt, erschöpft zu haben. Wir beschränkten die Herzählung auf die hochsprachlichen Bezeichnungen, alle Slang- und Dialektnamen wurden beiseite gelassen. Es ist aber durchaus möglich, daß sich auch die hochdeutsche Skala noch um den einen oder andern vorkommenden Namen erweitern ließe.

Eine immerhin bemerkenswerte eigene Beobachtung üb. „Frontendurchzug“ u. Wetterwirkg. aufs Befinden sei hierher gesetzt:

„Frontendurchzug“ (?) am 11./12. Januar 1943. Luftton: „eisig“; N-Wind (zwischen NW und N schwankend) von hoher Windstärke („Sturm“), gegen die für den Fußgänger stellenweise nur mühsam voranzukommen war; ausgesprochen unwirtlich-rauher Witterungscharakter, Temperatur nur Milligrade über Null, dabei Tauen ringsum, abends am 11. schon richtiger „Matsch“; aber erst im Spätnachmittag des 12. Temp. Anstieg auf + 3°, über Nacht zum 13ten auf fast + 5°. Seit 12. abends „linder“, „weicher“ Luftton (bei nur kaum 3°). Enorme physiopsychische Wirkungen: Schlafstörung, Harndrang, Sexualerregung, Gliederreißen, Stimmung gedrückt-gereizt, Arbeitsunlust; im Dozentenzimmer kaum ein anderer Gesprächsstoff! Am 13. allgemeines Wohlbefinden, wie „gelöst“, Windstille, Fortgang des Tauwetters, großer Matsch, „weiche“ Luft. Temp. auf über + 6° steigend.

Abs. 42 u. 43. Hierzu im wesentlichen wieder alles in der Anm. z. Abs. 35 bereits An- und Ausgeführte! Das Ionenzählen hat z. T. wichtige Aufschlüsse gebracht, nur darf keinesfalls das Problem „Luftelektrizität“ für so einfach gehalten werden, daß alle seine Einzelfragen mit Ionenauszählungen zu erledigen seien. Darauf läuft es aber hinaus, wenn z. B. W. Storm van Leeuwen und Mitarbeiter (Münch. Medizin. Wochenschr. 1932, Nr. 11, in ihrer II. Mittlg. „Luftelektrizität u. Föhn“) den luftelektrischen Wirkungsfaktor beim Föhn verneinen, weil der Quotient zwischen leichter und schwerer Ionenzahl in ihren Zählungen keine eindeutige Korrelation zu der Wetterlage und zum

Befinden darbot. Mit der Beweiskraft negativer Resultate sollte man in der Wissenschaft recht vorsichtig sein! Wenn K. Egloff in seiner Züricher Dissertation (Nr. 766 d. Eidgen. Techn. Hochschule) „Über das Klima im Zimmer usw." S. 80 sagt: „Versuche, die luftelektrischen Erscheinungen mit dem subjektiven Befinden gesunder und kranker Menschen in Beziehung zu bringen, fielen immer negativ aus" — so besagt derlei ja in der Forschung nie eine hoffnungslose Endgültigkeit, bezieht sich überdies hier auf bestimmte Versuchsverfahren und übersieht die ganz ernstliche Möglichkeit (die z. B. durch die Kontroversen in der Gewittertheorie, s. d. Anm. z. Abs. 8, nahegelegt wird): daß die Physik (Geophysik und kosmische Physik) irgend einen luftelektrischen Einzelfaktor überhaupt noch nicht kenne, so wie wir ja vor sechzig Jahren die Radiumemanation des Erdbodens und die kosmische Höhenstrahlung noch nicht kannten, welche beide z. B. in der oben zitierten Untersuchung von Storm van Leeuwen und Genossen als „die wichtigsten Quellen für die elektrische Ladung der Atmosphäre" bezeichnet werden, im Vergleich zu denen allem anderen nur „eine nebensächliche Bedeutung" zukomme. Das deduktiv und empirisch Zwingende, womit die Luftelektrizität sich als der geobiotisch entscheidend wirksame Wetterfaktor darbietet, im Kontrast zu der bisherigen experimentellen Unmöglichkeit, ihn als solchen zu erweisen, macht es höchst wahrscheinlich, daß im luftelektrischen Komplex noch ein „Etwas" steckt, das bisher unentschleiert und ein Wesentliches im Zustandekommen z. B. der Gewitter wie auch der biologischen Atmosphärenwirkungen ist. Gerade F. Dessauer (a. i. d. Anm. z. Abs. 35 zit. O.) sagt (S. 175) drastisch: „Es steckt wahrscheinlich noch mehr in der Atmosphäre"... „Ich habe den Eindruck, daß noch mehr los ist" — obwohl die ganze Fragestellung seiner Experimentaluntersuchung ihn eher dazu verleiten könnte, alles restlos den Ionensorten zuzuschieben. Eine Art v. problemgeschichtl. Abriß hat A. Schmid (Bern) versucht: „Biolog. Wirkgen. d. Luftelektrizität" (1936). Die 215 Schrifttumsnummern sind freilich von erschöpfender Vollständigkeit weit entfernt; lehrreich ist d. Absch. über d. luftelektrologischen Auffassungen u. Bemühungen im 18. Jhdt.

Über die Aerosol-Frage (außer d. i. Text angef. Art. i. Hdwb. d. Naturwissenschaften) s. K. Büttner, Physikal. Bioklimatologie, 1938, S. 10 f.; dort auch eine größere Anzahl v. Einzelveröffentlichungen, aus denen hier nur herausgehoben sei: Schmauß-Wigand, D. Atmosphäre als Kolloid (1929).

In seiner „Meteorobiologie" (2. A. 1938) faßt S. 98 de Rudder d. Erkenntnisstand so zusammen: „Der wirksame atmosphärische Faktor, der biotrope Faktor d. Fronten, ist noch unbekannt. Mit einiger Wahrscheinlichkeit ist er in elektrischen Vorgängen d. Atmosphäre zu suchen". Dagegen ist der apodiktische Satz von F. Blumenfeld (1909): „Niemand wird bezweifeln, daß nur das Wetter als Ganzes a. d. Organismus einwirkt" — als gänzlich unhaltbar abzulehnen. Vgl. dazu unsern Abs. 42, bes. S. 64.

Abs. 44. „Alles Bisherige zusammenfassend", sagt de Rudder in seiner „Meteorobiologie" 2. A. S. 98: „Atmosphärische Vorgänge an den Grenzschichten von Luftkörpern stellen für den Menschen eine vegetative Belastung dar". Dies geht insofern nicht übers Alltägliche hinaus, als eben jede schroffere, unvermittelte oder eine zeitlang Umweltunruhe setzende Änderung der Lebensumstände (Ernährung, Geselligkeit, Gemütslage überhaupt usw.) eine „vegetative Belastung" bedeutet, jedenfalls eine vegetative „Zumutung", zu deren Bewältigung „Umsteuerungen" erforderlich werden. Diese vollziehen sich bald bewußt, bald unbewußt (in allen Alltagsdingen). Ob das eine oder das andere, dies hängt von der Gewalt der äußeren Änderung, von dem Naturell des Betroffenen, von seiner Erziehung, von Vorerlebnissen, Einstellung, Ablenkung oder Hinlenkung u. a. m. ab. Daß auch in den Wetterwirkungsfragen Menschen mit überhaupt großer „vegetativer Labilität" besondere Aufmerksamkeit verdienen, ist richtig. Aber schematisieren lassen sich diese Dinge vorerst jedenfalls noch nicht (vgl. d. Text, S. 70 f.). Mit Recht sagt W. Weichardt (in einem i. d. Pharma-Medico, 1936 Nr. 5, veröffentl. Fortbildungsvortrag über das Überempfindlichkeitsproblem): „Vielfach besteht die Neigung, die Erscheinungen der Anaphylaxie unter dem Begriff der „Vagotonie" zusammenzufassen. Ich möchte mich aber in dieser Beziehung durchaus der Ansicht von Kämmerer anschließen, daß es sich nicht empfiehlt, sich einseitig auf die Vagotonie festzulegen, ergeben doch neuere Forschungen, daß sympathische Gifte auch Vaguswirkung und Vagusgifte auch Sympathikuswirkung haben können und daß quantitative Verhältnisse der Gifte von Bedeutung sind". In seinem Werk über „Die Katarrhinfektion" (1939) schrieb K. v. Neergaard, weiland Prof. a. d. Univ. Zürich, unter d. Absatztitel „Vegetative Neurosen": „Eine allzu beliebte Diagnose ist heutzutage die vegetative Neurose oder vegetative Stigmatisierung... Dieser Begriff hat zweifellos lange Zeit der Medizin wertvolle Dienste geleistet, weil er erlaubte, ein großes Beobachtungsmaterial zu erfassen, für das sonst ein geeigneter Sammelbegriff nicht zur Verfügung stand. Nicht nur der Umstand, daß diese Diagnose, zu oft als Verlegenheitsdiagnose gedankenlos angewandt, ein eingehenderes Verstehen verhindert, sie ist auch nur schlecht geeignet, unsern heutigen Vorstellungen adäquaten Ausdruck zu verleihen... Immer mehr hat man erkannt, daß man mit generalisierten Sympathikotonieen oder Vagotonieen selten durchkommt, daß man schon organweise unterscheiden, zur Organneurose seine Zuflucht nehmen muß und auch hier wieder das Vorzeichen recht kurzfristig wechseln kann... Eine genauere Analyse vermag den Störungsherd in manchen Fällen in eine höhere Etappe zu verlegen, indem etwa aus einer vegetativen Neurose ein thyreotoxisches Krankheitsbild wird, für das dann wieder nach einer Ursache zu suchen ist." (Die letzten zehn Worte sind von uns gesperrt.) Lehrreiche Beispiele für die Vielfältigkeit der vegetativen Reaktionen am gleichen Organismus und das oft geradezu „Launische" ihres Vollzugs i. d. Druckbericht üb. d. II. Frankfurter Konferenz f. medizin.-naturwiss. Zusammenarbeit, der u. d. Titel „Erforschg. u. Praxis d. Wärmebehandlung i. d. Medizin" u. d. Redaktion v. B. Rajewsky u. H. Lampert erschienen ist (1937). Über Anatomie, Physiologie u. Pathologie d. vegetativ. Systems orientieren d. beiden Artikel v. F. Glaser (Bd. I) u. K. Hansen (Erg. Bd. III) „D. autonome Nervensystem" i. G. Klemperers „Neuer Deutscher Klinik".

Abs. 45. Die peinlichen, ja ängstigenden Wirkungen, die namentlich bei Menschen untersetzten Körperbaus mit Leibesfülle, aber auch unter gewissen binnenorganmäßigen Bauvoraussetzungen überhaupt auf solche Weise (z. B. durch blähende Nahrung) entstehen können, hat praktisch schon Laotse, der chinesische Weise, durch eine bestimmte Atemtechnik, auf gleiche Weise dann Lahmann bei seinen Kuren zu beseitigen versucht; endlich hat Roemheld (Sanatorium Schloß Hornegg) derartige Wirkungen als „gastrokardialen Symptomkomplex" beschrieben und zergliedert, therapeutisch ebenfalls die planmäßige Bauchatmung dagegen empfohlen, welche (außer andern von R. unterstellten Wirkungen, z. B. auf die Hauptschlagader) die gestauten Darmgasmassen in Bewegung drängt und zur Ausstoßung treibt. Auch Gasansammlungen im Magen vermögen schwere sub- und objektive Herzstörungen auszulösen, die durch Aufstoßen sofort schwinden. Ohne daß konkretisierbare Lokalbeschwerden auftreten, machen sich aber bei vielen Menschen die gasotonischen Wirkungen in unbestimmtem Unbehagen, Völlegefühl, Schwere, Unaufgelegtheit zu physischer und geistiger Leistung, Mißstimmung, Abgespanntheit, Verdrossenheit u. ähnl. bemerklich. Für das Höhenklima, das ja mittels seiner Luftdruckminderung den klassischen Fall gasomechanischer Wirkungsmöglichkeiten auf den Organismus bietet, hat Loewy-Davos in seinen verschiedenen Veröffentlichungen Zusammenstellungen gegeben (in seinem, Anm. z. Abs. 22—25 zit. Hauptwerk, bes. d. Abschn. I c, D. Blutgase. IV. Atmung, sowie XVI, XIX, XXI; dort auch Lit.- Angaben).

Abs. 46. Die Literatur zur Abhängigkeit der betreffenden pathologischen Zustände und Zufälle vom Wetter findet man bei de Rudder (Meteorobiologie 2. A. S. 49 f.), u. Edström (s. Anm. z. Abs. 35). — S. 72 u.: S. Bettmann, Zur atmosphärischen Beeinflussung der Hautgefäße. Münchener Medizin. Wochenschrift 1930, S. 2003f.; K. Franke, Bez. zw. physiol. Blutdruckschwankungen u. Luftmassenwechseln („Strahlentherapie", 1932, S. 517 ff.). D. noch immer beste Übersicht d. „thymotonen" Vorgänge i. 87. Kap. v. Alfr. Lehmann, Grundzüge d. Psychophysiologie (1912).

Abs. 47. S. 99 m.: Arbeiten v. O. Kestner i. d. Ztschr. f. Biologie, Bd. 73, u. 77. v. F. Dessauer u. Gen. und G. Edström (vgl. d. Anm. z. Abs. 35), alle größeren Veröffentlichungen A. Loewys über die Physiologie des Höhenklimas, u. E. Küsters Vortr. a. d. II. Frankf. wissenschaftl. Woche. (1939) — Die Existenz einer chemischen Wärmeregulation gibt auch Kestner (Handbuch der normalen und pathologischen Physiologie, „Die physiologischen Wirkungen des Klimas", S. 560 ff.) mindestens für sehr hohe Außentemperaturen zu; was er dort so nennt, entspricht dem, was wir hier „thermische Stoffwechselregulation" heißen. De Rudder dagegen (in „Klima-Wetter-Mensch" S. 151) gibt die chem. Wärmeregulation „bei niedrigen Außentemperaturen", also als reaktive Steigerung d. Verbrennungen i. Körper, zu („wie nach langem Umstrittensein heute wohl allgemein anerkannt wird"), bestreitet aber ihre Umkehrung, also Einschränkg. d. Verbrennungen, bei sehr hohen Außentemperaturen, z. B. im Tropenklima (S. 183 ebda.): „Entgegen einigen früheren Befunden scheint eine solche Grundumsatzverminderung nach heutiger Auffassung nicht vorzukommen". Immerhin: „scheint . . ."!

Zur Nitroxylentstehung (S. 74 u. f.): bez. d. konkreten Einzelstoffes hat sich K. später sehr zurückhaltend ausgedrückt. z. B. in „D. physiolog. Wirkungen d. Klimas" (Hdb. d. normalen u. patholog. Physiologie, Bd. 17 S. 509 unter „Fallwinde") „Das wesentliche ist, daß man zur Erklärg. d. Wirkgen. d. Föhns, des Schirokkos u. d. Gewitterluft nicht mehr auf unbekannte Dinge zurückzugreifen braucht, sondern nach chemischen Stoffen suchen kann". W. Mörikofer hat für eine Anzahl d. Kestnerschen Fälle den meteorolog. Föhncharakter überhaupt angefochten (Met. Ztschr. 1931, Heft 10 „Zu Prof. Kestners Föhnbegriff"). — Über d. Ozongehalt d. Luft: Götz (Arosa), D. atmosphärische Ozon (1931, Ergebn. d. kosm. Physik I). F. d. menschliche Befinden unmittelbar wesentlich ist natürlich nur das Ozonvorkommen i. d. Geosphäre. — Zu S. 75: Manfred Curry, Bioklimatik. D. Steuerung d. gesunden u. kranken Organismus durch d. Atmosphäre. 1948. 2. Bde. — Ders., Über Ursachen u. Bedeutg. d. Wettereinflüsse a. d. Organismus" (Ärztliche Forschung, 1948, Nr. 5/6). Eine gute kritische Übersicht vermittelt d. große Curry-Diskussion i. d. „Grenzgebieten d. Medizin", 1948 Heft 3 bis 1949 Heft 4, an der 14 sachkundige Autoren sich beteiligten.

Abs. 48. Die Literatur über Hormone ist unermeßlich. Bei dem ununterbrochenen Fluß der Forschung auf diesem Gebiete kann von einer relativ abschließenden Gesamtdarstellung wohl noch nicht die Rede sein; eine mit kritischer Vorsicht orientierende hatte A. Biedl † (Prag) im Handwörterb. d. Naturwiss. Bd. VIII unter „Sekretion, Innere" S. 1218—1246 gegeben; eine gute Übersicht vermittelt F. Eichholtz, Lehrbuch d. Pharmakologie (1947), S. 66—105, sowie H. Curschmann, Endokrine Krankheiten, 3. Aufl. 1943. Einzelarbeiten siehe bei de Rudder, Meteorobiologie 2. A. S. 162 ff. — S. 76 Mitte: es handelt sich um das von Aschheim und Zondek in dieser Rolle zuerst nachgewiesene, in seiner Wirkung aber offenbar schon den Alten dunkel bekannt gewesene Vorderlappenhormon aus der Hirnanhangsdrüse (Hypophyse), die zur Ausformung des Geschlechtscharakters („Männlichkeit", morphologische und funktionelle Ausprägung der Genitalien usw.) in entscheidender Beziehung steht. Sie scheint drei Hormone zu produzieren, von denen das zweite, als „Sexualreifungshormon" bezeichnet, einige Zeit nach der Eibefruchtung massenhaft im Urin der Schwangeren erscheint. Wichtig sind Untersuchungen wie diejenige v. V. Haecker (vgl. a. d. Anm. z. Abs. 12!) „Über jahreszeitl. Veränderungen u. klimatisch bedingte Verschiedenheiten d. Vogelschilddrüse" (Schweiz. Mediz. Wochenschrift 1926, Nr. 15). S. a. Ruff-Strughold, Grundriß d. Luftfahrtmedizin, 2. A. 1944, bes. S. 114 ff, wo die die ausgebreiteten Wirkungen gasotonischer Veränderungen ausgezeichnet beschrieben sind; bes. Aufmerksamkeit ist den Wirkungen in den unanpaßbaren (wandstarren) Körperhöhlen wie Nasennebenhöhlen, Paukenhöhle usw. gewidmet.

Abs. 49. Hierzu die in Anm. z. Abs. 35 zitierte Literatur, bes. d. Sätze v. Meyer u. Schweidler; sowie A. Lehmann, Grundz. d. Psychophysiologie, 16. Kap., S. 102 ff.

Abs. 50. Über das Verhältnis dieser Typen zu den Temperamenten und Charakteren der allgemeinen Psychologie s. im Text Abs. 69 u. 71.

S. 78: Auch H. Rohden (Arch. f. d. ges. Psychologie, Bd. 89, Heft 3/4, 1933) findet (S. 649) die Föhnwirkung „bei Frauen etwas häufiger als bei Männern". — Objektive Wetter-Reaktivität der Kinder tritt in allen Untersuchungen zutage, die klimatopsychophysiologisch (besonders im Seeklima) an Kindern vorgenommen worden sind; vgl. d. Anm. z. Abs. 60. Zu S. 79: D. ob. zitierte Untersuchung von H. Rohden im Psycholog. Institut d. Univ. Innsbruck folgert aus ihren Ergebnissen (S. 649): „Einheimische werden in höherem Maße von der Föhnkrankheit betroffen als Fremde". Meine verstorbene Frau, die meine eigenen psychischen Wettervorboten früher manchmal belächelt hatte, wurde während einer schweren Operation und der Genesung davon in Zürich (1925) derart für Föhn sensibilisiert, daß sie seither viel empfindlicher auf alle föhnverwandten Lagen, nämlich stärker und früher reagierte, als ich selber.

Abs. 51. Hann-Knoch, Handbuch d. Klimatologie. 4. Aufl., S. 82: „An den zwischen den Grenzen der Tropenzone und dem inneren Polargebiet liegenden Klimagürteln sind es die Winde, die geradezu das Klima beherrschen". Volksmeinung und Wetterwissenschaft begegnen sich in der dort instinktiven, hier rationalen Einsicht, daß die Windrichtung ein Hauptkennzeichen jeder Wetterlage sei. Schon H. W. Dove hatte (in seinen „Meteorologischen Untersuchungen", 1837) als die beiden Hauptwettermächte unterschieden: den Nordostwind, der kalte, schwere und trockene Luft, und den Südwestwind, der warme, leichte und feuchte Luft führt.

Abs. 52. Wir halten an der streng geophysikalischen Begriffsbestimmung des Klimas unbedingt fest. Jede andere engt den Begriff Klima auf Zurechnungen bestimmter Einzelverhältnisse zum Klima ein, was etwas ganz anderes ist, als das Klima selber. So etwa A. Loewy: „... die Summe aller für einen Ort typischen atmosphärischen und terrestrischen Zustände, durch die unser Befinden unmittelbar beeinflußt wird", oder W. Borchardt (Handbuch der Klimatologie. Bd. I, Teil E): „... alle durch die Lage eines Ortes mittelbar und unmittelbar bedingten Einflüsse auf die Gesundheit und das Befinden des Menschen", ähnlich wie schon vor einem Menschenalter M. Rubner (Lehrbuch d. Hygiene): „Unter Klima versteht man alle durch die Lage eines Ortes bedingten Einflüsse auf die Gesundheit". Das ist offenkundig unrichtig, denn mancher Umherreisende wird feststellen, daß Hamburg ein ganz anderes Klima hat, als München, obwohl beide ihm gesundheitlich nicht das geringste anhaben. Gerade das praktische Ineinandergreifen aber all der Lebenskreise, welche zum Klima Beziehungen haben, wie unser „Ausblick: Aufgaben einer Geurgie" es aufzeigt, macht die allgemeinste Fassung des Klimabegriffs auch zur praktisch brauchbarsten. Vgl. W. Hellpach, Kultur u. Klima (im Sammelwerk „Klima, Wetter, Mensch", S. 417ff. bes. S. 422), wo d. Unmöglichkeit einer medizinischen Einengung d. gesamten Klima-Begriffs an Gegenbeispielen ausführlicher dargetan ist. Auch die i. d. Geographie sehr beliebt gewordene Einteilung d. Klimate d. Erde ausschließlich nach d. Gesichtspunkt d. Gedeihens v. Kulturpflanzen (Forst- u. Feldpflanzen), also in Maisklima, Birkenklima, Buchenklima usw., hat in ihrer einseitigen Ausrichtung erhebliche Bedenken gegen sich; sie führt gewiß, ohne weiteres auf andere klimatische Beziehungen, z. B. gesteinsmäßige oder menschenkultürliche übertragen, zu Trugschlüssen. D. Vegetation sollte vor allem als wildwachsende und etwa in dem vorsichtigen Maße zur Klimencharakteristik herangezogen werden, wie es z. B. bei A. Hettner, D. Klimate d. Erde (Geogr. Ztschr. 1911, 17. Jahrgang) geschehen ist.

Abs. 54—56. Die Berichte der arktischen und antarktischen Expeditionen stimmen in der Schilderung dieser Wirkungen wesentlich überein; klassisch Payer, Die österr.-ungar. Nordpolarexpedition. O. Schellong, Akklimatisation (in Weyls Handbuch der Hygiene. Bd. I). Untersuchungen an der eingesessenen Bevölkerung der subarktischen Ökumene: Lindhard, Contribution to the physiology of respiration under the arctic climate (1910, Kopenhagen), wo die Steigerung des Gaswechsels im Polarsommer nachgewiesen ist; Finsen, Om periodiske årl. swingninger i blod (1894, Hospitalstidende); Borchardt in Pflügers Archiv f. d. gesamte Physiologie. Bd. 218 (1927), H. 3/4. — Der letztgenannte Autor sagt: „Neben der vorwiegend auf Neurasthenie beruhenden Dunkelzeitkrankheit spielt die winterliche Blutarmut in den Polarzonen eine große Rolle. Die von mir beobachtete Anämie zeigt den Typus der sekundären Blutarmut, d. h. es waren Blutfarbstoff- und Erythrocytengehalt gleichzeitig herabgesetzt. Wahrscheinlich ist die fehlende Sonnenstrahlung für die anämischen Zustände verantwortlich. Vielfach treten nur die klimatischen Begleitsymptome einer beginnenden Blutfarbstoffverarmung in den Vordergrund: Müdigkeit, Abgeschlagenheit und Unlust zur Arbeit". (Handbuch der Klimatologie. Bd. I, Teil E, S. 12/13). — Das Ansteigen der Blutwerte im Lichtsommer steht fest. Wer Skandinavier zur Zeit der hellen Nächte kennt, kann sich dem Eindruck eines hypomanisch frohen, ja erregten Wesenzugs in den Bevölkerungen nicht entziehen. Ein norwegischer Erzähler nennt den Zustand, in den der Lichtsommer die Menschen versetze, „Tollheit". Von beiden seelischen Phasen des Polarzykloids zeugt die gesamte nordische Literatur. Die hypomanisierende Wirkung langer Lichteinwirkungen ist übrigens auch für künstliche Lichtquellen ermittelt, z. B. Hasselbalch i. Skandinav. Archiv f. Physiologie. Bd. 17 (1905) S. 431, der nach Kohlenbogenlichtbestrahlungen bei sich selber (einem mehr subdepressiven Naturell) und bei Versuchspersonen eine „unbeherrschbare" manisch gefärbte Lebhaftigkeit sich einstellen sah.

Abs. 57 u. 58. Es sind tropische Tief- und Höchstmittel in Sansibar 24,7° (Juli) und 28,2° (Februar), in Kalkutta 18,4° (Januar) und 29,8° (Mai), in San Salvador 21,4° (November) und 24,6° (April), in Rio de Janeiro 19,7° (August) und 25,6° (Februar). Aber schon Biskra, unter 34° n. B., zeigt ein Januarmittel von 10,5°, ein Julimittel von 31,4° — das heißt eine Differenz zwischen Tiefst- und Höchstmittel von fast 21 Graden, gegenüber bloß 11,4 in Kalkutta, kaum 7 in Rio, 3,5 in Sansibar und reichlich 3 in Salvador. Im europäischen „Süden" tritt der relative Kühlecharakter der weniger warmen Jahreszeit immer auffallender in Erscheinung; Malta unter 35° n. B. zeigt die obigen Mittel mit 13° und 26,2°, Neapel (40 n. B.) mit 8,2 und 25,7°, Nizza (43 n. B.) mit 8,4° und 23,9°, endlich Lugano (46 n. B.) mit 1,1° und 21,5°. Die Differenzen der letzten Werte erreichen allerdings nicht die von Biskra (für Malta z. B. nur reichlich 13, für Neapel nur 17,5, für Nizza nur 15,5, für Lugano 20,5 Grade).

Die mittlere Jahresschwankung der Lufttemperatur beträgt am Äquator vielfach weniger als 1° (Insel Malden 0,6°, Batavia 1,1°), in den Subtropen schon 10—15° (Melbourne 10,5°, Kairo 13,8°, New Orleans 15,1°), in der gemäßigten und subarktischen Zone hängt sie vom maritimen oder kontinentalen Klimacharakter ab.

Die mittlere Zahl der Gewittertage im Jahre in Buitenzorg 322 (?!), in Quito 111, in Mexiko 139, durchschnittlich in den Tropen 100—150, in den gemäßigten Breiten 50—30, in der subarktischen Zone sinkt sie stellenweise bis auf wenige Tage. In den Vereinigten Staaten zählt Florida 75, Boston nur noch 19 Gewittertage im Jahre. Abgesehen davon gibt es besonders gewitterreiche und gewitterarme Striche: San Franzisko hat nur 2 Gewittertage im Jahr, trotz seiner fast schon subtropischen Lage. In der Nähe aller Gebirge steigt übrigens die Gewitterhäufigkeit, sie vermindert sich in großen Ebenen; mit wachsender Gebirgshöhe nimmt sie wieder ab: Breslau hat (Mittel aus 5 Jahren) 18,5 Gewittertage, Schreiberhau im Riesengebirge 23,2, die Schneekoppe nur noch 18,1; ähnlich Genf 24,5, Montreux 19,4, Sion nur 5,8; Luzern 22, der Pilatus 16,3, der St. Bernhard 3,1.

Die relative Feuchtigkeit im Mittel beträgt in den Tropen 70%, in den gemäßigten Gürteln 45—65%, in der Arktis 30%; oder ausgedrückt in OH_2-Vol.-Proz.: 2,63 am Äquator, 0,92 bei 50° n. B. und 0,22 bei 70° n. B.

Für alle Einzelheiten s. Hann-Knoch, Hdb. d. Klimatologie, d. entspr. Abschnitte; sowie d. Verh. Ber. d. Amsterdamer Internat. Geographen-Kgr. 1938. Comptes Rendus Tome II.

Abs. 59 u. 60. Es beträgt die mittlere Jahresschwankung der Temperatur in Westdeutschland 16,2, Warschau 22,8, Westsibirien **40,1**, alle unterm 52. Grad n. B. und auf 100 m Seehöhe reduziert; unter 62° n. B. haben die Faröerinseln eine Schwankung von nur **7,6°**, Jakutsk in Sibirien eine solche von **61,7°**! Sie beträgt in Bodö (Norwegen) 13,9° (unter 67° n. B.) und für Franz-Josef-Land (unter 80° n. B.) 27,8°, dagegen für Berlin (52° n. B.) 18,8°, für Moskau 28,8° und für Wien (48° n. B.) 21,7°.

Tagesschwankungen: In den kontinentalen Wüstengebieten bis zu 30 bis 40° C! Mittelwert in Tiflis 5,1—10,1, in Jakutsk 5,7—14,1°; auf den offenen Ozeanen 1—1,5°! Die Temperatur von Fels oder Sand kann über 80° erreichen.

W. Köppen wollte eine 44½ jährige Periode d. Wiederkehr strenger Winter in Westeuropa aufgedeckt haben („D. Gesetz i. d. Wiederkehr strenger Winter in Westeuropa", Meteorol. Ztschr. Bd. 47, 1930). Vgl. dazu auch d. Anm. zu Abs. 100!

Das Strandklima hat nächst dem Hochgebirgsklima die meisten exakten Untersuchungen seiner psychophysiologischen Wirkungen erfahren. Wir heben hervor: Loewy und Müller, Über den Einfluß von Seeklima und Seebädern auf den Stoffwechsel des Menschen (Pflügers Archiv f. d. ges. Physiologie. Bd. 103, 1904). Zuntz und Durig, Zur physiologischen Wirkung des Seeklimas (Biochem. Ztschr. Bd. 39, 1912). B. Berliner, Experimentalpsychologische Untersuchungen über die Wirkung des Seeklimas (Veröff. d. Zentralstelle f. Balneologie. Bd. II, H. 1). Berliner und Müller (Ztschr. f. Balneologie u. Klimatologie 1912, Nr. 20) untersuchten das seenahe Klima hinter und vor einem Dünenwald a. d. Ostsee. Nach dem Kriege von 1914—18 hat das Psychologische Institut der Universität Hamburg mehrere Untersuchungen an der Nordsee veranstaltet: M. Muchow, Psychologische Untersuchungen über die Wirkung des Seeklimas, und A. Langenlüddecke, gleichen Titels, beide 1925 i. d. Veröff. d. Zentralst. f. Balneologie, G. Petrasch, Die therapeutisch bedeutsamen Faktoren des Seeklimas: Sonne, Wind und Seebad in ihren Einwirkungen auf die Dynamik des kindlichen Seelenlebens (Ztschr. f. angew. Psychologie. Bd. 34, 1929). Es wurden (in Wyk auf Föhr) geprüft: Reaktionshandlungen, Konzentrationsleistungen, Treffsicherheit, einfache Arbeiten. Es wirkten See- und Sonnenbäder ausgesprochen lustvoll erregend, Spaziergänge im Wind meist unlustvoll ermüdend („übermüdend"), nur bei einigen sehr kräftigen Naturellen erregend.

Hinsichtlich der vielumstrittenen „Salzigkeit" der Seeluft heißt es in der neuesten Auflage bei Hann-Knoch, Handbuch der Klimatologie (S. 91): „Die Seeluft enthält etwas Salz und Spuren von Jod". Der Salzgehalt der Luft entsteht ausschließlich durch Brandungszerstäubung und beträgt etwa 0,1 g in 1000 l Luft. An radioaktiven Zerfallsprodukten ist die Luft überm Meere besonders arm, im Gegensatz zum Hochgebirge, wo sie daran besonders reich ist; das Festtiefland nimmt eine Mittelstellung ein.

Abs. 61—66. Die klassischen Werke: A. Mosso, Der Mensch a. d. Hochalpen (deutsch 1899). N. **Zuntz** (mit Caspary, Loewy, Müller), Höhenklima und Bergwanderungen. (1906). C. Dorno, Studie über Luft und Licht des Hochgebirges. (1911). A. Loewy, Physiologie des Höhenklimas (1932), darin enthalten: W. Mörikofer, Das Hochgebirgsklima. — Einen nützlichen fortlaufenden Handweiser bilden die jährlich ausgegebenen Verzeichnisse der Veröffentlichungen des Physikalisch-Meteorologischen Observatoriums und des Instituts für Hochgebirgsphysiologie und Tuberkuloseforschung zu Davos. — Zur Bergkrankheitsfrage (und -verhütung) s. auch die Anm. z. Abs. 34. Neuerdings scheint sich geradezu die Regel Bahn zu brechen: Je weiter polwärts ein Gebirge liegt, desto niedriger, je weiter äquatorial, desto höher liegt in ihm die unterste Bergkrankheitsgrenze. Zu S. 99f.: D. mittl. Luftdruck beträgt

in Seehöhe	bei allen Temperaturen	762 mm,
„ 500 m ü. M.	je nach Temperatur	716—720 „ ,
„ 1000 „ „ „	„ „ „	671—679 „ ,
„ 1500 „ „ „	„ „ „	630—641 „ ,
„ 2500 „ „ „	„ „ „	553—569 „ ,
„ 4000 „ „ „	„ „ „	452—475 „ ,
„ 5000 „ „ „	„ „ „	394—420 „ ,

Es haben

Stadt Mexiko	b. 2278 m ü. M.	586,3 mm	Druck,
„ La Paz	„ 3690 „ „ „	493,6 „	„ ,
Kloster Hanle (Tibet)	„ 4610 „ „ „	435,4 „	„ ,

Abs. 67. Für die wichtigsten Forschungsverfahren s. de Rudder, Meteorobiologie, bes. 1, II, 1. 2. 5 b; III A. B.; Fr. Baur, Grundbegr. d. math. Statistik (Verh. Ber. d. I. Frankf. Konferenz f. med.-naturw. Zusammenarbeit 1936, S. 29—47).

Abs. 69/70. Am Eingange der Literatur, welche die Reizwirkungen behandelt und (z. B. in Gestalten wie Aug. Bier) die zünftige Heilkunde zeitweilig sehr dicht an die homöopathische Theorie herangeführt hat, wird das Buch des längst verstorbenen und fast vergessenen Greifswalder Psychiaters Rud. Arndt, „Das biolog. Grundgesetz" (1891) immer einen theoriegeschichtlichen Platz beanspruchen dürfen.

Abs. 72. S. 148 u.: R. Degkwitz weist in einer kleinen Schrift über „Klimatische Kuren im Kindesalter" (1934) an einer wohlausgelesenen Beispielfülle auf den heilkräftigen Reiz jedes Klimawechsels als solchen gegenüber der vielfach gedankenlosen oder geschäftseifrigen Anpreisung der spezifischen Heilkraft besonderer Klimate hin. Bemerkenswert ist die Betonung der Erholungskraft einer bedachtsam eingesetzten Akklimatisationsdynamik, z. B. S. 20: „Von ausgezeichneter Wirkung ist der Seewinter, wenn eine sommerliche Kur in den Winter hinein ausgedehnt wird". Vgl. dazu unsern Abs. 76!

Abs. 73—76. Allgem. z. Akklimatisationsfrage: J. Grober, D. Akklimatisation (1936; auf vielen eigenen Erfahrungen fußend); A. Castellani, Climate and Acclimatization (II. A. 1938; d. dtsch. Lit. ist darin nur dürftig u. in veralteten Vorkriegsveröffentlichungen berücksichtigt); W. Hellpach, Generelle Erkenntnisse z. Individual- u. Sozial-, Rassen- u. Völkerpsychologie d. kolonisatorischen Akklimatisation (Comptes Rendus — Kgr. Ber. — d. Internat. Geographen-Kgr. Amsterdam 1938, Bd. II, Abt. Géogr. Coloniale, S. 143—154.) F. d. Tropen, K. Sapper, Grenzen d. Akklimatisationsfähigkeit d. Menschen, Geogr. Ztschr. 1932. W. Borchardt (Archiv f. Schiffs- u. Tropenhygiene 1929, Bd. 33 „Beiträge zur Klimaphysiologie und -psychologie der Tropen") kommt zu dem Ergebnis, daß „eine ständige Akklimatisation der weißen Rasse an das tropische Küsten- und Niederungsklima nur bedingt möglich ist". Sapper (Vortrag in der bayr. Akademie d. Wiss. 1932) schätzt die Zahl „der zwischen den Wendekreisen akklimatisierten reinblütigen Weißen auf vielleicht ½, höchstens 1% der weißen Rasse" (Mongolen dagegen: etwa 10% der Gesamtrasse!). Eine großartige Gesamtübersicht über den Stand des Tropenakklimatisations-Problems bieten die Verhandlungen der Internat. Geographenkongr. zu Amsterdam 1938 (Comptes Rendus d. Cgr. Intern. d. Géographie, Bd. II), wo nicht weniger als 42 Gelehrte Stellung nehmen. Bei allen Meinungsverschiedenheiten in Einzelfragen läßt sich als Resultante dieser weitausgreifenden Auseinandersetzung etwa festlegen: Persönliche und gruppenmäßige, auch familiäre physische Gesunderhaltung durch mehrere Generationen ist in manchen, besonders tropischen Küsten- und Hochlandsgegenden stellenweise möglich und erwiesen. Es handelt sich aber durchaus um Ausnahmen, deren Verallgemeinerung (etwa im Sinne des austral. Hygienikers Cilento: mit der Ausrottung der physischen Tropenseuchen werde das Tropenakklimatisationsproblem gelöst sein, das Klima als solches bereite keine unüberwindlichen Schwierigkeiten) abgelehnt, großenteils scharf abgelehnt wird. Positive „Experimentalgebiete" sind bis heute Queensland, Espirito Santo (Brasilien) u. Panama. (Panama mit Fragezeichen, weil — s. Kgr. Ber. Vortrag Ziemann S. 357 ff. — dort alle 2—3 Jahre ein mehrmonatiger Restitutionsurlaub i. d. gemäßigte Zone bewilligt wird). Gerade Espirito, über das schon 1915 eine sorgfältige Monographie des deutschen Statistikers E. Wagemann (D. dtsch. Kolonisten i. brasilian. Staate E. S.) vorlag, zeigt aber (abgesehen v. d. örtlich sehr günstigen Inklimatisationsumständen: allmähliches Herabsteigen der Siedler aus dem Hochland ins Tiefland) das psychische Opfer, mit dem die physische Akklimatisation erkauft ist: d. dortigen Siedler sind kulturell über ihr Niveau als einstige pommersche Landarbeiter kaum hinausgekommen (hierzu ein sehr besonnener Aufsatz v. E. G. Nauck i. d. Ztschr. d. Ges. f. Erdkunde 1938, S. 81—93), keine führende Elite hat sich entwickelt, d. hygien. Verständnis ist beklagenswert gering, d. Lebensformen sind ganz primitiv geblieben. (Vgl. hierzu E. Rodenwaldts Stuttgarter Ref. Verh. d. Ges. Dtsch. Naturf. u. Ärzte 1938, S. 29 ff. u. d. Vortrag v. O. Fischer (Tübingen) i. Amsterd. Kgr. Ber. S. 87 ff., bes. S. 99). Dagegen erleichtert körperl. Arbeit eher d. Akklimatisation (im Gegensatz z. früheren Anschauungen: ebensowie heute Sport f. durchaus gesundheitsnötig erachtet wird); nur darf sie nicht unter d. Peitsche d. Konkurrenz mit Eingeborenenarbeit verrichtet werden. Völkisch vermag d. weiße Rasse i. d. eigentl. Tropen nicht zu bestehen; ganze Bevölkerungsquoten i. d. Tropen umsiedeln, hieße sie dem sicheren völkischen Untergange ausliefern — hierzu s. bes. E. Rodenwaldts Ber. i. d. Amsterdamer Kgr. Bd. S. 292 ff. Auch f. gruppenmäßige Verpflanzung ist d. seelische u. damit willensgeistige Gefahr d. „Stupidisierung" d. Daseins groß. Wie ich in meinem Exposé f. Amsterdam (s. Ber. Bd. S. 143 ff., bes. S. 152/153) ausgeführt habe, steigern Umvolkungstendenzen, d. h. fremdstaatl. Unterdrückung mitgebrachten volkstümlichen Geistesgutes, diese Gefahr. — Es ergibt sich, daß d. Begriff d. Akklimatisation, bes. als „Inklimatisation", schließlich, wie alles Menschentümliche, in ein Wertproblem mündet: genügt, um v. Inklimatisation zu sprechen, physischgenerative Gesunderhaltung, oder müssen „willensgeistige" Leistungsmaßstäbe mitherangezogen werden? (Vgl. zu diesem Begriff „willensgeistig" W. Hellpach, Psych. Auseinandersetzgen. d. Menschen m. seiner Naturumwelt, Vortr. d. II. Wiss. Woche z. Frankfurt, 1939). Je nachdem wird man d. Akklimatisierbarkeit d. Weißen a. d. Tropen i. Einzelfalle bejahen oder verneinen. F. d. Gattungsfall, d. h. f. d. Tropen schlechthin (also nicht bes. günstige, ausgesuchte Tropenstriche unter bes. günstigen Umständen) muß sie nach wie vor auch physisch-generativ verneint werden. Als unzureichend muß die Beweisführung Polecks (Archiv f. Schiffs- und Tropenhygiene 1924, Bd. 28, S. 193 f.) beurteilt werden, die alle Schwierigkeiten sozialpsychologisch deutet: das Tropenklima hat nach ihm mit der ihm zugeschobenen Tropenneurasthenie „in keiner Weise etwas zu tun". P. begeht den methodischen Fehler, lauter außerdurchschnittliche Fälle zugrunde zu legen (Samoa — Hererokrieg — Lettow-Vorbeck-Feldzug), und eine Beweisführung für die Mitwirkung sozialer Umweltfaktoren (die niemand leugnen wird) ist ja noch kein Beweis gegen die grundlegende Klimawirkung. — Kestner hat versucht darzutun, daß eine völlig verschiedene Art der Schweißabsonderung bei den Farbigen Afrikas einer der Faktoren sein möge, die eine Wahlverwandschaft zwischen Heißklima und Dunkelrasse herstellen (Klinische Wochenschr. 1929, Nr. 39 „Klimaunters. i. d. Tropen", 3. Das Schwitzen d. Neger). Die Untersuchung ist gemeinsam mit W. Borchardt ausgeführt. Fürs Hochlandsklima Loewy, Physiologie d. Höhenklimas, XXI: Anpassungen a. d. Höhe; K. Sapper, Über Höhenakklimatisationen (Geograph. Ztschr. 1937, 4). [Karl Turban hat kürzlich in einem Lebensrückblick erzählt, daß nach fast 40jährigem (f. d. Tuberkulosebehandlung bahnbrechenden) Wirken in Davos die unverbesserliche Schlaflosigkeit ihn f. d. Wahl eines Ruhesitzes ins Tal vertrieben habe!] — S. a. d. ges. Lit. i. d. Anm. z. Abs. 34 u. 61—66. — Bez. d. besten Lebensalters f. d. Akklim. Grober, D. Akklimatisation, S. 82/83: „Besonders gefährdet ist d. Säuglingsalter, dann d. Pubertät, b. d.

Frau besonders d. Gebäralter; erst dann folgen d. Schuljahre, endlich d. Kinderzeit bis z. 6. Lebensjahre. D. mitteleurop. Mann ist am besten akklimatisationsfähig v. 23.—40. Lebensjahr". F. d. kollektive (kolonisatorische) Akklimatisation habe ich d. richtige Mischung verschiedener Altersstufen (wegen ihrer ausgleichenden sozialpsycholog. Wirkgen.) besonders hervorgehoben: Ber. ü. d. Amsterdamer Internat. Geograph. Kgr. 1938, Bd. II, S. 150—152.

Abs. 77. Über den Begriff des „Gautypus" s. bei Frh. v. Eickstedt, Rassenkunde und Rassengeschichte der Menschheit. S. 23; Vgl. im übrigen auch die in d. Anm. z. Abs. 110 aufgeführte Literatur! v. Eickstedt's Ablehnung meiner (zuerst a. d. Internat. Kgr. f. Bevölkerungswissenschaft z. Berlin 1935 vorgeschlagenen) Verdeutschung „Gauschläge" statt „Gautypen" habe ich entkräftet in meiner „Deutschen Physiognomik" (1942), Anm. 9 zu S. 18 d. 1. Kapitels, S. 49. Noch immer klassisch: Ad. Bastian, Klima u. Akklimatisation unter ethnischem Gesichtspunkte (1878). — W. Hellpach, Einführg. i. d. Völkerpsychologie (1938), Abs. 18/19 „D. Volkslebensraum".

Abs. 78. Das Nord-Süd-Problem besonders b. Friedrich Ratzel, Anthropogeographie, Bd. I (2. Aufl. v. 1899), Abs. 244 u. seine ausgezeichneten Ausführungen über Schlesien i. d. „Politischen Geographie"" (1897, S. 298 f.). — W. Hellpach, Einführung i. d. Völkerpsychologie, 2. A. 1944, bes. d. Abschn. „D. Volkslebensraum: Klima u. Landschaft", S. 35—40; S. 36 ist d. „Gesetz d. lebensräumlichen Beziehung zwischen Rassen u. Völkern", S. 38 d. Nord-Süd-Unterschied dargestellt.

Abs. 79/80. Saisonzüge der Eskimos: Aufschlußreiches hierüber in der Monographie von Franz Boas, Baffin-Land (1885). — Über die Völkerunruhe: Frh. v. Eickstedt, Rassenkunde usw., namentlich in den Abschnitten Biodynamische Grundtatsachen S. 106 ff.; Das Ausschwärmen des nordischen Unruhezentrums; u. a. m. R. Numelin, The wandering spirit (1937; milieutheoretischer Grundstandpunkt, die Wanderungen werden so gut wie ganz aus zufälligen äußeren Daseinsnöten hergeleitet). — S. 160 u.: D. Entstellung d. Rassen; H. Weinert, D. Ursprung d. Menschheit (1932); davon abweichende Auffassungen b. M. Westenhöfer, D. Problem d. Menschwerdg. (1934); Frh. v. Eickstedt, Rassenkunde u. Rassengeschichte d. Menschheit (1933), bes. I, 2. „Ursprung u. Entfaltung d. Menschheit, S. 62—138, aber d. Zusammenhang zw. Rasse u. Klima auch an zahlreichen andern Stellen ebenda b. d. Darstellg. d. Einzelrassen; E. Fischer, in Baur-Fischer-Lenz, Menschl. Erblehre, 4. Aufl. Bd. I, Abschn. II, 3 b „Rassenentstehung", S. 251—269; S. 259: „Es dürfte nicht abwegig sein, wenn man sich vorstellt, daß auch der mit solcher Art Wanderung verbundene Wechsel klimatischer u. anderer Umwelteinflüsse ähnlich mutationserregend gewirkt haben dürfte, wie die Domestikationseinflüsse". E. Rodenwaldt, „D. Anpassg. d. Menschen an ein seiner Rasse fremdes Klima", Verh. d. Ges. deutsch. Naturforscher u. Ärzte 1938 (95. Vers.) S. 29 ff. D. wichtigen praktischen Folgerungen a. d. Gesetz d. lebensräuml. Beziehungen zwischen Rasse u. Volk („D. Fähigkeit, Völker z. bilden u. in Völkern z. existieren, ist der Maßstab f. d. Standorteignung einer Rasse") habe ich (z. B. f. d. weitgehend gewandelten Kolonisationsaufgaben des 20. Jahrhunderts) in meinem Exposé f. d. Intern. Geographenkongr. Amsterdam 1938 (s. Anm. z. Abs. 73—76) ausgeführt. Zu „Völkertum" vgl. d. gleichnamige Kap. (56) in meiner „Einführung i. d. Völkerpsychologie", sowie meine Darlegg. i. „Kultur u. Klima" Sammelwerk Klima-Wetter-Mensch. S. 427; v. S. 424 ab d. Probleme d. adäquaten Klimas, d. Funktionalrassen, d. Anpassung, Wanderung u. a. ausführlich.

Abs. 81—88. Außer den amtlichen statistischen Veröffentlichungen: Adolf Wag-

Zu Abs. 82—86.

Sozialstatistisches Bild der Frühlingskrise

	I	II	III	IV	V	VI	VII	VIII	IX	X	XI	XII
Konzeptionen												
Deutschland[1]) (1872—1888)	100/91	99/95	99/103	*103/110*	**106/116**	*104/109*	*100/104*	97/100	95/95	95/91	98/88	105/100
Frankreich (1827—1869)	7,84	8,02	7,85	8,69	**9,21**	*9,08*	8,76	8,25	8,46	7,91	7,89	8,02 %
Notzucht												
Deutschland	64	66	78	103	*128*	*144*	**149**	*130*	108	90	68	69
Italien	5,57	5,24	6,88	8,56	*10,95*	**13,03**	*12,42*	*11,13*	8,93	7,29	4,95	5,05 %
Selbstmord												
Preußen	61	67	78	99	*104*	**105**	99	90	83	78	70	61
Frankreich	68	80	86	*102*	*105*	**107**	*100*	82	74	70	66	61
Italien	69	80	81	98	*103*	**105**	*102*	93	73	65	63	61
Irreneinweisungen												
Lombroso	1476	1490	1829	*2237*	**2642**	**2701**	*2614*	*2261*	1604	1637	1452	1529
Land Baden	646	625	670	652	*723*	**824**	*784*	636	539	811	581	598
Heidelberg	7,6	8,3	8,3	8,9	8,8	**9,4**	8,7	8,2	7,6	7,9	8,1	8,1 %
Schöpferische Eingebungen												
Lombroso	101	82	103	*134*	**149**	*125*	105	113	*138*	83	103	86

[1]) Die erste Zahl gibt die ehelichen, die zweite Zahl die unehelichen Empfängnisse an.

ner, Die Gesetzmäßigkeit in den scheinbar willkürlichen menschlichen Handlungen (1864). Quetelet, Physique sociale (1869); Durkheim, Le suicide; G. Aschaffenburg, Das Verbrechen; Lombroso, Genie und Irrsinn. — Gädeken, Über die psychophysiologische Bedeutung der atmosphärischen Verhältnisse usw. (Ztschr. f. Psychotherapie u. medizin. Psychologie. Bd. III.). — S. 130 f.: Hösch-Ernst, Die körperliche und geistige Entwicklung des Schulkindes (1906). — Schuyten, Wachstum und Muskelkraft bei Schülern während des Schuljahres. (Ztschr. f. Psychologie. Bd. 23). — Lobsien, Schwankungen der psychischen Kapazität (1902). — E. Meumann, Experimentelle Pädagogik. S. 60 f. — Schmidt-Monnard, Über den Einfluß der Jahreszeit und der Schule auf das Wachstum der Kinder (Jahrb. f. Kinderheilkunde. Bd. 40, 1895). Die bahnbrechende Veröffentlichg. war 1884 d. Vortrag v. Malling-Hansen, „Results of daily weighing of 130 pupils of the Royal Institution for the deaf and dumb at Copenhagen" a. d. Congr. Intern. d. Sciences Méd. (Kopenhagen 1884). — Ferner bleibt Lehmann und Pedersen, Das Wetter und unsere Arbeit (1906) für alle diese Fragestellungen eine klassische Untersuchung. — Üb. d. rein physiolog. Seite der „Winterruhe" u. „Frühlingskrise" s. d. entspr., sehr eingehenden Abschn. b. de Rudder, Meteorobiologie 2. A. S. 158 ff. — Über die tierischen Brunstperiodiken existiert m. W. keine befriedigende Gesamtdarstellung, doch wäre ich f. Belehrungen von züchterischer Seite dankbar; zahllose Einzelheiten in den 13 Bänden v. Brehms Tierleben. 4. Aufl. — Auf die Beziehung des Frühlings zur Pflanzenwelt und zur (namentlich kindlichen) Krankenwelt kann in diesem Buche nicht eingegangen werden, weil es sich dabei um rein physische Zusammenhänge handelt, s. Wichtiges i. „Klima, Wetter, Mensch" (1938), bes. den v. de Rudder (Bioklimatik), Martini (Krankheitserreger) u. Seybold (Pflanze) verf. Abschn. Es scheint, daß der „Säuglingsfrühling" (ebenso wie in mancher Hinsicht der Pflanzenfrühling) schon im Hochwinter seine Vorboten aussendet („biologischer Frühling" n. d. Formel d. Pädiaters Moro, eine etwas überspitzte Formel, die nur für bestimmte botanische und pathologische Wirkungen Geltung beanspruchen kann). Die jahreszeitliche Determination der pflanzl. Lebenserscheinungen wird Phänologie genannt. S. hierzu E. Hiltner, D. Phänologie u. ihre Bedeutung (1926); A. Angot, Résumé des études sur la marche des phénomènes de végétation et de la migration des oiseaux pendant les 10 années 1881—1890 (Paris 1894, Ann. d. bureau central mét.) Zur Vitaminfrage: Stepp-György, Avitaminosen (1924) u. de Rudder i. seiner „Meteorobiologie" a. vorhin angef. O. UV aktiviert d. im Organismus vorhandenen „Provitamine". Gegen eine Überschätzung der Avitaminose i. d. Jahreszeitenwirkung wendet sich u. a. in eingehender Polemik L. von Gordon i. d. Medizin. Welt, 1933, Nr. 18 („Über Frühlingsmüdigkeit u. Frühjahrssterblichkeit"). — D. Begriff d. Avitaminose droht (ähnlich d. vegetativen Stigmatisation) zu einem Bequemlichkeitsdiagnostikum zu werden, für das als Therapeutica zahllose industriellfabrizierte „Vitamin"-Präparate sich anbieten. Das Vitamin, das am erweislichsten neuro-psychische Wirkungen (bzw. Ausfälle) setzt, B_6, ist gerade im vegetabilischen Grünzeug am wenigsten enthalten, dagegen in Hefe, Reiskleie, Leber, Fischfleisch; die „Chlorophyll-Vitamine" machen (b. Fehlen) wesentlich physische Schädigungen abseits der psychophysischen Sphäre (Hemeralopie, Infektionsanfälligkeit, Hypothyreose, Skorbut, Dermatosen u. a. m.).

S. 123, Luftgezeiten: L. Weickmann, Wellen im Luftmeer (Abh. d. math. phys. Kl. d. Sächs. Ak. d. Wiss. Bd. 39 f.).

S. 129 f.: Hanna Kollibay-Uter in ihrer an der Heidelberger Psychiatrischen Universitätsklinik ausgeführten Arbeit: „Über die Jahreskurve geistiger Erkrankungen". (Ztschr. f. d. ges. Neurologie u. Psychiatrie 1921. Bd. 65, 3.—5. Heft) konnte die am Material der Freiburger Klinik von H. Westphal gewonnene „sozialpsychologische" Deutung der frühsommerlichen Internierungshäufung nicht bestätigen, sondern kommt zu dem Ergebnis: „Der Frühling-Sommer-Anstieg entspricht einer Häufung frischer Erkrankungsfälle" (S. 363). Am Material der Zürcher Anstalt Burghölzli von 1900 bis 1920 hat Ed. Meier (dieselbe Ztschr., Bd. 76, Heft 4) interessanterweise festgestellt, daß 1. die Jahreskurve der männlichen Kranken ausgeprägter und regelmäßiger ist, als die der weiblichen; 2. für die Männer der Gipfel im Juli, für die Frauen im Mai liegt; der Tiefstand im Winter gilt für beide Geschlechter; 3. die männliche Internierungskurve der Kurve der unehelichen Zeugungen, die weibliche Internierungskurve der Kurve der ehelichen Zeugungen entspricht. Diese letztere Tatsache weist wohl, sollte sie allgemein zutreffen, auf eine objektive Empfängnisfähigkeitssteigerung bei den Frauen im Mai, auf eine subjektive Geschlechtstriebverschärfung bei den Männern im Hochsommer hin. Es ergäbe sich daraus etwa folgender Unterschied in der jahreszeitlichen Reaktionsweise des weiblichen gegenüber dem männlichen Geschlecht: Beim Weibe steigt mit der Frühlingskrise die Fruchtbarkeit rasch an und gipfelt im Hochfrühling; beim Manne steigt mit der Frühlingskrise die Brunst langsam an und gipfelt im Hochsommer. Dies wird durch die deutsche und italienische Notzuchtstatistik vollauf bestätigt: die Sexualvergehen (so gut wie ausschließlich männlicher Initiative entspringend) kulminieren in beiden Ländern im Juni und Juli; die Empfängnisse in Deutschland und Frankreich vom April bis Juni unter deutlichem Zurückebben im Juli. Vgl. z. allem unsere statist. Tafel (z. Abs. 82—86).

S. 130: Frédéric Soret über Goethe: „Ich höre, daß er jedes Jahr die Wochen vor dem kürzesten Tag in deprimierter Stimmung zu verbringen und zu verseufzen pflegt." Goethe an Schiller (31. 12. 1799): „... fast befürchte ich, daß der kürzeste Tag noch Lust hat, mir hinterdrein Händel zu machen"; an Frau v. Stein (12. 12. 1784): „... es scheint doch, als wenn der Monat sein R cht behaupten wollte ... das schlimmste dabei ist, daß mir auch in solchen Stunden das Gefühl einer Liebe verdunkelt wird". Schiller an Goethe (20. 3. 1802): „... Eintritt des Frühjahrs ... der mich immer traurig zu machen pflegt, weil er ein unruhiges und gegenstandloses Sehnen hervorbringt". Die von uns gesperrten Worte sind eine klassische Formulierung des Stimmungszustandes der Frühlingskrise!

Zu S. 132: Selbst in einem Klima mit so geringer Strahlungsgesamtintensität wie dem zu Karlsruhe (0,80 im Dezember gegen 1,20 auf dem Schwarzwald-Feldberg und 1,42 in Arosa) bieten nach A. Pepplers Ermittlungen (D. Gesamtstrahlung v. Sonne u. Himmel i. Karlsruhe. Btr. z. Phys. d. fr. Atmosph. 1930, XVI/2) März bis Juni Steigerungen auf 1.24 bis 1,22 (Mai sogar **1,26**, höchster Arosa-Wert im März 1,55), schon im August nur noch 1,07, Okt. 0,96, auch Februar erst **1,08**.

Abs. 89—93. Allgem.: außer e. Aufsatzreihe v. 5 ausländ. Verf. i. d. Dtsch. Med. Wschr. 1938, Nr. 21 u. 28, bes. Jores, Physiol. u. Pathologie d. 24-Stunden-Rhythmen d. Menschen [Erg. Inn. Med. 48, S. 574 (1935)]: de Rudder, Grundzüge d. Bioklimatik (in „Klima, Wetter, Mensch") S. 221—225 „D. Tagesperiodik i. Menschen". Die grundlegenden Ermittlungen z. Schlaftiefengang bei Michelson, Untersuchungen über die Tiefe des Schlafes (Psychol. Arbeiten Bd. II, 1897). Wesentlich Neues ist seither nicht aufgedeckt worden trotz vieler Spekulationen über „Wesen" und „Bedeutung" des Schlafes. Bezüglich der Nachtzeiten ist zu beachten, daß sie praktisch-konventionelle Festsetzungen sind, insbesondere seitdem die astronomischen Ortzeiten durch die großen Zoneneinheitszeiten (mitteleuropäische, gar: sog. „Sommerzeit"!) abgelöst worden sind. Dieselbe Mitternacht der ME-Uhr ist in Breslau und in Köln astronomisch etwas Verschiedenes. Wie verwickelt aber auch schon die Dinge bei der sog. astronomischen Zeit liegen, erläutert Herff in der „Naturwissenschaftlichen Wochenschrift" (Jahrg. 1913, S. 60). Die bürgerliche und die astronomische Mitternacht fallen nur viermal jährlich aufeinander, sonst gibt es mehr oder weniger beträchtliche Differenzen zwischen beiden. S. a. Art. „Zeitmessung" im Hdwb. d. Naturwissenschaften Bd. X. Ferner: Römer, Über einige Beziehungen zwischen Schlaf und geistigen Tätigkeiten (Bericht üb. d. III. Intern. Kongr. f. Psychologie 1897), S. 353; und „Experim. Studien über den Nachmittagschlaf" (Allg. Ztschr. f. Psychiatrie Bd. LIII, im Bericht üb. d. Jahressitzung des Vereins der deutschen Irrenärzte). Über Nachtarbeit: Dr. W. Schmitz „Regelung der Arbeitszeit und Intensität der Arbeit" (Arch. f. exakte Wirtschaftsforschung Bd. III, Heft 2). Zur Frage der zweckmäßigsten Arbeitsverteilung am Tage vgl. mein für den „Verband deutscher Diplomingenieure" erstattetes Gutachten „Englische Arbeitszeit" (Zeitschr. d. Verb. dtsch. Dipl.-Ingenieure 1913, Heft 22). Ich bekenne freilich, daß mein Urteil über die „durchgehenden" Arbeitszeiten sich an den Erfahrungen von Jahrzehnten immer weniger günstig gestaltet hat; für Hochqualitätsleistung sind sie als unbedingt nachteilig zu bewerten. Auch hinsichtlich der „Tagesleistungskurve" hat die Forschung keinen wesentlichen Erkenntniszuwachs mehr gebracht. Meumann, Vorlesungen zur Einführung in die experimentelle Pädagogik Bd. I. Kraepelin, Die Arbeitskurve. Hellpach, Unterrichtsverteilung (Ref. a. d. Stuttgarter Tagung d. Deutschen Vereins f. Schulgesundheitspflege 1905; Verhandlgs.-Ber.). — Über das tierische Tag- und Nachtleben vgl. Brehms Tierleben in vielen Einzelfeststellungen. Die Erquickungskraft selbst sehr kurzen Schlummers in akuten Übermüdungszuständen haben viele im Felddienst des Krieges erfahren. — Auf einer Bahnfahrt nach einer vorher durchwachten Nacht schlief ich, müdigkeitsüberwältigt, mitten im Gespräch mit meinem Reisegefährten fest ein. Ein heftiger Ruck des Zuges weckte mich; ich meinte, stundenlang geschlafen zu haben und fühlte mich völlig „restauriert". Mein Gegenüber stellte fest, daß mein „Nickerchen" ganze 12 Minuten gedauert hatte! Was da im Organismus, besonders im Zentralnervensystem vor sich geht, wissen wir überhaupt noch nicht. Zu Abs. 92/93: A. Durig, Die Theorie der Ermüdung. — Über den „Pflanzenschlaf" und seine atmosphärischen Determinationen muß auf die mannigfachen Arbeiten von Dr. Rose Stoppel-Hamburg verwiesen werden, bes. „Tagesperiod. Erscheinungen b. Pflanzen" i. Handbuch der normalen und pathologischen Physiologie Bd. 17/18 u. „Analyse d. tagesrhythm. Blattbewegungen usw." i. d. „Verhandlungen d. II. Konferenz d. Internat. Ges. f. biologische Rhythmusforschung" (Stockholm 1940), S. 45—67). Seybold (in „Klima, Wetter, Mensch" S. 357): „Daß es sich bei den Schlafbewegungen der Blätter u. Blüten um keine dem menschlichen und tierischen Schlaf vergleichbaren Erscheinungen handelt, bedarf hier keiner weiteren Begründung". Mit diesem negativen Urteil stimmt die Darstellung weiterhin, namentlich S. 366/67 nicht ganz zusammen. Bei vielen Pflanzen zeigen eben wichtige Prozesse nachts eine herabgesetzte Funktion; eine Minderheit bietet im Dämmer und Dunkel Hyperfunktionen dar — genau wie im Tierreich.

Abs. 94. In der medizinischen Literatur neuerdings eine Fülle exakter Bestimmungsversuche, namentlich auch für die Stoffwechselvorgänge, einiges davon i. d. a. Schluss d. vor. Anm. zit. „Verh. d. Intern. Ges. f. biolog. Rhythmusforschung". Über die Lebensgefährlichkeit bestimmter Tages- und Nachtstunden. Hagentorn (Prof. d.

Chirurgie in Kowno), Münch. Med. Wochenschr. 1932, Nr. 30, findet eine Sterbehäufung zwischen 4—6 Uhr früh und gegen 12 Uhr mittags (also jene zusammenfallend mit der niedrigsten Körpertemperatur, diese mit dem Mittagsleistungssattel); W. Fischer, Münch. Med. Wochenschr. 1932, Nr. 36 findet Sterbehäufung von 3—6 Uhr früh, 12 Uhr mittags, 20 und 23 Uhr abends. Hagentorn denkt an die luftelektrischen Faktoren als auslösenden Anlaß. — Üb. d. Häufg. d. Wehenbeginne i. d. Nachtstunden vgl. z. B. B. Guthmann (Frankfurt) a. d. I. Frankf. Konferenz f. Medizin-Meteorolog. Statistik, herausgeg. v. Linke-de Rudder (1936) S. 176 ff.: „... daß um Mitternacht ein Maximum d. Wehenbeginns besteht, daß dann d. Kurve absinkt, um unter den Mittagsstunden ihren Tiefpunkt z. erreichen. Nachmittags beginnt d. Anstieg d. Kurve, der sich um Mitternacht vollendet ... D. Ergebnis zeigt ... eine Übereinstimmung mit dem v. Kirchhoff, wie sie besser nicht gedacht werden kann." Bezug genommen ist a. d. Arbeit v. H. Kirchhoff i. d. Ztschr. f. Gynäkologie Bd. 54 (1935). Freilich gibt es auf diesem Erscheinungsgebiet kaum eine Feststellung, die nicht angefochten ist. — Die bezeichnende Stelle in Goethe's „Achilleïs" lautet: „Spät kam Aphrodite herbei, die äugelnde Göttin, Die von Liebenden sich in Morgenstunden so ungern trennet ..." (v. 131 ff.). Im „Tagebuch" erwacht die Potenz, die Abends versagt hat, ungestüm gegen Morgen.

Abs. 95—97. Ekholm u. Arrhenius, Kgl. Svenska Vetenskaps-Akad. Handlingar Bd. 31, 2 u. 3. Arrhenius, Die Einwirkung kosmischer Einflüsse auf physiologische Verhältnisse (Skandinav. Archiv f. Physiologie Bd. 8, 1898). — Zur Noktambulie frage s. d. Anm. z. Abs. 8. Zur Epilepsie frage: R. Ammann, Unters. ü. d. Häufigkeit d. epilept. Anfälle u. deren Ursachen (Ztschr. f. d. ges. Neurologie und Psychiatrie, Bd. 24). Arrhenius, a. oben a. O. Sokolow, Einfluß meteorologischer Erscheinungen auf epileptische Anfälle (St. Petersburger Medizin. Wochenschr. Jahrgg. 23, S. 130 f.), und Kritik dieser Arbeit durch Ammann, Ztschr. f. d. ges. Neur. u. Psych. Bd. 32, S. 326 f. Gallus (Ztschr. „Epilepsie", Bd. 1/2) verhielt sich ablehnend. M. Meyer erstattete 1928 a. d. Hauptvers. d. Mittelrhein. Studienges. f. Klimatologie u. Balneologie in Ems einen Sammelbericht („D. epilept. Krampfanfall u. seine Beziehungen zu atmosphär. Einflüssen", abgedr. i. „Nervenarzt", 1. Jahrgg., Heft 16), in welchem er (S. 594) bez. aller siderischen Einflüsse die Lage für ungeklärt hält. (Hinsichtlich der jahreszeitlichen und witterungsmäßigen Mitbestimmtheit der epileptischen Anfälle bestehen vorerst noch unlösbare Widersprüche in den Beobachtungsergebnissen). Zur Menstruations frage: J. Bramson, Statist. onderzoek naar de correlatie tusschen maanphase en menstruatie bij 10 000 vrouwen (Psychiatr. a. Neurol. Bladen 1929, Nr. 1/2) findet die positive Beziehung zwischen Mondphase und Menstruation „uiterst waarschijnlijk". Es überwiegt ein Maximum 1. Ordnung kurz nach dem 1. Mondviertel, eines 2. Ordnung kurz vor dem Neumond (11. und 26. Tag des Mondmonats, der vom Neumond her gezählt wird). Die Ausprägung der Häufungen wird besonders sichtbar durch die auf die folgenden Tage fallenden Abstürze (Minima etwa am 12.—16. und am 27.—29. Tage). Stark abweichend davon fanden Guthmann u. Oswald (Statistische Arbeiten a. d. Gebiet d. Gynäkologie, Ber. d. I. Frankfurter Konferenz f. medizin.-naturwiss. Zusammenarbeit, S. 171 ff.) Bevorzugung des Voll- u. Neumondtages u. Benachteiligung der Vortage: wenn durchschnittlich jeden gewöhnlichen Tag 370 von 10 000 Frauen menstruieren, so steigt die Zahl an Voll- u. Neumond auf 530—550, sinkt am Tage vor Voll- und Neumond auf 260—230. Es handelt sich also überhaupt nicht darum, daß die meisten Frauen um Mondphasen herum menstruieren, sondern daß an Mondhauptphasentagen etwas mehr Frauen menstruieren, als an allen andern Tagen! Die Engländer Gunn, Jenkin u. Gunn kamen wiederum zu einem völlig negativen Resultat (vgl. Nature 139, 1937); unmöglich können wir aber das Urteil v. K. Büttner (Physikal. Bioklimatologie S. 4, Fußnote) teilen, daß damit der positive Zusammenhang „widerlegt" sei — britische Veröffentlichungen haben doch nicht a priori eine höhere Autorität, als deutsche, niederländische u. skandinavische zusammen genommen! Palolo: B. Friedländers histor. Darstellung der Palolofrage i. Zoolog. Anzeiger, Bd. 27 (1904); Mayer, Carnegie Inst. of Wash. Publication 105, und vor allem G. Brunelli u. K. Schöner, Ref. a. d. VI. Internat. Zoologenkongreß in Genf (Kgr. Ber. S. 647 f.). Wesentliches zur Korrektur oder Erklärung ist seither nicht beigebracht worden. Eine sehr anschauliche Beschreibung der riesigen Eunice-Schwärme gibt Brehms Tierleben (13 bdge. Ausg., 4. Aufl. 1918) Bd. I. S. 278/279. — Die negativistische Stellung eines großen Lagers der Wetterwissenschaft zur Mondfrage illustriert z. B. i. d. „Zeitschr. f. angewandte Meteorologie" (D. Wetter) 1928, Heft 6 eine Abhandlung von Beyerlein, die den Beziehungen zwischen Mond und Gewittern gewidmet ist. Sie schließt mit der Folgerung, „daß die Gewitter in ihrem Entstehen und die Gewittertätigkeit in ihrem Verlauf einer wahrnehmbaren Einwirkung des Mondes nicht unterworfen sind". Gockel dagegen in seiner Monographie „Das Gewitter" (1925) kam zu dem Ergebnis: „Die Häufigkeit der Gewitter ist zur Zeit des Neumondes größer als zu der des Vollmondes" (durchschnittlich 28,6% gegen nur 22,6%).

Abs. 98—100. W. Fließ, Der Ablauf des Lebens (1906). Zwei Beispiele d. F.'schen Rechenkunststücke: G. Th. Fechner fand eine bahnbrechende Formel $23 \cdot 28^2 + 28 + 23$ Tage nach seiner Geburt; Gauß sein Induktionsgesetz am 7336. d. i. am $\frac{23 \cdot 28^2}{2} + 17 \cdot 28 \cdot 23 - 17 \cdot 28^2 + 28\,(28-23)^2$ ten Tage vor seinem Tode ... Sapienti sat! — H. Swoboda, Das Siebenjahr (1. Bd. 1917; der verheißene 2. ist leider nie erschienen). P. J. Moebius, Goethe (1899 u. 1903). — Eine kritische Zusammenfassung versucht: Hellpach, Jahreszeiten und Gezeiten des Lebens (Allg. Statist. Archiv 1935, Bd. 25). — Astrologie: Erwissenschaftlichungsbemühungen z. B. bei M. E. Winkel, Naturwissenschaft u. Astrologie (1927), K. E. Krafft, Traité d'Astro-Biologie (1939), bes. ablehnend gegen d. Horoskopie. — Über sonstige hypothetische Klima- und kosmische Perioden s. d. krit. Zusammenfassung i. Hann-Knoch, Hdb. d. Klimatologie S. 394 f.: „Zyklische Klimaschwankungen", welche den höchst widerspruchsvollen Stand der Frage zeigt. Zur Frage d. Sonnen-Eruptionen: B. u. T. Düll, Über d. Abhängigkeit d. Gesundheitszustandes v. plötzlichen Eruptionen a. d. Sonne u. d. Existenz einer 27täg. Periode i. d. Sterbefällen (Virchows Arch. 1934); Dieselben, Statist. üb. d. Abhängigkeit d. Sterblichkeit v. geophysikal. u. kosm. Vorgängen (i. Linke-de Rudder, Medizin. Meteor. Statistik, Ber. über d. I. Frankf. Konf. f. med.-naturw. Zusammenarbeit 1936, S. 197—245); Dieselben, Kosmisch-physikal. Störgen. d. Ionosphäre, Troposphäre u. Biosphäre (Bioklimat. Beiblätter d. Met. Ztschr. Bd. 6, Heft 2); Dieselb., Wetter u. Gesundheit (1941), I. Teil, bes. V D 5 „D. Einfluß d. solaren Eruptionstätigkeit usw." Vgl. a. de Rudder, Über sogen. kosm. Rhythmen, 4. A. 1948, S. 43ff.: C. Sonnenperiod. Einflüsse; S. 49 oben: „Die Schwankung würde ... gemessen an der täglichen Durchschnittssterblichkeit, immerhin 6,6% betragen. Quantitativ betrachtet, würde dieser Rhythmus also doch nicht unerheblich sein." Betr. der spekulativ sehr beliebten Sonnenflecken stellt rein meteorologisch Alb. Peppler fest [Gerlands Beiträge z. Geophysik, Bd. 19 (1931) in einer Arbeit über „Energieschwankungen der nordatlantischen Zirkulation und Sonnenflecken 1881—1923"]: „Es ist bis heute noch nicht einwandfrei bewiesen, daß Solarkonstante und Durchlässigkeit der Atmosphäre mit den Sonnenflecken erheblichere Schwankungen durchmachen". Die 11jährigen Intervalle der Sonnenflecken, die z. B. 1826—1890 wohlausgeprägt sind, wichen 1750 bis 1825 einer 7- und 2 × 7jährigen Periodik. Die Maxima sollen einem Zyklus von 35,4 Jahren folgen. Alles ist ungewiß und umstritten. Die Schwankungen der „Solarkonstante", die regelmäßig von 1,99 ca cm^2 min bei Sonnennähe zu 1,87 ca cm^2 min bei Sonnenferne wechselt (Mittelwert 1,94), sind in einer Reihe von Veröffentlichungen der Meteorol. Ztschr. 1923/24 u. v. Monthly Weather Rev. 1925 behandelt. Ich persönlich bin „überzeugt", daß die unregelmäßigen Solarkonstantenschwankungen das Verhalten der Hominiden (z. B. auch Massenstimmungen u. dgl.) beeinflussen, verwechsele aber einen solchen „Eindruck" nicht mit wissenschaftlichem Nachweis; das s. Z. von H. v. Hentig in seiner Schrift „Über den Zusammenhang von kosmischen, biologischen und sozialen Krisen" (1920) zusammengetragene Material ist methodisch kein Nachweis. Auf viele andere Versuche, neue Grundperioden zu finden, teils ehrliche Bemühungen, teils dilettantische Phantasien, kann unmöglich eingegangen werden. D. Versuch d. Frauenarztes E. Riebold, eine „physiologische Woche" (in mehreren Typen) aufzudecken (Med. Welt. 1939, Nr. 30, S. 1066) möge erwähnt sein. Unsere Kalenderwoche ist ja eine rein konventionell, einst kultisch begründete Zeiteinheit, unser Kalendermonat vollends ein wahrer Wechselbalg historischer Zufälligkeiten; in einer Abhandlung „Arbeit u. Feier: Vorschlag einer sozialkosmischen Jahrespragmatik" (Ztschr. „Prisma", Heft 12/13, 1947, S. 51 ff) habe ich eine jene Residuen endgültig abstreifende Kalenderreform entwickelt; leider hat der Aufsatz in der fast ausschließlich in Künstlerkreisen beachteten Zeitschrift so gut wie keinerlei Widerhall gefunden.

Abs. 101—104. Über die besonderen Wärme-, Feuchtigkeits- und Zusammensetzungseigenschaften der Kleidungsluftkörperschichten siehe schon Rubner, Lehrbuch der Hygiene, „Die Kleidung".

Zum Strahlungsklima der Kleidungsluftkörper vgl. die im Physikal.-Meteor. Observatorium Davos unter Leitung von W. Mörikofer angestellte Untersuchung über „Die Durchlässigkeit von Bekleidungsstoffen für Sonnenstrahlung verschiedener Spektralbereiche" (Strahlentherapie Bd. 39, 1931). Die beiden wichtigsten Resultate sind in folgenden Sätzen zusammengefaßt: „Durch das Färben nimmt bei allen Stoffen die Durchlässigkeit an diffuser Strahlung stark ab, einzelne werden fast ganz strahlungsundurchlässig." „Neben der geradlinig durchgelassenen Strahlung tritt hinter dem Stoff auch eine vom Gewebe verursachte diffuse Strahlung auf, die ... bei gewissen, besonders bei ziemlich undurchlässigen Stoffen auf ein Vielfaches der geradlinig durchgelassenen Strahlung anwächst."

Auffallend vernachlässigt ist wissenschaftlich die (für Genesung und Erholung so wesentliche) Bettluft (z. B. in Rubners Lehrb. d. Hygiene kaum 7 Zeilen, nach über 7 Seiten, die der Luft im Schuhwerk gewidmet sind!). Wichtig: H. Landsberg — Pennsylvania „Eine Bett-Temperatur-Studie" (Bioklim. Beibl. d. Meteor. Ztschr. 1938, 2).

Die Luft der Wohnräume macht einen Hauptgegenstand der modernen Hygiene aus, s. also hierzu die großen Lehr- und Handbücher dieser angewandten Wissenschaft.

Stadtklima: Gesamtdarstellungen E. Brezina u. W. Schmidt †, Das künstliche Klima i. d. Umgebung d. Menschen (1937; behandelt Kleidung, Haus u. Stadt, der Hauptton liegt auf dem Bauwesen); E. Brezina, D. Mensch i. künstl. Klima (in „Klima-Wetter-Mensch" S. 304—347). P. Kratzer, Das Stadtklima (1937); i. d. Beurteilung der Lichtfilterung durch d. Stadtdunsthaube abweichend v. K. Büttner,

Physikalische Bioklimatologie (1938), hier bes. S. 10 ff. — W. Hellpach, Mensch u. Volk d. Großstadt (1939), bes. II. Psychophysik d. Großstadtdaseins S. 36—67. — Angesichts dieser Gesamtdarstellungen, die seit d. 4. u. 5. Aufl. d. „Geopsyche" erschienen sind, kann auf d. Aufzählg. v. Einzelarbeiten verzichtet werden.

Die mittlere Jahrestemperatur von Wien-Stadt: 9,7°, Umgebung 9,2°; Berlin 9,1°, Umgebung 8,6°, Graz Innenstadt 9,2, Umgebung gar bloß 7,8. Die Temperaturunterschiede zwischen Stadtinnerem und Stadtrand können bis zu 9° gehen (dies ist der bisher höchste beobachtete Januarwert in Berlin); das Jahresmittel liegt durchschnittlich um 0,5—1° höher. Fels („Künstliches Klima" in „Der Mensch als Gestalter der Erde" 1935) nennt die Großstädte „Klimainseln" mit dem sommerlichen Charakter von „Wüstenbildungen". Ein wesentlicher Teil dieser Überwärme stammt aus der Heizung! Er macht für Berlin etwa ein Drittel der durch Sonnenstrahlung zugeführten Wärme aus; für Wien berechnet ihn W. Schmidt auf 7 Billionen kg/cal. jährlich.

Außerordentlich sind die Ionisationsänderungen durch Staub, Rauch, Dunst. Egloff (Über das Klima im Zimmer usw., s. Anm. z. Abs. 43/44) stellte durch den Rauch einer Zigarette die Verminderung der leichten Ionen auf etwa ein Viertel des vorherigen Bestandes (von 1480 auf 355) je Kubikzentimeter zugunsten der schweren, die sie durch Vereinigung mit den Rauchpartikelchen bilden, fest. Diese Wirkung hält 3—4 Stunden an! Frühmorgens nach dem Einsetzen der Heizung in den Häusern steigt die Schwerionenzahl im Freien lebhaft an. Rauchentwicklung durch eine Feuersbrunst, die 1/2 km entfernt ausbrach, erhöhte die Schwerionenzahl aufs Achtfache.

Strahlung: Unter d. „Trübungsfaktor" (F. Linke) wird diejenige Dicke reiner Luft („ideale Atmosphäre") verstanden, welche nötig sein würde, um ebensoviel Licht zu verschlucken, wie eine konkrete getrübte Luftschicht es tut. Durch seine Dunstschicht hat London in den Wintermonaten nur 15 Stunden Sonnenschein gegen 45 in Greenwich, 71 in Kew (N. Shaw und J. S. Owens, Smoke problems of great cities 1925). Einen gewissen Ausgleich bietet die stärkere Dispersion (Zerstreuung) der biochemisch wirksamen kurzwelligeren Lichtsorten durch die Trübungspartikelchen, welche ja schon das diffuse Tageslicht zwar ärmer an thermischen, aber reicher an chemischen Energien macht als das direkte Sonnenlicht. Trotzdem fällt die Gesamtbilanz recht ungünstig aus: im Winter empfängt ein Ort mit ungetrübter Atmosphäre das 2—3fache an Strahlung gegenüber einer Fabrikstadt, namentlich bei tiefstehender Sonne (früh 9 und nachmittags 15 z. B. 1,24 gegen 0,38! s. a. o. u. Anm. z. Abs. 33!). „Über d. Trübung d. Atmosphäre durch Wüstenstaub u. Schneetreiben" hat W. Mörikofer (Davos) 1941 i. d. Helvetica Physica Acta (Vol. XIV, fasc. VII) eine wichtige Untersuchung veröffentlicht. — Über das bodennahe Stadtklima stehen noch eingehende Ermittlungen aus; doch ist es ja gewiß, daß schon Schotterung und Chaussierung (gewalzte Straßendecke), Pflasterung je nach Material und Technik, gar Asphaltierung u. Teerung wesentliche Unterschiede vom Wärme-, Dunstungs-, Strahlungs-, Emanationsverhalten naturerdigen Bodens, kahlen oder bewachsenen, schaffen müssen. F. Metz, D. Hauptstädte (Weltpolit. Bücherei, 18. 1930) berechnet die der natürlichen Einwirkung entzogene Bodenfläche für Hamburg auf etwa 2/5, für Essen auf 1/3, für Dortmund auf 1/4 der Gesamtfläche des Stadtgebietes. Diese Zahlen sind aber schwerlich vergleichbar; durch riesenhafte Eingemeindungen sind manche Städte Scheineinheiten mit weiten Trennungslandschaften dazwischen, im Unterschied von den alten Einheitsgroßstädten geschlossenen Gebiets. Die „Denaturierung" des Bodens im Innern von Dortmund ist nicht geringer als im Innern von Hamburg. Gesundheitlich und in Ansehung menschenwürdiger Existenz ist das Verhältnis von Bewohnerzahl auf die bebaute Bodeneinheit wohl aufschlußreicher. Zur Gesamtartung d. Großstadtmenschen vgl. Hellpach, Mensch u. Volk d. Großstadt (1939), sowie Ders., Ethno- u. geopolit. Bedeutung d. Großstadt (i. Ztschr. f. Geopolit. 1936, 4), sowie Ders., Stadtvolk (in „Bevölkerungsbiologie d. Großstadt", Festschr. z. 700-Jahr-Jubil. v. Breslau, 1941). Wichtiges auch bei E. Fels, D. Mensch als Gestalter d. Erde (1935), bes. I c. D. klimat. Bedeutg. d. Städte.

Abs. 105. R. Geiger, Das Klima der bodennahen Luftschicht (Bd. 78 d. Sammlung „Die Wissenschaft", 1927). An Ratzels „Politische Geographie" (1897) hat sich (später mächtig gefördert durch die Schriften des Schweden Rudolf Kjellén) die Entwicklung der „Geopolitik" angeschlossen, die beklagenswerterweise vor die expansiven Tendenzen des „Dritten Reiches" gespannt u. damit — bei Fortdauer verdienstlicher Einzelbeiträge — „descientifiziert" worden ist.

Abs. 106. Zu Rheuma (einer auch psychisch höchst erheblichen, nämlich herabstimmenden und leistungmindernden Leidensgruppe) s. d. Veröffentl. d. Dtsch. Ges. f. Rheumabekämpfung. Schon 1816 hat Balfour in seinen „Observations with cases illustratives of a new simple and expeditious mode of curing rheumatism etc." auf die klimatische Komponente bei den rheumatischen Erkrankungen hingewiesen. — Meidinger beobachtete in Karlsruhe bei + 10° Luftwärme an einem klaren Winterabend zufrierende Pfützen. In der Umgebung von Berlin sind in 2 m Höhe ü. d. Boden rund 100, in 5 cm Höhe ü. d. Boden dagegen 129 Frosttage. Im Kontinentalklima sind diese Unterschiede besonders schroff — vielleicht hängt damit die viel größere Empfindlichkeit der Binnenlandbewohner gegen jede Sorte von „Zugluft" zusammen? — Gesamtdarstellung: B. Schubert, Das Verhalten des Bodens gegen Wärme (Handb. d. Bodenlehre Bd. VI, 1930). — Daß die neuestens ja wieder einigermaßen auch klinisch rehabilitierte „Erkältung" in „Fußkälte" einen Vorliebe-Anstoß hat, unterliegt kaum einem Zweifel; vgl. dazu de Rudder i. „Klima, Wetter, Mensch" S. 163 ff., über „Erkältung" sowie Ders., Meteorobiologie 2. A. u. d. Registerstichwort „Erkältung".

Abs. 107. Über „Kinetosen", d. h. die Wirkungen von Bewegungen des Existenzmediums (Schaukeln, Seekrankheit u. dgl.) s. Ruff-Strughold, Grundr. d. Luftfahrtmedizin 2. A. 1944, S. 199 ff. D. Verf. führen die Wirkungen sämtlich auf Störungen i. d. Vestibularorganen d. inneren Ohres zurück. S. 161 ob.: Vorfühlen von Erdbeben ist oft behauptet, jedoch nie einwandfrei bezeugt. Jedesmal, wenn solchen Behauptungen wissenschaftlich nachgegangen wird, zerrinnen sie. In der Zeitschrift für Geophysik, Jahrgang 8, Heft 1/2 hat H. Landsberg („Über einen Fall angeblicher Erdbebenvorgefühle") von einem solchen, sehr bezeichnenden Fall berichtet. In 9 Fällen auffällig starker Beschwerden wurde 6mal auf der ganzen Erde für die nächsten 24 Stunden überhaupt kein Beben verzeichnet, nur 1mal ein entsprechend heftiges; umgekehrt erregten wiederholt starke Nahbeben gar keine Beschwerden. Dagegen hatten an 24 von 31 aufgezeichneten Mißbefindenstagen Frontendurchgänge (s. Abs. 41) stattgefunden und an 2 weiteren Tagen Gewitter. — Bei dem süddeutschen Beben vom 27. Juni 1935, nachmittags 18,20 Uhr, das in meine Vorlesung hineinfiel und einige Hörer von den Plätzen aufschreckte, befand ich mich, obwohl es ein sehr heißer Tag war, den ganzen Nachmittag vor dem Beben und auch den ganzen Abend danach in besonders guter, normaler Arbeitsverfassung und Gesamtstimmung. — Einen Fall eigenen Vorfühlens hat mir (außer einer Fülle anderer wichtiger Anregungen für dieses Buch hier) K. Haushofer beschrieben: „Eigene Erdbebenwarnung in Shoji, jämmerliche Stimmung fast wie Seekrankheit (die ich sonst auf dem Meer nicht kenne) — abends Erdbeben, daß die Decke kracht und der Kurzschluß nur so Funken stiebt". Vielleicht handelt es sich in solchen Fällen um atmosphärische Depressionserscheinungen, die mit manchen Erdbeben vergesellschaftet sein mögen, ähnlich wie manchmal mit dem Eintritt schlagender Wetter in Bergwerken.

Zu S. 160 u.: Die polwärtige Senkung der untersten Bergkrankheitsgrenze (s. a. d. Anm. z. Abs. 34) in den Gebirgen der Erde kann sehr wohl hiermit in irgendeinem Zusammenhang stehen. Sie kann auch dadurch bedingt sein, daß, je mehr wir polwärts kommen, in desto geringerer Höhe das Hochland Hochgebirgscharakter zeigt, aber dann könnte die Luftdünne nicht die Hauptsache der Bergkrankheit sein. D. ablehnenden Ausführungen b. de Rudder, Üb. sog. kosm. Rhythmen (4. A. 1948, S. 23f.) richten sich m. E. gegen ein spekulatives Phantom (u. dessen Erfinder Dahns), d. Relativgeschwindigkeit d. Erde z. „Raum".

Abs. 108. K. Marbe, Eignungsprüfungen für Rutengänger (1927). — Die „Kölnische Zeitung", Unterhaltungsblatt vom 18. Mai 1932, brachte einen die Situation ebenso knapp wie schlagend umreißenden Aufsatz des Pioniers der deutschen ernsthaften Wünschelrutenforschung, des Grafen Karl v. Klinckowström. Darin heißt es u. a.: „Es muß gleich zu Beginn betont werden, daß die wissenschaftliche Forschung heute noch nichts über die Natur dieser Reizursachen weiß. Es mögen Strahlungen sein, wahrscheinlicher ist aber die Annahme von Änderungen des örtlichen elektrischen Feldes..." „Solange der Rutengänger nicht dem Zwange einer behördlichen Leistungsprüfung und -kontrolle unterstellt wird, wird dem Mißbrauch des Wünschelrutenverfahrens nicht gesteuert werden können." Aus dem Aufsatz geht hervor, daß der weitaus größere Teil des heutigen Ruten- und Pendelbetriebes einfach schwindelhafte Geschäftemacherei ist, unberührt auch nur von den elementarsten Kenntnissen wissenschaftlicher Voraussetzungen, ein Bezirk des nie aussterbenden Hochstaplertums. Wie groß die Chancen scheinbarer Erfolge sind, zeigt eine von Graf K. angeführte Äußerung des früheren Direktors des Bayrischen Wasserversorgungsbüros, Ingenieur Hocheder: „... so wird ein Beobachter, der grundsätzlich unter jedem Punkt Wasser angibt, bereits 67% Treffer aufweisen" (nämlich weil unter vollen Zweidritteln der Landesoberfläche Grundwasser steht). „Wird dieser Rutengänger nun ins Wassergebiet selber geführt, so steigt seine Treffsicherheit auf 100%." Hocheder, Wasserversorgung und Wünschelrute [im Geschäftsbericht des bayerischen Landesamts für Wasserversorgung für das Jahr 1916]; ferner: Schriften des Verbandes zur Klärung der Wünschelrutenfrage; und zahlreiche Veröffentlichungen verschiedenen Titels zum gleichen Thema vom Grafen K. v. Klinckowström. Im „Gesundheitslehrer" vom 15. Oktober 1932 haben die Bezirksgeologen bei der Preuß. Geolog. Landesanstalt Dr. A. Ebert und Dr. F. Michels unter dem Titel „Wünschelrute, Erdstrahlen, Abschirmapparate" eine ausführliche Darlegung veröffentlicht, in deren Zusammenfassung Michels sagt: „Es erscheint nicht völlig unmöglich, daß ganz vereinzelte hochempfindliche Personen durch Änderungen des elektrischen Feldes — hervorgerufen durch die verschiedensten Ursachen — erregt werden und Wünschelrutenausschlag zeigen". Die Vorstellungen von Ausbreitung der „Erdstrahlen" nach oben und Abschirmungsmöglichkeit sind großenteils physikalisch ganz naiv-dilettantisch und werden nur von der noch größeren Unwissenheit des Durchschnitts auch unserer „Gebildeten" in Dingen der Physik so unbesehen hingenommen. Auch eine verhältnismäßig so seriöse, allem Geschäftlichen gewiß fernstehende Abhandlung wie die Doppelarbeit üb. „Das Wünschelrutenproblem" von Ed. Jenny (Aarau) u. „Exper. Untersuchungen üb. biolog. Wirkgen. d. sog. Erdstrahlen" von E. Jenny, A. Oehler u. M. Stauffer (1936) bleibt wesentliche wissenschaftliche Sicherungen schuldig: z. B. setzt u. E. die „Reizstreifenmethode" als erwiesen voraus, was zu erweisen wäre!

Abs. 109. S. d. Abh. „Erdfeld, Gewitter und Blitz" (zit. i. Anm. z. Abs. 8); Meyer

u. Schweidler, Radioaktivität, 2. Aufl. S. auch die bei dem Abs. 36 aufgeführten Veröffentlichungen. — Wir zit. ferner aus R. Süring, Leitf. d. Meteorologie 1927; „Die von den radioaktiven Bodensubstanzen ausgehenden α-Strahlen reichen nur wenige Zentimeter, die β-Strahlen einige Meter und die γ-Strahlen mehrere hundert Meter hinauf. Noch wichtiger (für die Luftionisierung) ist das aus dem Boden austretende radioaktive unelektrische Gas, die sog. Emanation ... An der Emanation sind nur die obersten Schichten (des Erdbodens) bis zu etwa 2 m Tiefe beteiligt. Hier wird der Maximalwert erreicht. Durch die Bodenemanation ... wird auch die Atmosphäre radioaktiv. Die Radioaktivität ist über dem Lande wesentlich größer als über dem Meere, im Gebirge größer als in der Ebene ... Die Erhaltung der negativen Erdladung ist bis vor kurzem ganz rätselhaft gewesen und auch jetzt noch nur durch Hinzunahme von kühnen und schwer beweisbaren Hypothesen erklärbar. Infolge der Leitfähigkeit der Luft müßte die negative Erdladung schon nach etwa 10 Minuten ausgeglichen sein, wenn nicht Ersatz von außen geschafft würde." Und bez. der zur Erklärung herangezogenen kosmischen Strahlung sagt der Leitfaden: „Ihr Vorhandensein erklärt allerdings noch nicht, in welcher Weise die Spannungsdifferenz zwischen Erde und Atmosphäre erhalten bleibt." Wichtig f. d. grundsätzl. Problem d. „strahlenhaften" Bodenwirkg. sind neuestens d. Arbeiten a. d. Münchener Forschgsanstalt f. Psychiatrie über d. Zusammenhang d. endemischen (gegendlich gehäuften) Kropfes mit der Radiumemanation d. Bodens: schon 1907 v. d. Pädiater v. Pfaundler behauptet, nun systemat. durchforscht: Th. Lang, Verlauf u. bisher. Ergebn. d. bayr. Kropf- u. Kretinenuntersuchg. Forschg. ü. Fortschr. 1936, Nr. 27; d. Einzelarbeiten i. d. 1930er Jahrgängen d. Ztschr. f. Neurologie u. Psychiatrie; eine dankenswerte zusammenfassende Übersicht gab Lang i. d. Ztschr. „Schwabenland" 1938, Heft 5 („D. Kreis Schwaben u. d. Bekämpfg. v. Kropf usw."). Eine Autorität v. Range Wagner v. Jauregg's (Wien) hat sich entschieden a. d. Boden dieser Erklärung d. endemischen Kropfentstehung gestellt (Forschg. u. Fortschr. v. 20. X. 1935), während freilich die schweizerischen Fachmänner durchgehends auf der Jodmangeltheorie (J-Mangel des Trinkwassers) beharren.

Abs. 110/111. Vgl. die schon i. d. Anm. zu Abs. 77 genannten Veröffentlichungen. Ferner die stammesphysiognomischen Arbeiten des Verfassers, besonders Hellpach „Das fränkische Gesicht" und „Statik und Dynamik der deutschen Stammesphysiognomien" (beide in den Sitzungsberichten der Heidelberger Akademie der Wissenschaften, math. naturw. Klasse 1921, 2 und 1931, 7), „Physiognomische Geographie" (Forschungen und Fortschritte 1931, Nr. 31) und „Wesensartliche Systematik der deutschen Stämme" (ebenda 1934, Nr. 10), die kartographische Darstellung auf Blatt 386 a im „Deutschen Kulturatlas"; endl. Hellpach, Mensch u. Volk d. Großstadt (1939), Abs. „D. großstädt. Gauschläge", S. 102 ff. und Ders., Deutsche Physiognomik. Grundlegung einer Naturgeschichte d. Nationalgesichter (1942, 2. Aufl. demnächst erscheinend, mit 118 Abbildungen u. 2 Landkarten).

S. 164: F. Boas (Prof. an der Columbia-Universität in Neuyork): „Changes in bodily form of Descendants of Immigrants" (1910) und „Anthropometry of Porto-Rico" 1920 (im Amer. Journal of Anthropology III); Eug. Fischer, zuerst in einem Vortrag auf der Versammlung der deutschen anthropologischen Gesellschaft in Hildesheim 1921; sowie in „Anthropologie" (1923, Teil III, Abt. V der „Kultur der Gegenwart", S. 122 ff.) Otto Ammon „Anthropologie der Badener" [1899]. Zu Schilddrüsenveränderung im Gebirge: Loewy. Physiologie des Höhenklimas, XIX. Z. Anthropologie der Gebirgsbewohner u. XII. Wirkung der Höhe auf das vegetative System; s. a. d. ob. (Anm. z. Abs. 109) angf. Veröff. v. Th. Lang.

S. 165: V. Jollos, Genetik und Evolutionsproblem (Verh. d. Dtsch. Zool. Ges. 1931) und B. Rensch, Zoologische Systematik und Artbildungsproblem (ebenda 1933). S. a. d. Vorträge über Mutationen (v. H. Stübbe, O. Naegeli u. H. Nillson-Ehle, sowie über Artumwandlungen von A. Kühn) i. d. Verhandlgen. d. Gesellsch. deutscher Naturforscher u. Ärzte, 93. Vers. z. Hannover. R. Hasebroek, Industrie und Großstadt als Ursache des neuzeitlichen vererbbaren Melanismus der Schmetterlinge in England und Deutschland (Zoologisches Jahrbuch Bd. 53, 1934). — Für die Vererbbarkeit des erworbenen Melanismus scheint mir der bündige Beweis noch auszustehen. Gesichert ist nur die phänotypische Umwandlung. — S. 166 f: v. Eickstedt „Rassenkunde und Rassengeschichte der Menschheit" (1934, S. 407) u. Hellpach, Die Ausformung von Großstadt-Gauschlägen (Vortr. a. d. Internationalen Kongr. f. Bevölkerungswissenschaft 1935).

Abs. 112/113. Über den geographischen Landschaftsbegriff orientieren E. Banse, Die Geographie und ihre Probleme (1932) S. 142 f. u. S. Passarge, Landschaftskunde; ferner Rob. Gradmann, Das harmonische Landschaftsbild (Ztschr. d. Ges. f. Erdkunde 1924, 3/4). Hierunter fällt auch der Begriff der „Stadtlandschaft": „. . . daß man bei den Millionenstädten ebenso wie bei starker Zusammendrängung kleinerer Groß- und Mittelstädte (z. B. Ruhrgebiet) von Städtelandschaften sprechen kann" (Sapper, Allg. Wirtschafts- und Verkehrsgeographie, 2. Aufl. 1930, S. 348). — Fr. Ratzel, Über Naturschilderung (1904) will (u. a.) die ästhetische Landschaftserfassung und -darstellung sachlicher an die geographisch-geologische Landschaftscharakterologie gebunden wissen. — S. 169, Z. 1: ausgezeichnet erfaßt bei R. H. Bruce Lockhart i. d. 2. Folge seiner Memoiren (S. 387 d. deutsch. Übers.) bei seinem Besuch in Doorn: „Es ist ein Königreich des Nebels. Alles . . . leidet an Rheumatismus. Selbst die den Park durchschwärmenden Tauben schauen durchnäßt und ermattet aus." — Über das „Zwischenreich" unterrichtet den Nichtfachmann mein Aufsatz „Unbewußtsein" i. d. Halbmonatsschrift „Geistige Arbeit" 1935, Nr. 6; streng fachwissenschaftlich: W. Hellpach, D. Bewußtseins-Unbewußtseins-Polarität d. Seele (Arch. f. d gesamte Psychologie Bd. 96).

Abs. 114/115. Eine klassische Darstellung der „sinnlich-sittlichen" Farbenwirkung bietet Goethes „Farbenlehre" (Didakt. Teil § 758ff.). Im übrigen vgl. die in Anm. z. Abs. 1 zit. Lehrbücher der Seelenkunde, sowie W. Ostwald, Die Farbenfibel. — Nach Rubner empfinden wir (unterbewußt) die Wärmeenergie der langwelligen Farben unmittelbar und nennen sie darum „warm"; danach würde es sich um echte thermische Synästhesie der optischen Empfindung handeln. Wer sich mit der völker- und kulturpsychologischen Rolle der Farben befaßt, wird an dem großen Werke von V. Goldschmidt, Farben i. d. Kunst (1919) nicht vorübergehen können, zu so viel Widerspruch auch seine oft ausschweifende Konstruktion und Spekulation reizt. Vgl. auch Hellpach, Sinne u. Seele. Zwölf Gänge in ihrem Grenzdickicht (1947), sowie Ders., Zivilisation und Kultur des Lichtes und der Farbe (Vortr. a. d. 6. Jahrestagg. d. Lichttechn. Gesellschaft 1927). Zu den sonstigen optischen Fragen dieser Absätze muß auf die betr. Kapitel der großen Lehrbücher der Psychologie und Sinnesphysiologie verwiesen werden; vgl. übrigens auch uns. Anm. z. Abs. 33. Ein Gleiches gilt für die

Abs. 116—120.

Abs. 121. Z. S. 233: Heimweh: ausgezeichnete Ausführgen dazu b. J. Grober, D. weiße Mensch in Afrika u. Südamerika (1939) S. 152 ff. „Es wäre völkerpsychologisch von höchster Bedeutung, wenn d. Formen d. Heimwehs, wie es die verschiedenen Völker aufweisen, genauer erforscht würden". Die beliebte Antithese von „Heimweh" und „Fernweh" stellt in Wirklichkeit zwei der psychologischen Struktur nach grundverschiedene, kaum vergleichbare Seelenzustände zusammen. Z. „Fernweh" s. a. d. Anm. Z. 7, Abs. 79/80, betr. d. Wanderunruhe.

Abs. 124. Die psychologische Assimilationslehre meisterhaft entwickelt zu haben, ist eine der bleibenden Leistungen von Wilhelm Wundt; sie macht ein Kernstück aller seiner Lehrbücher aus. — S. 238 Mitte: am 22. August 1924 habe ich den Nah- und Fernblick vom Jungfraujoch in einer föhnigen Großartigkeit erlebt, die einer der größten Natureindrücke meiner Erinnerung ist. Am selben Abend schwerer Wettersturz, eigenes heftiges „Föhnkranksein" in Mürren, in den Firnenhöhen Schneestürme (die leider auch Menschenopfer forderten). Es war zugleich der Tag der größten Erdnähe des Planeten Mars.

Abs. 127. D. Naturmythus in seiner personifizierten (vergottheiteten) Ausformung entfernte sich meist sehr weit v. d. ursprünglichen mythisierenden Phantasie des schlichten Gemüts, die sich an der umgebenden Natur betätigt. Bisher ist dieser Zusammenhang, bzw. seine Lockerung u. Auflösung, literarisch noch nirgends befriedigend dargestellt. W. Wundt, Völkerpsychologie Bd. V, Kap. V, D. Naturmythus (fast 600 S.!) ist d. umfassendste Darstellg. d. mythenbildenden Phantasie in deutscher Sprache; dort auch viele Schrifttumshinweise. Ferner: W. Hellpach, Übersicht d. Religionspsychologie (1939) Meyers Kl. Handbücher Nr. 20), bes. S. 34 f., Ders., Einführg. i. d. Völkerpsychologie (1938), Abs. 34—36. H. Güntert, Kalypso (1919); d. philologische Stichhaltigkeit entzieht sich meinem Urteil, mythenwissenschaftlich ist das Buch überzeugend. Wichtiges üb. d. Verhältnis d. einfachen, namentl. auch ländlichen Menschen z. Naturumwelt b. M. Rumpf, Religiöse Volkskunde (1933), sowie b. J. Dünninger, Volkswelt u. geschichtl. Welt (1937), bes. i. d. Kap. „D. Volkszeitalter" S. 71 ff. „D. Urtümliche i. Volke" S. 121 ff. u. „D. Jahr d. Volkes", S. 203 ff. Üb. d. Naturverhältnis d. Städters s. W. Hellpach, Mensch u. Volk d. Großstadt (1939). S. 109 ff.

Abs. 129. Es ist ein Zeichen der Zeit gewesen, daß die moderne Pubertätsliteratur das Naturerleben der Reifenden über den rein sexuellen und sozialen Faktoren zunehmend vernachlässigt hat. Dabei ist gerade eine Bewegung wie der „Wandervogel" oder die Jugendbewegung ohne den naturverlangenden „Neurousseauismus" an der Jahrhundertwende gar nicht verstehbar. Bei Charlotte Bühler, Das Seelenleben der Jugendlichen (3. A.) wird das Naturgefühl ein einziges Mal auf einer halben Seite (von 200 S.!) flüchtig gestreift! Die Stellungnahme zur Natur ist ein Zentraltatbestand jeder Geschlechtsreife, auch beim städtischen Jugendlichen. — Zur „Eidese": E. Jaensch, Eidetische Anlage und kindliches Seelenleben (1934). O. Kroh, Subjektive Anschauungsbilder bei Jugendlichen (2. A., 1928). W. Hellpach, Sinne u. Seele (s. Anm. z. Abs. 114/115).

Abs. 130—132. S. 247 ob.: Für diese These ist mir u. a. die briefliche Zustimmung vor Karl Haushofer wertvoll gewesen, der mir schrieb: „Wenn ich auch S. 409 (d. III. Aufl.) über Hochlandsvölker als Träger eines reicheren Phantasielebens gern mit vielen eigenen Erfahrungen belegt hätte". Manche Belege dafür auch in J. Nadler, Literaturgeschichte der deutschen Stämme und Landschaften (4 Bde.). S. 247 u. die Gemeinsamkeit und Unterschiedenheit von bajuvarischem und alemannischem Älplertum habe ich in meinem 1925 anläßlich der Klimatolog. Tagung zu Davos in der dortigen Platzkirche gehaltenen Feiervortrag „Die Menschenseele in der Alpennatur" darzustellen versucht. Zu S. 193, Mitte: R. Uebe, Labrador (1909) S. 83. Abs. 131: Das peruanische Inkareich mit der Hauptstadt Quito (1850 m ü. M.) bestand nur ein halbes Jahrhundert. Auch das mexikanische Aztekenreich war bei der Eroberung durch Cortez erst ein halbes

Jahrhundert alt; seine Hauptstadt Tenochtitlan (= Mexiko, 2278 m) ist nach der Sage (!) 1325 gegründet. Rio, B.-Aires, Santiago, Lima, also die Hauptstädte der heute wesentlichen Reiche Südamerikas, liegen sämtlich in Meereshöhe oder wenig darüber, am höchsten Santiago, das die Seehöhe von München hat. Ähnliches gilt von den großen asiatischen Reichshauptstädten. Der Zusammenhang zwischen Höhenlage und Herrschaftssitz ist geopolitisch außerordentlich bedeutsam und m. W. noch wenig gewürdigt. Vgl. W. Hellpach, Ethno- u. geopolitische Bedeutg. d. Großstadt (i. d. Ztschr. f. Geopolitik. 1936 H. 43 bes. d. Abs. 4 b). Einen verheißungsvollen Beitrag gibt K. Sapper in seiner großen Abhandlung über die geographische Bedingtheit der altamerikanischen Hochkulturen (Petermanns Mittlgen. 1931). Er sucht die besonderen Vorteile des amerikanischen Tropenhochlandklimas dafür heranzuziehen, weshalb es „in den außeramerikanischen Tropengebieten kein Beispiel einer gleichen Entwicklung" gebe, muß aber auch feststellen, daß es sich um „Reiche" im Sinne der Alten Welt überhaupt nirgends gehandelt habe, nämlich um „Großstaaten ... in dem Sinne, daß sich die Untertanen als eine Einheit gefühlt hätten" — in solchem Sinne habe in Altamerika kein Großstaat je existiert, sei „selbst das Inkareich, geschweige denn das Aztekenreich" keiner gewesen. Auch Sapper hält einschlägige Untersuchungen für „sehr erwünscht". In den Ausführungen des klassischen Werkes Friedrich Ratzels (Politische Geographie, 27. Kap. „D. Gebirgsbau u. d. Staatenbildung", bes. §§ 474 ff.) ist zwischen der Nützlichkeit von Höhenregionen auch für ein echtes Großreich (zur Erholung seiner Herrschaftsschicht, für einzelne militärische Defensivaufgaben usw.) und der Brauchbarkeit hochgebirgiger Lagen (rund also über 1000 m) für den ständigen Herrschaftssitz eines echten Großreiches nicht hinreichend unterschieden. Vgl. ferner: Hellpach, Volk als Naturtatsache, geistige Gestalt und Willensschöpfung (Vortr. a. d. Internat. Philosophiekongreß zu Prag 1934, im Extrakt in „Forschungen u. Fortschritte". 1934, Nr. 32). Zu Abs. 132: Die geschichtliche Entfaltung des Naturgefühls harrt noch einer zureichend das Problem bewältigenden Gesamtdarstellung. Vorarbeiten dazu sind die bekannten Werke von Biese, Die Entwicklung des Naturgefühls, und Woermann, Die Landschaft in der Kunst der alten Völker. Einzelnes auch bei Friedländer, Sittengeschichte Roms, Abschnitt „Das Interesse für Natur und das Naturgefühl überhaupt".

Die 3 grundsätzlichsten Versuche, Volkskultur u. Volksschicksal als landschaftsbedingt nachzuweisen, sind unternommen worden von J. Nadler, Literaturgeschichte d. deutschen Stämme u. Landschaften (2. bzw. 3. Aufl. 1923—1932, 4 Bde.); Alb. v. Hofmann, D. deutsche Land u. d. deutsche Geschichte (kurzgef. Ausg. i. 1 Bd. 1934); G. Paul, Rassen- u. Raumgeschichte d. dtsch. Volkes (1935). Es überwiegen b. Paul u. v. Hofmann durchaus d. strategischen Nötigungen d. „Landschaft", b. Nadler ihre Gegebenheiten als Stammeslebensraum; v. d. Herausformg. d. völkischen u. stämmischen Eigenschaften u. Leistungen aus der landschaftlichen Besonderheit ist wenig die Rede. Immerhin enthalten alle 3 Werke viele verstreuten Einzelbausteine für eine künftige Inangriffnahme dieser Aufgabe. Auch d. Versuch einer geopolitischen Weltgeschichte in 9 Bdn. (1899—1907), den mit 37 Mitarbeitern zuerst H. Helmolt unternahm, soll nicht vergessen werden. Welche Beachtung alle diese Zusammenhänge inzwischen gefunden hatten, bezeugt u. A. das Kap. (§ 6) „Landschaft u. Gauschlag", das M. Hildeb. Boehm seiner „Volkskunde" einverleibt hat.

Abs. 133. Degkwitz sagt (a. i. Anm. z. Abs. 78 zit. o.): „Neben der Schonung wirkt das Erleben der Natur, die Weite des Lebensraumes ... psychisch reizend".

O. Kestner hat die Rolle des seelischen Landschaftserlebnisses in allen sogen. klimatischen Kuren wiederholt sehr eindringlich betont, z. B.: „... wir müssen uns immer klar sein, daß es neben diesen meßbaren Einflüssen auch noch Einwirkungen auf die Seele des Menschen gibt, die wir nicht messen können. Die Freude an dem schönen Landschaftsbild ist ein starker physiologischer Klimafaktor". Wir korrigieren: nein, sie ist eben kein Klimafaktor und kein „physiologischer", aber sie ist ein Stück psychischer Erholungskraft, das physiologisch weiterwirkt und zu der klimatisch-physiologischen Wirkung hinzutritt. Vgl. dazu Hellpach, Klinische Psychologie 2 Aufl. 1949, Abschn. 41 „Das Geopsychom", S. 140 ff. Dem bes. v. F. Linke (Frankfurt) u. E. Flach (Bad Elster) systematisch geförderten Versuch, für die Charakteristik der erholungswesentlichen Eigenschaften von Bade-, Trink- und Luftkurorten allseitige Wetter- u. Klima-Bilder zu schaffen (s. z. B. E. Flach i. „Strahlentherapie", 1931, Bd. 40 „Entwurf einer Klimadarstllg. f. Heilstätten u. Kurorte" u. F. Linke i. Bioklimat. Beibl. 1938, 1 „Klimat. Anforderungen a. e. Kurort usw.") fehlt noch die Landschaftscharakteristik, die jene Darstellung erst zum allseitigen „Geogramm" eines Erholungsschauplatzes machen würde. W. Hellpach, Geogramme: Eine bioklimatische, besonders auch kurwesentliche Aufgabe (Bioklimat. Beiblätter 1940, 1/2, S. 17—28), u. Ders., Witterungsbild u. Landschaftswirkung im Hygiogramm (Meteorolog. Rundschau, 1947, 5/6).

Abs. 134. Eine grundsätzl. Untersuchung d. praktischen Bezüge (Voraussetzungen und Auswirkungen, Bestätigungen und Gefährdungen) d. wissenschaftl. Forschens b. W. Hellpach, Schöpferische Unvernunft? (Bdch. 7 d. Sammlg. Wissensch. u. Zeitgeist, 1938). Ferner: Wissenschaft u. Lebenspraxis i. d. Gegenwart, Ber. üb. d. Arbeitstagung d. Euckenbundes i. Euckenhause zu Jena Okt. 1938, „Tatwelt", 1938/39. Die vielfältigsten Berührungen u. Überschneidungen hat die hier programmatisch entwickelte Geurgie naturgemäß mit der Geomedizin, welche H. Zeiß abzugrenzen versucht hat, u. A.: „Geomedizin (geograph. Medizin) oder Medizinische Geographie?" Münch. Medizin. Wochenschr. 1931, Nr. 5, u. „Geomedizin" i. Pharma-Medico 1933, Nr. 4 S. 198 f.: ferner W. Rimpau, Geomedizin als Wissenschaft (Münch. Mediz. Wschr. 1934, Nr. 25, S. 940 f.) D. Hygiene (welche Zeiß a. d. Univ. Berlin vertrat) hat ja in ihrem Charakter als Zweckwissenschaft der Menschengesundheitswahrung die Aufgabe, medizinische, technische und psychologische Geurgie in gemeinsamer Mittelfindung zu verknüpfen. Abgünstige Fehlurteile, welche Hygiene u. Geographie als „Unwissenschaften", „Wissenschaftssammelsurien" u. ähnl. verkennen, bedürfen heutzutage keiner Widerlegung mehr.

Abs. 135. Sonnenbrand und Sonnenstich lehren, wie dicht beim Wohltätigen die schädigenden Einflüsse starker Lichtstrahlenzufuhr liegen. Daß die Pflanzenwelt am besten im zerstreuten Tageslicht und im abgeschwächten Sonnenlicht gedeiht, zeigt Wiesner, Der Lichtgenuß der Pflanzen (1907). Das Licht im Schatten ist zwar „kälter", ärmer an thermischen, aber verhältnismäßig nicht entsprechend ärmer an biochemisch wirksamen Energien. C. Dorno in seinem „Rapport fait à la Ière Conférence internat. de lumière, Lausanne-Leysin 1928" über die tägliche, jährliche und säkulare Schwankung der Sonnenstrahlung in Davos sagt: „Sogar unter dem reinen dunklen Hochgebirgshimmel überwiegt selbst bei klarer Sonne im Ultraviolett weitaus die Bedeutung der Himmelsstrahlung, und auch in allen andern Spektralteilen ist diese keineswegs zu übersehen. Sehr viel mehr noch gilt dies für die Verhältnisse der Ebene, und die Bedeutung der Himmelsstrahlung wächst mit zunehmender geographischer Breite und Bevölkerungszahl". Durch diese Strahlungszerstreuung wird also der Gegensatz zwischen „Licht" und „Schatten" beträchtlich abgeschwächt. Die „Schattenkultur" der Vergangenheit hatte ihre Übertreibungen, war aber nicht so instinktlos, wie der modische Strahlentaumel es hinstellen möchte. — S. 202: Berücksichtigung d. Perioden: W. Hellpach, Psych. Auseinandersetzungen d. Menschen m. d. Naturumwelt (Vortr. a. d. II. Frankf. Wissensch. Woche 1939); hier bes. d. Hinweise, wie klar ein süddeutscher Schulmann, P. Treutlein, Karlsruhe, die Unzweckmäßigkeit d. herkömml. süddeutschen Schuljahreseinteilg. (u. damit Kindheitsjahreseinteilung!) durchschaut hat, vgl. seine Karlsruher Programmbeilage 1906 „Über Maß u. Austeilg. d. Unterrichtszeit". Ebenda ref. üb. W. Hellpach, Unterrichtsverteilung (betr. d. Tageseinteilg!), Ref. a. d. Tagg. d. Dtsch. Vereins f. Schulgesundheitspflege 1905, s. gedr. Verhandlungen S. 76—92. — Zur werktätigen Tageseinteilung s. W. Hellpach, Engl. Arbeitszeit (zit. i. Anm. z. Abs. 89—93). — In meinem obigen Frankf. Vortrag ist berichtet, daß Treutlein u. ich uns schließlich einig waren, die sachdienlichste Schuljahresgestaltung sei d. Zusammenfall d. Schuljahres m. d. bürgerlichen Jahre, wobei d. Großferien d. Arbeitsjahr halbieren u. d. Höchstspannung d. Schuljahrschlusses i. d. günstigen Spätherbst u. Frühwinter fällt: vgl. unsern Abs. 86.

Abs. 136—139. S. 262 ob.: Stromklima: Weder „Fluß" noch „Strom", noch Fluß- oder Fluvialklima findet sich als Stichwort in einem Standardwerk wie Hann (-Knoch), Handb. d. Klimatologie, 4. Aufl. — wohl aber „Küsten"- und „Litoralklima"! — Bauklima: „. . . am wichtigsten ist die Lösung des Problems, auch in den Tropen im heißen Klima künstlich ein gemäßigtes zu schaffen, wie wir uns im Winter durch Heizung ein gemäßigtes zu schaffen imstande sind" (Ziemann, Ztschr. f. Balneologie, Klimatologie usw. 1913, S. 668). — „So atmen wir in unsern erwärmten Wohnungen bei Winterkälte trockene Wüstenluft" (Hann, Klimatologie, 3. Aufl., Bd. I, S. 49). — Alle neueren Untersuchungen führen zu dem Ergebnis, daß die Bauweise der Städte die Hauptverantwortung an dem geringen Strahlengenuß der Städter trägt — also ein vom Zivilisationswillen änderbarer Faktor, wenn wir das Stadtleben an sich für große Teile eines Volkes als unabänderliches Schicksal betrachten. Wien z. B. empfängt auf seinen Dächern etwa 80—85% der Uviostrahlungsintensität des Semmering, Berlin ebenso nur etwa 10—15% weniger als Potsdam. Es hängt dies vornehmlich mit dem reichen Anteil des diffusen Tageslichts an Uviostrahlen gegenüber dem direkten Sonnenlicht zusammen. Berliner Messungen fanden auf dem Dach des Instituts für Strahlenforschung inmitten der Zentralstadt statt. Aber auch unter den günstigsten Sonnenscheinverhältnissen konnten auf dem Hofe des Instituts nur noch 10% (zehn Prozent!) der auf dem Dache empfangenen Uvio-Einstrahlung festgestellt werden! (Eine Übersicht gab F. Ellinger i. d. Medizin. Welt 1932, Nr. 27 „Einiges v. d. Rolle d. Lichts im Leben d. Großstädters".) In Breslau wurde ermittelt, daß in einem durchschnittlichen modernen Schulklassenraum bei geöffnetem Fenster schon in 1 m Entfernung von diesem kein Uvio mehr vorhanden ist; der betr. Raum empfing bis in seinen tiefsten Hintergrund direktes Himmelslicht, was gewiß nicht für die Mehrzahl der Klassenzimmer in den Großstädten gilt. Auch dies zeigt die Wichtigkeit von Maßnahmen und Einrichtungen, wie Aufenthalt der Schüler in weiträumigen Höfen während der Pausen, Freiluftturnen, Wanderungen u. dgl. Borchardt (a. i. Anm. z. Abs. 54/56 zit. Orte) fand die subarktischen Winterwirkungen (Anämie usw.) auch im Großstadtwinter der gemäßigten Zone wieder. Zu alledem vgl. d. zu Abs. 101—104 aufgeführte stadtklimatologische Literatur; Hinweise a. verkehrte Städtebauanlagen bes. b. Brezina-Schmidt, D. künstl. Klima (1937), bes. unter „Stadtklima", F. 2—9, mit zahlreichen, z. T. drastischen Beispielen.

Bauklima in Verbindung mit Stromklima: An Flüssen mit bergig ansteigendem Ufergelände spielt für dessen Klima die Strahlungsspiegelung von der Wasserfläche her eine bedeutende Rolle; sie ist z. B. ein wesentlicher Faktor für den Weinbau in solchen Tälern (Rhein, Mosel, Ahr, Nahe). Bei Hann, Handb. d. Klim. heißt es (S. 21): „Eine südliche Exposition, etwas erhaben über einer ausgedehnten Wasserfläche, gestattet den größten Vorteil aus dieser sekundären Wärmequelle zu ziehen und ist demnach für Wohnungsanlagen zu empfehlen".

S. 206: „Ultraviolett-durchlässiges Glas" (Schweiz. Ztschr. f. Gesundheitspflege, 8. Jahrgg., 1928), eine ausgezeichnete Orientierung durch Altmeister C. Dorno, mit zahlreichen Literaturangaben. Abs. 138: A. Wendler, Das Problem der technischen Wetterbeeinflussung (Probl. d. kosm. Physik Bd. 9, 1927). E. Fels, Der Mensch als Gestalter der Erde (1935), Bd. I, Abschn. B. Ie: „Künstliches Klima". Der bisher umfassendste Nachweisversuch für die klimabeeinflussende Wirkung des Waldes: Bates und Henry, Forest and stream-flow experiment at Wagon Wheel Gap, Colorado (Monthl. Weather Rev. Suppl. 30, U. S. Dep. o. Agriculture, Washington 1928). v. Salisch, Forstästhetik. (Wann erhalten wir eine Forsthygiene? Wir meinen nicht eine „Dendrohygiene" der Waldbäume, denn die ist reich entfaltet, sondern eine Hygiene der waldbedürftigen Menschen!) — Tyndall und später besonders Sv. Arrhenius schreiben dem Kohlensäuregehalt der Atmosphäre (der z. B. durch erhöhte Vulkantätigkeit steigen kann) sogar die Möglichkeit zu, eine Eiszeit zu erzeugen, nämlich durch Verminderung der Durchlässigkeit für die Sonnenstrahlungswärme. (Auf den Zusammenhang zwischen Vulkanstaub und Klima hatte schon Benjamin Franklin hingewiesen.) Bezweifelt wird die Arrheniussche Hypothese vor allem von seinem Landsmann Ångström (Hann, Handb. d. Kl. S. 429).

S. 207 f.: Badische Forstmänner haben in dieser Hinsicht an den Waldungen um Heidelberg Außerordentliches zuwege gebracht. S. 209 ob.: z. B. bei Fr. Matthisson ist die „Wasserleitung" noch ein lyrisches, romantisches Requisit; romantisch können und sollen moderne Wasserleitungen freilich nicht sein, denn sie können nicht aus bemoosten Hohlstämmen bestehen, wohl aber landschaftswürdig. Ein Gleiches gilt f. Deiche, Wehre usw. Hohe Verdienste hierum hat sich der Leiter des deutschen Autostraßenbaues, Dr. F. Todt, erworben. Er suchte ohne jede politische Voreingenommenheit die Mitarbeit aller Sachkundigen u. hat auch dem IV. u. dem Schlußteil unseres Werkes großes Interesse bezeugt. Seine (damals verpönte) Objektivität hat ihm sein Leben gekostet. In vielem bahnbrechende Arbeiten verdanken wir seinem Mitarbeiterstabe bes. i. d. Veröffentlichgen. d. Zeitschrift „Die Straße" (ersch. seit. 1934). — Wie dabei eine schönheitliche Gestaltung der für Zweck- und Nutzaufgaben umzuformenden Natur fachwissenschaftlich fundiert wird, dafür ist eine Abhandlung wie die von Dr. Edith Ebers über „Anschnitt u. Einschnitt im Rahmen natürl. deutscher Landschaftsformen" (D. Straße, 1938, H. 13) beispielgebend (ohne daß damit die Beiträge der übrigen Mitarbeiter, die unmöglich aufgezählt werden können, geringer gewertet werden sollen). D. landschaftswürdige Führung d. modernen riesenhaften Verkehrsstraßen f. d. Kraftfahrzeug ist ja eine der größten geurgischen Aufgaben, die je einer Generation zivilisatorisch gestellt wurden. — Zu d. Stadtfragen s. a. W. Hellpach, Mensch u. Volk d. Großstadt (1939), bes. d. Abschn. II. Psychophysik d. Großstadtdaseins, u. d. Schlußteil „Selbstausgleiche u. Eingriffspflicht". Vieles Einzelne b. Brezina-Schmidt, D. künstl. Klima (1937).

Abs. 140. S. 270: Schwärmerische Denker: z. B. G. Th. Fechner. In verwandter Richtung bewegen sich die Beiträge von C. G. Jung, Frobenius u. A. in dem

Sammelband „Mensch und Erde", herausgeg. von Graf Herm. Keyserling (1927), sowie teilweise auch die Werke von Edgar Dacqué. Es bedarf kaum einer Betonung, daß die Kennzeichnung „schwärmerisch" keine abschätzige sein soll. Nur ist die Beziehung solcher Einstellungen zur wissenschaftlichen Erkenntnis selber wieder erst ein erkenntnis- und wissenschaftstheoretisches Problem, sie können nicht etwa selber Wissenschaft sein oder ersetzen. Daß es keine wirkliche Sinndeutung und Sollsetzung des Menschen- und Menschheitsdaseins gibt, welche die Erde umgeht, das ist wohl (gegenüber aller es in den luftleeren Raum, heiße er All, Geist, Weltvernunft oder sonstwie, hinausstoßenden Metaphysik und Ethik) die eigentliche Selbstbesinnung der Gegenwart, aus der die Zukunft ein neues Weltbild samt einer neuen Menschensendung vollenden mag. S. hierzu auch W. Hellpach, Übersicht d. Religionspsychologie (1939: Meyers Kl. Handbücher Nr. 20), bes. Zweiter Hauptteil, D. psycholog. Lebenskräfte d. Religion, VII. D. Sichtweisen d. Göttlichen, 3. S. 86 ff., wo v. d. „pantheistischen" Sichtweise d. „Natur" deskriptiv u. kritisch gehandelt wird, u. Ders., Die ökumenische Krisis der Weltreligionen („Geistige Arbeit" v. 5. Dez. 1938). wo der entscheidende Anteil der neuzeitlichen Naturerkenntnis u. ihrer technischen Auswertungen an der heutigen Weltreligionskrise im einzelnen aufgezeigt ist.

Nachträge bei der Schlußrevision.

Zu Abs. 138, Eingang: Eine Abhandlung des Meteorologen Dr. J. Häfelin, Met. Zentralanstalt Zürich, i. d. Neuen Züricher Ztg, Beilage Technik, v. 14. Sept. 1949, mit dem Titel „Künstlicher Regen", kommt allerdings zu dem theoretischen Schluß: daß „das Problem, Regen aus Wolken künstlich auszuführen, im Prinzip gelöst" sei. Leider muß sich auch dieser Verf. hinsichtlich der praktischen Lösung noch sehr skeptisch aussprechen. Denn er stellt ausgangs fest, „daß heute noch gar nicht gesagt werden kann, unter welchen meteorologischen Verhältnissen ein nützlicher Erfolg erzielt werden kann... Es sind wohl noch viele weitere Experimente notwendig, bevor entschieden werden kann, ob auf diese Weise wirklich Regen in genügender Menge erzeugt werden kann..."

Zu Abs. 35 u. 42 ff: Durch einen reinen Zufall habe ich Kenntnis erhalten von einem 1948 veröffentlichten Buche der Verfasser Reinhold Reiter und Jürgen Kampik „Neue Ergebnisse d. Klimatologie u. Biophysik". Den Kern bildet der Versuch des Nachweises, daß „Kurzwellen, Röntgenstrahlen und allgemein veränderliche elektrische Felder" (zu letzteren zählt die atmosphärische Elektrizität) „Permeabilitätsänderungen an Zellmembranen hervorrufen, die Ionenverschiebungen zur Folge haben" (S. 78, Zusammenfassung). Der elektrische Faktor wird also als der eigentlich biotrope angesprochen. Zu der physikalischen und zellularphysiologischen Seite müßten die Fachleute Stellung nehmen. Dem Verf. der „Geopsyche" könnte ein stichhaltiger Nachweis in dieser Richtung ja nur willkommen sein, weil dadurch seine unbeirrt festgehaltenen theoretischen Erwägungen wesentliche empirisch-experimentelle Stützen erhielten. Befremdlicherweise existiert aber die „Geopsyche" in allen ihren 5 Auflagen für die beiden Verfasser nicht, obwohl sie ausgiebig die Veröffentlichungen z. B. de Rudder's heranziehen, in denen sie ja auch auf das vorliegende Werk hätten aufmerksam werden müssen. Vielleicht würden sie darin doch allerlei gefunden haben, was ihre eigene Theorie zu stützen tauglich wäre; ich finde, daß Reiter u. Kampik sich durch die Ignorierung der hier geleisteten theoretischen Vorarbeit ihre eigene Beweisführung unnötig erschweren. Ich selber begrüße den Versuch als erfreuliches Anzeichen einer Überwindung der „Elektrophobie", die seltsamerweise während des jüngsten Menschenalters in der Meteorologie aufgekommen ist und die Bioklimatik anzustecken begonnen hat, gleichwie wenn Blitz und Donner weiter nichts als ein zufälliges und unbeachtliches „Epiphänomen" der „Kondensationsformen des atmosphärischen Wasserdampfes" seien und zwischen einem gewöhnlichen Landregen und einem schweren Gewitter überhaupt kein für die Wissenschaft erwähnens- oder gar erforschenswerter Unterschied bestände, der auf die luftelektrische Komponente „konkausal" zurückführbar sei und in dieser Hinsicht geklärt zu werden verdiene. (Vgl. dazu oben unsere Anm. zu Abs. 42 bis 44.)

Sachstichwörterverzeichnis

Alle Zahlen bezeichnen die Seite. Zahlen im Fettdruck weisen darauf hin, daß a. d. betr. Stelle der Gegenstand als Hauptthema abgehandelt ist. Die der Seitenzahl angefügten Buchstaben o., m., u. bedeuten: oben, mitten, unten. f. heißt: u. folgende Seite oder Seiten. 22 u. f. also: S. 22 unten u. folgende Seite (od. Seiten).

Verzeichnis der Figuren

Namenverzeichnis